실천하는
지역사회영양학

COMMUNITY NUTRITION

실천하는
지역사회영양학

김미현 · 김현주 · 박수진
백진경 · 심유진 · 윤정미

수학사

머리말

건강(健굳셀 康편안)은 우리가 살아 있는 동안 매 순간 바라는 바이다. 인간을 둘러싼 환경과 생태계는 지속적으로 변화한다. 그런 가운데 편안하고 즐거운 상태를 유지하기 위해서는 건강의 가치를 알고, 변화에 대응하는 방법을 배우고 실천하기 위해 끊임없는 노력을 해야 한다. 오늘날 사회와 환경의 변화 속도는 이전보다 훨씬 더 빠르게 느껴진다. 토양, 물, 대기와 같은 환경이 오염되고, 기후 변화로 인해 지역적 특성이 달라지며, 고령인구가 증가하고 질병의 패턴이 달라지고 있다. 전 세계의 식품과 식문화가 공유되거나 변형되고 있으며, 날마다 추가되는 정보와 지식, 과학기술의 발전이 새롭고, 정책과 제도·법률이 달라지고 있다. 이 모든 것은 지역사회영양전문가가 정보를 수집하고, 문제해결이 필요한 대상자를 정하고, 영양사업을 추진하는 데 영향을 미친다. 지역사회영양학이 지역사회 구성원들의 영양 개선과 건강증진을 목표로 하는 학문이기 때문이다.

건강함에 있어서 음식을 잘 먹는 것은 매우 중요하다. '먹는 법'은 '숨쉬기'처럼 태어나면서 자연히 아는 것이 아니다. 인간은 젖을 먹으며 삶을 시작하지만, 이후 어떤 음식이 좋고, 안전한지는 학습을 통해 익혀야 한다. 또한, 배고픔을 달래는 방법이나 언제 먹기를 멈춰야 하는지도 배워야 한다. 여러 가지 음식 가운데 선택을 반복하면서 특정 음식에 대한 선호가 생기고, 자신만의 식습관이 형성된다. 만일 특정 식품에 대한 광고나 접근성으로 인해 어떤 음식을 자주 먹게 되면 그 맛에 익숙해지고, 심지어는 모든 음식의 맛이 그것과 비슷하기를 기대하도록 학습되기도 한다. 음식을 잘 먹는 방법은 누구나 터득하고 실천할 수 있다. 그러나 사람들은 '건강에 좋은'보다 '새로운'이라는 광고 문구에 반응하며, 배고픔을 즉각 채울 수 있는 매력적인 포장지에 쌓인 값싼 고칼로리 식품의 유혹을 이기지 못한다. 반면에 먹는 즐거움을 전혀 느끼지 못하거나 먹는 것이 불안한 사람들도 존재한다.

어떻게 하면 과학적 지식을 사람들의 감수성과 잘 혼합하고, 전문적으로 관리해서 최고의 건강 상태를 이끌어 낼 수 있을까? 지역사회건강증진전문가는 건강증진과학과 기술에 대하여 다면적이고 풍부한 경험과 지식을 가지고 건강 프로그램을 추진하고 전달할 수 있는 기술이 필요하다. 개인적인 건강 신념에 따라 책임과 행동 변화를 유도하는 것도 중요하지만, 개인의 건강에 영향을 미치는 기초적인 사회적 인자들을 발굴하고 개선하는 노력이 함께 이루어져야 한다. 건강한 지역사회환경을 만들고, 지역주민들의 건강 상태를 최대한 개선할 수 있도록 건강 서비스를 재정립하는 것은 지역사회영양학의 목표이자 의의라고 할 수 있다.

이 책은 식품영양학을 비롯한 보건의료 관련 분야를 공부하는 학생은 물론이고 관련 실무자들이 지역사회영양활동을 기획하고 실행하며 평가하는 능력을 습득하는 데 방향키가 될 수 있도록 총 3부로 구성하였다. 제1부는 지역사회영양학의 개요와 발달 과정을 소개하고, 영양사업의 이론과 활용을 구체적으로 설명하였다. 제2부는 지역사회 영양요구를 진단하고, 영양중재프로그램을 설계·실행·평가하는 방법과 영양정책과 관련 조직 등을 소개하였다. 제3부는 국내외 지역사회영양중재 실제 프로그램을 대상자별로 구분하여 설명하고, 새로운 지역사회영양활동 개발에 토대가 될 수 있도록 하였다. 각 단원마다 학습에 도움이 되는 Tip을 제공하였고, 가능한 한 최신의 국내외 연구자료와 발표자료를 활용하였다. 또한, 학습자 스스로 학습내용을 확인할 수 있도록 요약정리와 연습문제를 제공하였다. 앞으로 지역사회의 환경 변화에 따라 새로운 영양문제가 대두되고, 이를 해결하기 위한 지역사회영양사업과 연구 결과가 축적되면 정확한 자료를 토대로 지속적인 보완이 이루어질 수 있도록 노력할 것이다.

끝으로 이 책을 출간하기까지 도움을 주신 수학사와 직원 여러분께 감사의 마음을 전한다.

저자 일동

차례

제1부 지역사회영양학과 영양사업

06 지역사회 영양중재 프로그램의 설계

07 지역사회 영양중재 프로그램의 실행과 평가

08 영양 정책과 영양 행정

제3부 대상별 지역사회 영양중재의 실제

09 임산부와 영유아 영양중재

10 학령기 어린이 및 청소년 영양중재

부록

제1부

지역사회영양학과 영양사업

NUTRITION

01 지역사회영양학의 개요

02 지역사회영양사업의 발달

03 지역사회영양 역학

04 지역사회영양사업의 이론 및 활용

01
지역사회영양학의 개요

지역사회영양학의 개념

지역사회영양학의 의의

지역사회 건강증진과 지역사회영양학

1. 지역사회영양학의 개념

1) 지역사회영양학의 정의

지역사회community란 일정한 지리적 영역에 거주하며, 집합적 동질성을 가진 구성원들이 소속감을 가지고, 공동의 이익과 목적을 성취해 나가는 사회적 단위를 뜻한다. 여러 가지 유형의 지역사회가 존재하는데, 예를 들면 이웃 공동체나 시, 도, 심지어 지구 전체와 같이 '장소'를 기반으로 하는 지역사회가 있고, 동일한 문화나 민족성을 공유하는 집단이나 장애를 가진 집단과 같이 '정체성' 또는 '동질성'을 기반으로 하는 지역사회, 그리고 '관심과 이익'을 기반으로 하는 지역사회, 예를 들면 체중 조절에 관심 있는 비만인 모임 또는 자녀의 키 성장에 관심이 있는 학부모 모임 등 크고 작은 다양한 규모의 지역사회가 있다.

지역사회영양학community nutrition은 지역사회 구성원들의 영양 상태 개선과 건강 유지 및 증진을 목표로 하는 학문이다. 지역사회 구성원의 안전하고 적절하며 건강한 식생활을 위한 식품과 영양에 대한 지식, 태도, 행동 및 건강 상태에 영향을 미치는 영양중재 활동을 모두 포함한다. 예를 들면 개인은 물론 집단을 대상으로 하는 영양교육, 영양과 건강증진 프로그램, 급식 프로그램, 각종 식생활 관련 질환 예방 프로그램, 지역사회영양 정책의 분석·개발·지원 활동 등이 지역사회영양 활동인 것이다.

지역사회영양 활동은 다음과 같은 순서로 진행된다. 우선 지역사회의 영양 요구와 문제를 진단하며, 선별된 영양문제를 개선할 수 있는 영양중재계획을 수립하고 영양중재 활동을 실행하며, 영양문제가 개선되었는지 평가하는 일련의 과정이다.

따라서 지역사회영양 활동가는 대상자들의 교육 수준, 경제 수준, 질병 상태 및 건강 수준과 영양 요구 등 다양한 측면을 고려할 수 있어야 하며, 또한 영양문제를 개선하기 위한 과학적 근거와 이론적 배경은 물론 실질적인 수행방법과 기술적 측면 등 다양한 도전에 직면한다. 예를 들면 장애를 가진 어린이, 식품 알레르기가 있는 중학생, 비만한 중년 남성, 특별한 식품을 섭취해야 하는 종교인, 한국어가 서툰 결혼이민자, 혼자 사는 고

Tip 지역사회community

지역사회community의 어원은 라틴어 '*communitas*(공유하다)'이며, 사전적 정의는 지리적·행정적 분할이나, 또는 인간관계에 의해 나누어진 일정 지역의 조직체를 뜻한다. '커뮤니티' 또는 '공동체'와 동의어이다.

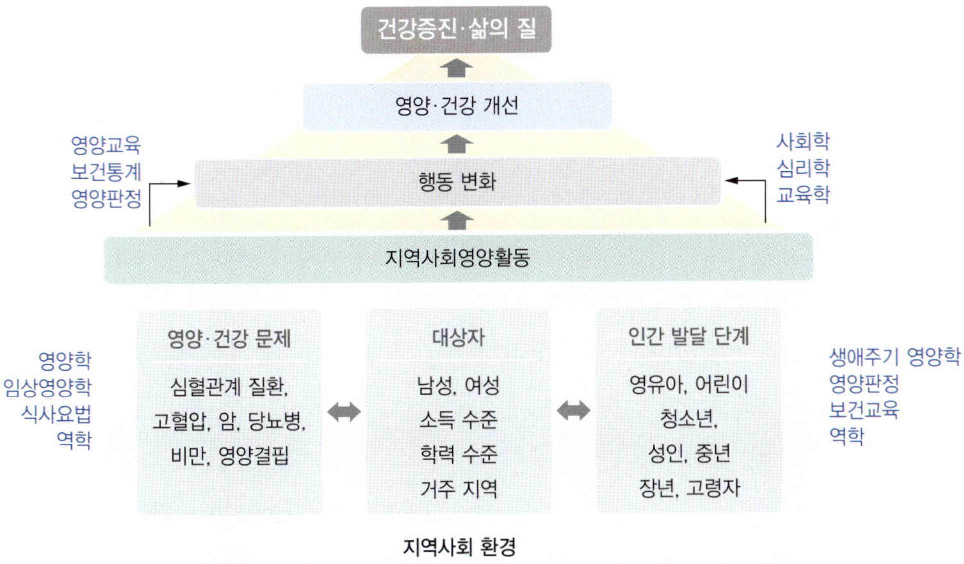

그림 1-1 지역사회영양학의 개념 모델

령자 등 생애주기 전체의 다양한 영양과 건강 문제를 가진 사람들이 지역사회영양 활동의 대상자가 될 수 있기 때문이다.

지역사회영양학은 영양학, 영양판정, 생애주기영양학, 임상영양학, 식사요법, 영양 교육과 상담 등 식품영양학적 지식은 물론이고 역학, 보건통계, 보건교육 등 보건학 분야와 인간 행동과학에 대한 이해를 돕기 위한 사회학, 심리학, 교육학 등의 사회과학적 지식이 필요한 다학제적 학문이며 동시에 사고력과 행동하는 리더십이 요구되는 분야라고 할 수 있다.

2. 지역사회영양학의 의의

지역사회를 구성하는 인구구조와 사회·경제적 환경 및 보건의료 환경 등은 끊임없이 변하고 있다. 핵가족화 및 1인 가구의 증가, 고령인구 증가, 만성질환의 증가, 비만 및 저체중 인구의 증가 및 공존, 거주 지역과 소득수준에 따른 격차, 편의성 추구, 외식과 단체급식의 증가, 식품산업의 발달 등은 지난 수십 년간 우리 사회에 나타난 변화이다. 최근에는 환경오염과 기후변화 문제도 지역사회에 심각한 영향을 미치는 인자이다. 지역사회영양학은 지역의 인구나 질병구조, 사회적 특성 등 환경 변화에 따라 발생하는 영양문제와 건강문제를 파악하고, 지역 구성원의 변화와 수요를 반영할 수 있는 지역사회영양 활동을 계획하고 수행하여 지역사회 구성원 개인은 물론이고 인구집단 나아가 국민들이 영양 개선을 통하여 건강과 건강증진 및 삶의 질을 향상시키는 데 그 의의가 있다.

1) 사회·인구 구조 변화와 지역사회영양학

최근 우리나라는 산업·경제 발전과 의료·과학 기술의 발달로 국민의 소득수준은 물론이고 생활 수준과 건강 수준이 크게 향상되었다. 그 결과 한국인의 기대수명은 증가하였지만(그림 1-2), 저출산문제가 지속되면서 인구의 고령화 속도가 빠르게 진행되고 인구구조 변화가 일어나고 있다(그림 1-3).

2016년 우리나라 합계출산율은 1.17명으로 경제협력개발기구OECD 회원국 중 가장 낮은 수준이다. 우리나라 출산율 추이는 고출산에서 저출산으로 단기간에 이행한 이후, 초저출산 현상이 장기화되는 특징을 보이고 있다. 실제 인구에 영향을 미치는 것은 출생아 수인데, 1970년 100만 7,000명이었지만 2016년에는 40만 6,300명으로 절반 이하로 감소하였고 현재 추세라면 2018년부터는 30만 명대로 추락할 것으로 예측된다. 우리는 이미 2000년 고령화 사회에 진입했고, 2017년에는 고령인구 비중이 14.3%를 기록해 고령사회에 진입할 것으로 예상되며, 인구 5명 중 1명이 고령자가 되는 초고령사회도 2026년(통

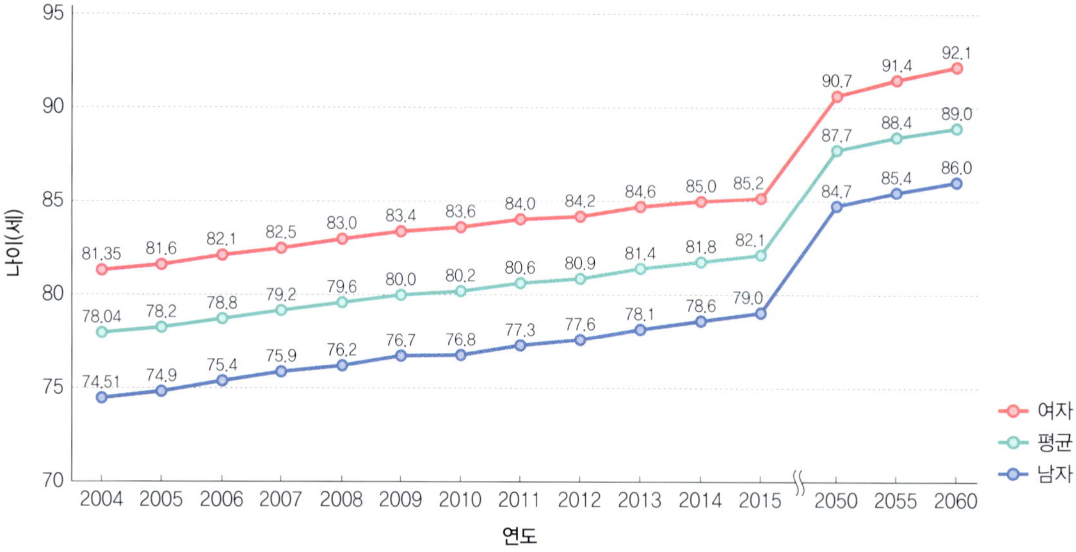

그림 1-2 연도별 기대수명 추이 및 전망

자료 : 통계청, 2016

계청 '장래인구추계', 2010~2060년, 중위가정 기준)에 도달할 것으로 예측된다. 또한 2050년에는 일본에 이어 세계에서 두 번째로 고령인구가 많은 나라가 될 것이라는 보고도 있다. 인구 10만 명당 100세 이상 인구는 2005년 2.0명에서 2010년 3.8명, 2015년 6.6명으로 빠르게 늘어나는 추세이다.

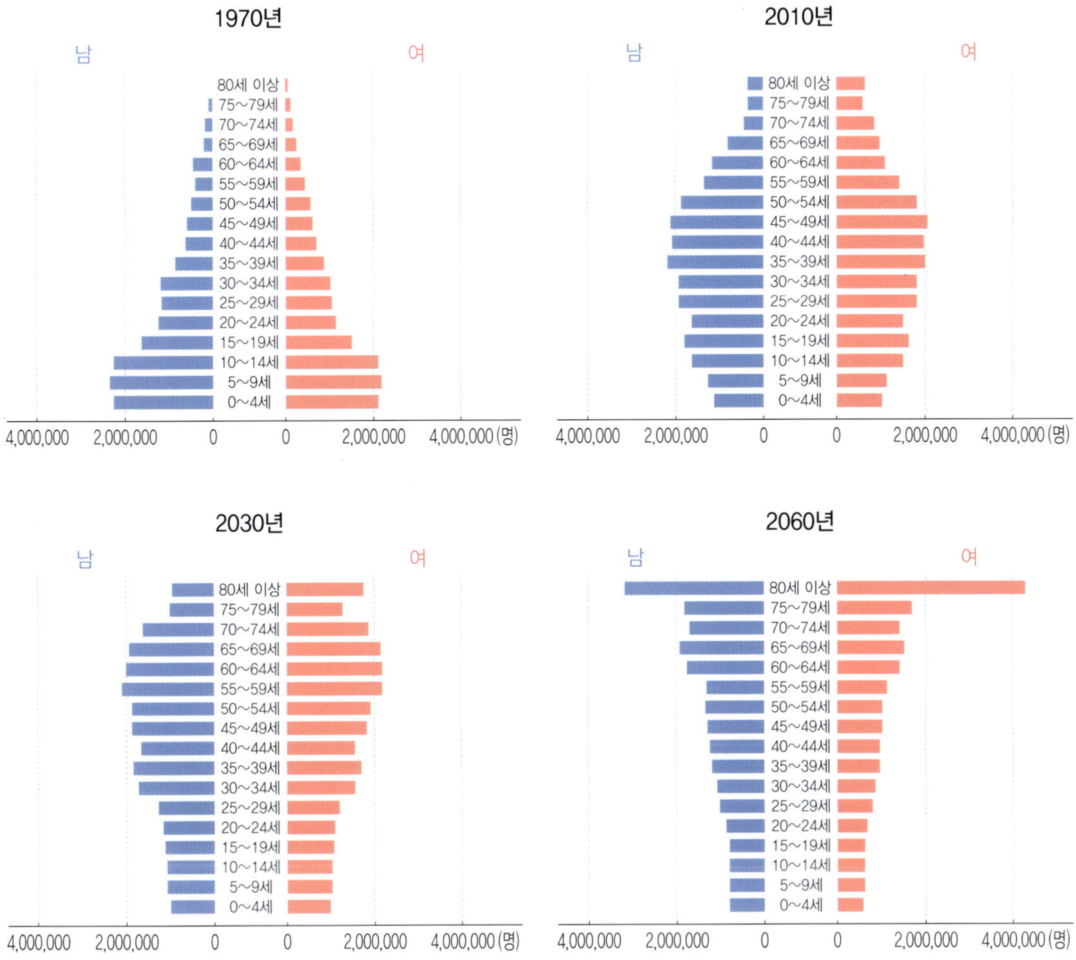

그림 1-3 우리나라 인구구조 변화 추이 및 전망

자료 : 통계청, 2015

합계출산율 출산 가능한 여성(15~49세) 1명이 평생 동안 낳을 수 있는 평균 자녀 수

고령화 사회 총인구에서 65세 이상 인구 비율이 7% 이상

고령사회 총인구에서 65세 이상 인구 비율이 14% 이상

초고령사회 총인구에서 65세 이상 인구 비율이 20% 이상

저출산 고령화 현상에 따라 1인당 생산가능인구는 2010년 6.6명에서 2020년 4.6명으로 감소할 것으로 예상되는 반면, 노년 부양비는 2010년 15.0%에서 2020년 17.2%로 증가하고 국민의료비도 급격히 증가할 것으로 예상된다. 이와 같은 현상은 경제 성장 둔화, 노동력 공급 및 생산성 저하, 사회보장 부담 가중, 세대 간 갈등 증가로 이어져 사회문제가 될 것을 우려하고 있다. 따라서 노인 부양 부담 감소와 생산인구 증가를 위한 새로운 전략이 필요하다. 또한 증가하는 고령인구에 대한 영양 서비스는 지역사회 건강증진사업의 중요한 분야가 될 것이다.

우리나라의 국제적 지위 향상, 세계화, 혼인 수급 불균형 등으로 인해 인구의 국제 이동과 국제결혼이 빠른 속도로 증가하고 있다. 국제결혼 비율은 2015년 7.0%였는데 이는 전체 혼인 건수 약 30만 3,000건 중 약 2만 1,000건에 달하는 것이다. 다문화가정은 식습

표 1-1 OECD 국가별 65세 이상 인구 비율의 변화 추이

(단위 : %)

국가	1980년	2000년	2050년	증가폭 (2050년-1980년)
한국	3.8	7.2	34.4	30.5
일본	9.1	17.3	35.4	26.3
스페인	11.2	16.8	35.6	24.4
이탈리아	13.1	18.2	35.2	22.1
폴란드	10.0	12.1	29.5	19.5
호주	9.6	12.4	25.7	16.1
프랑스	13.9	16.0	29.1	15.3
독일	15.4	16.4	29.5	14.1
영국	14.9	5.7	25.3	10.4
노르웨이	14.7	15.1	24.4	9.7
미국	11.2	12.4	20.6	9.4
스웨덴	16.8	17.7	23.2	6.3
12개국 평균	12.0	14.8	29.0	17.0
OECD 평균	10.8	13.0	25.2	14.4

자료 : 삼성경제연구소. 고령화정책의 우선순위 분석. 2008

생산가능인구 생산 가능 연령(15~64세)에 해당하는 인구. 경제활동인구와 비경제활동인구로 나뉘는데 경제활동인구는 다시 취업자와 실업자로 나뉘며, 비경제활동인구는 주부나 학생, 구직 단념자 등이 해당된다.

노년 부양비 생산가능인구 100명이 부담해야 하는 65세 이상 인구의 수. 노년부양비 $= (\frac{\text{고령인구}}{\text{생산가능인구}}) \times 100$

새터민 기존의 탈북자라는 용어를 대신하여 '새로운 터전에서 삶을 시작하는 사람'이라는 순 우리말로 2005년부터 사용했다.

관 등 문화적 차이로 인한 어려움을 겪고 있는 것으로 보고되어, 한국음식에 대한 이해와 올바른 식습관에 대한 지역사회 영양교육 활동이 필요할 것이다.

한편, 1990년대 중반 북한은 대규모 식량난으로 인해 수십만 명의 탈북자를 양산하였고, 이 중 2015년까지 우리나라에 입국한 새터민 수는 2만 8,795명에 이르고 있다. 갑자기 변화된 식습관으로 인하여 75%의 새터민이 탈북 후 체중이 증가하였고, 대사증후군에 걸릴 위험도 10배 정도 높다는 보고가 있어 이들을 위한 지역사회영양 및 건강 교육이 필요한 실정이다.

2) 보건의료 환경 변화와 지역사회영양학

급속한 산업화는 기후 변화, 환경오염 및 생태 파괴 등의 문제를 야기하면서 지역사회의 건강을 위협하는 요소가 되고 있다. 또한 평균수명의 연장과 노인인구의 증가, 생활양식의 변화 등은 암, 심·뇌혈관 질환, 당뇨병 등 생활습관병lifestyle-related disease의 발생과 이로 인한 사망률을 높이고 있다.

2016년 '건강보험통계연보'에 따르면 진료비가 가장 많이 발생한 질병은 악성신생물, 정신 및 행동 장애, 고혈압, 대뇌혈관 질환, 심장 질환, 당뇨병 순이었고, 2016년 '사망원인통계'에 따르면 우리나라의 10대 사망원인은 악성신생물(암), 심장 질환, 뇌혈관 질환, 폐

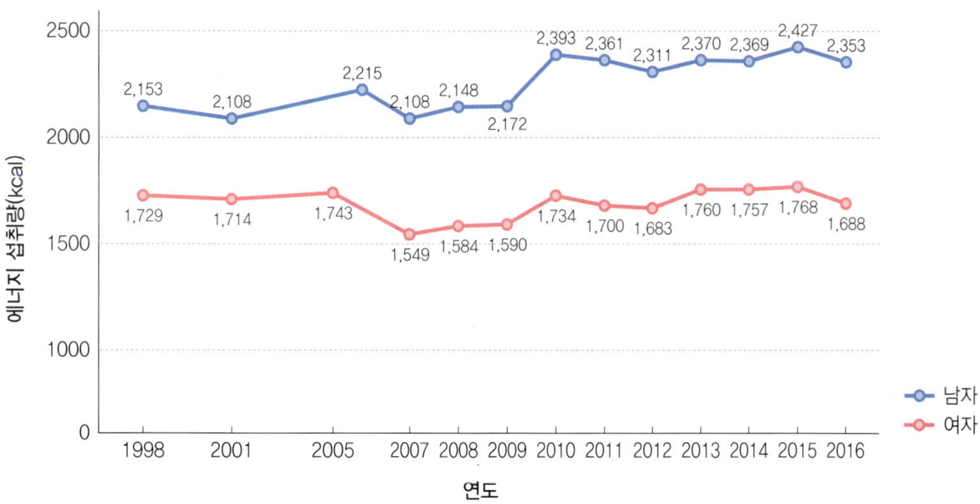

그림 1-4 에너지 섭취량 추이

자료 : 보건복지부. 2016 국민건강영양조사. 2017

영양 섭취 부족자 분율[1)]

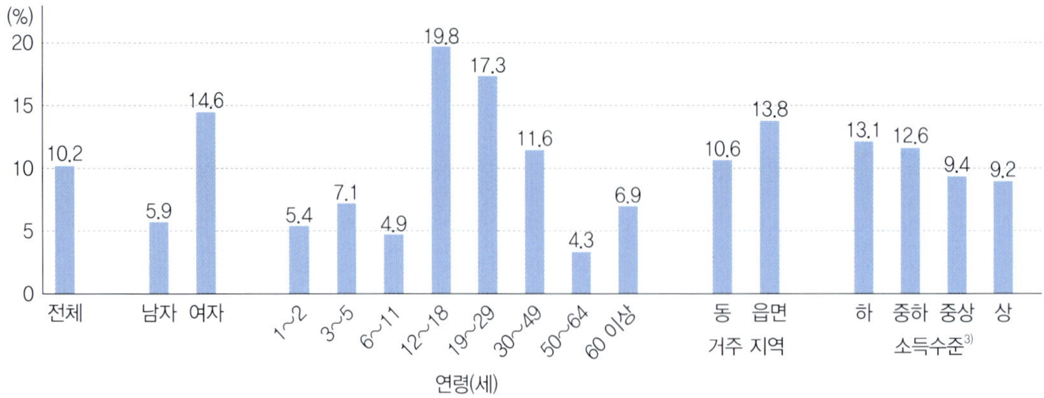

에너지 / 지방 과잉 섭취자 분율[2)]

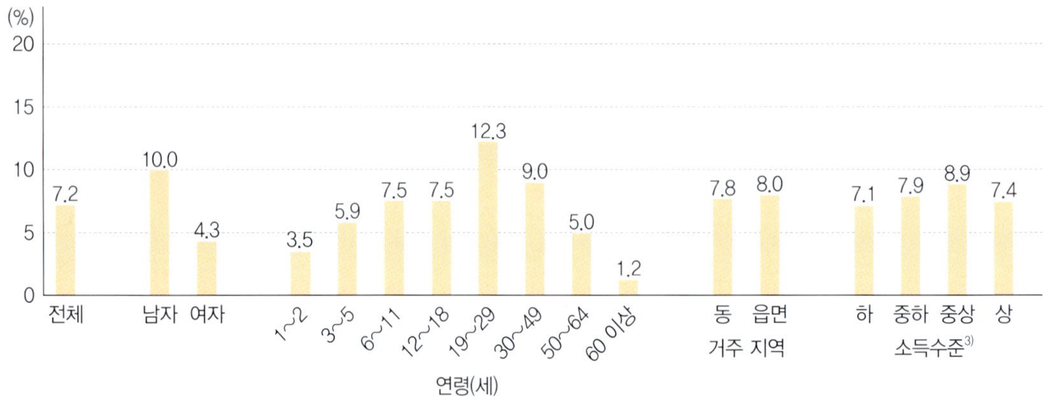

[1)] 영양 섭취 부족자 분율 : 에너지 섭취량이 필요추정량의 75% 미만이면서 칼슘, 철, 비타민 A, 리보플라빈의 섭취량이 평균필요량 미만인 분율, 만 1세 이상

[2)] 에너지/지방 과잉 섭취자 분율 : 에너지 섭취량이 필요추정량의 125% 이상이면서 지방 섭취량이 지방에너지적정비율의 상한선을 초과한 분율

[3)] 소득수준 : 월 가구 균등화 소득(월 가구 소득/$\sqrt{\text{가구원 수}}$)을 성별·연령별(5세 단위) 사분위로 분류

거주 지역, 소득수준에 따른 결과는 2005년 추계 인구로 연령표준화하여 산출

에너지 필요추정량, 영양소별 평균필요량, 지방에너지적정비율 : 2015 한국인 영양소 섭취기준 개정판(보건복지부, 2015)

본 결과는 1일 간의 섭취량조사로부터 산출한 값이므로 문제 규모가 과대 산출될 가능성이 높다는 점을 참고하여 활용

그림 1-5 영양 섭취 부족자 및 에너지/지방 과잉 섭취자 분율

자료 : 보건복지부. 2016 국민건강영양조사. 2017

표 1-2 사망원인 순위 추이(2006~2016년)

(단위 : 인구 10만 명당 명, 명, %)

순위	2006년		2015년		2016년					
	사망원인	사망률	사망원인	사망률	사망원인	사망자 수	구성비	사망률	'06 순위 대비	'15 순위 대비
1	**악성신생물**	**134.0**	**악성신생물**	**150.8**	**악성신생물**	**78,194**	**27.8**	**153.0**	-	-
2	**뇌혈관 질환**	**61.3**	**심장 질환**	**55.6**	**심장 질환**	**29,735**	**10.6**	**58.2**	↑+1	-
3	**심장 질환**	**41.1**	**뇌혈관 질환**	**48.0**	**뇌혈관 질환**	**23,415**	**8.3**	**45.8**	↓-1	-
4	당뇨병	23.7	폐렴	28.9	폐렴	16,476	5.9	32.2	↑+6	-
5	고의적 자해(자살)	21.8	고의적 자해(자살)	26.5	고의적 자해(자살)	13,092	4.7	25.6	-	-
6	운수 사고	15.9	당뇨병	20.7	당뇨병	9,807	3.5	19.2	↓-2	-
7	간 질환	15.5	만성하기도 질환	14.8	만성하기도 질환	6,992	2.5	13.7	↑+1	-
8	만성하기도 질환	44.4	간 질환	13.4	간 질환	6,798	2.4	13.3	↓-1	-
9	고혈압성 질환	9.4	운수 사고	10.9	고혈압성 질환	5,416	1.9	10.6	-	↑+1
10	폐렴	9.3	고혈압성 질환	9.9	운수 사고	5,150	1.8	10.1	↓-4	↓-1

자료 : 통계청. 2016년 사망원인통계. 2017

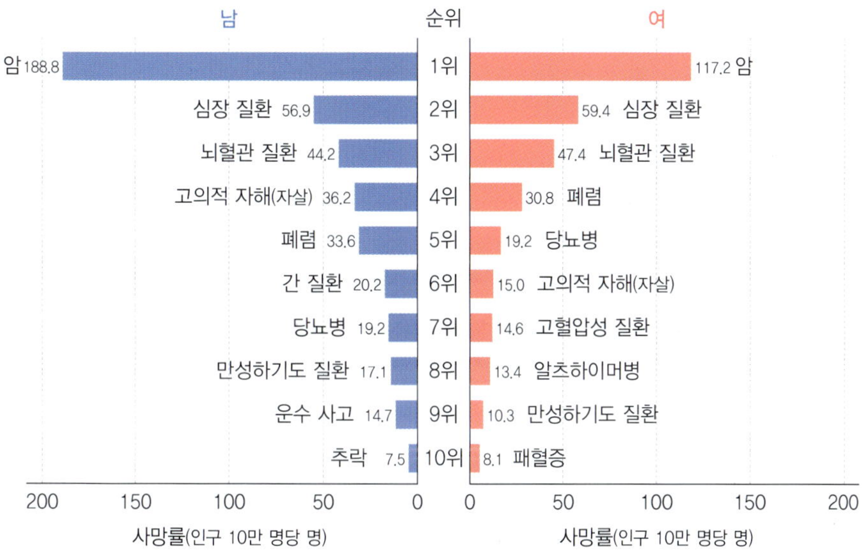

그림 1-6 성별 사망원인 순위

자료 : 통계청. 2016년 사망원인통계. 2017

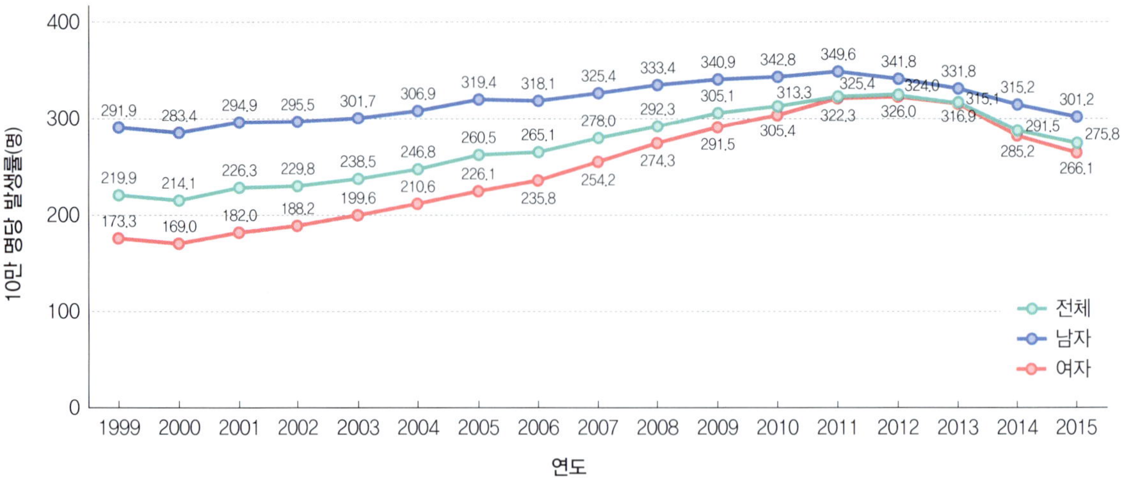

그림 1-7 모든 악성신생물(암)의 연도별 연령표준화 발생률 추이

자료 : 보건복지부, 중앙암등록본부. 2015년 국가암등록통계. 2017

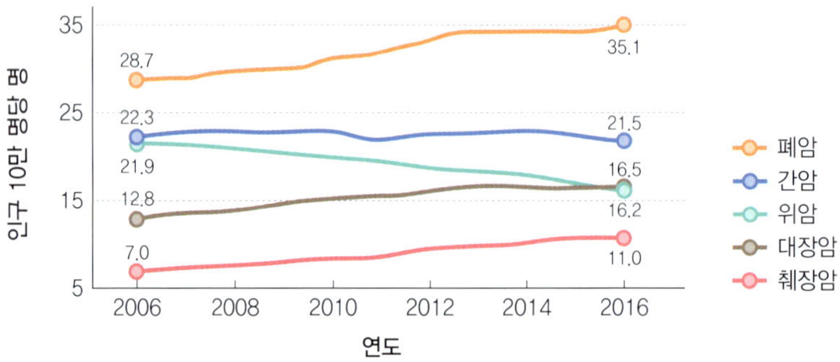

그림 1-8 악성신생물(암) 사망률 추이(2006~2016년)

자료 : 통계청. 2016년 사망원인통계. 2017

렴, 고의적 자해(자살), 당뇨병, 만성하기도 질환, 간 질환, 고혈압성 질환, 운수 사고 순이었다. 이들이 전체 사망원인의 69.5%를 차지하였고, 특히 3대 사망원인인 암, 심장 질환, 뇌혈관 질환은 전체 사망원인의 46.8%였다. 10년 전에 비해 사망원인 순위가 상승한 사인은 심장 질환(3위 → 2위), 폐렴(10위 → 4위), 만성하기도 질환(8위 → 7위)이었고, 하락한 사인은 뇌혈관 질환(2위→3위), 당뇨병(4위 → 6위), 운수 사고(6위 → 10위), 간 질환(7위 → 8위)이었다. 악성신생물(암)에 의한 사망률은 153.0명으로 폐암(35.1명), 간암(21.5명), 대장암(16.5명), 위암(16.2명), 췌장암(11.0명)의 순으로 높았다. 남자의 암 사망률(188.8명)은 여자(117.2명)보다 1.6배 높았는데, 성별로 보면 남자는 폐암(52.2명), 간암(31.5명), 위

암(20.8명)의 순으로 높았고, 여자는 폐암(18.1명), 대장암(14.6명), 간암(11.6명) 순으로 높아 차이가 있었다. 2015년 가장 많이 발생한 암은 위암이었으며 이어서 대장암, 갑상선암, 폐암, 유방암, 간암, 전립선암의 순으로 많이 발생한 것으로 나타났다. 남자의 경우 위암, 폐암, 대장암, 간암, 전립선암의 순이었으며, 여자는 갑상선암, 유방암, 대장암, 위암, 폐암 순이었다. 이와 같은 생활습관병 비중의 심화는 미래 국민의료비의 급격한 상승으로 이어질 것으로 예상된다.

한편, 국민소득 및 생활 수준 향상 등에 따라 건강 욕구가 높아지고 고급 의료에 대한 수요가 증대되면서 보건산업은 치료cure와 케어care 중심에서 웰니스wellness 중심으로 바뀔 것으로 예측된다. 또한 가정이나 의료기관에서 다양한 통신망을 통해 건강 상태의 주기적 점검, 사전 예방, 원격의료 및 사후관리가 가능해짐으로써 의료 서비스의 시공간 확대, 평생 건강관리와 치료의 개념이 확산되고 있다.

경제 수준 향상과 더불어 부의 분배 불균형으로 인해 도시 및 농어촌의 빈곤층이 양산되고, 미취업 청년인구, 젊은 은퇴인구, 경제력이 취약한 고령인구가 증가함으로써 경제 취약 계층과 영양 취약 계층이 지속적으로 늘어나고 있는 실정이다. 그러므로 지역사회 구성원의 건강 유지와 증진은 이제 개인의 차원을 넘어 사회적 책임, 나아가 국가의 책임이 되었다. 따라서 지역사회영양학은 시대 및 사회적 문제를 바탕으로 보건과 영양의 영역뿐만 아니라 환경, 역사, 경제, 문화를 통해 전해지고 있는 식습관과 식생태nutrition ecological를 파악하는 동시에 현재의 인간성과 심리현상도 판단하여 종합적으로 추진해야 한다.

지역사회영양학이 이루고자 하는 구체적인 목적을 요약하면 다음과 같다.

- 지역사회의 건강문제와 영양문제를 파악하고, 문제 요인과 관련 영향인자를 분석한다.
- 대상별, 지역별 영양사업을 계획한다.
- 지역사회 영양사업을 실시한 후 효과를 평가한다.
- 지역사회 구성원의 영양문제를 모니터하고 영양 상태 개선에 기여한다.
- 지역사회 구성원의 건강증진에 기여한다.

웰니스(wellness) 웰빙(well-being)과 건강(fitness)의 합성어

그림 1-9 지역사회영양학 개념 모델

Tip 지역사회의 환경 변화

- 인구 고령화와 초저출산에 의한 인구구조 변화
- 경제적 양극화 및 격차 발생
- 건강 서비스의 수요 변화
- 기후 변화 및 환경문제 심화
- 만성질환 중심의 질병구조 변화

3. 지역사회 건강증진과 지역사회영양학

건강health의 어원은 'hale(온전한, 원기 왕성한, 건전한 마음과 몸)'에서 비롯되었다. 건강은 질병이나 고통이 없는 상태라고 할 수 있지만 생태학적 차원에서는 인간 자신과 그

Tip 건강의 요소

- 조절할 수 없는 요소 : 성별, 나이, 인종, 유전
- 조절할 수 있는 요소 : 생활습관, 주거 환경, 근무 환경, 사회적 관계, 지역사회 서비스, 국가 보건영양 정책

를 둘러싼 주변 환경과의 상호작용에 초점을 둘 수도 있다. 즉, 건강함은 해부학적으로 완전하고, 육체적·생물학적·사회적 스트레스를 다루는 능력이 있으며, 질병이나 요절의 위험이 없다는 것 등을 뜻한다. 따라서 건강한 사람은 살고, 일하고, 다른 사람과 즐겁게 교류할 수 있는 육체적, 정신적, 사회적 능력이 있음을 뜻한다.

건강증진이란 생활양식을 개선하여 최적의 건강 상태를 유지하는 것을 뜻하며 궁극적으로 삶의 질을 높이는 데 기여한다. 1986년 '오타와헌장Ottawa charter for health promotion'에서 건강증진의 개념이 도입된 이래로 우리나라는 1995년 「국민건강증진법」을 제정하여 영양, 운동, 금연, 절주 등 생활양식의 변화를 통해 다양한 '건강증진사업'을 활발하게 추진하고 있다. 보건복지부는 2002년 '국민건강증진종합계획'을 수립하고 2005년에는 '온

1995년	「국민건강증진법」 제정
↓	
1997년	국민건강증진기금 조성
↓	
2002년	제1차 국민건강증진종합계획(HP2010, 2002~2005) 수립
↓	
2005년	제2차 국민건강증진종합계획(HP2010, 2006~2010) 수립
↓	
2011년	제3차 국민건강증진종합계획(HP2020, 2011~2020) 수립
↓	
2014~2015년	제3차 HP2020 평가 및 제4차 국민건강증진종합계획(HP2020, 2016~2020) 수립

그림 1-10 국민건강증진종합계획 추진 경과

자료 : 보건복지부, 한국건강증진개발원. 국민건강증진종합계획 추진 경과. 2015

Tip 국민건강증진종합계획

「국민건강증진법」 제4조에 따라 국민 건강증진 및 질병예방을 위해 매 5년마다 수립하는 국가 차원의 건강증진 로드맵

- 2002년 제1차 계획(2002~2005), Health Plan 2010(HP2010)
- 2005년 제2차 계획(2006~2010), Health Plan 2010(HP2010)
- 2011년 제3차 계획(2011~2020)(10년 단위), Health Plan 2020(HP2020)
- 2015년 제4차 계획(2016~2020)(중간 수정 형태), Health Plan 2020(HP2020)

국민이 함께하는 건강 세상'을 비전vision으로 하여 국민의 건강수명 연장, 건강형평성 제고를 총괄목표로 다양한 사업과 전략을 제시하였다(그림 1-10).

제4차 '국민건강증진종합계획'의 총괄목표는 제2차, 제3차 계획과 일관되게 건강수명 연장과 건강형평성 제고로서 2020년까지 건강수명을 75세로 연장할 것을 목표로 하고 있다. 6개 사업 분야는 건강생활 실천 확산, 만성 퇴행성 질환과 발병 위험요인 관리, 감염 질환관리, 안전 환경보건, 인구집단 건강관리, 사업체계관리 등이며(그림 1-11), 27개 중점 과제를 선정하고 이의 달성을 위한 140개 세부사업과 15개 대표지표를 선정하였다(그림 1-12).

영양 분야는 건강한 식생활 실천, 건강 체중 유지관리, 생애주기별 영양관리 강화, 미량영양소의 적정 섭취, 식품 안정성 확보와 소득수준 간 영양 서비스 수혜 인구비 격차 감소 등 5개 분야의 사업목표와 각 세부 지표를 설정하였으며 건강 식생활 실천률을 대표지료로 설정하였다(그림 1-13 및 표 1-3).

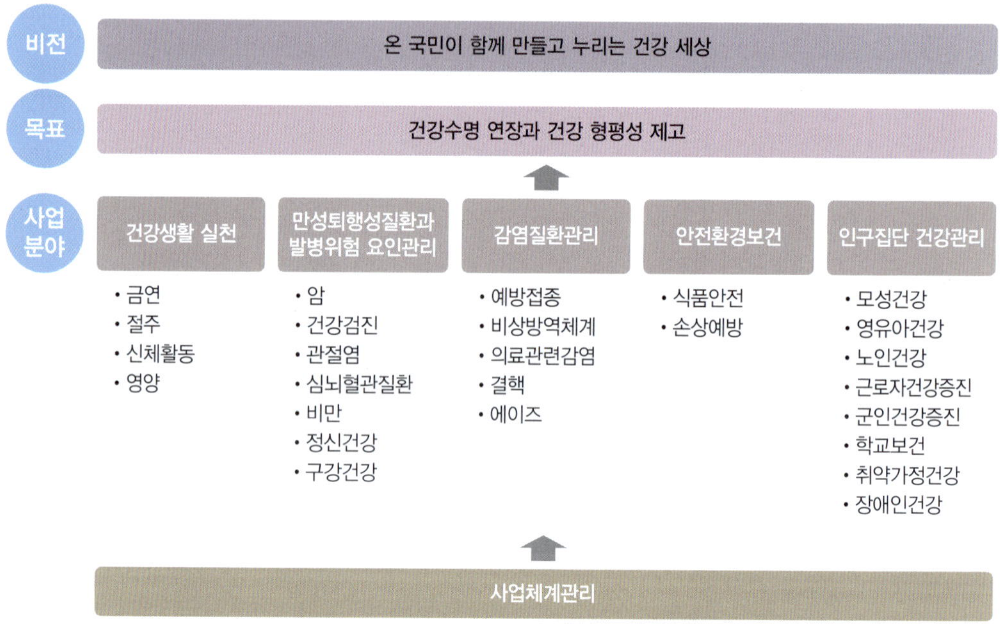

그림 1-11 제4차 국민건강증진종합계획(HP2020, 2016~2020)의 기본 틀
자료 : 보건복지부, 한국건강증진개발원. 제4차 국민건강증진종합계획. 2015

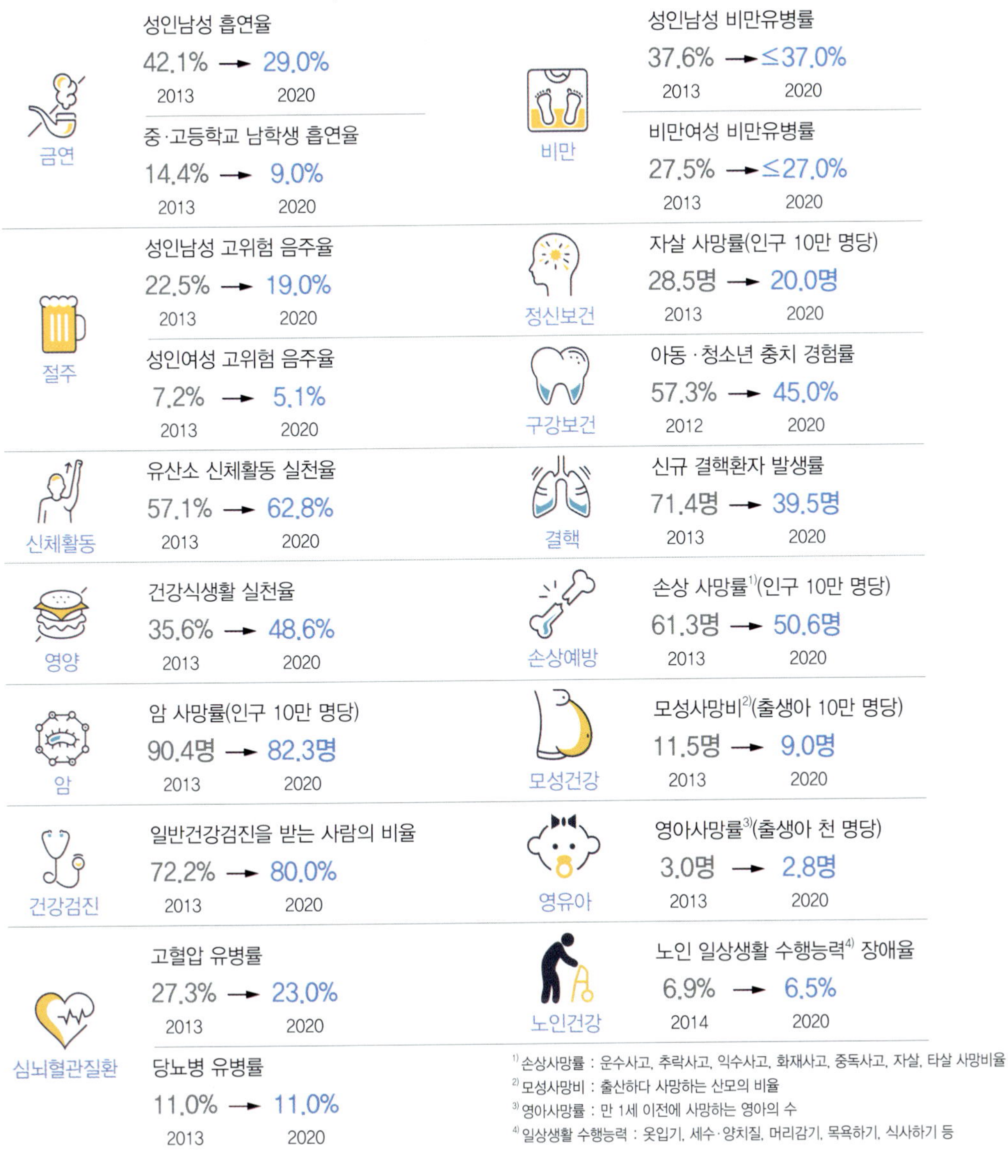

그림 1-12 제4차 국민건강증진종합계획(HP2020) 대표지표

자료 : 보건복지부, 한국건강증진개발원. 제4차 국민건강증진종합계획. 2015

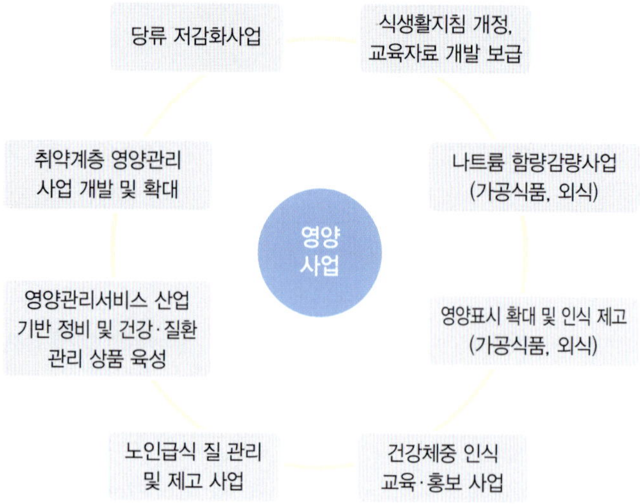

그림 1-13 제4차 국민건강증진종합계획(HP2020)의 영양사업

자료 : 보건복지부, 한국건강증진개발원. 제4차 국민건강증진종합계획. 2015

표 1-3 우리나라 제4차 HP2020 영양 분야의 목표 및 지표

지표명	2008년	2013년	2020년
4-1 건강 식생활 실천 인구비율을 증가 또는 유지시킨다.			
지방을 적정 수준[1]으로 섭취하는 인구비율 증가(만 1세 이상)	44.5%	43.3%	50.0%
나트륨을 1일 2,000 mg 이하로 섭취하는 인구비율 증가(만 6세 이상)	12.8%	20.1%	30.8%
당을 적정 수준으로 섭취하는 인구비율 유지(만 6세 이상)	80.3%	69.4%	80.0%
과일과 채소를 1일 500 g 이상 섭취하는 인구비율 증가(만 6세 이상)	35.2%	37.4%	41.2%
가공식품 선택 시 영양표시 이용률 증가(초등학생 이상)	22.3%	23.1%	30.0%
건강 식생활[2] 실천율 증가(만 6세 이상)	30.2%	35.6%	48.6%
4-2 건강 체중 유지/관리 인구비율을 유지시킨다.			
적정체중(18.5 ≤ BMI < 25) 성인 인구비율 유지	64.0%	62.6%	64.0%
저체중(BMI < 18.5) 성인 인구비율 감소	5.0%	4.8%	3.0%
4-3 생애주기별 영양관리를 강화한다.			
아침식사 결식률 감소(만 1세 이상)	21.9%	22.5%	18.3%
영양섭취 부족[3] 노인(만 75세 이상) 인구비율 감소	29.9%	12.8%	26.3%
가임기여성(10~49세) 빈혈 유병률 감소	13.7%	13.1%	12.0%
영양교육 및 상담 경험률(초등학생 이상) 증가	8.1%	6.7%	20.0%
4-4 미량 영양소 적정섭취 인구비율을 증가시킨다.			
칼슘을 적정 수준으로 섭취하는 인구비율(만 1세 이상)	17.0%	17.8%	21.0%
비타민 A를 적정 수준으로 섭취하는 인구비율(만 1세 이상)	39.7%	34.8%	49.2%
리보플라빈을 적정 수준으로 섭취하는 인구비율(만 1세 이상)	34.0%	47.2%	42.2%

(계속)

지표명	2008년	2013년	2020년
4-5 식품섭취 안정성을 확보하고, 소득수준 간 건강식생활 실천 인구비율의 격차를 감소시킨다.			
식품 안정성[4] 확보 가구 분율 증가	88.2%	93.4%	95.0%
소득하위[5] 영양교육 및 상담 경험률(초등학생 이상) 증가(표준화)[6]	7.2%	6.4%	7.9%
지방을 적정 수준으로 섭취하는 소득하위[5] 인구 비율(만 1세 이상, 표준화)[6]	43.6%	41.5%(2012)	-
지방을 적정 수준으로 섭취하는 소득상위[7] 인구 비율(만 1세 이상, 표준화)[6]	47.6%	51.1%(2012)	-
소득 간 차이[8]	4.0%p	9.6%p(2012)	3.2%p
칼슘을 적정 수준으로 섭취하는 소득하위[5] 인구 비율(만 1세 이상, 표준화)[6]	13.5%	15.9%	-
칼슘을 적정 수준으로 섭취하는 소득상위[7] 인구 비율(만 1세 이상, 표준화)[6]	20.8%	21.9%	-
소득 간 차이[9]	7.3%p	6.0%p	5.8%p
리보플라빈을 적정 수준으로 섭취하는 소득하위[5] 인구 비율(만 1세 이상, 표준화)[6]	30.2%	43.2%	-
리보플라빈을 적정 수준으로 섭취하는 소득상위[7] 인구 비율(만 1세 이상, 표준화)[6]	38.4%	56.1%	-
소득 간 차이[10]	8.2%p	12.9%p	7.4%p
과일과 채소를 1일 500 g 이상 섭취하는 소득하위[5] 인구 비율(만 6세 이상, 표준화)[6]	28.4%	30.9%	-
과일과 채소를 1일 500 g 이상 섭취하는 소득상위[7] 인구 비율(만 6세 이상, 표준화)[6]	40.8%	45.5%	-
소득 간 차이[11]	12.4%p	14.6%p	11.2%p
적정체중(18.5 ≤ BMI < 25) 소득하위[5] 성인 인구비율(표준화)[6]	62.3%	59.9%(2012)	-
적정체중(18.5 ≤ BMI < 25) 소득상위[7] 성인 인구비율(표준화)[6]	65.3%	64.9%(2012)	-
소득 간 차이[12]	3.0%p	5.0%p(2012)	2.4%p

1) 에너지적정비율(acceptable macronutrient distribution range, AMDR)에 부합되는 수준의 지방 섭취(1~2세 20~35%, 3~19세 15~30%, 20세 이상 15~25%)

2) 지방, 나트륨, 과일/채소, 영양표시 등의 4개 지표 중 2개 이상을 만족

3) 에너지 섭취량이 한국인 영양소 섭취기준 필요추정량의 75% 미만이면서 칼슘, 철, 비타민 A, 리보플라빈의 섭취량이 평균필요량 미만

4) 가구원 중 식품 구매를 주로 담당하는 1명에게 최근 1년간의 가구 식생활 형편을 물었을 때 '우리 가족 모두가 원하는 만큼의 충분한 양과 다양한 종류의 음식을 먹을 수 있었다' 또는 '우리 가족 모두가 충분한 양의 음식을 먹을 수 있었으나, 다양한 종류의 음식은 먹지 못했다'로 응답

5) 소득 4분위수의 최하위

6) 2005년 추계인구로 표준화

7) 소득 4분위수의 최상위

8) AMDR에 부합되는 수준의 지방을 섭취하고 있는 소득 4분위수 최하위와 최상위 간 인구비율의 차이

9) 권장섭취량 이상~상한섭취량 미만의 칼슘을 섭취하고 있는 소득 4분위수 최하위와 최상위 간 인구비율의 차이

10) 권장섭취량 이상~상한섭취량 미만의 리보플라빈을 섭취하고 있는 소득 4분위수 최하위와 최상위 간 인구비율의 차이

11) 과일/채소를 하루 500 g 이상 섭취하고 있는 소득 4분위수 최하위와 최상위 간 인구비율의 차이

12) BMI 18.5 이상~25.0 미만에 속하는 소득 4분위수 최하위와 최상위 간 인구비율의 차이

% : 퍼센트

%p : 퍼센트 포인트

자료 : 보건복지부, 한국건강증진개발원. 제4차 국민건강증진종합계획. 2015

단원정리

- 지역사회란 일정한 지리적 영역에 거주하며, 집합적 동질성을 가진 구성원들이 소속감을 가지고 공동의 이익과 목적을 성취해 나가는 사회적 단위를 뜻한다.
- 지역사회 구성원의 건강 유지와 증진은 개인의 차원을 넘어 사회적 책임, 나아가 국가의 책임이 되었다. 지역사회영양학은 식품영양학, 보건학, 인간행동과학 등의 학문을 기반으로 지역사회 구성원 개인은 물론이고 집단의 건강증진과 삶의 질 향상을 목적으로 한다.
- 지역사회영양학은 지역사회의 개인 또는 집단을 대상으로 안전하고 적절하며 건강한 식생활을 위해서 계획된 식품과 영양에 대한 지식, 태도, 행동 및 건강 상태에 영향을 미치는 포괄적인 영양중재 활동, 즉 영양사업을 포함한다.
- 지역사회 영양활동가는 지역사회를 구성하는 사람들의 다양한 측면을 고려하여 영양문제를 파악하고, 근거중심적인 실행 방법과 기술을 활용하여 대상자들의 영양 및 건강 상태 개선을 위한 활동을 할 수 있는 능력과 자질이 필요하다.
- 우리나라에서 최근 급속히 진행되고 있는 인구 고령화로 인하여 노인인구를 위한 영양 서비스가 지역사회 건강증진사업의 중요한 분야가 될 것이다.

연습문제

1 인간이 추구하는 건강의 개념을 정의해 보자.

2 개인적 차원에서 조절할 수 있는 건강의 요소들 가운데 실천하기 쉬운 요소에 대하여 예를 들어 이야기해 보자.

3 현재 자신이 관심을 가지고 있는 영양문제나 건강문제에 대하여 이야기해 보자.

4 자신이 속한 지역사회에서 경험해 본 영양활동에 대하여 설명해 보자.

5 지역사회영양학이 정적이지 않고 계속 변모하는 학문인 이유를 이야기해 보자.

정답과 풀이

1. 건강함은 해부학적으로 완전함, 육체적, 생물학적, 사회적인 스트레스를 다루는 능력이 있으며, 또한 질병이나 요절의 위험이 없음 등을 뜻한다. 따라서 건강한 사람은 살고, 일하고, 다른 사람과 즐겁게 교류할 수 있는 육체적, 정신적, 사회적 능력이 있다는 것이다.
2. 규칙적인 생활습관, 안전하고 위생적인 식생활 환경, 건전한 사회적 관계 등
3. 체중 조절, 아토피, 피부 건강, 감기, 비타민 섭취, 다이어트 식단 등
4. 학교급식 체험활동, 노인복지관 급식봉사 체험활동, 보건소의 지역주민 대상 비만 클리닉, 영양플러스사업 봉사활동 등
5. 지역사회영양학은 인구 구성이나 질병구조, 사회적 특성 등 변화하는 환경에 따른 새로운 문제를 파악하여 지역사회 집단의 변화와 요구도를 반영할 수 있는 사업을 계획해야 하기 때문이다.

02
지역사회영양사업의 발달

지역사회영양사업의 시작

지역사회영양사업을 위한 제도와 법률의 발달

1. 지역사회영양사업의 시작

1) 지역사회영양사업의 배경

오래전부터 기아와 영양 불량은 인류 보건을 위협하는 중대한 문제였다. 20세기는 그 해결을 위해 수십 년간 축적된 영양학 분야의 과학적 연구 성과들을 비로소 정책과 기술 지원의 형태로 응용하기 시작한 시기이다. 20세기 중반에 많은 국가는 제2차 세계대전으로 인한 식량 부족과 각종 영양 불량을 심각한 보건문제로 겪고 있었다. 이에 국제연합United Nations, UN은 세계 평화와 식량문제 해결 및 건강 향상을 기본 이념으로 하여 1945년에는 식량농업기구Food and Agriculture Organization, FAO를, 1946년에는 세계보건기구World Health Organization, WHO와 아동기금United Nations Children's Fund, UNICEF을 그 산하에 설립하였다.

1950년대 중반까지 FAO와 WHO는 회원국에서 국가 차원의 영양사업을 수행하고, 개발도상국에서 영양교육과 이유보충식사업을 수행하였다. 하지만 그 결과가 충분히 효과적이지 않았기에, 사업 방향을 전환하고 개선하려는 시도로 영양식품의 생산, 균형식 섭취의 지도, 적절한 영양교육과 기술에 대한 연구와 보급, 사업 실행에 필요한 지도요원의 교육과 훈련, 그리고 사업의 궁극적인 목적 달성을 위한 보건·교육·농수산 등 정부 관계부처와 사회 공공단체와의 협조 등을 핵심사업으로 수행하게 되었다. 더불어, UNICEF는 1957년 아시아, 남미, 아프리카 등 개발도상국에서 기아와 영양 불량 문제 해결을 위해 응용영양사업applied nutrition programmes의 수행을 선언하고, FAO의 후원하에 세계 각국에서 사업을 착수하였다. 1950년대 후반부터 수행된 응용영양사업은 기존에 진행되었던 영양 개선활동과는 달리 영양 불량의 근본적인 원인을 파악하고 해결하기 위한 시도라는 점에서 그 의의가 있다.

2) 우리나라 지역사회영양사업의 시초

1950년대까지만 해도 식량 사정이 매우 어려웠던 우리나라의 농촌 가정에서는 보릿고개가 흔한 연례행사였다. 정부는 이와 같은 농촌의 고질적인 식량문제 해결을 위해 1956년부터 농촌진흥청을 중심으로 농촌생활개선사업을 시작하고, 1968년 3월 19일에는 UNICEF, FAO, WHO와 응용영양사업 협정을 체결하였다.[1] 응용영양사업은 정부 차원에서 추진한 국내 최초의 본격적 식생활 교육사업이라는 점에서 중요한 의미를 가진다.

우리나라에서 응용영양사업이 시작된 배경은 다음과 같다.

(1) 농업의 생산 구조적 문제

1960년대 우리나라의 농업 생산구조는 곡류에 지나치게 편중되어 있어 개선할 필요가 있었다. 식품수급표가 작성되기 시작한 1962년 자료에 따르면 식품 총생산량 중 약 45%가 곡류, 그중 약 84%가 미맥米麥이었다(그림 2-1). 이와 같은 생산 구조적 문제는 소비의 문제와 직결되어 있어 우리 농촌은 곡류 위주의 식생활 습관이 심각하였다.

(2) 곡류 위주의 식습관과 영양 섭취 불량

1970년 국민영양조사 결과(그림 2-2)에 따르면, 도시 지역의 총 섭취 칼로리는 2,286

1962年度 食品需給表

인구: 26,432천 명

食品名 Products	生産 Production	輸入 Import	移入 Carry-In	總供給量 Total Supply	移越 Carry-Over	輸出 Export	飼料 Feed	種子 Seed	減耗 Loss	加工用 Food Manufacture 食用 Food	非食用 NonFood	純食用 總量 Total
	1,000톤											
1 穀類												
밀	268	372	277	917	265		10	5	12	615[1]	10[2]	
밀가루	440	34	340	814	325							489
쌀	3,015		2,836	5,851	2,373			77	107	5[2]		3,289
보리	1,378		751	2,129	633		54	38	46	50[2]		1,308
其他	141	54	101	296	105		6[2]	2	4	6[2]		173
2 薯類												
감자	412			412			1	46	41			325
고구마	1,151			1,151			45	57	115	110		824
3 雪糖類	46			46					0			46
4 豆類												
콩	156	24		180			5	22	5	1[2]		148
팥	16			16					0			16
其他	11			11					0			11
5 堅果類	2			2					0	4[2]		2
6 種實類	6			6			0	0	0			2
7 菜蔬類	1,300			1,300					194			1,106
8 果實類	196			196		1			20			175
9 肉類												
쇠고기	24			24								24
돼지고기	53	1		55								55
닭고기	16			16								16
其他	3	7		10								10
副産物	22			22								22
10 鷄卵類	59	0		59		3		0				56
11 牛乳類	3	1		4			0		0			4
12 魚貝類	418			418		34			21			363
13 海藻類	38			38		4			2			32
14 油脂類	6	2		8					0			8
15 酒類	629			629	3	0			19			607
合計												

1963年度 食品需給表

인구: 27,184천 명

食品名 Products	生産 Production	輸入 Import	移入 Carry-In	總供給量 Total Supply	移越 Carry-Over	輸出 Export	飼料 Feed	種子 Seed	減耗 Loss	加工用 Food Manufacture 食用 Food	非食用 NonFood	純食用 總量 Total
	1,000 M/T											
1 穀類												
밀	228	898	265	1,391	224		10	6	14	1,127[1]	10[2]	
밀가루	809	21	325	1,155	552							603
쌀	3,758	117	2,373	6,248	3,086			34	128	6[2]		2,994
보리	918	207	633	1,758	138		56	40	33	50[2]		1,441
其他	142	16	105	263	109		6[2]	1	5	6[2]		136
2 薯類												
감자	391			391			1[2]	43	39			309
고구마	1,404			1,404			45[2]	69	140	116[2]		1,034
3 雪糖類	34			34					0			34
4 豆類												-
콩	156	11		167			5	22	5	1[2]		135
팥	15			15					0			15
其他	11			11					0			11
5 堅果類	2			2					0			2
6 種實類	6			6			0		0	3[2]		3
7 菜蔬類	1,188			1,188					178			1,010
8 果實類	179			179		2			18			159
9 肉類												
쇠고기	30			30								30
돼지고기	77			77								77
닭고기	20			20								20
其他	9			9								9
副産物	29			29								29
10 鷄卵類	74			74		3		0				71
11 牛乳類	6	1		7			0		0			7
12 魚貝類	474			474		29			24			421
13 海藻類	47			47		1			2			44
14 油脂類	7	1		8					0			8
15 酒類	561			561		1			17			543
合計												

1) 제분용: 610천 톤, 양조용: 5천 톤

2) 추정치임

그림 2-1 1962년과 1963년 식품수급표

자료 : 한국농촌경제연구원. 식품수급표. 1963, 1964

[1] 주관기관 : 농촌진흥청, 지원기관 : UNICEF, FAO, WHO
농촌진흥청이 177,196달러, UNICEF가 178,000달러, FAO가 66,000달러의 비율로 비용 부담키로 협정

〈표Ⅳ-3〉 1일 1인당 평균영양소 섭취량(1970)

Average Nutrient intake per person per day

지역 District / 영양소 Nutrient	도시 City	농촌 Agriculture	어촌 Fishery	산촌 Mountainous	광촌 Mining	평균 Average
단백질 Protein						
동물성 Animal (g)	21.0	3.7	8.1	6.7	8.1	9.5
식물성 Vegetable (g)	56.2	47.4	70.1	51.5	51.2	55.1
계 Total (g)	76.2	51.1	78.2	58.2	59.3	64.6
지방 Fat (g)	27.2	9.9	18.3	14.8	15.2	17.2
탄수화물 Carbohydrate (g)	434.1	413.7	516.4	387.9	419.0	434.2
카로리 Calories (cal)	2,286	1,949	2,547	1,917	2,050	2,150
칼슘 Ca (mg)	558.3	330.5	625.2	410.7	402.6	465.5
철 Fe (mg)	13.2	8.2	15.4	9.8	9.6	11.2
비타민 A V.A (I.U)	3,330.3	1,738.4	2,616.8	2,450.3	2,612.0	2,549.6
비타민 B_1 V.B_1 (mg)	1.06 (0.74)	0.90 (0.63)	1.55 (1.09)	1.05 (0.74)	0.92 (0.64)	1.10 (0.77)
비타민 B_2 V.B_2 (mg)	0.95 (0.86)	0.60 (0.54)	0.95 (0.86)	0.69 (0.62)	0.69 (0.62)	0.78 (0.70)
나이아신 Niacin (mg)	17.5 (14.9)	13.4 (11.4)	20.5 (17.4)	15.4 (13.1)	14.7 (12.5)	16.3 (13.9)
비타민 C V.C (mg)	71.7 (35.9)	57.4 (28.7)	134.1 (67.1)	82.6 (41.3)	68.9 (34.5)	82.9 (41.5)

( ) 내는 Cooking loss※ 계산한것.

※ B_1 30% B_2 10% Niacin 15% C 50%

그림 2-2 1970년 국민영양조사

자료 : 보건사회부. 1970년 국민영양조사. 1972

kcal이었는데 곡류 위주의 식생활 습관으로 인하여 탄수화물로부터 얻는 칼로리가 75.96%에 달하였다. 이와 같은 현상은 도시보다 농촌에서 더욱 심각하여, 농촌 지역의 총 섭취 칼로리는 1,949 kcal였는데 이 중 탄수화물 비율이 84.9%이고 단백질과 지질 부분은 각각 10.5%와 4.6%에 불과하였다. 특히 동물성 단백질의 섭취비율은 전체 섭취 칼로리 중 0.8%였다. 이처럼 극도로 탄수화물에 집중된 식생활은 단백질, 칼슘, 철, 비타민 B_2 등 영양소의 만성적 부족을 초래하였고, 그 해결을 위해서 농가 단위별 주민 영양 교육의 실시가 절실하였다.

3) 우리나라 응용영양사업

응용영양사업의 목적은 식량 자급 및 국민 체위 향상이며, 이를 위해 식량 생산과 이용방법을 교육하고, 어머니와 자녀 등 취약계층을 중심으로 농촌 주민의 영양 수준을 개선하는 것이 주요 사업 내용이었다.

응용영양사업을 통해 수행된 활동은 다음과 같다.

(1) 다양한 보충 식품 생산

- 대두, 녹황색 채소, 과일 등을 증산하고 어류를 양식하며 가금류, 유산양 등을 사육하도록 하였다. 이와 관련하여 축산법 등 생산방법에 대한 교육을 실시하였다.
- 단백질의 섭취는 가금류와 대두의 섭취를 통해서 보충하고, 철의 섭취 역시 가금류 섭취로 보충하였다. 또한 유산양을 사육해 얻은 유즙은 칼슘을 보충할 수 있었다. 각종 녹황색 채소와 과일은 비타민의 섭취를 증가시킬 수 있었다. 그 결과, 농촌 주민들의 영양 및 건강 상태와 체위가 개선되었다.

(2) 식품 이용방법 보급

- 생산된 식품의 이용방법과 계절적으로 부족한 영양소를 보충하기 위한 식품의 보존방법을 각 농가 단위에서 교육하였다. 식품 조리법과 간이 가공·저장 기술은 실기와 실습 위주로 실시되었다.
- 5차 연장사업까지 수행하면서 전국에 1,847개 응용영양시범마을과 22개의 아동영양지도마을을 지정하였고, 시범마을 1곳당 1개소의 영양 개선의 집을 신축하거나 마을회관 일부를 개조하여 식품 가공 실습장소와 어린이 공동 급식장소로 이용하도록 하였다. 영양교육장소로 이용하기 위해 시·군 농촌지도소에 192개의 훈련조리실 겸 단체급식장을 설치하였다.
- 산간 오지마을 주민을 대상으로 한 순회교육을 실시하였고, 이를 위하여 지원차량 12대를 활용하였다.

(3) 전문기관 수립과 전문가 양성

- 1978년 12월 30일 농촌진흥청 산하에 농촌영양개선연수원을 설립하여, 농가의 식품조리 가공 및 보존법의 연구 개발사업 및 전문 지도요원에 대한 교육사업을 수행하였다.
- 단위 농가에서 세부사업을 실시하고 교육 업무를 담당하게 될 전문 인력으로 식품영양 관련 지도요원과 부녀지도자를 육성하였다.

표 2-1 응용영양사업의 추진 과정

명칭	기간	내용
기본 협정사업	1967. 7. 1.~1970. 12. 31.	• 1967년 5개 마을을 시작으로, 1968년에 10개, 1969년에 45개, 1970년에 116개의 시범마을을 신설하여 총 171개의 응용영양시범마을을 육성
1차 연장사업	1971. 1. 1.~1973. 12. 31.	• 정부의 단독사업으로 전환 • 276개 시범마을 추가하여 총 447개의 응용영양시범마을을 운영
2차 연장사업	1974. 1. 1.~1976. 12. 31.	• 1974년 시·군 농촌지도소에 훈련조리실 및 단체급식장 39개소 설치 • 380개 시범마을 추가하여 총 827개의 응용영양시범마을을 운영
3차 연장사업	1977. 1. 1.~1977. 12. 31.	• 220개 시범마을 추가하여 총 1,047개의 응용영양시범마을을 운영
4차 연장사업	1978. 1. 1.~1981. 12. 31.	• 1978년 12월 농촌진흥청 산하 농촌영양개선연구원 설립 • 1981년까지 800개 시범마을 추가하여 총 1,847개의 응용영양시범마을을 운영 • 응용영양시범마을을 중앙에서 지방으로 완전 이관하여 지방기관과 마을 주민이 자체적으로 운영
5차 연장사업	1982. 1. 1.~1986. 12. 31.	• 1986년까지 시·군 농촌지도소에 훈련조리실 및 단체급식장을 192개소 설치 • 아동 영양사업 추진

(4) 각종 통계자료 형성

- 시범마을과 비교마을을 선정하여 영양 섭취 상태, 건강 상태 등 사업 성과를 판단할 수 있는 지표를 측정, 비교하였다.
- 1978년부터는 농촌영양개선연수원에서 농민의 영양 실태와 영양 수급계획을 위한 기초 자료조사를 실시하였다.

UN은 1967년부터 1970년까지의 기본 협정사업 결과를 평가하여 농촌 주민의 식생활 개선과 영양 상태 향상에 기여한 바가 높다는 결론을 내렸고, 대상자들의 호응도 컸다. 이후 5차에 걸쳐 사업을 연장하여 1986년까지 총 20년에 걸쳐 응용영양사업이 추진되었다(표 2-1). 우리나라의 응용영양사업은 세계적으로 성공한 사례로 꼽히고 있다.

2. 지역사회영양사업을 위한 제도와 법률의 발달

1) 관련 법률의 제정

1948년 대한민국 정부 수립 이후에도 일제강점기의 법령과 미군정에 의한 법령이 적용되고 있었다. 지역사회영양은 사회와 국가의 요구에 따라 지역사회의 영양 상태를 향상시키

표 2-2 지역사회영양과 관련된 법률의 제정

시기	법률명 / 제정 또는 전부개정
1951. 9. 25.	국민의료법[법률 제221호] (현재 의료법) 제정
1956. 12. 13.	보건소법[법률 제406호] (현재 지역보건법) 제정
1961. 12. 30.	아동복리법[법률 제912호] (현재 아동복지법) 제정
1962. 1. 20.	식품위생법[법률 제1007호] 제정
1962. 3. 20.	의료법[법률 제1035호] 전부개정
1962. 9. 24.	보건소법[법률 제1160호] 전부개정
1973. 2. 8.	모자보건법[법률 제2514호] 제정
1973. 2. 16.	의료법[법률 제2533호] 전부개정
1981. 1. 29.	학교급식법[법률 제3356호] 제정
1981. 6. 5.	노인복지법[법률 제3453호] 제정
1986. 5. 10.	모자보건법[법률 제3824호] 전부개정
1986. 5. 10.	식품위생법[법률 제3823호] 전부개정
1991. 1. 14.	영유아보육법[법률 제4328호] 제정
1991. 3. 8.	보건소법[법률 제4355호] 전부개정
1995. 1. 5.	국민건강증진법[법률 제4914호] 제정
1995. 12. 29.	지역보건법[법률 제5101호] 전부개정
1999. 9. 7.	국민기초생활보장법[법률 제6024호] 제정
1997. 12. 13.	초·중등교육법[법률 제5438호] 제정
2002. 8. 26.	건강기능식품에 관한 법률[법률 제6727호] 제정
2004. 1. 29.	유아교육법[법률 제7120호] 제정
2004. 1. 29.	영유아보육법[법률 제7153호] 전부개정
2006. 7. 19.	학교급식법[법률 제7962호] 전부개정
2007. 4. 11.	의료법[법률 제8366호] 전부개정
2007. 4. 27.	노인장기요양보험법[법률 제8403호] 제정
2008. 3. 21.	어린이 식생활안전관리 특별법[법률 제8943호] 제정
2009. 2. 6.	식품위생법[법률 제9432호] 전부개정
2009. 5. 27.	식생활교육지원법[법률 제9719호] 제정
2010. 3. 26.	국민영양관리법[법률 제10191호] 제정
2011. 8. 4.	아동복지법[법률 제11002호] 전부개정
2015. 5. 18.	지역보건법[법률 제13323호] 전부개정

는 것을 목적으로 하기 때문에 이를 안정적으로 수행하기 위해서는 조직과 법 등의 제도가 뒷받침되어야 했다. 이에 1951년 「국민의료법」을 필두로 하여 국민의 영양 개선과 건강 증진을 위한 새로운 법률이 차례로 제정되고, 또 시대적 필요에 따라 개정되었다(표 2-2).

1950년대 후반부터 대량 급식의 안전성 문제가 대두되면서 1962년 1월 20일 「식품위생법」이 제정되었으며, 이와 동시에 기존에 존재하던 관련 법령은 모두 폐지되었다. 1962년 6월 13일에는 「식품위생법 시행령」, 10월 10일에는 「식품위생법 시행규칙」이 시행규정으로서 제정되었다. 「식품위생법」의 궁극적 목적은 국민 보건 증진이며, 식품으로 인한 위생상의 위해 방지와 식품 영양의 질적 향상 도모를 강제하였는데 이와 같은 내용은 이 법의 제1조에 잘 나타나 있다.[2] 시대적 변화와 요구에 따라 72차례의 개정을 거쳤지만 가장 최근에 개정된 「식품위생법(법률 제15277호, 2017. 12. 19., 일부개정)」에서도 제정 초기의 목적은 크게 변화하지 않고 잘 유지되어 있다.[3]

1981년에는 '학교급식에 관한 사항을 규정함으로써 학교급식을 통해 학생의 심신의 건전한 발달을 도모하고 나아가 국민 식생활 개선에 기여함'을 목적으로 총 10개 조항으로 구성된 「학교급식법」이 제정되었다(표 2-3). 같은 해 9월에는 「학교급식법 시행령」, 1993년 8월에는 「학교급식법 시행규칙」이 시행규정으로서 각각 제정되었다. 「학교급식법」이 제정될 당시에는 국가의 재정 여건이 좋지 않아 학교급식을 법적으로 강제하기 어려운 실정이었으므로 실제로 학교급식이 전면적으로 확대된 것은 1990년대 중반 이후부터이다. 타법개정, 일부개정, 전부개정 등 총 23회의 개정 과정을 거쳐 2018년 현재 「학교급식법」은 학교급식 등에 관한 사항을 규정함으로써 학교급식의 질을 향상시키고 학생의 건전한 심신의 발달과 국민 식생활 개선에 기여함을 목적으로 하며, 정의, 국가·지방자치단체의 임무, 학교급식 대상, 학교급식위원회 등, 급식시설·설비, 영양교사의 배치 등, 경비부담 등, 급식에 관한 경비의 지원, 식재료, 영양관리, 위생·안전관리, 식생활 지도 등, 영양상담, 학교급식의 운영방식, 품질 및 안전을 위한 준수사항, 생산품의 직접사용 등, 학교급식 운영평가, 출입·검사·수거 등, 권한의 위임, 행정처분 등의 요청, 징계, 벌칙, 양벌규정, 과태료 등 총 25개 조항으로 구성되어 있다.

[2] 제1조(목적) 본 법은 식품으로 인한 위생상의 위해의 방지와 식품영양의 질적 향상을 도모함으로써 국민보건의 향상과 증진에 기여함을 목적으로 한다.

[3] 제1조(목적) 이 법은 식품으로 인하여 생기는 위생상의 위해危害를 방지하고 식품영양의 질적 향상을 도모하며 식품에 관한 올바른 정보를 제공하여 국민보건의 증진에 이바지함을 목적으로 한다.

표 2-3 제정 당시의 학교급식법 [시행 1981.1.29.] [법률 제3356호, 1981.1.29., 제정]

제1조 (목적) 이 법은 학교급식에 관한 사항을 규정함으로써 학교급식을 통한 학생의 심신의 건전한 발달을 도모하고 나아가 국민식생활 개선에 기여함을 목적으로 한다.

제2조 (정의) 이 법에서 사용되는 용어의 정의는 다음과 같다.

1. "학교급식"이라 함은 제1조의 목적을 달성하기 위하여 제4조의 규정에 의한 각급학교 또는 학급의 재학생에 대하여 실시하는 급식을 말한다.
2. "급식에 관한 경비"라 함은 학교급식을 위한 식품비, 급식운영비 및 급식시설·설비비를 말한다.

제3조 (국가·지방자치단체의 임무) 국가와 지방자치단체는 영양교육을 통한 식습관의 개선과 학교급식의 원활한 수행을 위하여 필요한 시책을 강구하여야 한다.

제4조 (학교급식대상) 학교급식은 대통령이 정하는 바에 따라 다음 각호의 1에 해당하는 학교 또는 학급에 재학하는 학생을 대상으로 실시한다.

1. 교육법 제81조의 규정에 의한 학교 중 의무교육대상학교
2. 교육법 제103조의4 및 제107조의4의 규정에 의한 근로청소년을 위한 특별학급 및 산업체부설학교
3. 기타 문교부장관이 필요하다고 인정하는 학교

제5조 (급식시설·설비) ① 학교급식을 실시할 학교는 학교급식을 위하여 필요한 시설과 설비를 갖추어야 한다. 다만, 2 이상의 학교가 인접하여 있을 경우에는 학교급식을 위한 시설을 공동으로 할 수 있다.
② 제1항의 규정에 의한 시설·설비의 종류와 기준은 대통령령으로 정한다.

제6조 (학교급식의 운영원칙 및 관리기준) ① 학교급식은 교육의 일환으로 운영되어야 한다.
② 학교급식의 내용은 학생의 발육과 건강에 필요한 영양을 충족할 수 있는 식품으로 구성되어야 하며, 급식관리에 있어서는 위생과 안전에 철저를 기하여야 한다.
③ 학교급식의 영양 및 관리기준은 대통령령으로 정한다.

제7조 (전담직원의 배치) ① 학교급식을 실시하는 학교에는 대통령령으로 정하는 일정한 자격을 가진 학교급식전담직원을 두어야 한다.
② 서울특별시·부산시·도교육위원회의 교육감 및 시·군의 교육장(교육구청장을 포함한다)은 학교급식에 관한 업무를 전담하게 하기 위하여 영양에 관한 전문지식이 있는 직원을 둘 수 있다.

제8조 (경비부담) ① 학교급식 실시에 필요한 시설·설비에 요하는 경비와 학교급식의 운영에 필요한 경비 중 대통령령으로 정하는 경비는 당해 학교의 설립경영자가 이를 부담한다.
② 제1항에 규정된 경비 이외의 급식에 관한 경비는 대통령령이 정하는 바에 따라 학부모 부담을 원칙으로 하되, 필요한 경우에는 국가 또는 지방자치단체가 지원할 수 있다.

제9조 (생산품의 직접사용등) ① 학교에서 작물재배·동물사육 기타 각종 생산활동으로 얻은 생산품이나 그 생산품의 매각대금은 다른 법률의 규정에 불구하고 학교급식을 위하여 직접 사용할 수 있다.
② 지방재정법 제49조의 적용을 받는 학교의 급식에 관한 경비(식품비에 한한다)는 이를 도급경비로 지출할 수 있다.

제10조 (시행령) 이 법의 시행에 관하여 필요한 사항은 대통령령으로 정한다.

2) 보건복지부의 설립

지역사회영양사업을 안정적으로 수행하기 위해서는 이를 전담으로 수행할 조직이 필요하였다. 우리나라 국가 보건 정책의 주요 수행기관 중 하나인 보건복지부가 현재의 명칭과 조직을 갖추기까지는 많은 변화가 있었다(표 2-4). 광복 후인 1945년 9월 24일 미군정

표 2-4 보건복지부 연혁

시기	변천 내용
1948. 8. 15	대한민국 정부 수립
1948. 11. 4	사회부 신설(대통령령 제25호)
1949. 7. 25	보건부 신설(대통령령 제150호)
1949. 7. 29	사회부 직제 보건국 폐지(대통령령 제147호)
1955. 2. 17	보건부와 사회부를 통합 보건사회부로 개편(대통령령 제1004호)
1994. 12. 23	보건사회부를 보건복지부로 개편(대통령령 제14446호)
2008. 2. 29	보건복지가족부로 개편(대통령령 제20679호)
2010. 3. 15	보건복지부로 개편(대통령령 제22075호)

에 의한 군정법령 제1호에 의하여 위생국이 설치되었다가 1945년 10월 27일 보건후생국으로 개칭되었고 1946년 3월 29일 보건후생부로 승격되었다. 1948년 대한민국 정부가 수립되면서 국민 보건과 사회복지 증진에 관한 업무를 수행해야 했고, 이를 위한 중앙 행정기관으로 보건·후생·노동·주택 및 부녀 문제에 관한 사무를 관장하는 조직이 필요하게 됨으로써 보건후생부가 사회부로 개편된 것이 보건복지부의 시초이다. 사회부는 1949년 보건에 관한 업무를 분장하여 보건부를 분리하였다가, 1955년에는 다시 통합하여 보건사회부로 재조직하였다. 우리나라에서 영양을 비롯한 보건 행정에 관련된 초창기의 많은 업무들이 보건사회부를 중심으로 수행되었다. 1994년 보건사회부는 보건복지부로 개편되었고, 2008년에는 국가청소년위원회와 여성가족부의 가족 및 보육 업무, 기획예산처 양극화민생대책본부의 업무를 보건복지부로 이관하면서 보건복지가족부로 통합되었다가, 2010년 청소년·가족 기능을 여성부로 이관하고 보건복지가족부의 기능을 보건복지 정책 중심으로 개편하는 내용으로 「정부조직법」이 개정되면서 현재의 보건복지부의 모습을 갖추게 되었다.

2013년에는 보건복지부 산하의 '식품의약품안전청'이 국무총리실 소속의 '식품의약품안전처'로 승격되면서 보건복지부의 식품의약품 안전 정책과 농림수산식품부(현 농림축산식품부)의 농축산물 위생 안전 기능 등의 부문이 식품의약품안전처로 이관되었다. 하지만 보건과 사회 복지에 대한 수요가 증가함에 따라 보건복지부의 업무는 날로 방대해지고 있으며, 시대의 흐름에 따른 조직과 기능의 변화가 앞으로도 계속 진행될 것으로 예측된다.

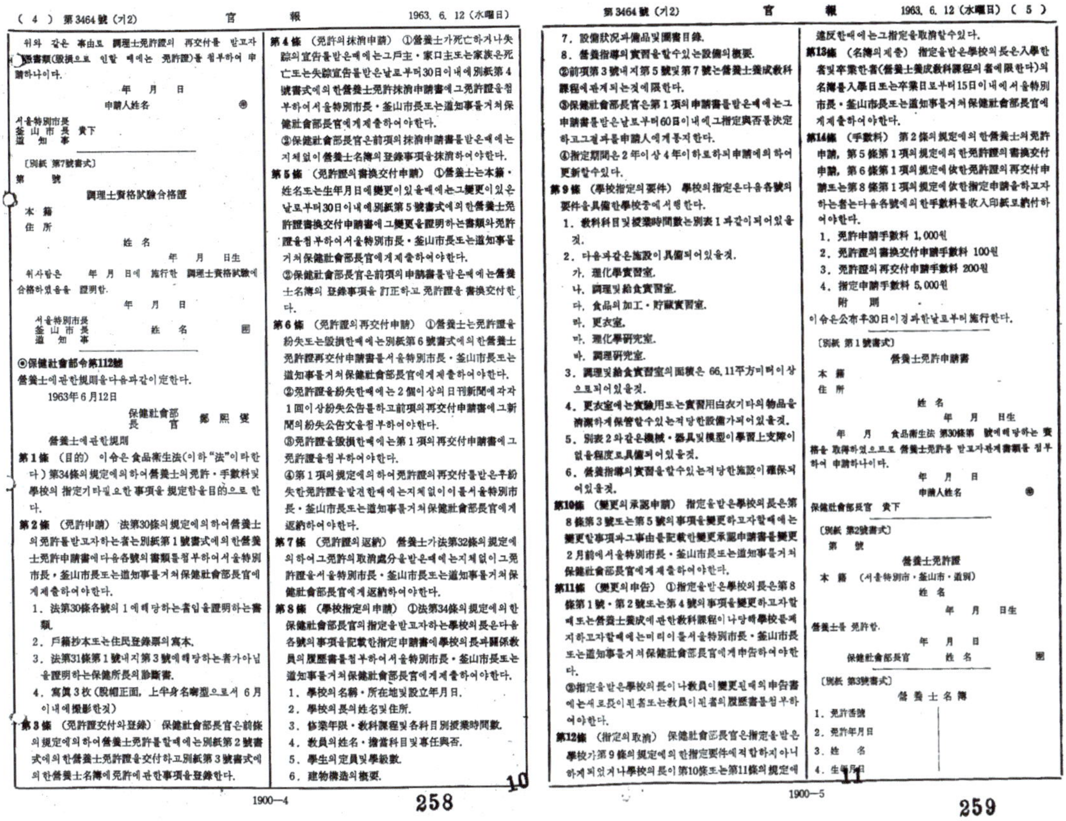

그림 2-3 보건사회부령 제112호, 영양사에 관한 규칙

자료 : 국가기록원, 관보 제3464호, 1963

3) 영양사 제도의 확립

6·25전쟁 이후 1950년대 후반부터 가정과 출신의 이학사를 영양사로 지칭하여 병원 급식이 수행되고 있었으나 정식으로 국가에서 면허를 부여한 것은 아니었다. 1962년 1월 20일 「식품위생법」이 제정됨과 더불어 법적으로 영양사 면허제도가 명시되었고, 1963년 6월 12일에는 보건사회부령 제112호로 「영양사에 관한 규칙」이 공포되면서 영양사의 자격조건이 규정되었다(그림 2-3). 1962년 「식품위생법」에 영양사 면허제도가 명시된 후 최초로 영양사 면허증이 발급된 것은 1964년이었다. 우리나라 최초로 영양사 양성학교 지정을 받은 명지초급대학 졸업생 32명을 비롯하여 덕성여자초급대학 졸업생 25명 등 57명

보건사회부령 보통 시행법 또는 시행세칙이라고 하며, 행정 각부의 장이 소관 사무에 관하여 법률이나 대통령령의 위임 또는 직권으로 발하는 명령

의 영양과 졸업생이 영양사 면허를 부여받았다. 영양사 면허증 소지자의 영양사로서 취업은 1965년 공군 본부에 채용된 것이 처음이었으며, 사업체에는 1966년 태창방직이 처음이었다. 1969년 10월 18일에는 최초의 영양사 전문단체인 '한국영양사협회'가 창립되었다. 1974년 5월 4일 제5회 정기총회에서 명칭을 '대한영양사회'로 변경하였고, 1979년 5월

표 2-5 법률에 나타난 영양사 면허 조항의 변화

식품위생법 [시행 1962.4.21.] [법률 제1007호, 1962.1.20., 제정]	식품위생법 [시행 1973.2.16.] [법률 제2532호, 973.2.16., 일부개정]	식품위생법 [시행 1976.12.31.] [법률 제2971호, 1976.12.31., 일부개정]	국민영양관리법 [시행 2010.9.27.] [법률 제10191호, 2010.3.26., 제정]	국민영양관리법 [시행 2015.12.29.] [법률 제13643호, 2015.12.29., 일부개정]
제30조 (영양사의 면허) 영양사가 되고자 하는 자는 다음 각호의 1에 해당하는 자로서 보건사회부장관의 면허를 받아야 한다. 1. 보건사회부장관이 지정하는 학교 또는 양성기관을 수료한 자 2. 영양사 자격시험에 합격한 자 3. 외국에서 영양사 면허를 받은 자로서 보건사회부장관이 적당하다고 인정하는 자	**제30조 (영양사의 면허)** 영양사가 되고자 하는 자는 다음 각호의 1에 해당하는 자로서 보건사회부장관의 면허를 받아야 한다. 1. 보건사회부장관이 지정하는 학교 또는 양성기관을 수료한 자 2. 삭제 3. 외국에서 영양사 면허를 받은 자로서 보건사회부장관이 적당하다고 인정하는 자	**제30조 (영양사의 면허)** 영양사가 되고자 하는 자는 다음 각호의 1에 해당하는 자로서 영양사자격시험에 합격한 후 보건사회부장관의 면허를 받아야 한다. 1. 교육법에 의한 전문학교, 초급대학 또는 대학(교육대학 및 사범대학을 포함한다)에서 식품학 또는 영양학을 전공한 자 2. 외국에서 영양사면허를 받은 자 3. 외국에서 영양사양성학교를 졸업한 자로서 보건사회부장관이 인정하는 자	**제15조(영양사의 면허)** ① 영양사가 되고자 하는 사람은 다음 각 호의 어느 하나에 해당하는 사람으로서 영양사 국가시험에 합격한 후 보건복지부장관의 면허를 받아야 한다. 1. 「고등교육법」에 따른 학교에서 식품학 또는 영양학을 전공한 자로서 교과목 및 학점이수 등에 관하여 보건복지부령으로 정하는 요건을 갖춘 사람 2. 외국에서 영양사면허를 받은 사람 3. 외국의 영양사 양성학교 중 보건복지부장관이 인정하는 학교를 졸업한 사람 ② 보건복지부장관은 제1항에 따른 국가시험의 관리를 보건복지부령으로 정하는 바에 따라 시험 관리능력이 있다고 인정되는 관계 전문기관에 위탁할 수 있다. ③ 영양사 면허와 국가시험 등에 필요한 사항은 보건복지부령으로 정한다.	**제15조 (영양사의 면허)** ① 영양사가 되고자 하는 사람은 다음 각 호의 어느 하나에 해당하는 사람으로서 영양사 국가시험에 합격한 후 보건복지부장관의 면허를 받아야 한다. 1. 「고등교육법」에 따른 대학, 산업대학, 전문대학 또는 방송통신대학에서 식품학 또는 영양학을 전공한 자로서 교과목 및 학점이수 등에 관하여 보건복지부령으로 정하는 요건을 갖춘 사람 2. 외국에서 영양사면허를 받은 사람 3. 외국의 영양사 양성학교 중 보건복지부장관이 인정하는 학교를 졸업한 사람 ② 보건복지부장관은 제1항에 따른 국가시험의 관리를 보건복지부령으로 정하는 바에 따라 시험 관리능력이 있다고 인정되는 관계 전문기관에 위탁할 수 있다. ③ 영양사 면허와 국가시험 등에 필요한 사항은 보건복지부령으로 정한다.

13일 '사단법인 대한영양사회'로 보건사회부에서 설립인가를 받았다.

「식품위생법」은 최초 제정 당시 13장 전문 80조와 부칙으로 구성되었는데, 제8장에는 '조리사 및 영양사의 고용과 면허'에 대한 내용을 담고 있었다. 이는 우리나라 역사상 처음으로 영양사를 법적 기술한 것이다. 최초 「식품위생법」에 규정된 영양사 자격 요건에

표 2-6 집단급식소 영양사 배치 및 직무 관련 법령의 해당 조항

식품위생법 [시행 2018.6.20.] [법률 제15277호, 2017.12.19., 일부개정]

제1장 총칙

제2조(정의) 이 법에서 사용하는 용어의 뜻은 다음과 같다.

12. "집단급식소"란 영리를 목적으로 하지 아니하면서 특정 다수인에게 계속하여 음식물을 공급하는 다음 각 목의 어느 하나에 해당하는 곳의 급식시설로서 대통령령으로 정하는 시설을 말한다.
    가. 기숙사
    나. 학교
    다. 병원
    라. 「사회복지사업법」 제2조제4호의 사회복지시설
    마. 산업체
    바. 국가, 지방자치단체 및 「공공기관의 운영에 관한 법률」 제4조제1항에 따른 공공기관
    사. 그 밖의 후생기관 등

제8장 조리사 등

제52조(영양사)

① 집단급식소 운영자는 영양사(營養士)를 두어야 한다. 다만, 다음 각 호의 어느 하나에 해당하는 경우에는 영양사를 두지 아니하여도 된다.

1. 집단급식소 운영자 자신이 영양사로서 직접 영양 지도를 하는 경우
2. 1회 급식인원 100명 미만의 산업체인 경우
3. 제51조제1항에 따른 조리사가 영양사의 면허를 받은 경우

② 집단급식소에 근무하는 영양사는 다음 각 호의 직무를 수행한다.

1. 집단급식소에서의 식단 작성, 검식(檢食) 및 배식 관리
2. 구매식품의 검수(檢受) 및 관리
3. 급식시설의 위생적 관리
4. 집단급식소의 운영일지 작성
5. 종업원에 대한 영양 지도 및 식품위생교육

식품위생법 시행규칙 [시행 2018.1.1.] [총리령 제1437호, 2017.12.29., 일부개정]

제79조(영양사의 직무 등) 법 제52조에 따른 영양사는 다음 각 호의 직무를 수행한다.

1. 식단 작성, 검식(檢食) 및 배식 관리
2. 구매식품의 검수(檢受) 및 관리
3. 급식시설의 위생적 관리
4. 집단급식소의 운영일지 작성
5. 종업원에 대한 영양 지도 및 식품위생교육

대한 내용(표 2-5)은 1962년 제정 이후 2회에 걸쳐 개정되었는데, 1976년 12월 31일 개정된 내용에는 음식물의 위생관리를 강화하기 위해 영양사의 자격 요건을 양성기관 지정제에서 면허시험제로 변경하는 내용을 담고 있다. 기존에는 보건사회부 장관이 지정하는 학교 또는 양성기관을 수료하면 시·도지사가 면허를 내주었으나, 개정 이후에는 시험을 거쳐 합격한 경우에만 면허를 주도록 규정한 것이다. 현재 영양사의 면허는 2010년 제정된 「국민영양관리법」에 의거하여 규정하고 있다.

2018년 현재, 최종 개정된 「식품위생법[시행 2018.6.20.][법률 제15277호, 2017.12.19., 일부개정]」과 「식품위생법 시행규칙[시행 2018.1.1.][총리령 제1437호, 2017.12.29., 일부개정]」에 명시된 영양사와 관련된 조항들의 내용은 표 2-6과 같다. 여기에는 집단급식소의 정의 및 집단급식소 영양사의 배치 기준과 직무에 관련된 내용이 규정되어 있다.

2017년 7월 3일 개정·고시된 「제7차 한국표준직업분류(통계청 고시 제2017-191호)」에서 '영양사'는 대분류 2의 전문가 및 관련 종사자, 중분류 24의 보건·사회복지 및 종교 관련직, 소분류 244의 영양사에 분류되어 있다(표 2-7). 세분류 2440에서 영양사는 건강 증진

표 2-7 한국표준직업분류에 명시된 영양사

분류	2 전문가 및 관련 종사자(Professionals and Related Workers) └, 24 보건·사회복지 및 종교 관련직(Health, Social Welfare and Religion Related Occupations) └, 244 영양사(Dietitians) └, 2440 영양사(Dietitians) └, 24401 임상영양사(Clinical Dietitians) 24402 일반영양사(General Dietitians) 24403 영양교사(School Nutrition Teachers)		
주요 업무	• 영양 기법과 응용에 관하여 연구·개발하고 이들을 적용한다. • 사용 식품의 신선도를 검사하고, 함유 열량의 단위를 계산하며 섭취영양소의 양을 분석한다. • 조리담당자의 조리·위생 상태를 관리·감독하며, 조리된 음식의 조화·맛·질감을 평가하기 위하여 검식을 한다. • 주방 기구·시설·설비의 위생을 점검, 감독하고 일일 식품 소비량을 관리한다. • 영양문제 수집·분석 및 영양요구량 산정 등의 영양을 판정한다. • 영양 상담 및 교육을 실시하고, 영양관리 상태 점검을 위한 영양 모니터링 및 평가를 한다. • 영양 불량 상태 개선을 위한 영양관리 및 임상영양에 대하여 자문 및 연구를 하며 그 밖에 임상영양과 관련된 업무를 한다.		
직업 예시	• 임상영양사 • 급식경영 영양사 • 산업보건 영양사	• 보건 영양사 • 관리 영양사 • 식품위생 영양사	• 영양교사 • 상담 영양사

자료 : 통계청. 제7차 한국표준직업분류. 통계청 고시 제2017-191호, 2017.7.3. 개정·고시, 2018.1.1. 시행

및 질병 치료를 목적으로 개인 및 단체에 균형 잡힌 음식물을 공급하기 위하여 식단을 계획하고 조리 및 공급을 감독하는 업무를 수행하는 직업으로 정의되어 있다.

4) 지역사회영양사의 활동

미군정에 의하여 1946년 10월 서울에 모범보건소가 설치되었고 1948년에 국립중앙보건소로 승격되었는데, 이는 오늘날 서울 중구보건소의 전신이다. 1949년 7월에는 중앙보건소의 직제가 정식으로 공포되고 점차 보건소의 활동이 확산되었으나, 6·25전쟁으로 일시 중단되었다. 이후 UN의 원조를 받아 1953년까지 15개 보건소와 471개의 보건진료소가 전국에 설치, 운영되었고, 1956년 12월 13일에는 보건소의 신규 설치와 업무 내용에 대한 규정을 담은 「보건소법(현재 「지역보건법」)」이 제정되었으나 열악한 재정 탓에 체계적인 조직을 갖추지는 못했다.

1962년 9월 24일 「보건소법」이 전부개정되면서 서울특별시와 각 시·군에 보건소가 설치되면서 지방보건행정기관으로서 보건사업을 관장하는 기관으로 발전하였다. 개정된 「보건소법」에는 제4조(업무) 항목에 영양 개선과 식품위생에 관한 사항이 명시되었으나(표 2-8) 보건소에 영양사가 배치되지는 않았고, 다만 1969년 8월 14일 「국민영양개선령」이 제정되어 영양 개선의 지도 및 관리를 위한 영양지도원이 각 특별시, 직할시, 도 및 구·시·군에 배치되도록 하였다. 1995년 기존의 「보건소법」을 폐지하고 「지역보건법」으로 전부개정하였는데 이에 규정되어 있는 보건소의 업무는 표 2-8과 같다.

1993년 5월 수원시 권선구 보건소에 영양사가 배치되면서 처음으로 보건 조직에 영양 분야가 들어오게 되는데, 그 이후 1994년 8월부터 12월까지 5개월간 전국에 28개 시범보건소를 선정하여 40여 명의 자원봉사 영양사를 배치하고 영양사업을 실시하였다. 1995년 1월 5일 「국민건강증진법」이 제정됨으로써 국가 및 지방자치단체의 영양 개선사업의 실시가 의무화됨에 따라 보건소에서 영양사 활동의 기틀이 마련되었으며, 1995년부터 시·도별 24개 보건소에 영양사를 일용직으로 채용하여 영양사업을 수행하게 되었다. 1998년 18개 시범보건소를 시작으로 건강증진사업이 수행되었고, 이후 2005년 건강증진기금이 확충됨에 따라 전국 보건소로 건강증진사업이 확대되면서 영양사업 영역은 필수 사업으로 수행되었다. 보건소 영양사의 활동은 영양사업의 기획과 평가, 지역주민의 영양 평가 및 영양지도와 상담, 영양교육 자료의 개발과 홍보 및 영양교육 등이다. 1997년 제정된 「지역보건법 시행규칙」에는 전문인력 등의 면허 또는 자격의 종별에 따른 최소 배치 기준이 규정되

표 2-8 보건소법과 지역보건법에 규정되어 있는 보건소 업무 조항의 변천

보건소법 [시행 1956.12.13.] [법률 제406호, 1956.12.13., 제정]	보건소법 [시행 1963.1.1.] [법률 제1160호, 1962.9.24., 전부개정]	지역보건법 [시행 1996.7.1.] [법률 제5101호, 1995.12.29., 전부개정]	지역보건법 [시행 2017.9.19.] [법률 제14895호, 2017.9.19., 일부개정]
제2조(사업과 직권) 보건소는 다음의 사항을 관장한다. 1. 전염병 기타 질병의 예방진료 및 그 만연방지에 관한 사항 2. 모자보건에 관한 사항 3. 학교보건에 관한 사항 4. 환경위생과 산업보건에 관한 사항 5. 보건통계에 관한 사항 6. 보건사상의 보급에 관한 사항 7. 기타지방에 있어서의 공중보건의 향상에 관한 사항 도지사 또는 서울특별시장은 그 직권에 속하는 전항 각호에 규정된 사항의 전부 또는 일부를 보건소에 위임할 수 있다.	**제4조**(업무) 보건소는 다음 각호의 사항을 관장한다. 1. 보건사상의 계몽에 관한 사항 2. 보건통계에 관한 사항 3. 영양의 개선과 식품위생에 관한 사항 4. 환경위생과 산업보건에 관한 사항 5. 학교보건과 구강위생에 관한 사항 6. 의료사업의 향상과 증진에 관한 사항 7. 보건에 관한 실험과 그 검사에 관한 사항 8. 결핵, 성병, 나병등 전염과 기타 질병의 예방과 진료에 관한 사항 9. 특수지방병의 연구에 관한 사항 10. 공의의 지도에 관한 사항 11. 의약에 대한 지도에 관한 사항 12. 모자보건과 가족계획에 관한 사항 13. 기타 국민보건의 향상과 증진에 관한 사항	**제9조**(보건소의 업무) 보건소는 당해지방자치단체의 관할구역안에서 행하여지는 다음 각호의 사항을 관장한다. 1. 국민건강증진·보건교육·구강건강 및 영양개선사업 2. 전염병의 예방·관리 및 진료 3. 모자보건 및 가족계획사업 4. 노인보건사업 5. 공중위생 및 식품위생 6. 의료인 및 의료기관에 대한 지도등에 관한 사항 7. 의료기사·의무기록사 및 안경사에 대한 지도등에 관한 사항 8. 응급의료에 관한 사항 9. 농어촌등 보건의료를 위한 특별조치법에 의한 공중보건의사·보건진료원 및 보건진료소에 대한 지도등에 관한 사항 10. 약사에 관한 사항과 마약·향정신성의약품의 관리에 관한 사항 11. 정신보건에 관한 사항	**제11조**(보건소의 기능 및 업무) ① 보건소는 해당 지방자치단체의 관할 구역에서 다음 각 호의 기능 및 업무를 수행한다. 1. 건강 친화적인 지역사회 여건의 조성 2. 지역보건의료정책의 기획, 조사·연구 및 평가 3. 보건의료인 및 「보건의료기본법」 제3조제4호에 따른 보건의료기관 등에 대한 지도·관리·육성과 국민보건 향상을 위한 지도·관리 4. 보건의료 관련기관·단체, 학교, 직장 등과의 협력체계 구축 5. 지역주민의 건강증진 및 질병예방·관리를 위한 다음 각 목의 지역보건의료서비스의 제공 가. 국민건강증진·구강건강·영양관리사업 및 보건교육 나. 감염병의 예방 및 관리 다. 모성과 영유아의 건강유지·증진 라. 여성·노인·장애인 등 보건의료 취약계층의 건강유지·증진 마. 정신건강증진 및 생명존중에 관한 사항 바. 지역주민에 대한 진료, 건강검진 및 만성질환 등의 질병관리에 관한 사항 사. 가정 및 사회복지시설 등을 방문하여 행하는 보건의료사업 ② 제1항에 따른 보건소 기능 및 업무 등에 관하여 필요한 세부 사항은 대통령령으로 정한다.

표 2-9 보건소의 영양사 배치 기준

(단위 : 명)

특별시의 구	광역시의 구, 인구 50만 명 이상인 시의 구 및 인구 30만 명 이상인 시	인구 30만 명 미만인 시	도농 복합 형태의 시	군	보건의료원이 설치된 군
1	1	1	1	1	2

자료 : 보건복지부. 「지역보건법 시행규칙」 제4조 제1항 '보건소 전문인력의 면허 또는 자격의 종류에 따른 최소 배치 기준'. 2015

표 2-10 보건소 건강증진사업의 변천 과정

시작 시기	명칭	특징
2005년 1월	건강생활실천사업	금연, 절주, 운동, 영양을 필수 사업으로 추진
2008년 1월	지역특화건강행태개선사업	금연, 절주, 운동, 영양을 지역 필요에 따라 선택적으로 통합하여 사업 추진
2012년 1월	건강생활실천 통합서비스사업	개인별로 통합된 금연, 절주, 운동, 영양 서비스 제공
2013년 1월	지역사회 통합건강증진사업	17개 세부 사업을 13개 세부 분야로 통합, 8개 필수 사업 지정

보건복지부
- 사업계획 수립, 지침 시행 등 사업 총괄조정
- 국고보조금 확보 및 평가
- 시도 및 시·군·구 성과관리 및 평가
- 시도 및 시·군·구 사업에 대한 기술지원·감독

한국건강증진개발원
- 사업 성과관리 및 평가
- 사업 모델 개발 및 우수사례 보급
- 사업모니터링, 자문 및 기술지원

시·도
- 시·군·구 예산 배정
- 시도 통합건강증진사업지원단 운영 및 평가
- 시군구 사업에 대한 기술지원·감독

시·도 통합건강증진사업지원단
- 시도 정책 방향 설정 지원
- 시군구 교육 및 훈련
- 시군구 기술 지원 및 모니터링

시·군·구
- 사업계획서 작성
- 사업개발 및 우선순위 설정
- 각 사업별 예산 배분, 집행관리
- 건강증진사업 수행
- 사업 분야 자체평가 실시

한국보건복지인력개발원
- 지자체 인력 교육 총괄관리
- 시도 및 지원단 교육 지원, 교육 성과관리 실시
- 통합건강증진사업 교육협의체 운영
- 보건소 직급별, 직무별 교육 및 사이버 교육 실시

사회보장정보원
- 통합건강증진사업 효율적 수행 및 성과관리를 위한 시스템 재정비

그림 2-4 지역사회 통합건강증진사업의 추진 체계

었으며, 현재까지 이에 근거하여 보건소에 영양사가 배치되고 있다(표 2-9).

오늘날 보건소는 지방자치단체의 조례가 정하는 바에 따라 전국의 각 구·시·군에 설치되어 공공부문의 지역 보건활동에 중추적 역할을 담당하고 있다. 2013년부터 보건소의 건강증진사업은 '지역사회 통합건강증진사업'이란 명칭으로 추진되면서, 전국을 대상으로 획일적으로 실시되던 국가 주도형 사업 방식에서 지역 여건에 맞는 사업을 추진할 수 있는 지방자치단체 주도 방식으로 개선되었다(표 2-10, 그림 2-4). 또한 기존에 수행되어 오던 '영양플러스사업'과 '건강생활실천사업' 등의 영양사업이 '영양 분야'로 통합 추진되게 되었다(표 2-11). 현재 보건소의 건강증진사업은 「국민건강증진법」 제3조(책임), 제6조(건강생활의 지원 등), 제15조(영양개선), 제19조(건강증진사업 등)와 「국민영양관리법」 제3조(국가 및 지방자치단체의 의무), 제10조(영양·식생활 교육사업), 제11조(영양취약계층 등의 영양관리사업) 등의 법 조항에 근거하고 있다.

보건소 건강증진사업의 영양 분야는 지역사회 주민의 건강수명 증가를 위한 최적의 영양관리 및 식습관 개선이라는 큰 목적을 가지고, 적절한 영양관리와 영양교육 및 의식개선 등을 통해 균형 잡힌 식생활 실천을 유도함으로써 만성 질환을 예방하고 삶의 질을 향상하는 데 주력하고 있다. 이를 위해 건강식생활 실천율 제고, 인구 특성에 따른 영양

표 2-11 지역사회 통합건강증진사업 : 영양 분야의 추진전략

사업 영역		세부 사업
홍보·캠페인 및 환경 조성		• 나트륨 또는 당류 섭취 줄이기 캠페인 • 국민 공통 식생활 지침 홍보 및 실천 캠페인
생애주기 영양관리	임산부 및 영유아	• 영양플러스사업* • 어린이집·유치원 기반 영양관리사업 • 다문화가족 대상 영양관리사업
	어린이 및 청소년	• 지역아동센터 초등 돌봄교실 어린이 영양관리사업 • 학교 기반 영양관리사업 • 어린이급식관리지원센터 설치·운영
	성인	• 건강 위험요인 개선을 위한 맞춤 영양관리사업
	노인	• 어르신 영양관리사업 • 실버건강식생활사업(취약계층 어르신 대상)
	기타	• 다문화가족 영양관리사업
기반 조성		• 영양표시제도 시행·모니터링 • 학교 주변 그린푸드 존 시행·모니터링 • 건강음식점 시행·모니터링

*우선 권장사업 : 국정 과제(62. 행복한 임신과 출산) 추진 사업인 영양플러스사업의 우선 수행 및 지속적 확대 지원 권장

격차 최소화, 생애주기별 영양관리, 만성 질환 증가율 감소 등의 목표를 수립하고, '영양플러스사업', '건강과일바구니사업', '비만 및 만성 질환 예방 영양관리사업', '어르신 영양관리사업' 등의 다양한 영양사업을 수행하고 있다.

5) 영양권장량과 영양섭취기준의 제정

영양권장량은 1941년 미국에서 제2차 세계대전에 참여할 군인들에게 필수영양소가 부족하지 않은 식사를 공급하고자 처음 설정되었다. 그 이후 여러 나라에서 자국민의 식생활과 영양문제를 평가할 근거자료로 삼기 위하여 영양권장량을 제정하였다. 영양권장량은 국민 대부분의 영양필요량을 충족시키는 각 영양소의 섭취 수준으로 한 국가 또는 지역사회 인구집단에 대한 식품섭취조사 결과 평가와 영양 상태 판정의 기준이 되며, 식품공급 계획 및 영양 정책의 수립과 평가의 기초 자료가 될 수 있다. 또한, 식사지침과 영양지원 정책을 수립하는 데 기준이 되고, 영양표시 및 영양소 강화의 기준 등 각종 영양 관련 법규의 입법화와 행정관리 규정의 설정을 위한 기초 자료로 활용될 수 있으며, 영양교

그림 2-5 영양권장량과 영양섭취기준의 변천

육의 근거자료가 된다.

우리나라는 1962년 FAO 한국협회가 주관하여 영양학자, 생화학자, 임상의사 등이 모여 처음으로 '한국인 영양권장량'을 제정하였다. 그 이후 영양권장량은 국민 체위의 향상과 과학적 자료의 축적 등 변화를 반영하여 2000년에 이르기까지 총 7번 개정되었는데, 1967년 1차 개정, 1975년 2차 개정, 1980년 3차 개정은 FAO 한국협회가 주도하였고, 1985년 4차 개정, 1989년의 5차 개정은 한국인구보건연구원(현재 한국보건사회연구원)이 주도하였으며, 1995년 6차 개정, 2000년 7차 개정은 한국영양학회가 수행하였다. 1967년 12월 국민 영양문제를 체계적으로 연구·보급할 목적으로 발족한 '한국영양학회'는 이후의 영양권장량 개정 모두에 관여해 왔다.

표 2-12 영양소 섭취기준 관련 법령과 각 조항

국민영양관리법 [시행 2015.12.29.] [법률 제13643호, 2015.12.29., 일부개정]
제14조(영양소 섭취기준 및 식생활 지침의 제정 및 보급) ① 보건복지부장관은 국민건강증진에 필요한 영양소 섭취기준을 제정하고 정기적으로 개정하여 학계·산업계 및 관련 기관 등에 체계적으로 보급하여야 한다. ② 보건복지부장관은 국민건강증진과 삶의 질 향상을 위하여 질병별·생애주기별 특성 등을 고려한 식생활 지침을 제정하고 정기적으로 개정·보급하여야 한다. ③ 제1항에 따른 영양소 섭취기준 및 제2항에 따른 식생활 지침의 주요 내용 및 발간 주기 등 세부적인 사항은 보건복지부령으로 정한다.
국민영양관리법 시행규칙 [시행 2016.12.30.] [보건복지부령 제462호, 2016.12.30., 타법개정]
제6조(영양소 섭취기준과 식생활 지침의 주요 내용 및 발간 주기 등) ① 법 제14조제1항에 따른 영양소 섭취기준에는 다음 각 호의 내용이 포함되어야 한다. 1. 국민의 생애주기별 영양소 요구량(평균 필요량, 권장 섭취량, 충분 섭취량 등) 및 상한 섭취량 2. 영양소 섭취기준 활용을 위한 식사 모형 3. 국민의 생애주기별 1일 식사 구성안 4. 그 밖에 보건복지부장관이 영양소 섭취기준에 포함되어야 한다고 인정하는 내용 ② 법 제14조제2항에 따른 식생활 지침에는 다음 각 호의 내용이 포함되어야 한다. 1. 건강증진을 위한 올바른 식생활 및 영양관리의 실천 2. 생애주기별 특성에 따른 식생활 및 영양관리 3. 질병의 예방·관리를 위한 식생활 및 영양관리 4. 비만과 저체중의 예방·관리 5. 영양취약계층, 시설 및 단체에 대한 식생활 및 영양관리 6. 바람직한 식생활문화 정립 7. 식품의 영양과 안전 8. 영양 및 건강을 고려한 음식 만들기 9. 그 밖에 올바른 식생활 및 영양관리에 필요한 사항 ③ 영양소 섭취기준 및 식생활 지침의 발간 주기는 5년으로 하되, 필요한 경우 그 주기를 조정할 수 있다.

영양권장량은 각 영양소에 대해 단일 값을 제시하기 때문에 영양소의 과잉 섭취에 따른 만성 질환의 위험 및 영양소의 과다 섭취 예방을 고려하기에는 제한된 자료였다. 이 때문에 1994년 미국은 식사의 영양소 함량에 대한 새로운 개념을 도입할 필요성을 제기하여 영양권장량을 영양섭취기준으로 개편하였다. 우리나라도 한국영양학회가 주관하여 영양 부족뿐만 아니라 과잉 섭취로 인한 만성 질환의 발생 위험요인을 고려할 수 있도록 새로운 지표들, 즉 평균필요량, 충분섭취량, 상한섭취량을 영양권장량과 함께 제시한 '한국인 영양섭취기준'을 2005년 제정하였다. 2010년에는 한국영양학회 주도로 영양섭취기준이 개정되었으며, 2015년 11월 26일에는 2010년 제정된 「국민영양관리법」에 근거하여 국가 차원에서는 최초로 '2015 한국인 영양소 섭취기준'이 제정되었다. 「국민영양관리법」 제14조에는 한국인 영양소 섭취기준을 보건복지부장관이 매 5년 주기로 제·개정하여 발표 및 보급하도록 규정하고 있다(표 2-12).

6) 국민영양조사의 시행

1960년대 후반까지 우리나라의 영양조사는 각 연구기관에 의하여 산발적으로 특수 대상에 한하여 수행되어 왔다. 그러다가 1967년 3월 30일 「식품위생법」이 개정되어 34조의 2(국민영양조사 및 지도)가 신설되고, 같은 해 12월 국민 영양문제를 체계적으로 연구·보급하는 것을 목적으로 '한국영양학회'가 발족한 이후, 처음으로 범국민적 수준의 영양조사인 국민영양조사가 1969년 보건사회부(현재 보건복지부)의 재정적 후원하에 한국영양학회 주도로 수행되었다. 1970년에는 「국민영양개선령(대통령령 제4012호, 1969. 8. 14.)」과 「국민영양개선령 시행규칙(보사부령 제344호, 1970. 1.8.)」에 근거하여 최초의 국가 주도 국민영양조사가 실시되었고 그 이후 1995년까지 매년 수행되었다.

1970년 국민영양조사는 국민 영양 상태의 현황을 파악하여 국민의 영양 개선을 위한 행정 방향을 설정하는 기초 자료로 삼는 것을 목적으로 수행되었는데 도시, 농촌, 어촌, 산촌, 광촌 등 전국을 5개 지역으로 구분하여 30개 지구 589세대를 선정하여 식품섭취조사, 건강조사, 식품경제조사 등을 11월 1일부터 30일까지 총 30일간 수행하였다.

1998년 '국민건강영양조사'로 재편되기 전 마지막 국민영양조사인 1995년 조사는, 1995년 제정된 「국민건강증진법」 제16조와 「국민건강증진법 시행령」 및 「국민건강증진법 시행규칙」에 의거하여 국민의 건강 상태와 영양소 섭취 실태 및 식품 섭취 실태를 파악함으로써 국민의 영양 개선 및 건강 증진 시책을 강구하는 데 그 목적을 두었다. 전국을 총 100

개 조사구로 구분하여 2,000가구의 조사표본을 추출하고 건강상태조사(혈압, 구각염, 혈중 헤모글로빈, 치아우식증 및 잇몸 질환, 혈압강하제 복용, 운동습관, 음주, 흡연), 식품섭취조사, 식생활조사 등을 11월 1일부터 20일까지 총 20일간 수행하였다.

1998년부터는 국민영양조사(1969년 도입)와 국민건강 및 보건의식행태조사(1971년 도입)를 통합하여 국민건강영양조사가 시작되었다. 국민건강영양조사는 현재까지 제1기(1998), 제2기(2001), 제3기(2005), 제4기(2007~2009), 제5기(2010~2012), 제6기(2013~2015), 제7기(2016~2018) 1차년도와 2차년도 조사가 실시되었으며, 현재 제7기(3차년도) 조사가 진행 중이다. '국민건강영양조사'는 국민의 건강 및 영양 상태에 관한 현황 및 추이를 파악하여 정책적 우선순위를 두어야 할 건강 취약집단을 선별하고, 보건 정책과 사업이 효과적으로 전달되고 있는지를 평가하는 데 필요한 통계를 산출하는 데 그 목적이 있다. 또한 세계보건기구WHO와 경제협력개발기구OECD 등에서 요청하는 흡연, 음주, 신체활동, 비만 관련 통계자료를 제공하고 있다. 현재 '국민건강영양조사'는 보건복지부 소속기관인 질병관리본부 건강영양조사과에서 단독 수행하고 있다.

- 1960년대 우리나라의 식생활은 곡류에 편중되어 있어 영양 불균형이 심각하였고, 이를 해결하기 위한 지역사회영양사업의 일환으로 응용영양사업이 실시되었다. 응용영양사업은 국내 최초의 본격적인 식생활교육사업으로서 농촌 주민들의 식생활 및 영양 상태 개선에 크게 기여하였다.
- 1962년 제정된 「식품위생법」은 최초로 영양사 면허를 법적 명시하였다. 현재 영양사의 면허 조항은 「국민영양관리법」에 규정되어 있으며 영양사의 책임과 업무에 대해서도 명시하고 있다. 현재 「식품위생법」에는 집단급식소의 영양사 배치와 직무에 대한 내용이 규정되어 있다.
- 2010년 제정된 「국민영양관리법」은 영양 정책이 건강 정책의 일부가 아닌 단독 정책으로 시행될 수 있는 법적 근거를 마련한 법으로, 국민 영양관리 기본 계획, 영양소 섭취기준 및 식생활 지침의 제정 및 보급, 영양사 등의 책임, 영양사의 업무, 영양사의 면허 등을 명시하고 있다.
- 1995년 「국민건강증진법」이 제정됨으로써 국가 및 지방자치단체의 영양 개선사업의 실시가 의무화되어 보건소에서의 영양사 활동의 기틀이 마련되었다. 2013년부터는 보건소의 건강증진사업이 '지역사회 통합건강증진사업'이란 명칭으로 추진되면서 기존에 수행되어 오던 영양사업을 '영양 분야'로 통합 추진하고 있다.
- 1962년 FAO 한국협회가 주관하여 한국인 영양권장량을 제정하였으나, 영양소의 과잉 섭취에 따른 만성 질환의 위험 및 영양소의 과다 섭취 예방을 고려하기에는 제한된 자료였기에 2005년 한국영양학회 주도로 영양섭취기준이 제정되었다.
- 최초의 범국민적 수준에서의 영양조사인 국민영양조사는 1969년 보건사회부의 재정적 후원하에 한국영양학회의 주도로 수행되었으며, 1995년 「국민건강증진법」이 제정된 이후 1998년부터는 국민영양조사와 국민건강 및 보건의식행태조사를 통합하여 국민건강영양조사가 3년 주기로 수행되고 있다.

연습문제

1 1968년 우리나라에서 응용영양사업이 시작된 배경을 설명해 보자.

2 응용영양사업을 통해 수행된 활동에 대해 설명해 보자.

3 보건소의 지역사회 통합 건강증진사업의 영양 분야에는 어떤 사업들이 수행되고 있는지를 설명해 보자.

정답과 풀이

1. 우리나라의 농업 생산구조는 곡류에 지나치게 편중되어 있었으며, 특히 농촌 지역에서의 곡류 위주의 식생활 습관이 심각하였다. 이는 단백질, 칼슘, 철, 비타민 B_2 등 영양소의 만성적 부족을 초래하였다.
2. 다양한 보충식품 생산, 식품의 이용방법 보급, 전문기관 수립과 전문가 양성, 각종 통계자료 형성 등의 활동이 이루어졌다.
3. 지역사회 보건소에서는 영양 분야 건강증진사업으로 영양플러스사업, 건강과일바구니사업, 건강 위험요인 개선을 위한 맞춤 영양관리사업, 어르신 영양관리사업 등을 수행하고 있다.

03
지역사회영양 역학

영양 역학 연구방법

국민건강영양조사의 변천 과정

1. 영양 역학 연구방법

1) 역학

역학疫學은 역병疫病(감염병)을 연구하고 관리할 목적으로 발달해 온 학문이기 때문에 1930년대까지 연구의 주요 내용은 감염병이 대부분이었으나, 오늘날 그 범위는 특정한 인구집단에서의 질병이나 건강 상태와 발생 수준을 측정하고 그와 관련된 요인을 규명하는 데 적용되고 있다. 그에 따라 예방 대책을 수립하고, 해당 특정 인구집단의 건강문제 관리에서 건강증진을 위한 수단으로 활용된다. 사망, 질병, 장애 등에만 국한된 것이 아니라 건강 상태 자체, 건강증진 방법도 관련이 있다.

2) 영양 역학

영양과 식생활이 질병 발생, 건강 상태 등과의 인과관계를 중점적으로 연구하는 분야를 영양 역학nutritional epidemiology이라고 한다. 상대적으로 새로운 분야로 인식되지만 이미 오래전부터 많은 필수 영양소를 발견하는 데 사용되었다. 예를 들어, 펠라그라pellagra가 영양 결핍성 질환이며 옥수수를 주식으로 하는 것과 주요하게 연관되어 있다는 사실을 밝혔으며, 괴혈병 진행 과정 중 레몬과 오렌지가 좋은 효과가 있다는 사실을 확인함으로써 이 질병이 비타민 C 결핍증임을 밝힌 연구방법도 영양 역학이었다.

그러나 최근에는 만성적인 생활습관형 질환으로 질병 양상이 바뀌게 됨에 따라 영양 역학은 그 의미가 더 중요해졌다. 건강문제의 상당 부분은 식생활로 인해 나타난다는 것이 여러 연구에서 입증되었기 때문이다. 예를 들면 비만이 과도한 에너지 섭취량이나 지방 섭취비율이 높은 것과 관련이 있다거나, 나트륨 섭취 과다가 고혈압 발생을 높인다는 사실 등이 영양 역학 연구로 밝혀졌다. 즉, 특정 영양소 섭취량과 질병 발생과의 인과성이 밝혀졌으며 그에 따른 질병 예방을 위한 식생활 전략도 수립되었다.

Tip 역학 연구의 목적

- 인구 집단의 건강 상태 설명
- 건강문제 발생 예견
- 지역사회 보건사업 평가
- 건강문제 원인 규명
- 건강문제가 발생하지 않도록 통제

이렇듯 오늘날의 영양 역학자들은 암이나 심혈관계 질병의 발생 빈도 및 분포가 식이 형태나 생활 태도와 관련이 있음을 밝히고, 이들 질병의 식이요인을 규명하기에 이르렀다. 마찬가지로 역학적 연구방법을 통해 얻은 연구 결과의 해석은 예방의학preventive medicine이나 지역사회영양학 분야에서 매우 요긴하게 쓰이는 기초 자료가 된다. 즉, 질병 예방을 위한 식생활 지침이 수립되고 지역 주민 대상의 영양교육 자료가 만들어지며, 지역사회영양사업이 효율적으로 수행될 수 있게 한다.

3) 영양 역학 연구방법

역학 연구는 인구집단을 대상으로 하므로 매우 복잡하고 어렵기 때문에 연구방법 설계와 분석방법이 매우 중요하다.

(1) 연구자의 위치에 따라

① 단면 연구

단면연구cross sectional study는 일정한 인구집단을 대상으로 특정한 시점, 기간에 질병의 유병률을 조사하고 각 질병과 그 집단이 가지고 있는 속성과의 연관성을 규명하는 방법이다.

표 3-1 단면 연구방법의 장점과 단점

장점	단점
• 시점조사이기 때문에 장기간 추적을 필요로 하는 연구보다 시간과 경비가 절약 • 모집단을 대표하는 표본 인구의 연구이므로 연구 결과의 모집단 적용 가능 • 대상 질환의 유병률을 포함한 역학적 특성 파악이 용이 • 환자 대조군 연구보다 자료의 정확도가 높고 편견(bias)이 작음 • 상대위험도(relative risk ratio)의 추정이 가능	• 시점조사이기 때문에 유병률이 낮은 질환이나 이환 기간이 짧은 질병 연구에는 부적합 • 상관관계만을 알 수 있을 뿐 인과관계를 분별하기 어려움 • 후향성 조사이므로 미래에 대한 예측력이 낮음 • 표본의 규모(인구집단)가 커야 함

② 전·후향성 연구

전향성 연구prospective study란 현재의 어떤 요인, 현상, 원인 등이 향후 어떤 결과를 초래하게 될 것인지를 알고자 하는 연구방법으로, 여러 요인들을 조사한 후 대상자를 추적하면서 관찰한다. 후향성 연구retrospective study는 현재 나타난 현상이나 결과가 과거 어

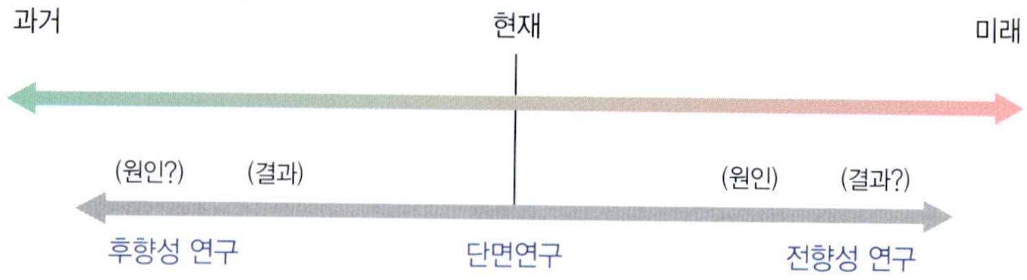

그림 3-1 전·후향성 연구 관계

표 3-2 전·후향성 연구방법의 장점과 단점

	장점	단점
전향성 연구	표본 선정 과정에서 편견을 줄일 수 있으며, 위험도를 직접 산출해 낼 수 있음	조사에 많은 시간이 소요되고, 노력과 경비가 많이 필요
후향성 연구	표본 선정이 쉽고, 짧은 시간 내에 노력을 적게 들이고 조사할 수 있음	이미 선정된 표본이기 때문에 편견이 크고 위험도를 직접 산출할 수 없음

떤 원인에 의하여 발생하게 된 것인지를 밝히고자 하는 발생의 원인 규명을 위한 조사방법이다.

(2) 연구 설계에 따라

① 환자군-대조군 연구

환자군-대조군 연구case-control study는 연구하고자 하는 질병에 이환되어 있는 집단을 대상으로 환자군case group과 특정 질병에 걸리지 않은 대조군control group을 선정하여, 질병의 원인이 된다고 의심되는 인자나 속성 및 과거의 요인이 질병 발생과 어떤 인과관계를 가지고 있는지를 통계적으로 검증하는 방법이다. 이 연구의 가장 중요한 원칙은 대

표 3-3 환자-대조군 연구방법의 장점과 단점

장점	단점
• 표본인구가 적어도 되므로 비교적 시간, 노력, 경비 절약 • 기존 자료의 활용이 가능하고 여러 개의 가설을 동시에 검증 가능 • 희귀 질병이나 잠복 기간이 긴 질병에 적용	• 환자군과 대조군의 선정이 어려운 점으로는 환자의 정의, 이환 기간 등은 비교성이 높고 분명해야 함 • 가설로 설정된 원인이 아닌 다른 요인(성별, 나이 등)들은 환자군과 대조군이 같아야만 된다는 점으로 대조군 산정이 어려움 • 모집단이 없는 경우가 대부분이어서 일반 인구에의 적용에 문제가 있음 • 인과관계 확정에 결정적 요인인 시간상 선·후행관계가 명확하지 않아 원인적 연관성을 확정짓기 어려움

조군 선정에서 비교성이 높아야 한다는 것이다. 비교성이 높다는 것은 환자군과 대조군 모두 비교하려는 요소 이외의 다른 조건이 가능하면 비슷해야 한다는 뜻이다.

② 코호트 연구

코호트는 질병 발생의 요인이 될 수 있다고 판단되는 동일한 특성을 가진 인구집단이라는 뜻이며, 코호트 연구cohort study는 질병 발생의 원인과 관련되어 있다고 생각하는 특정 인구집단과 관련이 없는 인구집단을 관찰하여 질병 발생률을 비교 분석하는 방법이다. 코호트 연구에는 동년배집단 연구 설계와 동류집단 연구 설계가 있다. 일단 같은 특징을 가진 대상을 표본으로 한다는 점에서는 차이가 없다. 그러나 동년배는 연령이나 시기에 좀 더 초점이 맞춰진다면, 동류집단 설계는 연령 이외의 특징에 좀 더 초점을 두고 있다고 볼 수 있다.

- 동년배집단 연구 : 출생 연도가 비슷하거나 같은 연배로 구성된 집단에 대한 연구를 말한다. 다른 시기에 성장한 집단들은 각각의 독특한 사회·문화적 특성에 따라 영향을 받으면서 성장하기 때문에 각 시대에 따른 차이를 분석하는 데 효과적인 방법이다. 예를 들면 6.25전쟁 세대, 베이비붐 세대, 386세대 등의 동년배집단 연구는 종단적 연구방법의 하나로서, 동일 연배집단을 시간적 간격에 따라 동일하게 자료를 수집해서 분석함으로써 연구 주제의 시대적 변화를 연구한다. 시간에 따른 변화를 연구한다는 점에서 종단 연구이기도 하지만 각 분석집단이 상이할 수도 있다는 점에서 다르기도 하다.
- 동류집단 연구 : 동년배집단 연구 설계와 차이점은 실험집단과 대조집단으로 나눠서 추적조사를 한다는 점과, 표본에 대한 동일성을 계속 유지하여 추적조사를 한다는 것이다. 시간이 경과해도 유사한 특성을 보일 것으로 기대되는 실험 대상집단들이 서로 다른 경험으로 인해 차이가 발생하는 경우에 사용한다. 장점은 시간적인 선후 관계로 인해 원인과 결과 추론이 분명하다는 것이고, 단점은 장기간 추적이 이루어질 때 비용문제와 표본 상실의 문제가 생길 수 있다는 것이다.

코호트 연구의 장점과 단점을 환자군-대조군 연구와 비교해 보면 표 3-4와 같다.

표 3-4 코호트 연구방법의 장점과 단점

장점	단점
• 표본인구에 대한 연구이므로 연구 결과를 모집단에 적용 가능 • 질병 발생의 위험률 및 발병 확률의 산출이 가능하고 질병의 자연사 파악이 가능 • 여러 가설을 동시에 검증할 수 있고 편견이 적은 신뢰성 높은 결과를 얻을 수 있음 • 인과관계의 질 확인 가능 • 시간적 속발성, 비교 위험도 관계를 정확히 파악 가능	• 시간, 노력, 경비가 많이 들고 관찰 기간이 길어 발생률이 낮은 질병에는 적용 곤란 • 추적조사이므로 탈락자가 발생할 수 있고 본인이 연구 대상자에 포함되었다는 사실을 알게 되면 그 사람의 생활 양상에 변화를 가져와 연구 결과에 영향을 미칠 수 있음 • 연구 기간이 길어짐에 따라 연구자들의 변동과 추적조사, 진단방법과 기준 등에 차질이 생겨 연구 결과에 영향을 줄 수 있음

③ 중재 연구

중재 연구intervention study는 연구자가 연구 대상자에게 노출요인을 할당한 후 결과 발생을 추적하는 연구방법으로 연구 대상자들을 통제·관리하고, 중재나 개입을 수반한다. 연구자는 연구 대상자를 중재군과 대조군으로 주도적으로 나눌 수 있으며, 연구 가설을 검정하는 데 있어 좀 더 명확한 근거를 제시할 수 있는 연구방법이다. 반면, 다른 연구에 비해 연구 수행상 제한적이다. 중재 연구에서는 생명윤리 원칙에 근거한 연구 설계가 필요하며, 일반적으로 연구 대상자에게 득이 되거나 무해할 것으로 예상되는 중재 연구의 수행을 기관생명윤리위원회에서 허락하므로 제한적인 중재 연구만이 수행될 수 있다.

주요 중재 연구로는 무작위임상시험randomized clinical trial이 있다. 시험군과 대조군을 나눌 때는 임상시험의 객관성을 높이기 위해서 연구자 또는 피험자의 의도대로 진행되지 않도록 피험자를 대조군과 시험군에 무작위로 할당하여 배정하는 방법이다.

표 3-5 중재 연구방법의 장점과 단점

장점	단점
• 교란 변수의 영향을 통제할 수 있으므로 인과관계 파악이 가능 • 구체적인 노출 정도를 연구자가 정해서 할당하게 되므로 노출요인에 대한 정보가 정확	• 시간, 노력, 경비가 많이 들고 대상자들의 높은 순응도 요구 • 연구 목적에 맞는 특정 대상자를 모집하여 수행하는 경우가 많으므로 연구자는 연구 결과를 일반화하는 데 한계가 있을 수 있음

(3) 데이터 수집에 따라

① 양적 연구

숫자로 계량화될 수 있는 자료를 사용해서 이루어지는 연구이다. 양적 연구quantitative

research는 다루는 자료가 양적인 경우(예를 들어 서베이 연구 및 실험 연구의 통계 자료)이며, 질적 연구는 자료가 질적인 경우(예를 들어 역사 연구를 위한 서술적 기록물)이다. 이를테면 설문조사를 통해 학생들의 성별과 음주량을 각각 파악하고 이들 간의 관련성을 수치화해서 분석하는 것은 양적 연구의 단적인 예이다.

② 질적 연구

통계 연구나 계량화 이외의 방법으로 연구 결과를 생성하는 연구방법이다. 질적 연구 qualitative research는 사람들은 어떻게 행동하며 그런 일들이 어떻게 일어나고 있는지 등에 대하여 관심을 갖는다. 즉, 자료의 양보다는 질에 더 많은 관심을 갖는다. 질적 연구의 특징을 살펴보면 자연적 장면이 자료의 직접적인 출처가 되고 연구자 자신이 주된 연구 도구가 된다. 질적 연구는 일상생활의 현실을 상호 관련된 현상들의 흐름과 같은 것으로 보기 때문에 질적 자료는 수치보다는 매우 치밀한 기술이나 그림 형태로 수집되며, 연구 결과보다는 연구 과정을 중요시하고 연구 자료를 귀납적으로 증명하는 경향이 있다. 또한, 질적 연구에서 매우 중요한 관심사는 의미를 해석하는 데 있다.

양적 연구와 질적 연구는 서로 대조되는 장단점을 보유한다. 양적 연구의 장점(계량적 통계 분석을 통한 연구 결과의 객관성 확보)과 질적 연구의 단점(연구자의 주관적 판단에 심하게 의지하게 되므로 연구 결과의 객관성이 결여)이 엇비슷할 뿐만 아니라 양적 연구의 단점(피상적인 연구 결과의 제시)과 질적 연구의 장점(심도 있는 연구 결과의 제시) 또한 엇비슷한 경향이 있다. 현대의 사회과학에서는 질적 연구보다 양적 연구가 훨씬 더 많은데 이는 양적 연구가 반드시 더 바람직해서라기보다는 양적 연구의 단점보다 장점이 두드러지기 때문이다.

4) 영양요인 측정방법

영양요인을 측정하는 방법은 신체계측조사, 생화학적 조사, 임상조사, 식사섭취조사 등이 있다. 한 가지 방법보다는 여러 가지 방법을 함께 이용하면 좀 더 효과적으로 영양상태를 판정할 수 있다.

(1) 신체계측조사

신체의 체조직 구성 및 체구성 성분을 측정하고 신체지수를 산출하여 기준치와 비교·

평가하여 영양 상태를 판정하는 방법으로, 비교적 장기간의 영양 상태 판정에 유용하게 이용된다. 그러나 체위의 변화는 비교적 영양 불량 상태가 심한 경우에 드러나므로 예민도는 낮은 방법이다.

(2) 생화학적 조사

혈액이나 소변 등을 통하여 영양소나 영양소 대사물의 농도, 면역 기능 등을 분석하여 기준치와 비교·평가하여 영양 상태를 판정하는 방법으로, 다른 방법에 비해 비교적 객관적이고 정량적인 조사이다.

(3) 임상조사

영양 상태 변화로 나타나는 임상 징후를 육안으로 판정하는 방법이다. 영양소 부족은 궁극적으로 신체 표면적으로 나타나는 결핍 증세를 유발하기 때문에 신체 징후를 조사함으로써 영양 상태를 평가할 수 있다. 그러나 특이성이 낮고 영양 불균형이 상당히 진전된 경우에 나타나므로 다른 방법과 함께 이용하여 영양 상태를 판정하는 것이 효과적이다.

(4) 식사섭취조사

대상자가 섭취한 식사내용을 조사하여 식사 섭취량을 영양소 섭취량으로 환산한 후 기준치와 비교·평가함으로써 섭취한 식사내용이 적합한지를 판정하는 방법이다. 식사섭취조사의 방법으로는 24시간회상법, 식품섭취빈도법, 식사기록법 등이 있다.

① 식사섭취조사의 의의

식사섭취조사는 정부의 국가보건 정책 및 농업 정책 수립 및 평가, 역학 연구 수행, 식품산업 및 외식산업의 발달로 인한 상업적 이용, 식품 또는 영양소 섭취 평가 및 모니터링 등 많은 분야에서 활용된다. 특히 식사요인과 질병 발생과의 상관관계를 검토하기 위한 영양 역학적 연구방법을 적용할 때는 항상 식사섭취조사를 실시해야 한다. 영양 역학에서 관심의 초점이 되는 가장 중요한 요인이 식사 섭취이기 때문이다. 그러나 식사 섭취란 단순히 한 가지의 요인이 아니라 복잡한 요인이 작용하는 총체적 현상이다.

특정한 식사요인의 만성적 또는 장기적 노출의 정도를 측정해야 하는 문제는 비록 한 개인이라 할지라도 항상 일정한 식사 유형을 고수하지 않고 매일 매일의 변화가 크기 때문에 어려움이 따른다. 더구나 관심 있는 질병이나 건강 상태에 영향을 끼치는 식사요인의 변화량이 인구집단 내에서 충분히 감지될 정도로 그 양이 클 때만 측정할 수 있다는 데 큰 어려움이 따른다. 즉, 각 영양소는 영양소마다 생리적인 기능의 적절한 범위가 있기 때문에 식품의 형태로 적게 또는 많이 먹는다고 해도 생리적 기능이 적절한 범위라면 기능상의 차이가 없다.

반면에 특정 인구집단에서 식품 섭취를 조사해 보면 대부분 비슷한 범위 내에서 섭취하고 있다는 것을 알 수 있다. 한 인구집단 안에서의 식생활이라는 것이 비슷한 주식과 부식을 사용하므로 차이가 나는 범위가 한정된다. 그래서 어떤 영양이 부족한 편이면 부족에서 경계, 그리고 적절한 범위까지 걸쳐 있게 되고, 반대로 많이 섭취하는 경우는 적절에서 독성까지 분포하게 된다. 보통 인과관계를 관찰하기 위한 연구의 경우, 어떤 인구집단의 결과가 다른 인구집단에서는 관찰되지 않는 경우도 많이 볼 수 있다. 즉, 인구집단을 구성하는 개인 구성원의 특정 영양소를 섭취하는 양상이 그리 다양하지 않다는 것도 연구의 어려움을 가중시키는 요인이다.

② 식품섭취량조사 방법

식품섭취량조사 방법으로는 24시간회상법, 식품섭취빈도법, 식사기록법 등이 있다. 식품섭취조사를 통해서는 각 영양소의 섭취량을 알 수 있다. 식품섭취량조사를 통한 영양소 섭취 상태가 임상검사나 생화학적 검사 결과와 어떤 관계가 있는지를 파악하면 영양 개선 대책을 수립하는 데 유용하다.

- 24시간회상법**24-hour recall method** : 면담할 때 대상자가 전날 하루(24시간) 동안 먹거나 마신 모든 식품에 대한 정보를 기억해 내도록 하여 섭취량을 추정하는 방법이다. 면담자가 심층 면담을 통해 진행하는 방법인 만큼 면담자의 훈련도와 자질이 중요하다. 음식의 조리방법, 식재료, 분량 등에 대한 지식을 가지고 있어야 하며, 면담을 자연스럽게 이끌어가는 기술을 습득해야 한다. 또한, 중립적 태도를 유지해야 하며, 회상 중 대상자 응답에 영향을 줄 수 있는 질문은 삼가야 한다. 24시간회상법에 사용되는 조사지 양식에 식사장소, 식사시간, 음식명, 섭취량, 식재료명, 분량을 기입하게 된다. 가공식품의 경우에는 제품의 상표명, 회사명 등을 기입하고 음료수, 간식 및 건강기능식품 등도 빠뜨리지 않고 기입하도록 주의한다. 상세한 조리방법 등 자세한 정보를 기록하게 되는데, 면담자는 대상자가 잊고 말하지 못한 식품과 분량, 조리방법 등을 잘 회상할 수 있도록 돕는 것이 중요하다. 대상자의 응답률이 비교적 높고, 직접 면담을 통해 이루어지므로 대상자의 교육 수준 등에 크게 구애받지 않는

식사 구분	시간	식사 장소	매식 여부	음식명	조리음식			섭취음식			식품재료명 및 식품 상태	가공 여부	식품재료량			음식 코드	식품 코드	비고		
					눈대중량	부피	중량	눈대중량	부피	중량			눈대중량	부피	중량			참고사항	제품명	제조회사명

그림 3-2 24시간회상법의 예시

자료 : 질병관리본부. 국민건강영양조사. https://knhanes.cdc.go.kr/knhanes/index.do

다. 다만, 대상자 개인의 기억에 의존하여 측정하므로 대상자의 연령, 지능, 성별, 기분, 태도 등의 영향을 받을 수는 있다. 조사 대상자가 섭취한 음식의 내용이나 분량에 대해 사실을 말하지 않는 경우에는 실제 섭취량을 정확히 알아내기가 매우 어렵고 섭취량을 회상하는 과정에서도 오차가 발생할 수 있다. 대상자가 섭취량 기억을 어렵게 여길 수 있으므로 양을 추정할 수 있는 다양한 도구를 마련하는 것이 좋다. 면담 시 식품 모형이나 분량 사진, 그릇, 계량컵, 식품군별 대표식품 1인 1회 분량 등을 활용하면 섭취량을 추정하는 데 도움을 줄 수 있다.

- 식품섭취빈도법food frequency questionnaire : 비교적 장기간에 걸쳐 일상적인 식사 섭취를 조사하는 방법으로 얼마만큼, 얼마나 자주, 해당 음식 또는 식품을 섭취하는지를 조사한다. 보통 지난 1년간 주어진 식품이나 음식 목록을 해당 분량만큼 얼마나 자주 섭취하였는지 기록할 수 있는 조사지를 이용한다. 특정 영양소의 섭취를 조사하기 위하여 해당 영양소의 주요 공급원이 되는 식품 목록을 만들고, 그 식품의 섭취 빈도를 1일, 1주, 1달의 섭취횟수로 나타내는 방법인 만큼 다양한 문화적 특이성을 감안하여 대상자 집단에 따라 식사섭취빈도조사지를 개발해야 한다. 개방형 조사를 통해 다빈도 섭취 음식 및 식품을 조사한 후 조사 목적에 따라 식품 목록을 선정해야만 대상자가 조사지에 포함되지 않은 다른 식품이나 음식을 빈번히 섭취함으로써 섭취량이 저평가될 가능성을 최소화할 수 있다. 일상적인 섭취량을 조사할 수 있다는 점에서 만성질환의 위험요인을 파악하는 데 이용되며, 자가 기입이나 면접이 모두 가능하고, 대규모 역학 연구에 자주 이용된다. 빨리 쉽게 자료를 모을 수 있으며, 직접 방문이 아닌 서신 등으로도 조사가 가능하므로 매우 경제적이다. 대상자의

섭취빈도(회) / 음식명	거의 안먹음	1개월		1주			1일			1회 평균 섭취량			
		1	2~3	1	2~4	5~6	1	2	3				
1. 쌀밥	①	②	③	④	⑤	⑥	⑦	⑧	⑨	1공기(300 mL, B1T)			
										① ½	② 1	③ 1½	④ 2
2. 잡곡밥(콩밥 포함)	①	②	③	④	⑤	⑥	⑦	⑧	⑨	1공기(300 mL, B1T)			
										① ½	② 1	③ 1½	④ 2
3. 비빔밥, 볶음밥	①	②	③	④	⑤	⑥	⑦	⑧	⑨	1인분(외식 제공량=500 mL)			
										① ½	② 1	③ 1½	
4. 김밥	①	②	③	④	⑤	⑥	⑦	⑧	⑨	1줄(=삼각김밥 2개)			
										① ½	② 1	③ 1½	④ 2
5. 카레라이스	①	②	③	④	⑤	⑥	⑦	⑧	⑨	1인분(외식 제공량=500 mL)			
										① ½	② 1	③ 1½	
6. 라면, 컵라면	①	②	③	④	⑤	⑥	⑦	⑧	⑨	1개			
										① ½	② 1	③ 1½	
7. 국수, 칼국수, 우동	①	②	③	④	⑤	⑥	⑦	⑧	⑨	1인분(외식 제공량=1000 mL)			
										① ½	② 1	③ 1½	
8. 짜장면, 짬뽕	①	②	③	④	⑤	⑥	⑦	⑧	⑨	1인분(외식 제공량=1000 mL)			
										① ½	② 1	③ 1½	

그림 3-3 식품섭취빈도 조사지의 예시

자료 : 질병관리본부. 국민건강영양조사. https://knhanes.cdc.go.kr/knhanes/index.do

일상적인 식습관을 파악할 수 있고, 특정 개인의 변이가 높은 영양소 섭취량을 산출할 때 유용한 조사방법이다. 조사 수행이 개방형 조사법에 비해 비교적 수월하고, 대규모 조사에 사용할 수 있다. 그러나 식사 섭취량에 대한 정확한 양의 측정이 어렵고, 주로 장기간에 걸친 조사가 이루어지는 데 반해 조사 대상자의 기억력에 의존하므로 오차가 클 수 있다.

- 식사기록법dietary record method : 조사 대상자가 일정 기간 동안 섭취한 식품의 종류와 양을 일기 쓰듯이 직접 기록하는 방법으로 개방형 방법이다. 대상자가 식사 중 또는 식사 후에 바로 섭취한 식품의 종류와 섭취량을 기록하므로 기억에 의존하지 않아 섭취한 음식을 빠뜨리지 않고, 분량 및 조리방법 등도 자세한 식사 섭취자료를 얻

을 수 있다. 대상자가 직접 기록해야 하기 때문에 대상자는 기록 능력이 있어야 한다. 또한 섭취한 음식, 식재료, 양을 상세하게 기록해야 하므로 사전에 기록방법 및 분량 측정법 등에 대한 교육을 실시하는 것이 좋다. 여러 날을 기록해야 하는 경우가 많으므로 대상자에게 동기부여가 필요하다. 가장 큰 단점은 대상자가 기록을 쉽게 하기 위해 식사 패턴을 바꾸어 일상적인 식습관과는 다른 섭취 형태를 조사하게 될 수도 있다는 점이다.

식사기록법에는 실측법weighing method이 동반된다. 실측법은 개인이 섭취한 1인 분량을 저울을 사용하여 직접 측정하는 방법이다. 먼저, 조리하기 전 식재료의 무게를 측정하고 조리 후 무게를 측정한다. 그리고 실제로 섭취한 음식의 양을 측정하고, 각 음식에 들어간 식품 재료별 분량을 토대로 하여 각 식품별로 영양소 섭취량을 조사하는 방법이다. 외식으로 섭취한 양이나 간식의 섭취 분량도 계량하여 같은 방식으로 섭취량을 추정한다. 이 방법은 섭취한 양을 어느 정도는 정확하게 측정할 수 있으나 실제 평상시 섭취 형태와는 거리가 생길 수 있다. 특히 역학조사에는 거의 사용하기 어렵다.

Tip 개인별 식품 섭취량 조사법의 특성

종류	조사방법	장점	단점
24시간회상법	하루 동안의 식품 섭취 회상	• 저렴한 비용 • 조사 대상자의 부담이 적은 편 • 식습관의 변화 없음 • 문맹인도 가능	• 일상적인 식품섭취조사의 어려움 • 기억력에 의존 • 숙련된 조사원이 필요 • 조사된 섭취량과 실제 섭취량의 차이 발생 가능
식품섭취빈도법	열거된 식품의 섭취 빈도 표시	• 조사 대상자 스스로 조사 가능 • 단시간, 저비용 • 대상자에게 부담이 적은 편 • 단시간에 전반적인 식품 섭취 형태 파악 가능	• 조사 대상자 능력에 좌우 • 대상 집단의 다소비식품에 대한 자료 필요 • 설문지에 대한 타당성 검증 필요 • 영양소 섭취량으로 전환 시 많은 기초 자료 필요
식사기록법	조사 대상자가 섭취한 식품의 양과 종류를 자가 기록	• 기억력에 의존하지 않음 • 비교적 상세한 정보조사 가능 • 조사원이 필요 없음	• 대상자의 교육 수준이 높고 협력이 필요 • 측정과 기록 과정이 섭취식품에 영향 미침 • 시간이 많이 소요 • 조사 대상자에게 큰 부담

그림 3-4 영양 평가 프로그램

자료 : 한국영양학회, 2017

식사섭취조사가 완료되면 영양소 섭취량을 산출해서 영양 섭취량을 평가한다. 컴퓨터 프로그램을 사용하여 영양소 섭취량을 환산하고 있으며, 상품화된 프로그램으로는 한국영양학회에서 개발한 CAN PRO가 널리 이용되고 있다. 그러나 일부 기관에서는 자체 개발한 프로그램을 활용하기도 한다.

2. 국민건강영양조사의 변천 과정

1) 국민영양조사 개요

우리나라에서 인구집단을 대상으로 매년 실시되어 왔던 국민영양조사는 국민의 식품 섭취 실태, 식생활 실태, 건강 실태를 파악하며, 영양 개선 및 건강증진을 위한 국가 정책 수립에 필요한 기초 자료를 제공하는 데 목적이 있다.

2) 국민영양조사와 국민건강조사와의 통합

경제 발전에 따른 식생활 양상과 식이 관련 만성퇴행성 질환의 유병 양상의 변화는,

Tip 1995년까지의 국민영양조사

- 근거 법령 : 「식품위생법(1995년은 「국민건강증진법」)」
- 조사 시기 : 매년 11월 1일~11월 20일(20일간)
- 조사 대상 : 1987년부터 전국 2,000가구(약 6,000~7,000명)
- 조사 항목 : 식품섭취조사, 식생활조사, 건강조사
- 조사 결과 : 건강조사, 식품섭취조사 ⇒ 식품성분표를 이용한 영양섭취조사 ⇒ 1인당 영양섭취량, 가구당 섭취량 계산 ⇒ 성인 환산율을 이용하여 가구당 영양권장량과 비교
- 조사원 교육 : 전달 교육(시·도 보건과 담당자, 영양사 대표)
- 문제점
  - 조사 규모 : 대표성 부족
  - 조사 시기 : 계절별 특성 반영 불가
  - 조사 내용 : 가구 단위 조사
  - 조사 방법
    - 식품섭취조사 : 조사 대상 가구의 칭량 거부, 연령별, 개인별 섭취량 파악 불가, 외식 섭취량 파악 불가
    - 생활환경조사 : 식생활 및 건강 관련 항목 미비
    - 건강상태조사 : 개인의 건강 상태와 식품 섭취 상태의 연계를 위한 구체적인 건강검진조사 항목의 결여

1969년 이후 1995년까지 같은 형태로 시행되어 온 '국민영양조사'에 대해 조사 규모의 확대 및 조사방법 개선을 통한 조사의 과학화를 요구하게 되었다. 만성퇴행성 질환의 증가로 국민을 대상으로 한 식이 섭취와 질병 간의 연관성 규명을 위한 역학조사 연구 필요성이 높아짐에 따라 기존의 '국민건강(면접)조사'를 통하여 파악하던 이환율 자료의 불완전성을 보완하고 식이 섭취 자료와 연관시키기 위한 건강검진조사의 병행 필요성이 대두되었다.

Tip 영양조사의 개선 방향

- 국민영양조사 규모 확대
- 가구 대상 조사에서 개인 대상 조사로 전환
- 국민영양조사 중 식품섭취량조사 방법의 개선
- 국민영양조사 중 건강조사 내용의 충실화(확대) ⇒ 건강검진조사
- 국민건강(면접)조사와 보건의식행태조사 및 검진조사의 병행
- 상태와 식이 섭취 실태 및 보건의식행태조사에 포함된 건강 관련 생활습관 요인과의 연계 분석을 위해 통합 조사 체계로 전환

3) 국민건강영양조사

(1) 조사의 의의

1969년 이후 1995년까지 매년 실시해 온 국민영양조사와 1983년에 시작하여 1989년부터 3년 주기로 실시되어 온 국민 건강 및 보건의식행태조사를 통합하고, 과거 국민영양조사에 포함되었던 건강조사 부문을 발전시킨 건강검진조사를 추가한 통합 조사로서, 1998년부터 국민의 건강과 영양 상태를 종합적으로 파악하기 위해 매 3년마다 실시하고 있다. 조사는 영양조사(식품섭취조사, 식생활조사, 식품섭취빈도조사), 건강면접조사(질환 및 의료기관 이용 실태조사, 이환율조사), 보건의식행태조사(건강 관련 의식 및 행태 조사), 건강검진조사(임상 검진, 신체 계측)로 구성되었다.

지금까지 제1기(1998), 제2기(2001), 제3기(2005), 제4기(2007~2009), 제5기(2010~2012), 제6기(2013~2015) 조사가 실시되었고, 현재 제7기(2016~2018) 조사가 진행 중이다. 제1기 조사와 제2기 조사는 겨울철에 실시하였으나, 제4기 조사부터는 연중조사 체제로 실시되고 있으며 조사방법을 계속 보완, 수정하며 진행하고 있다(그림 3-5).

제1~3기까지는 3년의 간격을 두고 해당 연도에 2~3개월 동안 실시된 단기조사로 운영하다가, 제4기 1차년도(2007)부터 질병관리본부에서 '전문조사 수행팀'을 구성하여 계절적 편향 없이 매년 통계 생산이 가능한 연중조사로 수행하고 있다.

Tip 1998년 국민건강영양조사 내용

조사명 \ 구분	식품 섭취량	식품 섭취 빈도	식생활
근거 법령	「국민건강증진법」 제16조 시행령 및 시행규칙		
시기	11월 1일~12월 말		
대상	만 1세 이상	만 12세 이상	만 1세 이상
방법	방문면접조사(24시간회상법) 〈조리자 기록지 병행〉	면접조사(설문지 이용)	면접조사(설문지 이용)
내용	• 가정 내외에서 섭취한 모든 음식과 간식의 종류 및 분량 • 가정에서 만든 음식의 재료와 분량 기록	• Ca, Fe, 비타민 A, 비타민 C의 주된 급원식품에 대해 일상적인 섭취 양상 파악	• 식습관 및 유아기의 수유 상황

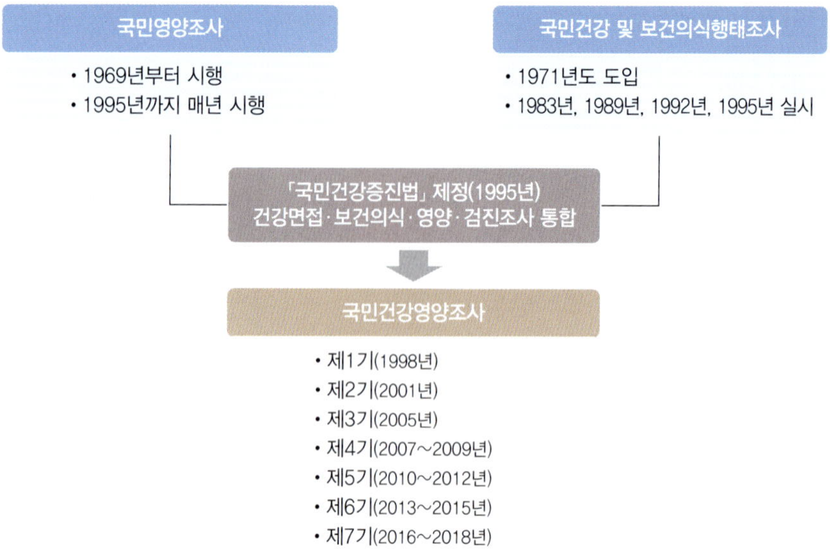

그림 3-5 국민건강영양조사 내용

자료 : 질병관리본부. 국민건강영양조사 홈페이지

표 3-6 국민건강영양조사 연혁

	제1기(1998)	제2기(2001)	제3기(2005)	제4기(2007~2009)
주기	3년 국가통계	3년 국가통계	3년 국가통계	1년 국가통계
규모 (검진 기준)	200조사구 22~24가구/조사구	200조사구 22가구/조사구	200조사구 22~26가구/조사구	500조사구 23가구/조사구
기간	11~12월	11~12월	4~6월	연중 조사(연 50주)
수행기간	한국보건사회연구원 한국보건산업진흥원	한국보건사회연구원 한국보건산업진흥원	한국보건사회연구원 한국보건산업진흥원 질병관리본부	질병관리본부
	제5기(2010~2012)	**제6기(2013~2015)**	**제7기(2016~2018)**	**제8기(2019~2021)**
주기	1년 국가통계	1년 국가통계	1년 국가통계	-
규모 (검진 기준)	576조사구 20가구/조사구	576조사구 20가구/조사구	576조사구 23가구/조사구	-
기간	연중 조사(연 48주)	연중 조사(연 48주)	연중 조사(연 48주)	-
수행기간	질병관리본부	질병관리본부	질병관리본부	-

자료 : 질병관리본부. 국민건강영양조사 홈페이지

(2) 조사 목적

국민건강영양조사는 검진조사, 건강설문조사, 영양조사로 구성되어 있으며 국민의 건

> **Tip '국민건강영양조사' 실시 목적에 따른 세부 목표**
>
> - 국민건강증진종합계획의 목표지표 설정 및 평가 근거 자료 산출
> - 흡연, 음주, 영양소 섭취, 신체활동 등 건강 위험 행태 모니터링
> - 주요 만성질환의 유병률 및 관리 현황(인지율, 치료율, 조절률 등) 모니터링
> - 질병 및 장애에 따른 삶의 질, 활동 제한, 의료 이용 현황 분석
> - 국가 간 비교 가능한 건강지표 산출

강 수준, 건강 관련 의식 및 행태, 식품 및 영양 섭취 실태 및 추이를 파악하여 정책적 우선순위를 두어야 할 건강 취약집단을 선별하고, 보건 정책과 사업이 효과적으로 전달되고 있는지를 평가하는 데 필요한 국가 단위의 대표성과 신뢰성을 갖춘 통계 산출을 목적으로 하는 법정조사이다. 특히 통계자료는 국민건강증진종합계획Health Plan의 목표 설정 및 평가지표로 활용되고 있으며, 건강증진 프로그램 개발 등 보건 정책 수립 및 평가에 필요한 기초 자료로 활용되고 있다. 또한 세계보건기구WHO, 경제협력개발기구OECD 등에서 요청하는 흡연, 음주, 신체활동, 비만과 관련하여 국제기구에 제공하는 보건지표를 생산하고 있으며, 미국National Health and Nutrition Examination Survey, 일본National Health and Nutrition Survey 등 각국에서 도입, 운영 중인 국가 단위 조사사업 결과와 비교 가능한 지표를 산출하고 있다.

(3) 조사 대상자 선정

국민건강영양조사의 목표 모집단은 대한민국에 거주하는 국민이다.

① 표본 설계

제1기(1998)부터 제3기(2005)까지 국민건강영양조사는 3년 주기 2~3개월 단기조사 체계로 실시하였으나, 제4기(2007~2009)부터 연중조사 체계로 개편됨에 따라 3개년도가 각기 독립적인 3개의 순환표본으로 전국을 대표하는 확률표본이 될 수 있도록 순환표본조사rolling sampling survey 방식을 도입하였다.

각 연도별 표본 추출 틀의 조사구 및 가구를 각각 1, 2차 추출단위로 하는 2단계 층화 집락 표본 추출방법을 사용하여 조사 대상을 선정한다. 1차 추출단위인 조사구는 1차 층화 기준(시도, 동·읍·면, 주택 유형), 2차 층화 기준(주거면적 비율), 내재적 층화 기준(가구주 학력 비율)에 근거해 층화하여 총 576개 조사구를 추출한다. 2차 추출단위인 가

표 3-7 표본 추출방식의 특징

구분	제1기(1998)	제2기(2001)	제3기(2005)	제4기(2007~2009)
목표 표본 크기	〈건강면접조사〉 200조사구, 12,000가구 〈보건의식행태/검진/영양조사〉 200조사구, 4,000가구	〈건강면접조사〉 600조사구, 12,000가구 (통합조사구 200, 비통합조사구 400) 〈보건의식행태/검진/영양조사〉 200통합조사구, 4,000가구	〈건강면접조사〉 600조사구, 12,000가구 (통합조사구 200, 비통합조사구400) 〈보건의식행태/검진/영양조사〉 200통합조사구, 4,000가구	600조사구, 13,800가구 (연간 200조사구, 4,600가구) ※단 2007년은 반년조사로 100조사구, 2,300가구 완료
추출 틀	인구총조사(1995), 신축아파트목록(1997)	인구총조사(2000)	인구총조사(2000), 신축 아파트 목록(2001)	인구총조사(2005)
추출 단위	조사구 → 가구	조사구 → 가구	조사구 → 가구	(동읍면→ 조사구)→ 가구
층	통합시(군), 동읍면, 주택 유형	통합시도, 동읍면, 주택 유형	시도, 동읍면, 주택 유형	시도, 동읍면, 주택 유형 (내재적층 : 권역, 연령)
구분	**제5기(2010~2012)**	**제6기(2013~2015)**	**제7기(2016~2018)**	
목표 표본 크기	576조사구, 11,520가구 (연간 192조사구, 3,840가구)	576조사구, 11,520가구 (연간 192조사구, 3,840가구)	576조사구, 약 1만3천가구 (연간 192조사구, 4,416가구)	
추출 틀	주민등록인구(2009), 아파트 목록(2008)	인구총조사(2010)	인구주택총조사(2010), 공동주택공시가격(2011-14)	
추출 단위	조사구 → 가구	조사구 → 가구	(병합)조사구 → 가구	
층	시도, 동읍면, 주택 유형 (내재적층 : 일반-성별, 연령/아파트-평당가격, 평균평수 등)	시도, 동읍면, 주택 유형 (내재적층 : 성별, 연령, 주거면적, 가구주 학력)	시도, 동읍면, 주택 유형 (내재적층 : 성별, 연령, 주거면적 비율)	

자료 : 질병관리본부. 국민건강영양조사 홈페이지

구는 계통 추출방법을 사용하여 표본조사구 내 적절 가구를 추출한다.

제7기(2016~2018) 표본 추출 틀은 통계청의 2010 인구주택총조사와 신축 아파트 자료를 이용하여 192개 조사구, 4,416가구의 만 1세 이상 가구원 약 1만 명을 표본으로 추출하였다.

② 가구원 확인조사

표본설계를 통해 조사 지역이 선정되면 가구원 확인조사를 통해 조사 대상가구를 선정한다. 이를 위해 가구원 확인조사의 조사원은 해당 지역 보건소와 주민센터의 협조를 얻어 조사 지역의 경계 및 적절 가구 수를 확인한다. 적절 가구 수에 따라 계통 추출법으로 23가구를 선정하고, 선정된 가구를 방문하여 조사에 필요한 기본 정보 및 전화 예약을 위한 연락처를 확인한다. 조사 대상으로 선정된 가구에는 조사 1개월 전에 관할 시도 자치단체장 명의로 '국민건강영양조사 가구 선정 통지서'가 배부되며 조사 1주일 전에는 질병관리본부에서 사전예약 전화를 걸어 유의사항 및 조사장소에 대하여 안내하고 조사 시간을 정한다.

(4) 조사방법

① 수행 과정

국민건강영양조사는 질병관리본부 건강영양조사과에서 직접 수행하며, 시도에서 협조하고 있다. 각 해당 시도에서는 선정된 대상자에게 전달되는 선정 통지서에 시·도지사 관인 후 조사 지역의 해당 보건소로 전달한다. 보건소에서는 관인된 선정 통지서를 해당 지역주민센터의 협조를 받아 대상자에게 전달하며, 공중보건치과의 지원 및 조사장소 선정에 적극 협조하고 있다. 주민센터는 보건소의 협조 요청을 받아 조사 지역 관내도 및 개인별 명부를 제공하며, 조사장소 지원 및 대상자 참여 독려 등 조사를 원활히 진행할 수 있도록 협조하고 있다.

국민건강영양조사 조사 수행 과정은 대상자를 선정하여 선정 통지서를 송부하고 조사 시작일 1주일 전까지 전화 예약을 완료한다. 검진 및 건강 설문조사는 이동검진차량에서 실시하고, 검진 및 건강 설문에 참여한 대상자 중 영양조사에 동의한 대상자 가정을 방문하여 영양조사를 실시한다. 검진조사 결과는 3주 이내, 영양조사 결과는 6주 이내에 참여한 대상 가구에 검진 결과지를 발송한다.

② 전문조사 수행팀 구성

질병관리본부는 2007년 7월 연중조사 체계 도입과 함께 안정적인 조사 수행을 위해 전문조사 수행팀을 구성하여 운영하고 있다. 전문조사원은 간호사, 영양사, 보건학 전공자 등으로 구성되며, 선발 후 2~4주간 교육과 실습을 마친 후 조사현장에 투입된다. 이후에도 정기적인 교육(연간 7회)과 현장의 질 관리를 통해 지속적으로 조사 수행 능력을 검증받는다. 또한 16개 시도에서 공중보건치과의를 파견한다. 전문조사 수행팀 중 이동검진차량에서 조사를 수행하는 검진 및 건강 설문팀은 조사 지역별로 구분하여 총 4팀으로 구성되어 있다. 1, 2팀은 서울, 경기, 인천, 강원 지역이고, 3팀은 충청, 전라 지역이며, 4팀은 부산, 대구, 경상 지역을 전담하고 제주 지역은 팀별 순환조사를 수행하고 있다. 본부 소속 전문조사원은 검진 4명(팀장, 코디네이터, 채혈, 폐 기능 전문조사원), 건강 설문 2명으로 구성되며, 해당 보건소에서 공중보건치과의 파견 인력(구강검사)을 합쳐 팀별 총 7명으로 구성된다.

영양조사는 검진 및 건강 설문조사 완료 1~2주일 후 가구 방문조사로 진행되며, 2인 1조로 4팀, 총 8명으로 구성되어 있다.

(5) 조사내용

① 검진조사

검진조사는 비만, 고혈압, 당뇨병, 이상지혈증 등 만성질환 유병자 규모를 파악하고 질병의 관리 수준을 파악하기 위한 목적으로 이루어지며, 신체 계측, 혈압 및 맥박 측정, 임상검사(혈액 및 소변 검사), 구강검사, 폐 기능검사, 시력검사, 악력검사로 구성되어 있다(표 3-8).

표 3-8 검진조사 항목

구분		조사항목	조사 대상자	비고
신체계측		신장	만 1세 이상	
		체중		
		허리둘레		
혈압 측정		수축기혈압, 이완기혈압	만 10세 이상	3회 측정
		맥박		
악력검사		악력 측정	만 10세 이상	악력 3회 측정
혈액검사	이상지혈증검사	총콜레스테롤	만 10세 이상	혈액검사 시, 조사 전날 저녁 식사 이후부터 금식
		중성지방		
		고밀도저단백콜레스테롤		
		저밀도저단백콜레스테롤		
	신장 기능	혈중요소질소		
		크레아티닌		
	당뇨병	공복시 혈당		
		당화혈색소		
	간질환	B형간염표면항원		
		C형간염항체		
		지오티		
	간질환	지피티		
	빈혈	헤모글로빈		
		헤마토크리트		

(계속)

구분		조사항목	조사 대상자	비고
혈액검사	일반검사	적혈구 수	만 10세 이상	
		백혈구 수		
		비타민 A		일부 대사자만 해당
		비타민 E		
		엽산		
	염증지표	ha-CRP		
	기타	혈중요산		
소변검사	일반검사	뇨단백	만 10세 이상	
		뇨당		
		뇨잠혈		
		유로빌리노겐		
		케톤		
		빌리루빈		
		뇨비중		
		요산도		
		아질산염		
		요크레아티닌		
		요나트륨		
		요칼륨		
		코티닌	만 6세 이상	
		NNAL		
구강검사		치아우식, 치주질환 등 13개 항목	만 1세 이상	
폐기능검사		만성폐쇄성 폐질환	만 40~79세	최소 3회~최대 8회 시행
안검사		시력 및 굴절 검사	만 5~18세	
이비인후검사		소음 노출 설문	만 40세 이상	

② 건강설문조사

건강설문조사는 전문조사원이 개별 면접을 통한 교육 및 경제 활동, 이환, 의료 이용, 삶의 질 조사와 대상자가 직접 작성하는 건강 행태조사로 분류한다. 이동검진센터에서 진행하며 연령에 따라 조사 항목에 차이가 있다. 흡연, 음주 등 건강 행태 영역은 자기기입식으로 조사하고, 이 외에 교육 및 경제 활동, 이환, 의료 이용 등 전체 항목은 면접방법으로 조사한다(표 3-9).

표 3-9 건강설문조사 항목

<table>
<tr><th>구분</th><th>조사 항목</th><th>조사 대상자</th><th>조사방법</th></tr>
<tr><td>가구조사</td><td>성, 연령, 결혼 상태, 가구원 수, 세대 유형, 가구 소득, 건강보험 가입, 민간보험 가입, 출생 시/현재 국적, 치매 특별 등급용 의사소견서 발급 여부</td><td>가구원 중 성인 1인</td><td>면접조사</td></tr>
<tr><td rowspan="2">성인용</td><td>이환, 의료 이용, 예방접종 및 건강 검진, 활동 제한 및 삶의 질, 손상(사고 및 중독), 신체활동, 정신건강(수면시간, PHQ-9), 교육 및 경제 활동, 여성건강</td><td rowspan="2">만 19세 이상</td><td>면접조사</td></tr>
<tr><td>흡연, 음주, 비만 및 체중 조절, 안전 의식, 정신건강, 구강건강</td><td>자기 기입</td></tr>
<tr><td rowspan="2">청소년용</td><td>이환, 의료 이용, 예방접종, 활동 제한, 손상(사고 및 중독), 신체활동, 수면시간, 교육 및 경제 활동, 여성건강</td><td rowspan="2">만 12~18세</td><td>면접조사</td></tr>
<tr><td>흡연, 음주, 비만 및 체중 조절, 안전 의식, 정신건강, 구강건강</td><td>자기 기입</td></tr>
<tr><td rowspan="2">소아용</td><td>이환, 의료 이용, 예방접종, 활동 제한, 손상(사고 및 중독), 여성건강</td><td rowspan="2">만 1~11세</td><td>면접조사(보호자 대리 응답)</td></tr>
<tr><td>비만 및 체중 조절, 안전 의식, 간접흡연, 구강건강, 교육 수준</td><td>자기 기입(자기 기입식 대리 응답)</td></tr>
</table>

③ 영양조사

영양조사는 식생활 행태, 식이 보충제, 영양 지식, 식품 안정성 등에 관한 현황과 조사 1일 전 식품 섭취내용(24시간회상법) 등으로 구성하였으며, 19~64세를 대상으로 112항목의 음식에 대한 식품섭취빈도조사를 추가로 실시하고 있다(표 3-10). 우리 국민의 영양상태를 평가하고 영양 취약집단 및 시급한 영양문제 파악, 질병의 예방 및 치료를 위한 영양관리 방안 마련 등을 위해 실시하고 있다.

- 조사내용 : 조사 1일 전 음식 및 식품 섭취내용, 식행태 및 이에 영향을 미치는 요인, 식이 보충제 이용, 에너지 및 영양소 주요 기여 음식에 대한 섭취 빈도, 식품 안정성, 수유 등에 대해 조사한다.
- 조사원 : 영양조사를 담당하는 자(영양조사원)는 의사, 치과의사, 간호사, 영양사 또는 임상병리사, 방사선사의 자격을 가진 자 또는 보건복지부장관이 정하는 훈련 과정을 이수한 자(단, 건강 설문조사를 담당하는 경우에 한함)에 해당하는 자로 보건복지부장관이 임명 또는 위촉한다. 영양조사원의 직무에 관하여 필요한 사항은 보건복지부령으로 정한다. (「국민건강증진법 시행령」 제22조, 시행규칙 제22조)
- 조사방법 : 개인별 면접방법으로 실시하며, 음식에 사용한 양념이나 가공식품, 복용 중인 식이 보충제의 정확한 정보를 조사하기 위해서 영양사 2명으로 구성된 영양조사팀이 가급적 가구를 방문하여 조사를 수행하고 있다. 검진 전날에는 절식, 금주

표 3-10 영양조사 항목

구분	조사 항목	조사 대상자
식생활조사	• 끼니별 식사 빈도 • 외식 빈도 • 끼니별 동반식사 여부 및 동반 대상 • 식이 보충제 복용 경험 여부	만 1세 이상
	• 영양 교육 및 상담 수혜 여부 • 영양표시 인지 및 이용 여부, 영양표시 관심 영양소, 영양표시 영향 여부	초등학생 이상
	• 모유 수유 여부, 수유 기간 • 조제분유 수유 여부, 수유 기간 • 이유 보충식, 시판우유 섭취 시작 시기 • 영아기 영양제 복용 여부 및 복용 영양제 종류	만 1~3세
식품섭취조사	• 조사 1일 전 하루 동안 섭취한 음식의 종류 및 섭취량 • 조리방법	만 1세 이상
식품섭취빈도조사	• 에너지 및 영양소 섭취량에 기여 수준이 높은 112항목의 음식별 섭취 빈도와 1회 섭취량 *밥류(5), 면·만두류(6), 빵·떡류(8), 국·찌개류(12), 콩·달걀·생선류(23), 채소·해조·서류(27), 우유류(4), 과일류(13), 음료류(5), 과자류(6), 주류(3)	만 19~64세
식품안정성조사	• 식품 안정성 확보 여부	식품 구매자

Tip **식품안정성조사 문항**(제7기 1차년도 자료)

식품안정성조사

식품구매자 여부	① 예 / ② 아니오

▪ **다음은 식생활 형편에 대한 문항입니다. 귀하의 가구 전체 상황을 고려하여 응답해 주십시오.**

1. 다음 중 최근 1년 동안 귀댁의 식생활 형편을 가장 잘 나타낸 것은 어느 것입니까?

① 우리 가족 모두가 원하는 만큼의 충분한 양과 다양한 종류의 음식을 먹을 수 있었다.

② 우리 가족 모두가 충분한 양의 음식을 먹을 수 있었으나, 다양한 종류의 음식은 먹지 못했다.

③ 경제적으로 어려워서 가끔 먹을 것이 부족했다.

④ 경제적으로 어려워서 자주 먹을 것이 부족했다.

자료 : 질병관리본부, 국민건강영양조사 홈페이지

등 식사에 영향을 주는 외부 요인들이 많기 때문에 영양조사는 검진 및 건강 설문조사를 완료하고 1주일가량 지나서 실시한다.

- 조사 후 결과 처리 및 기초 영양 데이터베이스 : 조사 대상자로부터 하루 전날 섭취

Tip 영양조사원과 영양지도원

1. **시행규칙 제13조(영양조사원)** ① 영 제22조의 규정에 의한 국민영양조사원(이하 "영양조사원"이라 함)은 건강상태조사원·식품섭취조사원 및 식생활조사원으로 구분하되, 각 조사원의 직무는 다음 각 호와 같다. 다만, 시·도 지사가 필요하다고 인정할 때에는 식품섭취조사원으로 하여금 식생활조사원의 직무를 행하게 할 수 있다. 〈개정 1998.11.6.〉
   1. 건강상태조사원 : 제12조 제1호의 규정에 의한 건강 상태에 관한 조사사항의 조사·기록
   2. 식품섭취조사원 : 제12조 제2호의 규정에 의한 식품 섭취에 관한 조사사항의 조사·기록
   3. 식생활조사원 : 제12조 제3호의 규정에 의한 식생활에 관한 조사사항의 조사·기록
2. **시행규칙 제17조(영양지도원)** ① 영 제22조의 규정에 의한 영양지도원은 다음 각 호의 업무를 담당한다.

시·도의 영양지도원	시·군·구의 영양지도원
1. 영양지도의 기획·분석·평가 및 영양상담	1. 영양지도의 계획·분석
2. 보건소의 영양업무지도	2. 지역주민의 영양지도(영·유아, 임산부, 수유부, 노인, 환자, 성인의 영양관리) 및 상담
3. 집단급식시설에 대한 급식업무지도	3. 집단급식시설에 대한 현황 파악 및 급식업무지도
4. 영양조사 및 효과 측정	4. 영양조사 및 지역주민의 영양 평가 실시
5. 홍보 및 영양교육	5. 영양교육 자료의 개발·홍보 및 영양교육
6. 기타 영양과 식생활 개선에 관한 사항	6. 지역주민의 영양조사 결과 자료 활용
	7. 기타 영양과 식생활 개선에 관한 사항

한 음식(오이냉채, 콩국수 등)의 내용과 섭취량을 조사한 후 식품(오이, 고춧가루, 대두, 소금 등) 및 영양소(단백질, 비타민 C 등) 단위로 평가하기 위해서는 관련 데이터베이스들을 활용하여 전환 과정을 거쳐야 한다. 정확한 통계 산출을 위해서는 조사 수행 과정뿐 아니라 기초 영양 데이터베이스가 우리 국민의 최근 식생활을 잘 반영하는지가 중요하므로 국민건강영양조사 수행과 기초 영양 데이터베이스 구축을 병행하여 실시하고 있다.

(6) 결과 발표

조사는 해당 연도 1월부터 12월까지 교육 및 차량 정비를 위한 기간을 제외하고 연 48주 연중 수행된다. 수집된 자료는 익년 1~9월까지 자료 정제 및 가중치 부여 과정을 거쳐 1차 원시자료DB로 구축되며, 2차 결과 산출 및 분과 자문회의 과정을 거쳐 9~10월 중 결과 발표회를 개최한 후 12월에 최종 결과 보고서 발간 및 원시자료를 공개하고 있다(그림 3-6). 관련 자료는 질병관리본부 국민건강영양조사 홈페이지(http://knhanes.cdc.go.kr)에서 무료로 제공하고 있다.

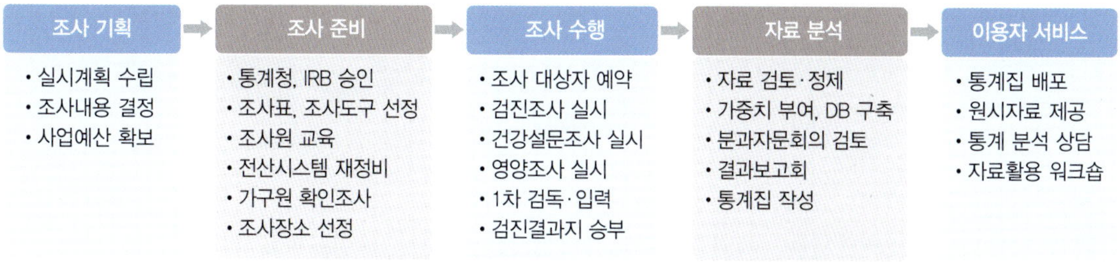

그림 3-6 국민건강영양조사 자료 처리 및 결과 발표 과정

(7) 주요 결과

① 에너지 섭취비율

국민영양조사가 처음 시행된 1969년에는 탄수화물로 80.3%, 단백질로 12.5%, 지방으로 7.2%의 에너지를 섭취하여 에너지 영양소 중 탄수화물의 비율이 매우 높았으나, 최근에는 탄수화물의 비율은 낮아지고 지방의 비율이 증가하는 추세이다. 국민건강영양조사 제6기 결과, 영양소별 에너지 섭취분율은 탄수화물 63.7%, 단백질 14.5%, 지방 21.8%이었다(그림 3-7).

② 영양소 섭취

우리나라 국민의 필요추정량 대비 에너지 섭취비율은 남자 107%, 여자 95%로 나타났다. 권장섭취량 대비 단백질 섭취비율은 남자 176%, 여자 139%, 인은 남자 175%, 여자 133%, 철은 남자 196%, 여자 140%, 티아민은 남자 203%, 여자 164%로 조사되었다. 칼슘은 남자 75%, 여자 64%에 불과하여 권장섭취량의 2/3 정도 섭취하여 부족한 것으로 나타났다. 그러나 나트륨은 충분섭취량과 비교하면 남녀 모두 과잉 섭취하는 것으로 나타났다(그림 3-8).

③ 아침식사 결식

국민건강영양조사 결과 4명 중 1명은 아침식사를 결식하는 것으로 나타났다. 결식률은 2015년 기준 남자는 27.3%, 여자는 24.9%로 조사되었고, 연령별로는 19~29세가 성별에 관계없이 가장 높은 것으로 나타났다.

(8) 결과 활용과 의의

경제 발전에 따른 식생활 양상과 식이 관련 만성퇴행성 질환의 증가로 인해 우리 국민

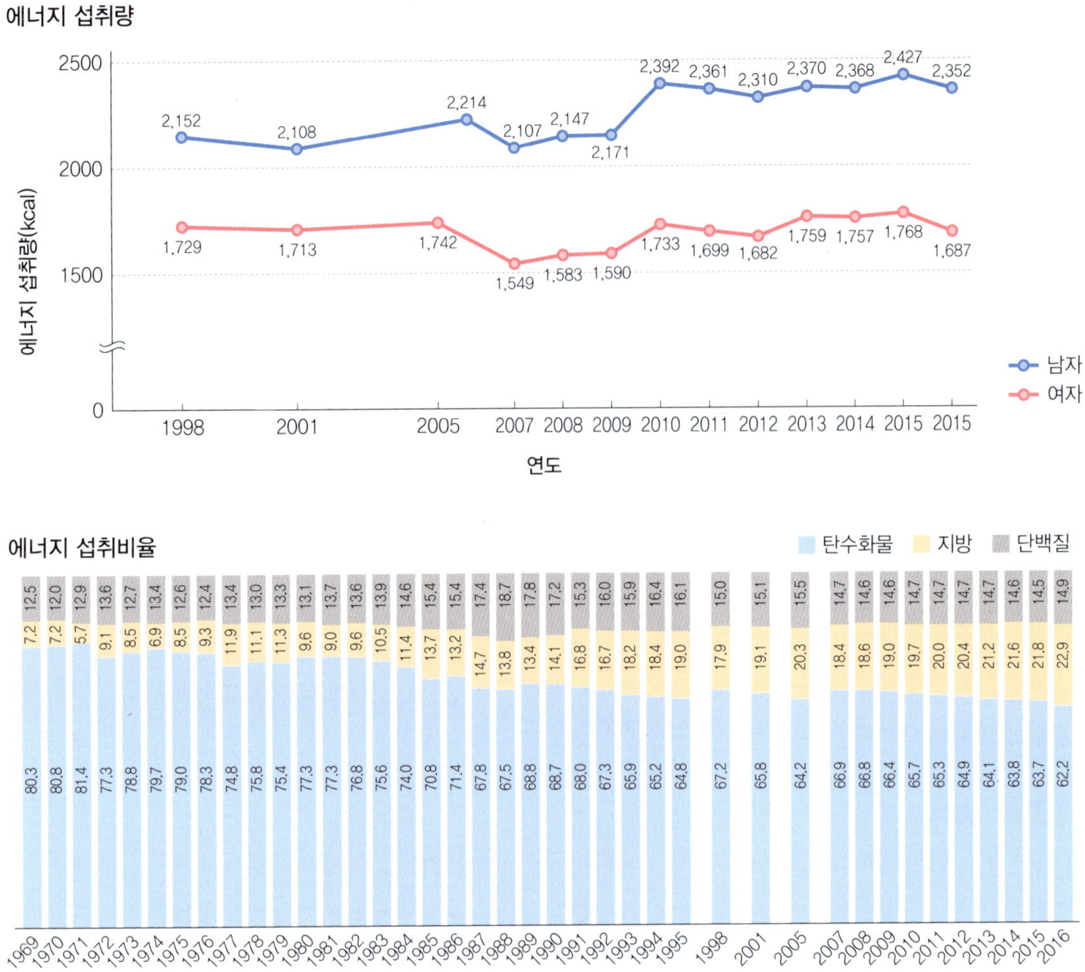

* 단백질 급원 에너지 섭취분율 : ((단백질 섭취량)×4)의 ((단백질 섭취량)×4+(지방 섭취량)×9+(탄수화물 섭취량)×4)에 대한 분율, 만 1세 이상

* 지방 및 탄수화물 급원 에너지 섭취분율 : 단백질 급원 에너지 섭취분율과 같은 정의에 의해 산출

* 1969~1995년 : 원시자료 확보가 불가하여 각 영양소 섭취량의 평균값을 이용하여 계산

* 1998~2015년 : 2005년 추계인구로 연령 표준화

그림 3-7 에너지 섭취량 및 섭취비율

자료 : 질병관리본부. 2016 국민건강통계Ⅱ 추이. 국민건강영양조사 제7기 1차년도, 2016

을 대상으로 한 식이 섭취와 질병 간의 연관성 규명을 위한 역학조사 연구의 필요성이 높아짐에 따라 영양조사, 건강면접조사, 보건의식행태조사, 건강검진조사로 구성된 '국민건강영양조사'를 통해 산출된 통계와 수집된 자료는 다음과 같은 보건 정책과 프로그램, 연구 등에 활용되고 있다.

- 국민건강증진종합계획 수립 및 평가

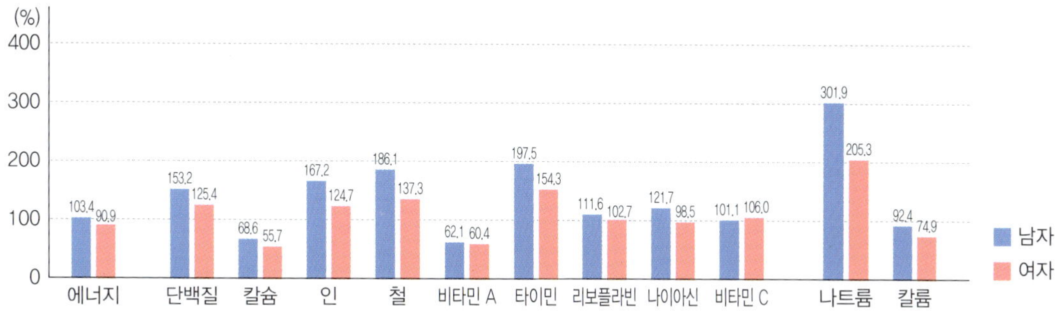

* 영양섭취기준 대비 섭취 비율 : 영양섭취기준에 대한 개인별 영양소 섭취량 백분율의 평균값, 만 1세 이상(나트륨은 만 9세 이상)
* 영양섭취기준 : 2015 한국인 영양소 섭취기준(보건복지부 · 한국영양학회, 2015)
에너지 : 필요추정량; 나트륨, 칼륨 : 충분섭취량; 기타 : 권장섭취량

그림 3-8 영양섭취기준에 대한 섭취 비율

자료 : 질병관리본부. 2016 국민건강통계II 추이. 국민건강영양조사 제7기 1차년도, 2016

* 아침식사 결식률 : 조사 1일 전 아침식사를 결식한 분율, 만 1세 이상(표준화)
* 소득수준 : 월 가구 균등화 소득(월 가구소득/√가구원 수)을 성별 · 연령별(5세 단위) 시분위로 분류
* 연도별, 소득수준별 : 2005년 추계인구로 연령 보정한 표준화율, 성별, 연령별 조율로 제시

그림 3-9 연도별 및 성별·연령별 아침식사 결식률

자료 : 질병관리본부. 2016 국민건강통계II 추이. 국민건강영양조사 제7기 1차년도, 2016

- 국제기구(OECD, WHO 등)가 요구하는 건강지표 통계 산출과 국가 간 비교
- 소아·청소년 표준성장도표 개발
- 영양섭취기준의 제정
- 건강 및 영양 취약계층 파악
- 프로그램 개발, 예방 및 관리 방안 수립

- 영양요인을 측정하는 방법은 신체계측조사, 생화학적 조사, 임상조사, 식사섭취조사 등이 있다. 한 가지 방법보다는 여러 가지 방법을 함께 이용하면 좀 더 효과적으로 영양 상태를 판정할 수 있다.
- 국민건강영양조사는 1995년 제정된 「국민건강증진법」 제16조에 근거하여 시행하는 전국 규모의 건강 및 영양 조사이다. 1998년부터 2005년까지 3년 주기로 시행하였으며, 2007년부터는 매년 시행하고 있다. 이는 가구원 확인조사, 건강설문조사, 검진조사, 영양조사를 통해 조사자료를 수집하고 있다.
- 국민건강영양조사의 목적은 국민의 건강 수준, 건강 행태, 식품 및 영양 섭취 실태에 대한 국가 및 시도 단위의 통계를 산출하고, 이를 통해 국민건강증진종합계획의 목표 설정 및 평가, 건강증진 프로그램 개발 등 보건 정책의 기초자료로 활용하는 것이다.
- 영양조사는 식생활 행태, 식이보충제, 영양 지식, 식품 안전성 등에 관한 현황과 조사 1일 전 식품 섭취내용(24시간회상법) 등으로 구성되고, 만 19~64세를 대상으로 112항목의 음식에 대한 식품섭취빈도조사를 추가로 실시한다.

연습문제

1 우리나라에서 인구집단을 대상으로 조사된 건강과 영양에 관한 자료로 검진조사, 건강설문조사, 영양조사로 구성되어 있으며 국민의 건강 수준, 건강 관련 의식 및 행태, 식품 및 영양 섭취 실태와 추이를 파악하여 정책적 우선순위를 두어야 할 건강 취약 집단을 선별하고, 보건 정책과 사업이 효과적으로 전달되고 있는지를 평가하는 데 필요한 법정조사를 무엇이라 하는지 이야기해 보자.

2 국민영양조사의 조사 항목 및 조사 시기는 매년 언제인지 이야기해 보자.

3 「국민건강증진법 시행령」 제22조에 의거한 영양조사원의 자격 조건에 대해 설명해 보자.

4 국민건강영양조사에서의 영양조사는 식생활 행태, 식이 보충제, 영양 지식, 식품 안정성 등에 관한 현황과 24시간회상법을 이용한 식품 섭취내용 등으로 구성되어 있으며, 112항목의 음식에 대해서는 식품섭취빈도조사를 추가로 실시하고 있다. 식품섭취빈도조사를 진행하는 연령대를 이야기해 보자.

정답과 풀이

1. 국민건강영양조사
2. 식품섭취조사, 식생활조사, 건강상태조사. 11월
3. 의사, 치과의사, 간호사, 영양사 또는 임상병리사, 방사선사의 자격을 가진 자 또는 보건복지부장관이 정하는 훈련 과정을 이수한 자(단, 건강설문조사를 담당하는 경우에 한함)
4. 19~64세

04
지역사회영양사업의 이론 및 활용

지역사회영양사업의 개념

영양행동이론

사회적 수준의 영양중재 프로그램

지역사회영양사업은 적절한 영양 서비스를 제공하여 지역사회 구성원의 영양 욕구를 충족시키기 위한 것이다. 이를 위해서는 적절한 중재 프로그램을 개발하여 적용함으로써 개인의 영양행동이 개선되도록 하여야 한다. 개인의 행동 변화를 위한 중재 프로그램을 개발할 때 행동 변화에 관한 이론과 모델을 적용할 수 있다. 이 장에서는 지역사회영양사업에 적용할 수 있는 영양행동이론을 살펴보고, 사회적 수준의 영양중재 프로그램도 다룬다.

1. 지역사회영양사업의 개념

지역사회 구성원의 영양 욕구를 충족시키기 위한 지역사회영양사업의 궁극적인 목적은 대상자를 설득하여 그의 행동을 변화시키는 데 있다. 지역사회영양사업은 대상자의 바람직한 행동 변화를 위하여 지식과 기술을 습득하게 하고 태도를 변화시키고자 한다. 영양적인 식생활에 관하여 정확한 정보를 전달하여 대상자가 지식을 습득하더라도 실제 행동의 변화를 가져오지 못한다면, 지역사회영양사업이 목적하는 대상자의 영양 욕구는 채워지지 못할 것이다. 또한 대상자에게 필요한 서비스를 제공하여 직접 경험하게 한다면 즉각적인 욕구는 채워지겠지만 이후 다시 또 다른 욕구를 해소해야 할 상황에 빠질 가능성이 있다. 식생활과 건강은 인간의 삶에서 떼어낼 수 없는 영역이기 때문에 지역사회영양사업은 대상자의 일상적인 삶의 방식을 긍정적으로 변화시킬 수 있기를 기대하며, 이를 위하여 심리학적 이론들을 적용하고 있다. 이 중 대표적인 것이 자기효능감self-efficacy이다.

Tip 행동 변화에 관한 이론과 모델을 활용할 때 이점

- 건강행동을 이해하기 위한 로드맵을 제시한다.
- 중재 프로그램에서 목표가 될 변수(지식, 기술 등)를 제시한다.
- 지식, 태도, 행동에 영향을 주는 영양중재 프로그램 설계에 합리적 근거를 제공한다.
- 행동 변화를 이끌어 내는 과정을 안내한다.
- 행동 변화를 촉진하는 도구와 전략을 제공한다.
- 중재의 효과성을 확인할 수 있도록 결과 변수를 제공한다.

자료 : American Dietetion Association. Nutrition Counseling Evidence Analysis Project. http://www.adaevidencelibrary.com

자기효능감은 심리학자 반두라A. Bandura가 제안한 행동 변화의 기초가 되는 요소이다. 기존의 행동주의이론이 조건화를 통하여 개인의 행동 변화를 유도하였다면, 반두라의 사회학습이론은 개인의 행동을 변화시킬 수 있는 사회적 조건뿐 아니라 내면의 신념에 주목하였다. 반두라는 자기효능감을 '특정 행동을 수행할 수 있다는 확신'이라고 정의하였다. 강한 자기효능감은 개인의 선택에 영향을 주고 더 큰 노력을 하도록 하며 난관을 바라보는 관점을 변화시키고 어려움이 있더라도 기꺼이 목표를 달성하려는 마음을 갖게 함으로써 개인의 건강행동을 변화시킨다.

반두라가 제안한 자기효능감을 형성하는 네 가지 요소를 영향력이 큰 것부터 나열하면 행동 수행의 결과, 간접경험 또는 모델링, 말로 하는 격려 또는 설득, 생리적 각성이다. 행동수행의 결과란 개인이 특정 행동을 수행하여 좋은 결과를 얻은 경험이 자기효능감을 향상시키는 것을 말한다. 모델링modeling이란 누군가의 행동을 관찰함으로써 새로운 바람직한 행동을 습득할 수 있다는 뜻이다. 자기모델링self-modeling이라는 개념도 제안되었는데, 개인의 행동을 촬영하여 긍정적인 결과만을 보여 주도록 편집한 영상을 관찰함으로써 자기효능감이 향상된다. 말로 하는 격려나 설득으로 자기효능감을 향상시키려는 것은 많은 지도자들이 선호하는 방식이다. 긍정적인 말과 부정적인 말 모두 자기효능감을 높이거나 낮출 수 있다. 개인의 생리적 각성도 자기효능감에 영향을 준다. 식사량을 줄이기로 계획하였는데 공복감을 심하게 느낀다거나 기운이 없고 식은땀이 난다면 식사 제한을 계속할 수 있겠다는 확신을 잃게 될 것이다. 금연을 하면서 니코틴 패치를 사용하여 금단현상을 지연시키면 금연을 지속할 수 있겠다는 자기효능감이 향상될 수 있다.

자신의 행동이 변화될 수 있다는 확신은 실제적인 기술을 습득하는 것보다 중요하다. 대상자가 행동 변화의 필요성을 인지하였다면 실제로 변화할 수 있음을 믿을 수 있도록 도와야 한다. 행동을 변화시키는 것이 불가능하다고 판단한 대상자는 부정denial('내 식생활에는 아무 문제가 없어.' '식습관을 바꾸지 않아도 괜찮아.'), 합리화rationalization('싱겁게 먹으면 식사량이 줄어서 영양 결핍이 될 수도 있어.' '현재의 식사도 나쁘지 않아.'), 투사projection('남편 때문에 싱겁게 먹는 것은 불가능해.') 등의 방어적 사고로 전환할 것이다. 행동 변화의 목표가 크고 복잡하다면 작은 것부터 성공 경험을 쌓도록 돕는 것도 좋다. 대상자의 강점이 강화되고 긍정적인 미래가 전망될 때 자기효능감은 강화된다.

2. 영양행동이론

1) 건강신념모델

건강신념모델Health Belief Model, HBM은 건강행동을 설명하고 예측하기 위한 심리학적 모델이다. 건강신념모델에서는 개인의 태도attitude와 신념belief에 초점을 맞춘다. 1950년대 미국 보건국의 호크바움Hochbaum, 로젠스탁Rosenstock, 케겔Kegeles은 무료 결핵 스크리닝 프로그램의 실패요인을 찾기 위한 과정에서 개인의 건강행동을 이해하기 위하여 건강신념모델을 주창하였다.

개인이 건강과 관련된 어떤 행동을 수행하려면 건강하지 않은 상태를 피하고 싶어야 하고, 행동 변화로 인한 긍정적인 결과가 기대되어야 하며, 스스로 행동을 수행할 수 있다는 확신이 있어야 한다. 개인이 행동의 변화를 결정하기 위해서는 개인의 취약성susceptibility, 문제의 심각성seriousness, 행동 변화의 이득benefits, 행동 변화의 장애barriers(와 극복 가능성)를 우선 인지perception해야 비로소 행동할 준비를 갖추게 된다. 그러나 이러한 결심이 행동으로 이어지려면 행동의 계기cues to action가 필요하며 실제로 행동을 하려면 자기효능감이 필요하다. 이러한 여섯 가지 건강신념들이 상호작용하여 대상자의 행동을 변화시킨다.

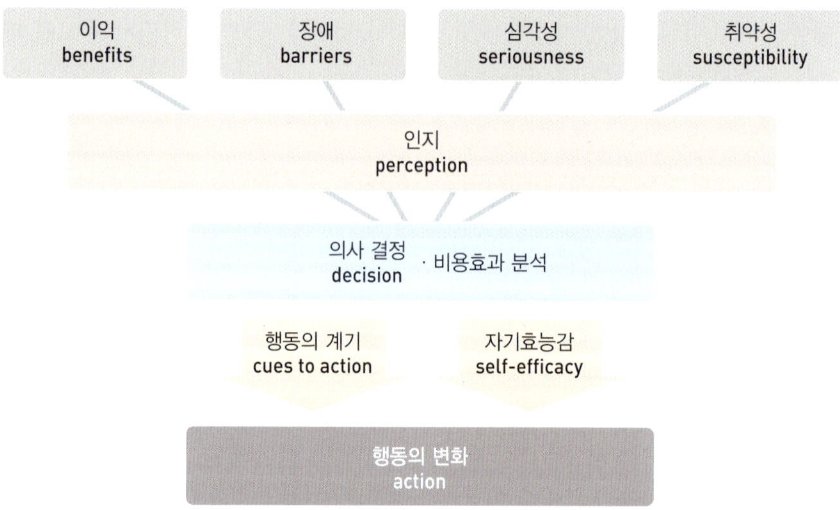

그림 4-1 건강신념모델

자료 : Green, L.W. & Kreuter, M.W. (1991). Health Promotion Planning: An Educational and Environmental Approach Mayfield Publishing Company, Mountain View, CA.

지역사회영양사업에 건강신념모델을 적용한다면 이러한 신념들에 초점을 맞추어 중재 프로그램을 설계할 수 있다. 건강행동의 이익과 장애, 건강문제의 심각성과 취약성을 인지하더라도 계기가 없으면 실제 행동으로 이어지지 않는다. 또 대상자 개인의 자기효능감이 결심에서 행동으로 이어지게 하므로 자기효능감을 증진시키는 것에 중재의 초점이 맞추어진다.

표 4-1 건강신념의 예시

건강신념	정의	내담자의 표현 예 (박서연 등, 2012)
인지된 취약성	자신이 질병을 갖게 될 가능성	"몇 년 전만 해도 혈압이 높지 않았거든요. 그런데 최근 혈압이 올라갔어요."
인지된 심각성	질병과 그 결과가 얼마나 심각한지의 정도	"주변에 합병증으로 무척 고생한 사람을 봤어요. 그래서 저도 그럴까 봐 걱정돼요."
인지된 이득	건강 지침을 따를 때 위험과 심각성이 감소할 것이라는 신념	"국물을 거의 먹지 않으려 노력하고 있어요. 그래서인지 혈압이 전보다 좀 낮아졌어요."
인지된 장애	건강 지침을 따를 때 치러야 할 물질적, 심리적 비용	"자주 외식을 하니까 짜고 맵게 먹게 되는 것 같아요."
행동의 계기	건강 지침을 따를 준비를 갖추게 하는 사건	"요리프로를 보면 가끔 건강요리를 알려 주는데 그게 좋더라고요. 요리하는 거 좋아하는데 적었다가 집에서 실제로 만들어 먹어요."
자기효능감	스스로 건강 지침을 따를 수 있다는 확신	"싱겁게 먹는 것을 노력했더니 그 후 짠 음식을 먹지 않게 되어 싱겁게 먹을 수 있게 되었어요."

자료 : Glanz, K., Marcus Lewis, F. & Rimer, B.K.(1997). Theory at a Glance: A Guide for Health Promotion Practice. National Institute of Health.; 박서연, 권종숙, 김초일, 이윤나, 김혜경(2012). 건강신념 모델을 적용한 고혈압 영양교육 프로그램 개발-포커스 그룹 인터뷰에 기초하여. 대한지역사회영양학회지 17(5): 623-636.

표 4-2 건강신념모델을 활용한 중재의 예시(나트륨 섭취 줄이기)

건강신념	표현 예	중재 프로그램의 예
인지된 취약성	"짜게 먹으면 고혈압에 걸릴까 걱정돼."	짜게 먹는 식습관과 고혈압 발생의 연관성을 연구 결과에 근거하여 설명
인지된 심각성	"높은 혈압을 조절하지 않으면 뇌졸중으로 쓰러질 수 있어."	고혈압 전단계(prehypertension)의 경우 심뇌혈관 질환 발생 위험을 자료에 근거하여 설명
인지된 이득	"싱겁게 먹으면 혈압이 낮아지고 체중도 줄 거야."	혈압 조절을 위한 저염식을 실천한 비만 환자의 체중이 감소된 사례 소개
인지된 장애	"싱거운 음식은 맛이 없어."	소금을 적게 넣고 맛을 내는 조리법 시연
행동의 계기	"평소 혈압이 높던 할머니가 뇌졸중으로 쓰러지셨어."	나트륨 민감성이 유전되는 것에 대한 강의
자기효능감	"나는 저염식을 만들어 먹을 수 있어."	가정에서 활용할 수 있는 저염식 조리법 실습

2) 변화단계모델(범이론적 모델)

변화단계모델Stages of Change Model(범이론적 모델Transtheoretical Model)은 1970년대 후반과 1980년대 초반에 흡연자의 중독 치료를 연구하던 프로샤스카J. Prochaska와 디클레멘트C. DiClemente에 의하여 제안되었고, 체중 감량이나 부상 예방, 금주 등의 건강행동에 광범위하게 적용되어 왔다. 변화단계모델의 중요한 개념은 행동의 변화가 한순간에 이루어지지 않고 일련의 과정에 따라 일어난다는 것이다. 변화단계모델에서 제안하는 일련의 과정은 고려전단계, 고려단계, 준비단계, 행동단계, 유지단계이다. 사람들은 이 다섯 단계 중 하나에 머물고 있으며, 현재 머물고 있는 단계에 따라 다른 수준의 동기를 가지고 있다. 따라서 대상자의 현재 단계에 따라 각기 다른 전략으로 접근하여 다음 단계로 진전될 수 있도록 돕는 것이 효과적이다.

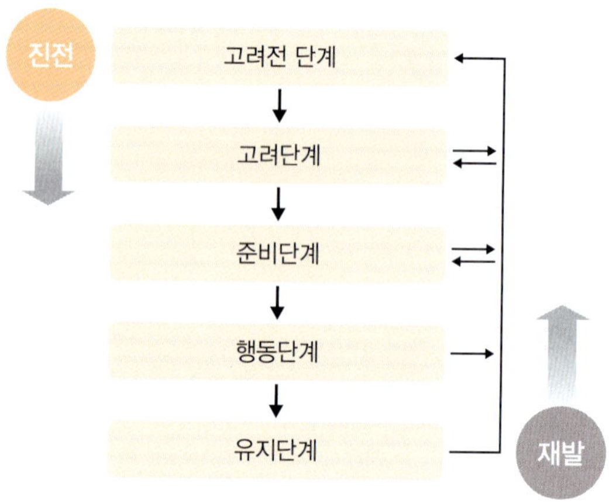

그림 4-2 변화단계모델의 과정

예를 들어 저염식 프로그램을 진행할 때 참여자 모두가 저염식의 필요성을 알고 실천할 동기를 가지고 있다는 가정하에 구체적인 저염식 실천방법을 시연함으로써 자기효능감을 증진시키기 위한 프로그램을 기획할 수 있다. 참여자 중 준비단계의 대상자는 행동단계로 진전하기 위해 유용한 정보를 얻을 수 있을 것이다. 행동단계의 대상자는 주어진 정보와 자신의 행동을 비교하며 취사선택할 것이며 몇 가지 의문을 해결하기 위하여 질문할 수 있다. 그러나 고려전단계의 대상자는 프로그램의 의도를 파악하지 못할 수 있고, 고려단계의 대상자는 저염식이 번거롭고 맛이 없다는 부정적 견해를 가질 수도 있다. 또 유지단계의 대상자는 프로그램이 자신에게 유용하지 않다고 여길 수 있다. 따라

표 4-3 변화단계모델의 단계

단계	대상자의 상태	중재의 목표
고려전단계	문제를 인지하지 못함 6개월 이내에는 변화할 마음이 없음	• 정보를 제공한다. • 문제를 인지하게 한다. • 변화를 정서적으로 수용하게 한다.
고려단계	문제를 인지함 6개월 이내에 변화할 마음이 있음	• 문제를 재검토하도록 지지한다. • 변화의 확신을 증진시킨다. • 변화의 이익을 강조한다.
준비단계	1개월 이내에 변화할 마음이 있음 작은 변화를 시도할 수 있음	• 마음의 동요를 해결한다. • 약속을 확실하게 한다. • 특정 행동 계획을 세운다.
행동단계	적극적으로 행동 변화를 시도하고 있음 변화를 시도한 지 6개월 미만인 상태	• 협력적·개인 맞춤형 계획을 세운다. • 행동 기술을 제공한다. • 사회적 지지를 제공한다.
유지단계	행동이 변화한 지 6개월이 지난 상태	• 협력적·개인 맞춤형 계획을 보완한다. • 문제 해결 기술을 제공한다. • 사회적, 환경적 지지를 제공한다.

서 지역사회영양사업을 기획할 때는 대상자의 현재 동기화 상태를 고려하여 프로그램을 설계하여야 한다. 변화단계모델은 서비스를 제공할 때 대상자의 현재 단계를 사정함으로써 구체적인 중재 전략을 설계하는 데 유용한 모델을 제공한다. 이러한 중재 전략을 개인 맞춤형 중재라고 한다. 일반적으로 변화단계의 앞부분에서는 인지·정서적 접근이 효과적이고, 뒷부분에서는 행동적 접근이 더 효과적이다.

변화단계모델의 어떤 단계에서도 변화는 직선적으로 일어난다. 한 단계를 완전히 경험하고 나서 다음 단계로 이동한다. 변화 과정은 행동의 결과에 대한 의식 증가, 자신의 이미지 재평가, 환경에 미치는 영향 재평가, 긍정적인 안심, 자기방면, 사회방면, 자극 조절, 대체 조절, 보상관리, 조력관계 등에 따라 이루어진다. 또한 반대 방향으로의 변화도 가능하다. 그림 4-2의 재발이라는 화살표는 특정 단계에서 이전 단계로 후퇴하는 변화를 보여 준다. 변화단계모델에서 특정 단계에서 다음 단계로 전진하느냐, 이전 단계로 후퇴하느냐의 의사 결정은 행동 변화의 장단점에 대한 개인의 관점에 달려 있다. 행동 변화에서 기대되는 이득과 행동 변화에 따른 불이익 및 비용에 대한 개인의 인지가 변화의 방향을 결정하게 된다.

3) 계획적 행동이론

계획적 행동이론Theory of Planned Behavior, TPB은 합리적 행동이론에서 출발하였다. 합리적 행동이론Theory of Reasoned Action은 개인의 건강행동이 의도intention에 따라 자발적으로 이루어지며 의도는 태도attitude와 주관적 규범subjective norm에 근거하여 형성된다고 하였다. 그러나 아이센Icek Ajzen은 모든 행동이 자발적이지 않음을 발견하고, 행동과 의도에 영향을 미치는 인지된 행동 통제perceived behavioral control라는 개념을 더하여 계획적 행동이론을 제안하였다(그림 4-3).

계획적 행동이론에서는 인지된 행동 통제가 의도와 행동에 영향을 주어 행동 변화를 가져온다. 따라서 계획적 행동이론에서 행동을 결정하는 세 가지 요인은 태도(개인적 요인), 주관적 규범(사회적 요인), 인지된 행동 통제(통제적 요인)이다. 태도란 행동을 선호하는 주관적인 느낌을 말한다. 행동의 결과에 대한 신념outcome belief과 결과에 대한 평가evaluation of outcomes가 태도에 영향을 준다. 주관적 규범은 인지된 사회적 압력이라고도 한다. 주관적 규범을 구성하는 두 가지 요소는 중요한 타인의 찬성이나 반대를 뜻하는 규범적 신념normative beliefs과 중요한 타인의 의견을 따르고자 하는 순응 동기motivation to comply이다. 인지된 행동 통제는 행동 수행의 난이도를 뜻하는 자기효능감과 행동을 통제할 수 있다는 신념인 통제 가능성controllability을 결합한 것이다. 인지된 행동 통제는

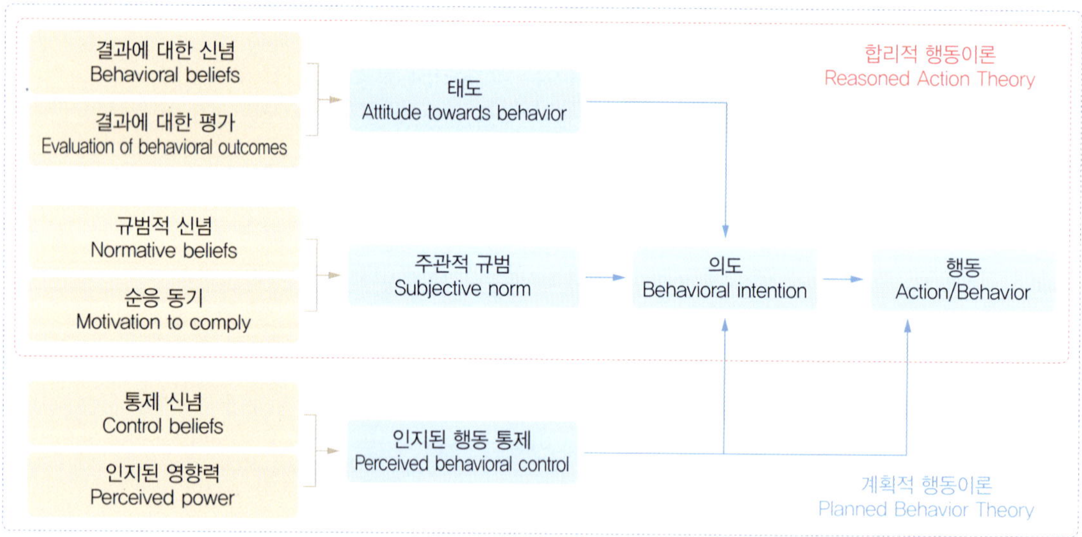

그림 4-3 계획적 행동이론과 합리적 행동이론

통제신념control beliefs과 인지된 영향력perceived power의 영향을 받는다. 통제신념은 행동을 촉진하거나 저해하는 내적, 외적 요소들을 말하며, 인지된 영향력이란 현재 보유하고 있는 자원이 원하는 행동을 지원하는지 또는 방해하는지를 말한다.

계획적 행동이론은 지역사회영양사업을 수행하기에 앞서 요구조사를 할 때 표적이 되는 건강행동과 관련된 여러 가지 요인을 파악할 수 있도록 이론적 배경을 제공한다. 또 건강행동을 변화시키고자 할 때 어떠한 요인에 초점을 두고 영양 서비스를 제공할지와 서비스의 결과를 평가하기 위하여 어떠한 요소들을 측정할 것인지를 선택할 수 있도록 프로그램 설계에 이론적 기반을 제공한다. 계획적 행동이론을 적용하면 특정 요인에 대한 중재가 행동 변화라는 결과에까지 이르지 못하였더라도 의도나 태도 등 행동 이전의 변수에 변화를 줌으로써 행동 변화의 가능성을 제시하는 부분에 대해서 평가할 수 있다.

4) 사회인지론

사회인지론Social Cognitive Theory, SCT은 반두라의 사회학습이론에서 발전하였다. 사회학습이론은 반두라가 행동주의 학습이론에서 강조하는 조건화로는 학습 과정을 충분히 설명할 수 없다며, 인간의 행동을 이해하고 예측하는 이론을 기초로 학습 과정을 설명하고 행동 변화를 위한 중재방법을 제안하면서 주창한 이론이다. 사회인지론은 지식을 습득하는 것만으로는 행동의 변화를 가져오기에 부족하고 환경과 사회적 상황이 실제 행동 변화에 중요한 영향을 미친다고 주장하였다. 사회인지론을 구성하는 개념들과 이를 활용한 중재 전략은 표 4-4와 같다.

표 4-4 사회인지론의 개념과 활용

개념	정의	중재 전략
상호결정주의 reciprocal determinism	인간, 행동, 환경의 역동적 상호작용	• 다단계 행동 변화 전략을 고려한다. • 동기부여, 사회적 지지, 행동 치료 적용 • 환경의 변화를 시도한다.
결과 기대 outcome expectations	행동의 결과에 대한 예측과 그 결과가 가지는 가치	• 행동이 건강에 미치는 영향을 교육한다. • 바람직한 식사를 시식해 본다. • 대상자가 원하는 가치와 프로그램의 목표를 일치시킨다.
자기 조절 self-regulation	목표 지향적 행동/실천을 스스로 조절하는 것	• 자극 조절 기제를 활용한다. • 자기 평가를 하게 한다. • 의사 결정, 자기 모니터링, 목표 설정, 문제 해결, 자기보상 등을 경험하게 한다.

(계속)

개념	정의	중재 전략
행동 수행력 behavioral capability	행동을 수행하는 데 필요한 지식과 기술	• 요리교실과 같은 교육 프로그램
자기효능감 self-efficacy	원하는 결과를 가져오는 행동을 수행할 능력이 있다는 믿음	• 훈련과 시연을 통해 기술을 개발한다. • 작은 목표/행동을 계약하고 발전시킨다. • 사회적 모델을 제시한다. • 언어적 설득과 격려를 사용한다. • 신체적/정서적 상태를 향상시킨다.
관찰 학습 observational learning	행동과 결과를 보여 주는 타인의 행동이나 매체를 관찰함으로써 행동을 습득하는 것	• 시연한다. • 유명인과 같은 역할 모델을 제시한다. • 문제 해결을 위한 집단작업을 한다.
강화 reinforcement	행동을 반복할 가능성을 높이는 행동에 대한 반응	• 성취를 지지한다. • 스스로 시작한 보상을 격려한다. • 상품권이나 쿠폰을 준다.
촉진 facilitation	새로운 행동의 수행을 돕기 위하여 도구, 자원, 환경을 제공하는 것	• 식품, 조리도구, 교통편을 제공한다. • 환경을 변화시킨다.

사고, 인지, 동기와 같은 개인적 요인은 환경적 상황 및 행동과 서로 영향을 주면서 역동적으로 상호작용하는데 이를 상호결정주의reciprocal determinism라고 한다. 예를 들어 아이가 태어나는 것과 같은 환경의 변화는 아이에게 좋은 식사를 제공하고 싶은 마음이 드는 개인의 변화를 가져오고, 식료품을 선택할 때 외식을 하기보다는 가정에서 조리하는 행동을 유도할 수 있다. 다른 예로는 교육을 통하여 암에 걸릴 위험과 심각성을 인지

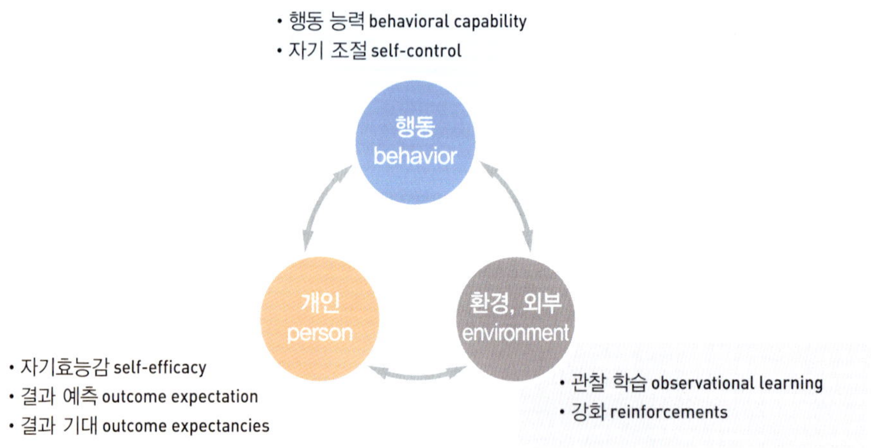

그림 4-4 사회인지론

하게 된 개인은 채소와 과일을 더 많이 섭취하는 방향으로 행동이 변화할 수 있고, 더 나아가 신선한 채소와 과일을 공급받기 위하여 텃밭이 있는 지역으로 거주지를 옮기는 환경의 변화로 이어질 수 있다.

개인적 요인 중 핵심적인 것은 행동이 변화할 때 얻어질 결과의 가치와, 그러한 결과가 얻어질 것이라는 믿음, 그리고 자기효능감이다. 행동의 변화는 타인의 행동을 관찰하거나 모델링으로 얻을 수 있고, 일지를 쓰거나 스스로 목표를 설정하는 등 자기 조절self-

표 4-5 사회인지론을 활용하여 나트륨 섭취를 줄이기 위한 중재 목표 탐색의 예

개념			요인
개인적(인지적) 요인	결과 기대	긍정적 결과 기대	• 싱겁게 먹어야 건강에 도움이 된다는 생각 • 저염식으로 질병이 호전될 것이라는 기대
		부정적 결과 기대	• 가족의 호응이 낮을 것이라는 생각 • 저염식은 조리가 어렵고 메뉴 선택이 제한적일 것이라는 생각
	자기효능감	촉진적 자기효능감	• 짜게 먹는 식습관의 부정적 효과에 대한 대중매체 보도 • 자녀들이 짠 음식에 노출되어 습관화될 것을 염려
		장애적 자기효능감	• 짜게 먹던 식습관 때문에 저나트륨식 실천이 어려울 것이라는 생각 • 짭짤한 과자나 가공식품에 대한 아이들의 선호
환경적 요인	관찰학습	간접 관찰	• 대중매체를 통하여 저나트륨식에 대한 정보를 접함 • 학교에서 보내 주는 가정통신문에서 정보를 접함
		직접 관찰	• 주변의 권유, 의사의 추천, 영양교육이나 캠페인 참여 • 주위에서 저나트륨식을 실천하여 좋은 효과를 본 사례를 접함
	사회적 지원	사적 영역	• 주변의 호응도가 높을 때 지속적으로 실천하기가 쉬움 • 회식 문화나 모임에 대한 인식 전환
		공적 영역	• 정부 정책이나 영양표시제도에 대한 교육과 홍보 • 등하굣길이나 학교 주변 환경에 대한 규제 • 짜고 자극적인 음식을 맛집으로 소개하는 대중매체에 대한 심의
행동적 요인	지식		• 나트륨 목표 섭취량에 대한 개념 • 소금 대체 조미료의 사용, 계량스푼, 염도계의 사용법 교육 • 나트륨 함량 정보, 효과적인 외식 메뉴 선택 방법 교육
	기술	실천에 도움	• 영양표시를 읽는 법 • 데치거나 희석하여 나트륨의 양을 줄이는 조리법
		실천을 제한	• 영양표시 글자가 너무 작아 읽기 어려움 • 저나트륨식 조리방법이 제한적임 • 외식할 때 음식점에서 싱겁게 해 달라고 요구하기 어려움

자료 : 안소현, 김혜경, 김경민, 윤진숙, 권종숙. 사회인지론 모델을 적용한 나트륨 섭취 줄이기 소비자 영양교육 프로그램 개발-포커스 그룹 인터뷰에 기초하여. 대한지역사회영양학회지, 19(4), 342-360. 2014. 재구성

regulation을 통하여 이루어질 수도 있다. 새로운 조리도구를 구입하는 것과 같은 변화도 식생활에 변화를 가져오는 환경적 변화라고 볼 수 있다.

5) 혁신확산이론

혁신확산이론theory of innovation diffusion은 1970년대에 로저스E.M. Rogers와 슈메이커F.F. Shoemaker에 의하여 개발되었다. 혁신의 확산은 다음 네 단계로 이루어진다.

① 지식knowledge : 혁신을 인지하고 관련 정보를 습득한다.

② 설득persuasion : 혁신에 대한 우호적 또는 부정적 태도를 형성한다.

③ 결정decision : 혁신을 받아들이거나 거부하는 행동을 수행한다.

④ 확인confirmation : 자신의 결정에 대한 강화요인reinforcement을 확인하고, 그에 따라 결정을 유지하거나 바꾼다.

대부분의 사람들은 변화를 쉽게 받아들이지 못하지만, 어떤 사람들은 새로운 것을 먼저 받아들이고 이를 다른 사람들이 따르도록 한다. 이러한 사람들을 혁신자innovator 또는 선구자라고 한다. 혁신자들은 다른 사람이 권유하지 않아도 스스로 도전하고 받아들이며 변화를 조심스러워하는 다른 사람들을 쉽게 변화로 끌어들인다. 또 어떤 이들은 대부분의 사람들이 변화를 받아들인 후에도 좀처럼 변화하기를 거부하다가 맨 마지막에 변화를 받아들인다. 이렇게 최후 수용자laggards는 대부분 나이가 많거나 혼자 사는 사람인 경우가 많다. 사회에서 변화를 받아들이는 속도는 성장곡선과 유사하게 S자 곡선을 그린다. 처음 10~25% 정도의 사람이 변화를 받아들일 때까지는 느린 속도로 혁신이 진행되지만 일단 역치를 넘어서면 매우 빠른 속도로 변화가 전파되며, 모든 사람이 변화를 받아들이기 위해서는 좀 더 긴 시간이 소요된다.

6) 의사소통모델

지역사회영양사가 대상자를 개인적으로 면담할 때 의사소통의 역동을 이해할 필요가 있다. 면담하는 영양사는 대상자를 인정하고 탐색할 뿐 아니라 대상자의 변화를 유도하려는 의도를 갖는다. 이러한 배경에서 의사소통은 말하는 사람의 의도가 듣는 사람에게 정확하고 효과적으로 전달되어야 한다. 정확하고 효과적인 소통을 위하여 의사소통의 요소와 과정을 이해할 필요가 있다.

의사소통은 말하는 사람과 듣는 사람 사이에서 이루어진다. 말하는 사람의 의도와 듣는 사람이 파악하는 내용은 몇 가지 이유에서 일치하지 않을 수 있다. 첫째는 말하는 사람의 표현 능력의 한계 때문이다. 의사소통의 유창성과 표현의 적절성뿐 아니라 정서적 상태도 표현 능력에 영향을 끼친다. 말하는 사람이 불안하거나 상황을 인정하기 싫을 때에는 해야 할 말을 축약하거나 일반화함으로써 효과적인 소통을 회피할 수 있다. 둘째는 상황적 조건 때문이다. 소음이나 거리, 의사소통의 수단이 효과적인 소통을 방해할 수 있다. 셋째는 듣는 사람이 왜곡하기 때문이다. 사람은 과거의 경험에서 얻은 자신만의 내적 여과장치를 가지고 자신이 들은 것을 해석한다. 정보의 왜곡, 신뢰감의 부족, 편견, 원하는 정보만 취사선택하는 태도, 인지 방식의 차이 등은 효과적인 의사소통을 방해한다. 따라서 듣는 사람이 잠자코 듣기만 한다면 의사소통이 효과적으로 이루어지기 어렵다. 효과적인 의사소통을 위해서는 적극적인 태도로 경청하며 말하는 사람이 제공하는 언어적, 비언어적 단서들을 주의 깊게 관찰하고 수용하는 태도가 필요하다.

의사소통 과정은 네 단계로 이루어진다. 첫 번째 단계는 말하는 사람이 전달할 내용을 듣는 사람이 이해할 수 있는 형태로 변환하는 단계이다. 말이나 글이 일반적인 의사소통 형태이지만 행동이나 그림, 체험활동 등 다양한 형태가 활용될 수도 있다. 두 번째 단계는 말하는 사람이 듣는 사람에게 전달하는 단계이다. 이때 언어적 또는 비언어적 경로가 사용될 수 있다. 세 번째는 듣는 사람이 말하는 사람에게서 받은 내용을 자신에게 의미 있는 것으로 전환하는 단계이다. 네 번째 단계는 듣는 사람이 받은 내용을 말하는 사람에게 돌려주는 피드백이다. 피드백 단계에서 듣는 이와 말하는 이의 위치가 바뀌어 듣는 사람이 이해한 바에 상응하는 반응을 말하는 사람에게 돌려주기도 하지만, 때로는 침묵이나 무시의 형태로 피드백이 이루어질 수도 있다.

의사소통모델model of communication은 지역사회영양사업에서 내용을 전달하기 위한 계획을 세우고 구조화할 때 효과적으로 소통할 수 있는 형태의 메시지를 개발하거나 선택할 때에 활용할 수 있다. 또 프로그램의 효과를 평가하고 그 개선 방안을 모색할 때에도 적용할 수 있다.

3. 사회적 수준의 영양중재 프로그램

1) 사회마케팅

지역사회영양사업을 수행하는 기관의 목표와 대상자의 욕구가 부합될 때 성공을 거둘 수 있다. 사회마케팅모델은 지역사회영양사업의 목표와 내용, 결과 등을 계획할 때에 소비자로서의 대상자를 고려하는 개념이다. 대상자를 중심으로 그들의 욕구에 민감하게 반응하고 이를 만족시키기 위하여 최선의 노력을 함으로써 사업의 목표를 달성하고자 하는 운영상의 접근법을 전략적 마케팅strategic marketing이라고 한다.

지역사회영양사업의 대상자를 영양 서비스를 구매하는 소비자로 보는 관점은 프로그램의 운영을 수요자 중심으로 구성하고 현장에 적합하게 운영하는 이점을 제공한다. 그러나 대부분의 지역사회영양사업은 보건소나 보건복지부, 학교 등 국가기관이 주관하여 시행하므로 조세를 재원으로 하고 있다. 마케팅 요소들은 소비자의 구매를 촉진하기 위하여 구사하는 전략으로 구성되어 있는데, 지역사회영양사업에서는 이러한 구매가 이루어지지 않으므로 마케팅 요소들을 적용할 때에 수요자의 프로그램 참여를 촉진하거나 건강 관련 행동의 변화를 유도하기 위한 전략으로 활용해야 한다.

마케팅 믹스marketing mix란 마케팅을 구성하는 4가지 요소인 상품product, 가격price, 장소place, 판촉promotion을 말한다. 마케팅 믹스를 적절히 활용함으로써 표적 시장을 장악할 수 있다. 지역사회영양사업에서는 대상자가 영양 관련 지식과 기술을 습득하고 태도를 바꿈으로써 긍정적인 행동의 변화를 경험하고 이를 유지할 수 있도록 마케팅 믹스를 활용해야 한다. 지역사회영양사업에서 상품이란 대상자에게 제공하는 서비스를 의미한다. 영양 서비스에는 교육이나 정보 제공과 같은 무형의 서비스도 있지만, 책자나 자료의 제공 또는 식품의 직접적인 제공 등 유형의 서비스도 포함된다. 지역사회영양사업의 목적을 달성하기 위해서는 유형의 서비스와 무형의 서비스를 적절히 제공해야 한다. 지역사회영양사업에서 가격이 조세를 의미한다고 보기는 어렵다. 여기에서 가격이란 대상자가 사업에 참여하기 위하여 치르는 비용, 즉 시간이나 교통비, 사업에 참여함으로써 잃게 되는 기회비용을 말한다. 사업의 프로그램 내용이 가치 있고 참여자에게 유용하다면 기꺼이 시간과 기회비용을 치르고 참여하고자 하겠지만, 대상자가 유익하지 않다고 판단한다면 참여를 꺼릴 것이다. 아직 경험해 보지 않은 프로그램에 대상자가 참여하도록 설득하고자 한다면 대상자가 치러야 할 비용이 적은 방식으로 프로그램을 운영할 필요가 있다. 장소는 마케팅에서 소비자의 접근성이 시장을 구축한다는 개념이다. 국민건강보험공단에서 운영하는 무료건강검진을 가까운 병·의원 어느 곳에서든 받을 수 있도록 운영하는 것이나, 국민건강영양조사에서 실시하는 건강검진조사는 버스에 장비를 탑재하고 대상자가 거주하는 지역을 찾아가 진행하는 것 등이 장소 마케팅의 좋은 예이다. 판촉이란 광고나 선전 등으로 참여를 독려하는 수단이다. 물건을 구매하는 경우 관련 서비스를 제공하는 것이나, 제품 홍보를 위하여 콘테스트를 개최하는 것도 판촉에 해당된다. 영양플러스사업에 신청하는 대상자들에게 손수건이나 물휴지와 같은 작은 선물을 제공하여 보건소를 홍보하는 것도 판촉의 하나이다.

지역사회영양사업에서 마케팅 믹스를 활용할 때는 이러한 전략이 양적인 참여의 확대만을 고려할 것이 아니라, 사업의 목적과 목표에 부합하는지에 대한 확인이 선행되어야 목적하는 영양 관련 행동의 변화를 가져오는 데 보탬이 될 것이다.

2) PRECEDE-PROCEED 모델

PRECEDE-PROCEED 모델은 그린L.W. Green이 1974년에 주창한 비용-편익 평가 틀이다. 이 모델은 지역사회영양프로그램의 기획자나 정책 결정자, 평가자들로 하여금 상황을 분석하고 효과적인 프로그램을 설계할 수 있도록 고안되었다. 개인의 건강과 삶의 질을 사정하기 위한 체계를 제공하는 동시에 발굴된 욕구를 채워 주기 위한 프로그램을 설계하고 실행, 평가하기 위한 포괄적인 체계를 제공한다. 이 모델의 중요한 목적은 투입이 아니라 성과에 우선적인 관심을 갖게 하는 것이다. 사업을 기획하는 사람들이 기대하는 성과를 먼저 정한 후 그 목적을 달성하는 과정을 거슬러 올라가면서 적절한 전략들로 사업을 설계할 수 있는 방법을 제시한다. 여기에서 중요한 것은 대상자들이 자신의 문제를 정의하고 스스로 목표를 세워 해답을 추구하는 적극적인 참여자라는 이 모델의 근본적인 전제이다.

건강행동은 개인적 요인과 환경적 요인 모두에 의하여 영향을 받기 때문에 이 모델은 두 부분으로 구성되어 있다. 먼저, 교육적 진단에 해당하는 PRECEDE이다. PRECEDE는 'Predisposing, Reinforcing and Enabling Constructs in Educational Diagnosis and Evaluation'의 약자이다. 이 모델의 두 번째 부분은 생태적 진단에 해당하는 PROCEED이다. PROCEED는 'Policy, Regulatory, and Organizational Constructs in Educational and Environmental Development'의 약자이다. 사회과학, 행동과학, 역학, 행정학, 교육

학 등에 기초한 다학제간 모델이며, 일련의 임상과 현장 활동을 아우르는 체계적인 활용을 통해 이 모델의 프로그램 기획에 관한 효용성과 예측 타당성이 확인되었다.

PRECEDE-PROCEED 계획모델은 4개의 계획단계와 하나의 실행단계, 3개의 평가단계로 구성되어 있다(표 4-6).

표 4-6 PRECEDE-PROCEED 계획모델의 단계

PRECEDE 단계		PROCEED 단계	
1단계	사회 진단 Social Diagnosis	5단계	실행 Implementation
2단계	역학·행동·환경 진단 Epidemiological, Behavioral & Environmental Diagnosis	6단계	과정평가 Process Evaluation
3단계	교육·생태 진단 Educational & Ecological Diagnosis	7단계	효과평가 Impact Evaluation
4단계	행정·정책 진단 Administrative & Policy Diagnosis	8단계	성과평가 Outcome Evaluation

(1) 1단계 : 사회 진단

첫 번째 단계에서는 대상 지역사회에서 삶의 질을 떨어뜨리는 사회적 문제를 파악하고 평가한다. 또한 사회적 문제를 가지고 있는 사람들이 누구이며 그들의 강점, 약점, 자원은 무엇인지 파악한다. 이 과정에서 초점집단인터뷰focus group interview, 설문조사, 면접조사 등이 활용된다. 이러한 절차를 통해 사업을 기획하는 사람들이 지역사회가 가지고 있는 문제에 대하여 구성원들과 동일한 시각을 갖게 된다.

(2) 2단계 : 역학·행동·환경 진단

역학적 진단이 지역사회의 건강문제에 관한 것이라면 행동적, 환경적 진단은 지역사회에서 우선되어야 할 건강 욕구에 관한 것이다. 역학적 진단에는 생명 통계, 국민건강영양조사, 의무 기록, 행정서류, 유전정보 등을 활용할 수 있다. 역학적 진단을 통해 프로그램의 목적과 목표가 현실적인 수준에서 설정된다. 행동적 진단은 본인과 주변인의 건강에 심각한 영향을 미치는 건강행동을 파악하고, 정책이나 규제가 이들의 행동에 미치는 영향을 파악하는 것이다. 행동적 진단을 통해 보다 특이적이고 효과적인 중재안을 마

련할 수 있다. 환경적 진단에서는 사회적 환경과 물리적 환경 모두를 분석한다. 환경적 진단을 통해 파악된, 개인이 통제할 수 없는 환경적 요인을 변화시킨다면 원하는 건강 증진의 성과를 거둘 수 있다. 예를 들어 영아를 돌보는 임산부가 장을 보러 나가기가 힘들어서 식생활의 질이 낮아졌다면, 필요한 식료품을 배달해 줌으로써 영양가 있는 식사를 할 수 있도록 유도할 수 있다.

(3) 3단계 : 교육·생태 진단

행동적, 환경적 요인이 파악되고 중재방법이 선택되었다면 이제 행동의 변화를 유도하고 이를 유지시켜야 한다. 여기에서 활용되는 것이 선행요인predisposing factor, 가능요인enabling factor, 강화요인reinforcing factor이다. 선행요인이란 행동의 변화 이전에 동기를 갖게 하는 개인이나 집단의 속성으로, 지식, 신념, 가치, 태도가 해당한다. 가능요인은 행동 변화에 필요한 기술이나 자원, 행동을 촉진하는 환경적 속성을 말한다. 여기에는 프로그램, 서비스, 자원의 유효성과 접근성, 행동 변화에 필요한 새로운 기술이 있다. 강화요인이란 행동에 수반되거나 기대되는 보상이나 처벌을 말하며, 보상이나 처벌은 행동의 동기를 강화시킨다. 사회적 지지나 동료의 지지 등이 여기에 해당한다.

(4) 4단계 : 행정·정책 진단

프로그램의 실행에 앞서 행정과 조직에 대한 고려가 필요하다. 자원, 예산, 기관의 장애요인, 다른 부서와의 협조, 외부 조직과의 협력 등이 해당한다. 행정적 진단에서는 정책, 자원, 상황, 기관의 형편 등을 고려한다. 정책 진단에서는 프로그램의 목적과 목표가 기관의 행정적 기조와 어울리는지를 살핀다. 여기에는 기관의 사명, 규칙, 규제 등이 포함되며, 이에 부합하지 않는 경우 프로그램을 지속하기 어렵거나 심지어 실행이 불가능할 수도 있다.

(5) 5단계 : 실행

(6) 6단계 : 과정 평가

프로그램이 실행된 과정에 대하여 평가한다. 프로그램이 계획된 절차에 따라 수행되었는지 여부와 당초 목적에 부합하는지를 평가한다. 과정 평가를 통해서 프로그램을 개선시키기 위한 방안을 찾아낼 수도 있다.

(7) 7단계 : 효과 평가

선행요인, 가능요인, 강화요인에 어떠한 변화가 있었는지와, 프로그램의 중간 목표에 초점을 두어 효과성을 평가하는 단계이다. 이 단계에서 교육자의 수행을 평가하기도 한다.

(8) 8단계 : 성과 평가

이 단계에서는 대상자의 건강상 이익과 사회적 이익, 삶의 질이 향상되었는지를 확인하고자 한다. 이로써 프로그램이 소기의 목적을 달성하였는지 평가하는 단계이다.

단원정리

- 개인의 행동 변화에 관한 이론과 모델을 적용하여 지역사회 구성원의 영양 욕구를 충족시키기 위한 지역사회영양사업을 기획할 수 있다.
- 자기효능감은 특정 행동을 수행할 수 있다는 확신으로, 개인의 행동 변화에 중요한 요소가 된다. 자기효능감을 형성하는 네 가지 요소는 행동 수행의 결과, 간접 경험, 언어적 설득, 신체적 각성이다.
- 건강신념모델은 건강행동에 대한 취약성, 심각성, 이득, 장애를 인지한 개인이 행동에 변화를 주겠다는 의사결정을 하였을 때에 행동의 계기가 발생하고 충분한 자기효능감을 가지고 있다면 실제 행동이 변화할 수 있다는 이론이다.
- 변화단계이론의 다섯 단계는 고려전단계, 고려단계, 준비단계, 행동단계, 유지단계이며, 사람들은 이 다섯 단계 중 하나에 머물거나 다음 단계로 전진하거나 이전 단계로 후퇴할 수 있다.
- 합리적 행동이론은 개인의 행동 변화는 개인적 요인과 사회적 요인에 의하여 형성된 의도에 따라 이루어진다고 하였다. 계획적 행동이론은 개인의 자발적인 행동과 의도가 통제적 요인의 영향을 받는다는 개념을 더하여 행동 변화를 설명하였다.
- 사회인지론은 사회학습이론에 근거하여 개인의 행동은 인지적 요인과 환경적 요인, 행동적 요인의 상호작용에 의하여 결정된다고 보았다.
- PRECEDE-PROCEED 모델은 건강행동을 개선하기 위한 프로그램 설계와 실행, 평가를 위한 포괄적인 체계를 제공한다.

연습문제

1 자기효능감을 형성하는 네 가지 요소를 열거해 보자.

2 "싱겁게 먹으면 건강에 좋겠지만, 회식을 빠져야 하고 점심식사도 동료들과 따로 해야 하기 때문에 사회생활에 피해를 줘."라는 말은 건강신념 중 어떤 개념으로 설명할 수 있는지 생각해 보자.

3 야식을 먹지 않기로 하고 꾸준히 실천하다가 포기하고 다시 야식을 먹게 된 사람을 변화단계모델을 활용하여 설명한다면, 이 사람은 어느 단계에서 어느 단계로 변화하였는지를 설명해 보자.

4 계획적 행동이론에서 개인의 행동에 직접적으로 영향을 미치는 요인 두 가지를 열거해 보자.

5 고등학생을 대상으로 사회인지론을 적용하여 아침결식을 줄이는 지역사회영양사업을 진행하고자 한다. 사회인지론의 개념 중 촉진을 활용하여 중재 전략을 세워 보자.

6 지역사회영양사업을 사회마케팅이론으로 설명할 때에 영양사가 제공하는 영양중재 서비스는 마케팅 믹스를 구성하는 요소 중 무엇에 해당하는지 생각해 보자.

정답과 풀이

1. 행동 수행의 결과, 간접 경험, 언어적 설득, 신체적 각성
2. 인지된 장애
3. 유지단계에서 고려단계 또는 준비단계로
4. 의도와 인지된 행동 통제
5. 예를 들면 '학교 식당에서 아침식사를 판매한다.', '아침 자율학습시간 후 쉬는 시간에 간편식으로 아침식사를 제공한다.' 등
6. 상품(product)

MEMO

COMMUNITY

제2부

지역사회 영양중재 프로그램

NUTRITION

MILK

05

지역사회 영양 요구 진단

지역사회 요구 진단 개념

지역사회 요구 진단 과정

지역사회 요구 진단의 단계별 내용과 방법

1. 지역사회 요구 진단 개념

1) 지역사회 요구 진단의 의미

지역사회 요구 진단community needs assessment이란 지역사회에서 영양중재 프로그램을 계획하고 수행하기 전에 지역사회의 영양 요구를 평가하는 과정이다. 지역사회 요구 진단에서는 지역주민의 건강문제와 영양문제에 대해 파악하고, 문제가 있는 영양 취약집단을 선별하며 영양문제의 원인과 건강 및 영양 상태와 관련된 요인들을 분석한다. 그 외에도 지역주민의 영양문제를 해결하기 위해 시행되고 있는 기존의 영양 프로그램이나 관련 보건사업의 유무와 이러한 프로그램들이 대상자들의 요구에 부합하는지 등을 파악할 수 있다.

2) 지역사회 요구 진단 관련 자료

지역사회 요구 진단에 활용할 수 있는 자료로는 1차 자료와 2차 자료가 있다. 1차 자료는 조사자가 대상자들로부터 직접 구할 수 있는 자료로 설문조사, 인터뷰, 식사섭취조사, 신체계측조사 및 생화학적 조사 자료 등이 있다. 2차 자료는 국가나 지역사회 단위의 통계자료로 인구통계연보(수명, 인구, 교육, 보건 등), 사망원인통계연보(사망원인 등), 보건복지통계연보(출생률, 사망률 등), 국민건강영양조사 자료(건강면접조사, 보건의식행태조사, 식품섭취조사, 검진조사, 신체계측조사)와 식품수급표(식품공급량, 영양공급량 등) 등이 있다. 지역사회에 기존의 2차 자료들이 있다면 경제적인 면을 고려하여 1차 자료를 수집하지 않고 이를 활용하기도 한다. 그러나 이 경우에는 지역주민 개인의 특정 영양문제를 진단하는 데 어려움이 있다.

Tip 지역사회 요구 진단 관련 자료

- 인구통계연보, 사망원인통계연보 등(통계청 국가통계포털 http://kostat.go.kr/portal/korea/index.action)
- 보건복지통계연보(보건복지부 통계포털 http://stat.mohw.go.kr)
- 국민건강영양조사(질병관리본부 http://knhanes.cdc.go.kr)
- 식품수급표(농촌경제연구원 http://www.krei.re.kr)

2. 지역사회 요구 진단 과정

사람들의 건강 유지와 증진에 도움이 되는 행동들을 바람직한 방향으로 변화시키고자 하는 보건교육 이론 모델에는 건강신념모델health belief model, 사회학습/사회인지 모델social learning/social cognition theory, 변화단계모델stages of change model, 혁신확산모델diffusion of innovations model 및 PRECEDE-PROCEED 모델 등이 있다. 이 중에서 PRECEDE-PROCEED 모델은 보건 영양 프로그램의 요구를 체계적으로 진단하고 프로그램의 계획, 실행 및 평가에 많이 활용되고 있다. 이번 장에서는 PRECEDE-PROCEED 모델에 의한 영양 요구 진단 과정을 알아보고자 한다.

1) PRECEDE-PROCEED 모델에 의한 영양 요구 진단 과정

PRECEDE-PROCEED 모델은 그린Green과 크로이터Kreuter(2005)가 제시한 것으로, 보건 영양문제를 진단하고 프로그램을 실행하기 위하여 영양학을 비롯한 사회과학, 역학, 행동과학 등 다학제적으로 접근하여 프로그램의 전 과정을 체계적으로 수행하는 데 도움이 된다. PRECEDE-PROCEED 모델은 목표집단의 건강과 영양 문제, 관련된 식행동과 환경요인 및 영양문제에 영향을 미치는 요인 등을 단계별로 파악하는 문제 진단 과정인 PRECEDE Predisposing, Reinforcing, Enabling Constructs in Ecological Assessment and Evaluation 부분(1~4단계)과 요구 진단에 따른 영양 또는 보건 프로그램의 계획, 실행, 평가 단계인 PROCEED Policy, Regulatory, and Organizational Constructs in Educational and Environmental Development 부분(5~8단계)으로 구성되어 있다. 여기에서는 요구 진단 과정인 PRECEDE를 단계별로 서술하고자 한다.

(1) 1단계 : 사회 진단

PRECEDE 요구 진단 과정의 1단계인 사회 진단social assessment은 해당 지역사회의 주관적인 관심사가 무엇인지를 파악하는 과정이다. 즉, 지역사회의 구성원이나 단체가 삶의 질을 높이기 위해서 가장 중요하게 생각하는 요소에 대해 알아본다. 이러한 요소에는 건강, 문화, 여가, 경제, 교육, 주택, 노숙 등이 포함된다. 삶의 질에 관련된 요소들 중에서 지역사회 주민들이 가장 중요하게 생각하는 우선순위를 결정하기 위해 설문조사, 포커스 그룹focus groups 인터뷰, 전화 인터뷰, 일대일 인터뷰face-to-face interview 등의 방법

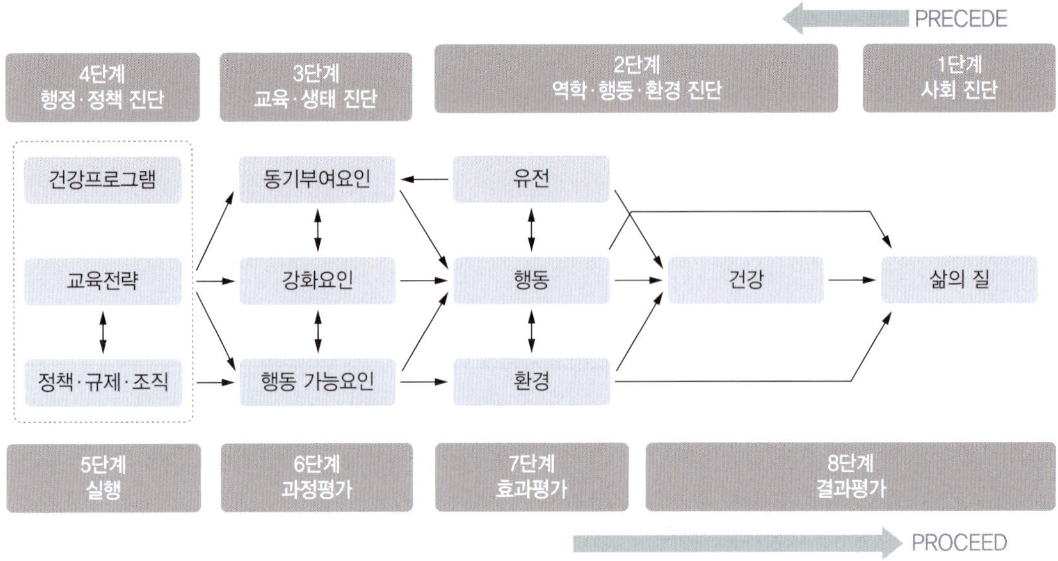

그림 5-1 PRECEDE-PROCEED 모델

자료 : Green LW, Kreuter MW. Health promotion planning: An educational and ecological approach(4th ed.), Mountain view, CA, Mayfield publishers, 2005

을 사용할 수 있다. 지역사회의 삶의 질을 향상시키기 위해서 지역주민의 주관적 관심사를 단순히 조사하는 것보다는 지역사회 구성원들을 프로그램 초기부터 전 과정에 포함시키는 것이 효과가 더 좋다.

(2) 2단계 : 역학·행동·환경 진단

2단계 과정인 역학 진단epidemiological assessment은 1단계에서 탐색한 삶의 질과 연관된 건강문제를 파악하는 과정이다. 역학 진단에서는 보건 통계자료를 이용하여 목표집단의 중요한 건강문제를 찾고, 이러한 문제가 1단계 사회 진단에서 탐색한 삶의 질을 향상시키는 것과 연관이 있는지를 확인한다.

그 다음으로, 목표로 선정된 건강문제에 영향을 미치는 요인들을 유전, 행동 및 환경의 측면에서 탐색한다. 예를 들면 운동 부족, 고열량&고지방 식이, 스트레스, 흡연 및 과음 등의 식행동은 비만, 당뇨병, 심혈관계 질환과 같은 건강문제에 영향을 미치게 된다. 또한 경제활동, 식품 구매력, 식품 유용성, 의료시설과 같은 환경적 인자들 중에서 건강문제와 관련이 있는 요인을 알아본다. 역학 진단에서 파악된 건강문제 관련 행동과 환경요인들 중에서 중요성과 변화 가능성을 고려하여 우선순위를 정하고 이를 행동목표

> **Tip 우선순위 결정**
>
> - 영양문제의 크기 : 지역사회 주민 중 많은 수의 대상자들이 가지고 있는 영양문제 선정
> - 영양문제의 심각성 : 영양문제로 인한 결과의 심각성을 판단
> - 변화 가능성 : 영양 프로그램에 의해 변화 가능성이 큰 영양문제 선정
> - 행정·정책 지원 : 지역단체, 정부 등의 정책적 지원이 가능한 문제 선정

와 환경목표로 설정하여 영양 프로그램에서 다루게 된다.

(3) 3단계 : 교육·생태 진단

교육·생태 진단은 2단계인 역학 진단에서 파악한 행동과 환경요인에 영향을 주는 요인들을 알아내는 과정이다. 이 과정은 영양 프로그램의 요구 진단 과정에서 가장 중요한 부분이며, 요인을 찾아내어 3단계의 목표를 설정하게 된다.

3단계에서는 지역사회 건강문제에 영향을 미치는 행동과 관련된 요인을 동기부여요인 predisposing factor, 강화요인reinforcing factor, 행동가능요인enabling factor의 세 가지 측면에서 찾아낸다. 즉, 건강문제와 관련된 행동이 변화하려면 지식, 신념, 태도, 가치와 확신 등 행동 변화를 위한 동기motivation가 부여되어야 한다. 또한 행동 변화를 위한 동기가 기본이 되어 행동에 변화가 일어난 후 이러한 변화를 유지시켜 줄 주위 사람들의 칭찬이나 보상과 같은 강화요인이 수반되어야 한다. 그리고 행동과 환경 요인에 대한 변화를 위해서는 자원의 유용성, 서비스의 접근성, 법·정책·우선순위 및 기술과 같은 가능요인도 필요하다. 가능요인은 지역주민들이 건강에 좋지 않은 또는 건강 지향적인 행동과 생활양식을 받아들이고 유지하는 데 도움이 되는 내·외적 환경이다. 이와 같이 지역사회 주민의 건강문제에 관련된 행동이나 환경을 변화시켜 건강문제를 해결하고 삶의 질을 향상시키기 위해서는 개인의 노력뿐 아니라 지역사회 단위의 교육이나 생태적 변화가 요구된다.

(4) 4단계 : 행정·정책 진단

지역사회 요구 진단의 4단계는 행정·정책 진단 과정이다. 이 단계에서는 영양 및 보건 프로그램을 실행하는 기관의 행정, 규제, 정책 등을 진단한다. 영양 프로그램 실행 기관의 행정 진단에는 조직구조, 행정 절차, 조직문화 및 자원의 유용성 등이 포함된다. 정책 진단은 영양 프로그램에 영향을 줄 수 있는 조직의 내·외부적 규정과 규제를 다룬다. 그

리하여 영양 및 보건 프로그램의 수행에 필요한 인적자원, 경비, 시간, 규정 등을 분석하고 장애요인을 찾아낸다.

3. 지역사회 요구 진단의 단계별 내용과 방법

지역사회 요구 진단을 할 때에는 먼저 지역사회의 영양문제와 건강문제를 파악하고, 지역사회 내 목표집단을 선별하여 특정 영양문제를 알아낸다. 그리고 지역사회의 건강 및 영양 문제와 관련된 행동, 환경과 이에 영향을 미치는 요인들을 파악한 후 지역사회 요구 진단 결과를 지역주민, 전문가 및 다른 단체와 공유한다. 그리고 영양문제 중에서 문제의 크기, 심각성, 중재 후의 변화 가능성 및 국가나 지역사회의 정책적 지원 등을 고려하여 우선순위를 결정하여 영양 프로그램을 계획한다. 이외에도 지역사회 대상자가 영양 프로그램에 원하는 요구에 대해서 알아보고, 현재 시행되고 있는 기존의 영양 관련 프로그램의 내용을 파악하여 새로운 영양 프로그램에 활용할 수 있는지 여부도 알아본다.

1) 지역사회의 삶의 질과 관련된 건강문제 탐색

지역사회 요구 진단에 의해 영양 프로그램을 수행할 때 최종 목적은 문제가 되는 영양상태를 개선하여 질병 발생률이나 유병률을 줄이고 지역주민의 건강을 증진시키는 데 있다. 따라서 요구 진단 시에는 지역주민의 삶의 질에 영향을 미치는 건강문제 파악이 우선되어야 한다.

목표집단의 건강문제를 파악할 때에는 객관적 자료와 주관적 자료들을 수집하여 이용한다. 객관적 자료로는 보건복지통계연보, 통계청 및 전국 규모의 건강영양조사인 국민건강영양조사 자료들이 있다. 이러한 자료들로부터 역학조사 결과, 질환별 발병률, 유병률 및 사망률 등의 자료를 이용할 수 있다(표 5-1). 그 외 목표집단과의 설문조사, 인터뷰(focus group interview, key informant interview)와 같이 지역주민들이 생각하고 있는 건강문제를 파악할 수 있는 주관적인 자료가 있다.

2) 지역사회의 영양문제 파악 및 영양문제에 미치는 식행동과 환경요인 탐색

현대의 중요 질환인 암, 심혈관계 질환, 당뇨병, 고혈압 등은 식사, 운동 등 생활습관과 관련이 있는 만성질환이다. 올바른 영양관리를 통하여 만성질환을 예방하고 건강을

표 5-1 보건 통계지표

지표	산출 공식
조출생률	(특정 1년간의 총 출생아 수/해당 연도 연앙인구)×1,000
조사망률	(특정 1년간의 총 사망자 수/해당 연도 연앙인구)×1,000
영아사망률	(특정 연도의 1세 미만 사망자 수/해당 연도 총 출생아 수)×1,000
모성사망률	(임신·분만·산욕기 합병증으로 사망한 모성 수)/15~49세 여성 수×100,000
합계출산율	한 여성이 가임기간(15~49세) 동안 낳을 것으로 예상되는 평균 출생아 수, 연령별 출산율의 총합
연령별 출산율	(모의 연령별 출생아 수/해당 연령별 여자연앙인구)×1,000
조혼인율	(특정 1년간의 총 혼인 건수/해당 연도 연앙인구)×1,000
조이혼율	(특정 1년간의 총 이혼 건수/해당 연도 연앙인구)×1,000
부양비	총부양비=(유소년인구+고령인구)/생산 가능 인구(15~64)×100 노년부양비=고령인구(65세 이상)/생산 가능 인구(15~64세)×100
질병 이환율	발병률incidence rate : 일정 지역에서 일정 기간 동안 특정 질병으로 새로 진단받은 환자 수/집단 전체 인구 유병률prevalence rate : 일정 지역, 일정 시점에서의 특정 질병 이환자의 총 수/집단 전체 인구 • 인구 1,000명당 또는 100,000명당으로 표시
질병별 사망률	(연간 특정 질환에 의한 사망자 수/해당 연도의 연앙인구)×100,000

자료 : 통계청(http://kostat.go.kr/portal/korea/index.action)

Tip 주관적 자료

인터뷰interview

- 표적집단면접법focus group interview : 일정한 자격 기준에 의해 6~12명 정도를 한 집단으로 하여 면접자의 진행 아래 조사 목적과 관련된 참여자의 요구도를 파악하고자 인터뷰를 진행함. 참여자 간의 상호작용을 통하여 지역의 영양문제 배경이나 영양문제 인지 정도에 대한 유익한 정보를 얻을 수 있으며, 이를 지역사회 요구 진단이나 기존 보건 프로그램의 수정, 마케팅 등에 사용함.
- 주요 정보 제공자 면담key informant interview : 대상 집단 중에서 리더와 같은 주요 인물을 대상으로 인터뷰를 실시함.

설문조사survey

- 조사 대상자들에게 조사 목적과 내용에 따른 사항을 기입한 설문지를 배포하여 필요한 정보를 수집함. 보편적인 설문 조사방법은 자기식 조사표로 설문지에 기록된 질문에 조사 대상자가 스스로 응답하는 방식임. 종이로 된 설문이 일반적이나 요즘은 온라인 설문방식도 많이 이용되고 있음.

증진시켜 삶의 질을 높이는 것이 중요하다. 따라서 지역사회의 건강문제를 파악한 후에는 건강문제와 관련이 깊은 영양문제를 알아내고, 영양문제에 영향을 미치는 식행동과 환경요인을 파악하도록 한다.

목표집단의 영양문제를 알아내기 위해서는 개인과 집단의 영양 상태를 평가하는 영양판정 과정을 이용한다. 영양판정방법에는 식사섭취조사dietary method, 신체계측조사 anthropometric method, 생화학적 조사biochemical method, 임상조사clinical method가 있다. 일반적으로 목표집단의 식품 또는 영양소 섭취 실태를 24시간회상법, 식품섭취빈도조사법, 식사기록법, 식사력조사법 등으로 조사하여 영양문제를 찾아내며, 이외 생화학적 조사, 신체계측조사 및 임상조사 등의 방법을 함께 사용하여 집단의 영양문제를 정확히 판정하도록 한다(표 5-2).

표 5-2 영양판정방법

조사	방법
식사섭취조사	24시간회상법, 식품섭취빈도조사법, 식사기록법, 식사력조사법
생화학적 조사	혈액, 소변, 조직의 영양소 또는 영양소 대사물 농도, 특정 영양소 의존 효소 농도, 면역 기능 분석
신체계측조사	체위(신장, 체중, 머리둘레, 허리둘레) 및 체구성 성분(체지방량, 체지방률, 피부두겹두께, 체질량지수) 측정
임상조사	영양 상태 변화에 의한 임상 징후sign & 증상symptom 관찰

지역사회의 건강문제에 관련된 영양문제를 찾아낸 후 영양문제에 영향을 미치는 식행동과 환경요인을 파악하도록 한다. 이 단계에서 파악된 식행동과 환경요인은 추후 영양 프로그램에서 개선해야 할 목표로 설정된다. 즉, 지역사회의 주된 건강문제가 뇌졸중이고 이와 관련된 영양문제로는 혈압 증가와 비만이 있다. 이러한 영양문제에 영향을 미치는 식행동은 고염식, 고지방식 및 고열량식이 있으며, 환경인자로는 가정을 비롯한 지역사회의 고염식 음식 및 가공제품 판매 등을 들 수 있다.

3) 영양문제와 관련된 식행동 및 환경인자에 영향을 미치는 요인 탐색

지역사회 영양문제와 관련된 식행동과 환경인자가 파악이 되면 이에 영향을 미치는 요인이 무엇인지 알아본다. 이 요인들은 영양 프로그램에서 건강증진의 목적을 위해 개선되어야 할 중요 항목으로 설정된다. 이들 요인들을 파악하기 위해 앞에서 기술한 PRECEDE-PROCEED 모델의 단계 중 3단계인 교육·생태 진단 과정을 활용할 수 있다.

(1) 영양문제와 연관된 식행동에 영향을 미치는 요인

식행동에 영향을 미치는 요인을 동기부여요인, 강화요인, 행동가능요인의 세 부분으로 분류하여 알아본다.

동기부여요인은 영양문제 개선과 건강증진을 위해 건강 지향적인 방향으로 식행동을 변화시키는 데 필수적인 요소이다. 이는 인지적 요인으로 영양과 건강 관련 지식, 태도, 신념, 가치, 자아효능감 및 확신 등이다. 질병에 대한 영양 관련 지식(질병 정의, 진단, 위험인자, 식사관리 등)을 습득하고 있는 사람은 그렇지 않은 사람에 비해 식행동 변화가 용이하다. 질병의 심각성과 바람직하지 않은 식생활로 인한 질병 발병 가능성 및 식행동 변화의 이점에 대한 인식 또한 식행동 변화에 대한 의지를 높일 수 있다. 그리고 식생활을 바꾸려고 하는 태도와 변화된 식행동을 할 수 있다는 자아효능감이 높을수록 행동 변화에 대한 자신감이 높아 바람직하지 않은 식행동에 대한 수정 가능성이 높다.

식행동을 포함한 건강 관련 행동을 바람직한 방향으로 변화시키기 위해서는 동기부여요인이 반드시 필요하지만, 실제적인 행동 변화에는 행동가능요인이 요구된다. 가능요인은 지역주민이 건전한 식행동을 습득하고 유지하는 데 도움이 되는 내외적 환경으로 서비스 접근성, 이용 가능성, 자원의 유용성, 기술, 법 등이 포함된다. 즉, 식행동 개선을 위해서 식품 선택 능력, 구매 능력, 식단 작성 능력, 조리 기술이 있어야 한다. 더불어 가정이나 지역사회에서 식품 구매 여건, 식품 유용성, 이용 가능성과 제품의 적정가격 책정, 지역사회 단체(학교, 보건소 등)의 교육 정보 제공 및 대중매체의 영양 정보 이용 가능성 등이 필요하다.

강화요인은 변화된 바람직한 건강 관련 행동이 지속적으로 유지될 수 있도록 강화시키는 요인이다. 유지가 어려운 행동 변화가 계속 이어질 수 있도록 가족, 친구, 영양사 등 주위 사람들의 칭찬, 보상, 지지, 조리 기술 도움 및 같이 식사하는 사람들의 식행동과 같은 강화요인이 수반되어야 한다.

(2) 영양문제와 연관된 환경에 영향을 미치는 요인

지역사회의 영양문제를 해결하기 위해서는 개인이나 집단의 식행동에 영향을 미치는 요인과 더불어 가정이나 지역사회 단체(학교, 보건소, 병원 등)의 식환경에 관련된 요인에 대한 진단이 필요하다. 가정과 지역사회에서 건강 지향적인 식행동 변화에 도움이 되는 식품 공급 가능성과 이용 가능성과 같은 자원의 유용성을 살펴봐야 하고, 실제 지역단체에서의 식환경 변화를 수행하기 위해 규제가 요구되기도 한다.

위와 같이 지역사회의 영양문제에 관련된 식행동과 환경을 파악하고, 이에 영향을 미치는 요인들을 진단하기 위한 방법으로는 영양학을 포함한 건강 관련 전문서적을 이용하거나, 영양 프로그램 계획에 참여하는 전문가들로 구성된 집단이 브레인스토밍을 통해 여러 관련된 요인들을 찾아내는 것이다. 이렇게 도출된 요인들은 동기부여요인, 행동가능요인, 강화요인의 세 분야의 요인들이 모두 포함되도록 골고루 선택하여 우선순위를 정하게 된다.

4) 기타

지역사회 요구 진단에는 위의 방법 외에도 목표집단의 구성원들이 영양 프로그램에서 요구하는 주제, 내용, 방법, 기존의 영양 프로그램의 장점과 개선점 등을 파악하여 영양 프로그램에 반영할 수 있다. 또한 지역사회에 유사한 영양 및 보건 프로그램이 수행되고 있는지를 파악하여 자원의 중복을 피하고, 기존 프로그램을 활용할 수 있는 방안을 고안한다.

단원정리

- 지역사회 요구 진단은 영양중재 프로그램을 계획, 수행하기 전에 지역주민의 주된 건강문제와 영양문제를 파악하고, 영양문제에 영향을 미치는 식행동과 환경요인 및 이와 관련된 인자들을 분석하여 지역사회의 영양 요구를 평가하는 과정이다.
- 지역사회 요구 진단에 이용할 수 있는 자료는 대상자들로부터 직접 얻을 수 있는 1차 자료와 국가나 지역 단위의 2차 자료가 있다. 지역사회에 2차 자료가 존재한다면 인적, 물적 자원을 절약하기 위하여 1차 자료를 수집하지 않고 2차 자료를 활용할 수 있다.
- 지역사회 영양 요구 진단과 프로그램 계획, 실행, 평가를 체계적으로 수행하기 위해 PRECEDE-PROCEED 모델을 이용할 수 있다. PRECEDE 과정은 요구 진단 과정으로 사회 진단에서는 대상자들의 주관적 관심사를 파악하며, 역학 진단단계에서는 삶의 질과 연관된 건강문제, 그리고 건강과 연관된 영양문제를 파악하고 영양문제에 영향을 미치는 요인을 유전, 행동, 환경의 측면에서 진단한다. 3단계인 교육·생태 진단은 요구 진단 과정에서 가장 중요한 부분으로, 행동과 환경요인에 영향을 주는 인자들을 동기부여요인, 강화요인, 행동가능요인의 측면에서 파악하여 영양중재 프로그램에서 다루어질 중요한 개선 항목으로 처리한다. 이외에도 대상자들의 요구를 알아내어 프로그램에 반영하고, 지역사회에서 수행되고 있는 기존의 프로그램을 파악하여 자원의 중복을 피하거나 이를 활용할 수 있는 방안을 고안한다.

연습문제

1 지역사회 영양 요구 진단 과정에서 활용할 수 있는 1차 자료들을 말해 보자.

2 PRECEDE-PROCEED 모델의 2단계 역학 진단 과정을 통해 파악된 문제들 중에서 우선순위를 결정할 때 고려해야 할 요소들을 말해 보자.

3 주민들의 영양문제와 연관된 식행동을 건강증진을 위해 건강 지향적인 방향으로 변화시키는 데 필수적인 요소를 말해 보자.

4 지역주민들의 영양문제를 개선시키기 위해 필요한 실제적인 행동 변화 가능요인에 대해 말해 보자.

정답과 풀이

1. 식사섭취조사, 신체계측조사, 생화학적 조사, 설문조사, 인터뷰 등
2. 영양문제의 크기, 영양문제의 심각성, 영양 프로그램에 의한 변화 가능성, 지역단체나 정부 등에 의한 행정적, 정책적 지원 여부
3. 동기부여요인으로 영양 지식, 태도, 신념, 가치 등
4. 서비스 접근성, 이용 가능성, 법, 자원의 유용성 등

06

지역사회 영양중재 프로그램의 설계

영양중재 프로그램의 목적과 목표

영양중재 프로그램의 대상

영양중재 프로그램의 설계

지역사회 요구 진단에서 도출된 건강과 영양 문제를 해결하기 위해서 수집된 자료를 근거로 하여 영양중재 프로그램을 계획한다. 요구 진단에 의해 파악된 인자들 중 우선순위에 따라 영양문제를 선정하고 이에 영향을 미치는 인자들 중 가장 중요한 것을 정한다. 그리고 영양중재 프로그램을 효과적으로 수행하기 위해 프로그램의 목적과 이를 달성하기 위한 목표를 설정한 후에 프로그램의 내용, 방법, 자원 및 문제점 파악, 수행, 평가방법까지 구체적으로 계획한다.

1. 영양중재 프로그램의 목적과 목표

1) 목적

목적goal은 실현하고자 하는 일이나 방향에 대한 장기적이고 광범위한 기술이다. 계획하는 영양중재 프로그램에 대한 방향을 제시하며, 영양문제의 변화에 대한 것으로 설정한다. 프로그램 목적의 예로는 'D 지역사회의 노인 고혈압 유병률을 감소시킨다'거나 '영양중재 프로그램 수행 후 참가한 성인의 비만율을 감소시킨다' 등을 들 수 있다.

2) 목표

목표objective는 영양중재 프로그램의 목적을 이루기 위한 영양중재활동의 효과나 결과에 대한 것으로 측정이 가능한 형태로 제시한다. 즉, 누구에게, 언제, 무엇을, 얼마나 변화가 있기를 기대하는지를 구체적인 숫자를 이용하여 서술한다. 이는 영양중재 프로그램 종료 후 효과를 평가할 때에도 사용된다. 목표 설정 시에는 목표가 구체적이며 측정이 가능한지, 대상자들이 건강문제에 영향을 미치는 행동에 변화를 가져올 수 있도록 실현 가능한 목표인지 등에 유의하여야 한다. 목표는 주로 결과목표를 말하며, 그 외에 과정목표와 구조목표의 세 가지로 구분하여 정한다.

(1) 결과목표

지역사회 영양 요구 진단에서 건강문제와 관련된 행동이나 환경에 대한 목표를 세우고, 그 다음 이러한 행동이나 환경에 영향을 미치는 식행동과 식환경(동기부여요인, 가능요인, 강화요인 : 지식, 태도, 인식, 가치관, 자원 등)을 개선시키기 위한 목표를 설정한다. 이러한 목표들을 결과목표outcome objective라고 하며, 대상자들이 영양중재 프로그램에 참여한 후에 지식, 태도, 인식, 자원 등에 변화가 생기고 행동과 환경 목표를 달성하게 되면, 결국 집단의 영양문제와 건강문제에 개선 효과가 나타나게 된다. 결과목표의 예는 다음과 같다. D 지역사회 성인들의 고혈압 유병률이 증가하는 원인이 염분 섭취에 대한 지식 부족인 것으로 나타났을 때, '지역사회 성인들의 염분 섭취에 관한 지식을 1년 이내에 50% 증가시킨다'와 '영양중재 프로그램 종료 후 1년 내에 고혈압인 성인 참여자의 80%는 염분이 적게 함유된 식사를 계획할 수 있다'와 같이 구체적인 목표를 설정한다.

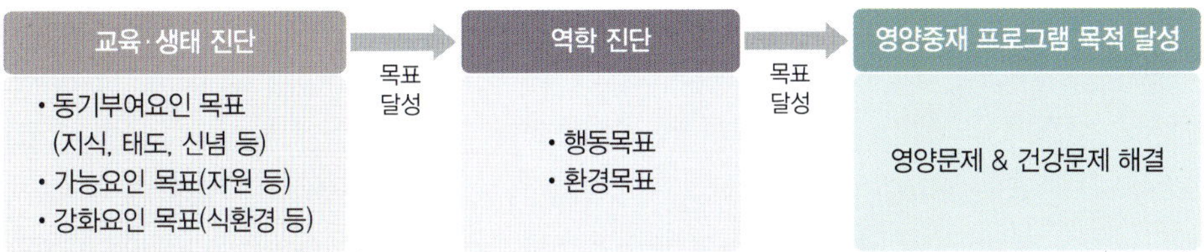

그림 6-1 영양중재 프로그램의 결과목표와 목적과의 연관성

(2) 과정목표

과정목표process objective는 영양중재 프로그램을 수행하는 전문가 집단(영양사, 보건교육사 등)이 프로그램 운영 과정 중에 수행해야 하는 활동이나 과정을 측정 가능하도록 나타내는 것이다. 예를 들면 '지역사회 영양교육자는 1년의 영양중재 프로그램 과정에서 5회(60분/회)의 비만 영양교육을 수행한다' 등으로 기술한다.

(3) 구조목표

구조목표structure objective는 영양중재 프로그램 운영에 필요한 인적자원, 예산, 운영 시스템, 자원 활용 및 조직의 협조 등과 관련된 목표를 말한다. 즉, '지역사회 영양사는 영양중재 프로그램 수행에 소요되는 지출내역을 매달 마지막 날에 제출한다' 등과 같이 기술한다.

2. 영양중재 프로그램의 대상

영양중재 프로그램의 대상은 개인, 지역사회와 지역사회 시스템이다. 영양중재 프로그램은 최종 목적(영양문제 해결, 건강증진)을 달성하기 위해서 1단계 인식 변화, 2단계 행동

표 6-1 영양중재 프로그램의 대상에 따른 단계별 전략방법

단계	개인	지역사회	지역사회 시스템
1단계 인식 변화	• 영양 선별(screening) • 소모임(건강 주제) • 팸플릿, 포스터 등 • 인터넷	• 인터넷 • 미디어를 통한 홍보	• 법규 • 식품 표시(영양표시)
2단계 행동 변화	• 1 대 1 상담 • 소집단 토의	• 피트니스 프로그램 • 건강증진 프로그램	• 지역사회의 건강 관련 위원회 설립 • 건강 관련 행동 변화 시 인센티브 제공
3단계 환경 변화	• 직장 내 건강 프로그램(카페테리아 프로그램) • peer leadership 프로그램	• 정책 • 보건 프로그램 수행 단체에 대한 인센티브	• 영양상담 비용 책정 • 영양 정책(학교) • 법규

자료 : Boyle MA, Holben DH. Community nutrition in action, 5the ed., Wadsworth, 2010

변화, 3단계 주위 환경 변화(지지 환경 조성)와 같은 세 단계를 거친다. 프로그램 수행 시 단계마다 목표를 달성하기 위해 다양한 전략을 활용하는데, 이때 프로그램의 대상에 따라 각기 다른 전략을 이용할 수 있다(표 6-1).

3. 영양중재 프로그램의 설계

지역사회 요구 진단 결과 선정된 영양문제를 개선하기 위해 영양중재활동을 개발하는 과정이 영양 프로그램 설계이다. 영양 프로그램은 보건 프로그램의 일부분에 해당하므로 프로그램 설계 시 보건 프로그램의 설계방법을 적용하여 사용한다. 영양 프로그램을 설계할 때에는 기본적으로 프로그램이 이루고자 하는 목적과 목적 달성에 필요한 목표, 중재활동방법, 자원, 수행 및 평가 계획에 대한 내용이 포함된다. 이번 장에서는 Boyle & Holben(2010)의 영양 프로그램 설계 과정을 제시하고자 한다.

1) 1단계 : 우선순위의 영양문제 선정

영양중재 프로그램 설계의 첫 번째 단계는 우선적으로 해결해야 하는 영양문제를 선정하는 것이다. 지역사회 요구 진단 결과로 파악된 영양문제들 중에서 목표집단의 대다수에 영향을 미치고 있으며, 집단의 건강문제와 심각하게 연관되어 있고, 중재 프로그램 수행 후 변화 가능성이 큰 문제를 우선순위로 선정한다.

또한 선정된 영양문제에 영향을 미치는 원인들 중에서 가장 중요한 원인을 정하여 이

1단계 : 영양문제 선정
↓
2단계 : 목적 & 목표 설정
↓
3단계 : 프로그램 계획
↓
4단계 : 관리 체계 개발
↓
5단계 : 자원 파악 및 확보 방법
↓
6단계 : 프로그램 수행
↓
7단계 : 프로그램 평가

그림 6-2 영양중재 프로그램의 설계 단계

자료 : Boyle MA, Holben DH. Community nutrition in action, 5th ed., Wadsworth, 2010

를 변화시켜 영양문제를 해결할 수 있도록 계획한다.

2) 2단계 : 목적과 목표 설정

프로그램 설계의 두 번째 단계에서는 요구 진단 결과에 따라 프로그램의 목적과 목표를 설정한다. 목적은 집단의 건강과 관련된 영양문제의 변화에 대한 광범위한 기술이며,

Tip 건강증진 중재 프로그램을 개발할 때에 고려해야 할 점

① 변화되어야 하는 요구는 무엇인가?
② 프로그램이 목표로 하는 것은 어느 수준의 중재인가?
③ 어느 수준의 영향력에 중재의 초점을 맞출 것인가?
④ 프로그램의 초점을 다루는 데 어떤 유형의 중재 전략이 효과적인가?
⑤ 표적집단에 부합하는 중재인가?
⑥ 선정된 중재를 실행하는 데 필요한 자원은 이용 가능한가?
⑦ 단일 전략과 복합 전략 중 어느 것으로 구성된 중재를 활용하는 것이 좋은가?
⑧ 체계적으로 계획된 중재인가?

자료 : https://quizlet.com/44874313/flash-cards/original; Dignan MB, Carr PA. Program planning for health education and promotion, 2nd ed., 1992

목표는 목적을 이루기 위한 측량 가능한 활동들이다. 목표는 다시 결과목표와 과정목표, 구조목표로 세분화되어 설정한다. 목적과 목표의 설정에 관한 자세한 내용은 앞의 '1. 영양중재 프로그램의 목적과 목표'를 참고한다.

3) 3단계 : 영양중재 프로그램의 계획

설계의 3단계는 프로그램 계획 과정으로, 프로그램의 목적과 목표를 달성하기 위해 영양 프로그램에 사용될 방법과 영양중재활동, 영양교육, 홍보, 마케팅 계획에 관한 내용이 포함된다. 지역사회의 영양문제를 해결하기 위한 프로그램은 여러 가지로 설계될 수 있다. 그중에서 해당 프로그램이 목표집단의 요구 및 생활 방식과 잘 맞는지, 프로그램 수행에 필요한 정보들이 충분한지, 영양문제의 주된 원인을 변화시킬 수 있는지, 지원 기관의 목적에 합당한지 등을 검토한 후 가장 적합한 프로그램을 결정한다. 프로그램 결정 시에는 다른 건강 관련 전문가집단(지역사회 영양사, 보건의료 전문가, 운동 전문가, 심리학자, 교사 등), 지역사회 구성원들과 내용을 공유하고 논의하여 정하도록 한다.

지역사회의 영양 프로그램은 다양한 접근방법으로 설계할 수 있다. 영양 프로그램의 종류로는 영양교육과 영양상담, 급식이나 식품 공급 전략, 이벤트, 사회 마케팅 및 학교나 지역사회의 영양 정책 등이 있다.

(1) 영양교육과 영양상담

영양중재 프로그램에서 학교와 지역사회에서의 영양교육과 영양상담은 중요한 부분을 차지한다. 영양교육을 계획할 때에는 교육 주제, 대상자, 장소, 인력, 예산 등을 고려하여야 한다. 영양교육 시에는 교육 주제와 대상자에 적합한 영양 교육안을 마련한다. 영양 교육안에는 교육의 목적, 목표(주제별 2~3개), 내용, 방법, 자료, 기간 및 시간 등에 대한 내용을 제시하도록 한다. 영양교육 내용은 최신의 영양 정보(지식), 식행동 변화에 도움이 되는 기술(훈련), 지지 환경(가족, 친구 및 동료의 도움, 칭찬, 식단, 조리)에 대한 항목이 모두 포함된다.

Tip 영양교육 시 개인의 적극적인 참여를 유도하기 위한 방법

실습, 소모임 토의, 게임, 시뮬레이션, 퀴즈, 면담 등

(2) 사회 마케팅

사회 마케팅social marketing은 특정 집단으로 하여금 사회적 아이디어, 가치 등을 수용하게 하여 행동을 변화시키는 데 초점을 두고 있다. 사회 마케팅은 대상자들에게 특정 문제에 대한 지식, 태도 등을 알리고 홍보하는 것뿐만이 아니라 행동 자체를 변화시키는 데 목적이 있다. 보건 정책의 목표는 대상 집단의 의식 변화 없이는 효과적으로 달성될 수 없으므로 사회 마케팅은 보건 위생 분야의 행동 변화에 자주 이용된다. 예를 들면 깨끗한 화장실 문화 캠페인, 금연 캠페인, 아동 학대 금지와 음주운전 예방 등의 사례가 있다.

영양 프로그램을 설계할 때에도 건강, 영양에 대한 지식, 인식, 태도를 지역사회 대상자들에게 홍보하기 위해 마케팅 계획을 세운다. 지역사회 구성원들의 행위 변화를 위한 메시지 전달과 중재 서비스를 통합하는 캠페인을 개발하고 홍보한다. 이를 위해서 마케팅 전략을 구성하는 4가지 요소(4P's)를 활용한다. 4P는 마케팅 믹스로 불리는 Product(제품), Price(가격), Promotion(홍보), Place(장소)를 말한다.

대표적인 영양 프로그램의 사회 마케팅 예가 'National 5-a-Day'이다. 이는 미국 캘리포니아주에서 시행된 국가적 캠페인이며, 성인을 대상으로 채소와 과일 섭취를 늘리기 위한 계획이다. 캠페인의 메시지는 '만약 하루에 과일과 채소를 2인분 더 먹으면 체형이 개선되고 더 활기찬 생활을 할 수 있다'로 구성되었으며, 홍보를 위해 슈퍼마켓에서 전단

표 6-2 마케팅 믹스를 사용한 영양 프로그램의 효과적인 지역사회 홍보 전략

항목	전략 방법의 예
제품(Product)	행위 변화를 위한 무·유형의 영양 서비스 • 과일과 채소 섭취 증가에 대한 교육 또는 제품 제공
가격(Price)	행위 변화를 위해 필요한 노력 • 지속적으로 건전한 식생활 유지에 필요한 동기부여 • 식품 선택 시 동료들의 압력을 견디는 것 • 경제적 부담 감당
장소(Place)	특정 목표집단에 메시지 전달하기 위한 접근 방법, 시간, 장소 • 대상 집단이 구독하는 잡지에 기사 실음 • 포스터 부착 : 지역사회의 슈퍼마켓, 교회의 알림판, 자주 이용하는 시설
홍보(Promotion)	목표집단의 캠페인에 대한 긍정적인 태도와 행동 변화 유도 • 어린이 : 인형극 이용. 과일과 채소 섭취 시 더 강해진다는 메시지 전달 • 성인 : 과일과 채소 섭취 시 활기차고 피로감이 덜해진다는 메시지를 담은 표지 모델이 있는 전단지 이용

자료 : 황인경. 지역사회 보건소 중심 영양사업의 현황과 발전 방향. 보건연구정보. 2004

지를 배포하고 구성원들이 구독하는 잡지에 홍보기사를 내었다. 그 결과, 하루에 채소와 과일을 5인분 섭취하는 사람의 비율이 8%에서 36%로 증가하였다.

(3) 직접적 중재 전략

영양중재 프로그램 설계 시 목표집단의 영양문제를 해결하기 위한 방법으로 급식, 보충식품 공급 등의 직접적인 중재 전략을 사용한다. 어린이의 칼슘 섭취를 증가시키기 위해 학교급식에서 유제품(우유, 치즈, 요구르트 등)을 제공하거나, 보건소에서 시행하고 있는 영양플러스사업에서 저소득층의 영유아, 임신부, 수유부를 대상으로 식사에서 부족한 영양소를 함유한 보충식품을 제공한다.

(4) 학교나 지역사회의 영양 정책

지역사회의 영양중재 프로그램을 효과적으로 운영하기 위해서는 학교나 지역사회의 건강 지향적인 식환경 조성과 정책적인 뒷받침이 필요하다. 영양문제와 관련된 행동 변화를 위해서는 개인 차원에서뿐만 아니라 시스템 차원에서 바람직한 식환경과 영양 정책 및 규제가 마련된다면 지역사회 주민의 행동이 건강 지향적으로 변화·유지될 것이다.

보건복지부(2005)의 소아비만 예방을 위한 학교 중재 프로그램의 모델(안)에서 비만 예방 및 관리를 위한 지지적 환경 조성 전략의 예를 들어 보면 다음과 같다. 비만 예방 및 관리를 위한 지지적 환경 조성과 영양 정책 마련 전략을 위해서는 여러 분야의 자원과 인력들이 유기적인 협조 체제로 구성되어야 한다. 도시 설계 및 교통 정책, 법규, 인센티브, 학교교육, 급식 기준, 홍보 및 교육 등 6가지 영역에서 각 영역별로 환경 중재 전략을 개발한다. 우선 도심에 보행자 전용 지역, 자전거 전용도로 건설, 자전거 보관소 확충, 거리 조명 개선과 운동 시설 확충 등을 통해 지역사회 주민들의 신체활동을 증가시킬 수 있다. 식품영양표시제의 의무화와 일정 수준 이상의 고지방·고열량 식품에 대한 광고 제한 및 저지방 식품 생산자에게 보조금을 지급하는 법규는 영양관리 도모에 도움이 될 것이다. 학교에서 학생들의 신체활동을 늘리기 위해 체육시간을 교과 과정에 충분히 배정하고 요리교육을 받도록 하며, 교내 자판기나 학교 매점에서 판매되는 식품에 대한 관리를 강화하는 것은 건강 지향적 행동 변화를 유도할 수 있다. 또한 급식업체에 대한 영양 기준과 지침을 설정하고, 바람직한 식습관과 영양에 대한 지식을 홍보하고 교육하는 프로그램을 활성화하며, 소아비만과 가장 큰 관련이 있는 어린이의 TV 시청 시간을 제한하는 등과 같은 식환경의 변화와 영양 정책 마련을 통해 영양문제를 해결하고 관련된 건강을 증진시킬 수 있다.

4) 4단계 : 프로그램 관리 체계의 개발

프로그램을 효율적으로 관리하기 위해 인적자원, 비용 및 자료 관리에 대한 방식을 마련하는 과정이다. 인적자원관리는 프로그램을 개발하고 수행하는 사람에 대한 관리를 말한다. 자료관리는 영양중재 프로그램의 대상자, 프로그램 이용 횟수, 방법 및 성과에 관한 자료를 수집·기록하는 것이다. 비용관리에는 프로그램 수행 시 필요한 직접경비(인건비, 자료, 출장 경비, 장비 구입)와 간접경비(사무실 임대료, 유지비 등)를 계획한다.

5) 5단계 : 자원 파악 및 확보 방법

5단계는 프로그램 수행에 필요한 자원을 파악하고 확보할 수 있는 방안을 계획한다. 영양 프로그램에 소요되는 자원으로는 인건비, 재료비, 교육자료비 및 마케팅 비용 등이 있다. 우선 프로그램에 소요되는 예산을 기관의 예산과 비교 검토하여 외부에서 자원을 조달받아야 하는지를 결정하고 확보 방안을 강구한다. 외부에서 재정을 조달해야 하는 경우에는 재정 사용 목적이 분명하게 명시된 기금 모집 제안서를 관련 기관에 제출한다.

6) 6단계 : 프로그램 수행

이 단계는 영양중재 프로그램을 계획안에 의해 실제로 수행하는 과정이다. 영양 프로그램의 효율적인 수행을 위해서는 지역사회 영양사가 프로그램이 진행되는 동안 계획을 수정·보완해야 할 경우 대상자와 목적에 맞도록 융통성을 가지고 진행해야 한다. 또한 인적자원과 예산 및 자료를 숙련되게 관리하도록 한다.

7) 7단계 : 프로그램 평가

영양중재 프로그램 수행 후 평가에 대한 계획도 프로그램 계획단계에서 미리 마련해야 한다. 평가는 프로그램의 장기 진행 결정과 프로그램 결과를 대상자들에게 알리기 위해서 필요하다. 프로그램이 진행되는 동안에도 프로그램의 평가방법과 평가에 필요한 자료를 수집하며, 분석 시 문제가 나타나면 프로그램 진행 도중이라도 수정한다.

평가내용으로는 프로그램에 투입된 자원이 계획 대비 적절했는지, 프로그램이 계획과 같이 운영되었는지, 대상자가 프로그램 진행 시간과 디자인에 만족하는지, 정보들은 유익하고 이해가 잘 되었는지, 효율적인 프로그램과 효과가 적은 프로그램 및 원인에 대한 조사, 영양 프로그램의 목적과 목표가 달성되었는지 등이 있다.

영양 프로그램의 평가 결과는 영양 정책 결정과 다른 프로그램을 계획하는 데 활용될 수 있으며, 평가보고서를 작성하여 기관 내부, 다른 지역사회 및 대중에 배포하여 활용되도록 한다.

Tip 해외의 영양 프로그램 운영 사례

TAF program(Trim and Fit program)
초중고 학생들을 대상으로 비만, 신체활동 감소, 흡연 등의 만성질환 위험인자에 대한 생활 습관 개선을 강조한 싱가포르의 국가적 건강증진 프로그램(1992). 이 프로그램의 목적은 아이들의 체력을 향상시키고 비만을 감소시키는 것으로, 비만아동뿐만 아니라 학부모, 교사, 학교 주변 환경을 대상으로 하는 다각적인 접근법을 시도하였다. 프로그램 수행 결과, 1992년에서 2001년까지 체력 측정 테스트를 통과하는 비율이 57.8%에서 80.3%로 증가하였고 비만 유병률은 14%에서 10%로 감소하였다. 세계보건기구가 선정한 어린이 건강증진에 효율적인 방법 중의 하나이다.

CATCH(Child and Adolescent Trial for Cardiovascular Health)
아동을 대상으로 한 대규모의 위험인자(신체활동, 영양) 중재 프로그램. 지방 섭취 감소, 신체활동의 증가를 목표로, 미국 캘리포니아를 비롯한 여러 주의 96개 초등학교를 선정하여 학교급식 개선, 체육시간을 통한 신체활동 증가, 영양교육, 체육교육을 실시하였다. 프로그램 대상으로 아동뿐 아니라 가족도 포함하였으며, 학교 기반 중재 프로그램의 실행 가능성과 학교 내 환경 변화 가능성을 보여 준 것으로 평가받고 있다.

자료 : 보건복지부. 2005년 비만예방사업 안내. 2005.

단원정리

- 영양중재 프로그램의 목적은 프로그램의 방향을 제시하고 지역사회 구성원의 영양문제 변화에 관한 것으로 설정하며, 목표는 프로그램의 목적을 이루기 위한 중재활동의 효과에 대한 것으로 구체적으로 서술한다. 목표는 결과목표, 과정목표 및 구조목표의 세 부분으로 기술한다.
- 영양중재 프로그램의 대상은 개인, 지역사회와 지역사회 시스템이며, 프로그램 수행 시 인식 변화, 행동 변화, 주위 환경 변화 단계마다 대상에 따라 각각 다른 목표 달성 전략을 활용한다.
- 영양중재 프로그램 설계는 7단계로 구성된다. 1단계에서는 지역사회 요구 진단 결과 파악된 영양문제와 관련된 인자들 중에서 우선순위에 따라 가장 중요한 문제를 선정하고, 2단계에서는 프로그램의 목적과 목표를 구체적으로 서술한다. 3단계에서는 프로그램의 목적과 목표를 달성하기 위해 영양 프로그램의 방법, 중재활동, 영양교육, 홍보, 마케팅 등에 대한 계획을 세운다. 4단계에서는 프로그램을 효율적으로 관리하기 위해 인적자원, 비용 및 자료 관리 체계를 개발하고, 5단계에서는 자원을 파악하고 필요시 자원 확보 방안을 강구한다. 6단계는 프로그램 계획안에 의해 실제로 프로그램을 수행하는 과정이며, 7단계는 프로그램 평가에 대한 계획을 수립한다.
- 지역사회 영양 프로그램의 종류로는 영양교육, 영양상담, 직접적인 중재 전략, 사회 마케팅 및 학교나 지역사회의 영양 정책 등이 있다. 영양교육 시에는 교육 주제와 대상자에 적합한 영양 교육안을 마련하여 최신 영양 정보, 식행동 변화에 도움이 되는 기술, 지지 환경에 대한 내용이 모두 포함되도록 한다. 그리고 지식, 인식, 태도 등을 대상자들에게 홍보하고 행위 변화를 유도하기 위해 사회 마케팅 방법을 활용하여 마케팅 전략을 수립한다. 또한 대상자들의 식행동을 건강 지향적인 방향으로 변화·유지시키기 위해 지역사회 시스템 차원에서 바람직한 식환경과 영양 정책을 마련하기 위한 계획을 세운다.

연습문제

1 고혈압인 노인을 대상으로 영양중재 프로그램을 설계하고자 할 때 목적과 목표에 대해 서술해 보자.

2 당뇨병인 성인 대상 영양중재 프로그램에서 영양교육 시에 활용할 수 있는 교육자료에 대해 설명해 보자.

3 영양중재 프로그램의 대상에 따라 다양한 전략적 방법이 사용된다. 개인을 대상으로 할 때 1단계 인식 변화를 위해 활용할 수 있는 방법을 말해 보자.

4 대사증후군인 성인을 대상으로 영양 프로그램 마케팅 계획을 세우고자 한다. 목표 대상자들이 쉽게 기억할 수 있는 형태의 슬로건을 고안해 보자.

정답과 풀이

1. 목적 : A 지역사회의 노인 고혈압 유병률을 감소시킨다. 노인의 복부비만율을 감소시킨다 등
   목표 : 프로그램 종료 후 1년 이내에 노인들의 염분 섭취에 관한 지식을 60% 증가시킨다 등
2. 당뇨병에 대한 최신 영양 정보, 당뇨식단 작성방법, 조리 실습 등
3. 영양선별, 건강 주제 소모임, 인터넷, 팸플릿 등
4. 예) 서울시 대사증후군 관리사업 지원단의 '서울시와 오락하자!', '빼자! 허리둘레, 내리자! 혈압' 등

07

지역사회 영양중재 프로그램의 실행과 평가

지역사회 영양중재 프로그램의 실행

지역사회 영양중재 프로그램의 평가

지역사회 영양중재 프로그램의 목적을 달성하기 위하여 세부 목표와 프로그램을 구체적으로 설계했다고 할지라도 실제로 프로그램을 운영하고 실행하는 과정에서는 예상치 못한 문제들이 발생할 수 있다. 예를 들면 조리 실습교육에 필요한 일부 도구를 미처 준비하지 못했다거나, 다문화권 주민을 대상으로 한 교육에서 자료의 언어 수준이 부적절했다거나, 주민들의 참여도가 낮을 수밖에 없는 시기에 추진했다거나 하는 것 등이다. 따라서 실행과 평가 과정에서 프로그램의 목표를 달성하는 전략적 방안을 세울 수 있고, 실제 프로그램이 진행되는 동안 예정대로 수행되고 있는지, 만일 계획대로 수행되고 있지 않다면 무엇이 문제인지 수정할 내용을 파악하고, 조치하여 당초 설계한 프로그램의 목표를 최대한 효율적으로 달성할 수 있도록 관리해야 한다.

1. 지역사회 영양중재 프로그램의 실행

1) 실행 계획

프로그램 실행 계획이란 영양중재 프로그램의 목표를 달성하기 위하여 전략적으로 세부 실천방안을 세우는 것이다. 즉, 업무내용과 우선순위를 정하고 구성원의 역할 분담, 자원관리 방안, 현실적인 시간 계획, 모니터링과 위기대응 방안 등에 대하여 프로그램의 운영지침을 정하는 것이다. 실행 계획을 세우는 것은 프로그램 참여자들 간의 협의와 상호 이해를 돕고, 세부 업무 순서와 우선순위를 정하여 프로그램이 단계적으로 추진될 수 있도록 한다. 또한, 전체 프로그램의 수행 기간을 예측할 수 있고, 프로그램이 지연될 때에 원인을 분석할 수 있으며, 업무 수행에 필요한 자원을 배분할 수 있어 효과적인 프로그램 운영과 관리를 위해 필요한 과정이다.

① 운영 주체 결정

- 기획기관 자체 운영 또는 위탁운영 여부 결정
- 참여 인력의 역할 분담

② 수행단계별 업무내용 분담 및 담당자 지정

- 업무 담당자별 책임과 권한을 명확히 기술
- 필요시 지침서manual와 서식format 작성

③ 자원관리 방안 마련

- 예산 자원 : 세부 업무별 예산액과 확보 방안
- 예산 외 자원
  - 인력 : 세부 업무별 필요 인력 인원과 확보 방안
  - 인력 활용 방안 : 지역사회기관, 보건의료기관, 교육기관, NGO, 종교기관, 자원봉사자 등
  - 인력교육 및 홍보 방안
  - 기타 자원 : 세부 업무별 공간, 시설, 장비 및 물품 등의 확보 방안

④ 진행일정

- 시작과 종료 시기 및 각 세부 업무별 예상 소요시간 고려
- 실행 책임자, 실행팀, 담당자 결정 및 시한별 업무 세분화

⑤ 모니터링

- 프로그램이 예정대로 수행되고 있는지 확인
- 업무별 기대 성과와 평가 기준 확립
- 프로그램 실행계획단계에서 평가계획도 함께 수립
- 평가 결과의 활용 방안 마련

⑥ 위기대응 방안 마련

- 실행 과정에서 발생할 수 있는 예상 가능한 문제점 파악
- 각 문제점에 대하여 대처 방안 마련
- 능숙한 위기대응 훈련

2) 실행 계획서와 추진 일정표 작성

실행계획은 세부 프로그램별로 실행 계획서와 추진 일정표를 작성한다. 실행 계획서 초안은 각 단위사업의 책임자가 담당한다. 업무 수행자들의 실무에 대한 의견을 반영할 수 있도록 배려한다. 각 단위 프로그램 책임자가 작성한 실행 계획서 초안은 전체 기획회의에서 검토, 수정, 보완하여 확정한다.

추진 일정표는 각 세부 업무별 소요시간을 가능한 한 정확하게 예측해서 작성한다. 그러나 실제로는 업무진행이 계획과 반드시 일치하지 않으므로 융통성 있고 수정이 가능

○○ 실행 계획서

사업명 :
우선순위 :
책임자 :
최종 검토일 :

단계	작업명	작업내용	담당자	예산	장비, 시설	일정		비고
						시작	종료	
준비								
실행								
평가								

그림 7-1 실행 계획서 예시

세부 개발 내용	추진 일정(월)							
	1	2	3	4	5	6	7	8
영양교육 교육자료 개발								
프로그램 안내 책자 제작								
프로그램 홍보용 현수막 제작								
영양교육 특강 실시								
프로그램 평가								

(a) Gantt 차트

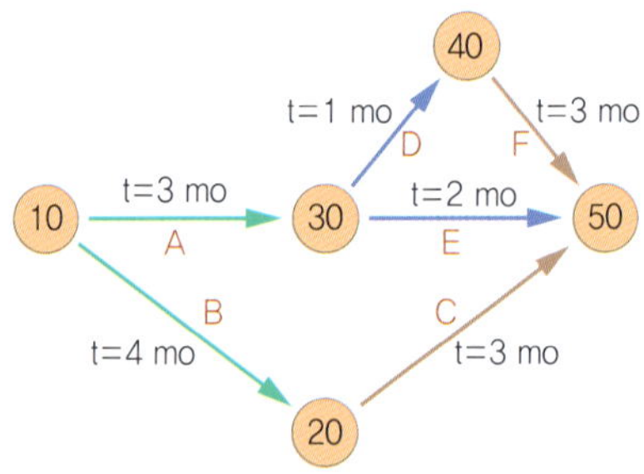

(b) PERT 차트

그림 7-2 추진 일정표 작성 예시

하도록 작성한다. 추진 일정표는 세부 업무내용과 수행 일정을 막대그래프와 같은 도표로 표시하는 간트차트Gantt chart나 화살표와 결합점을 이용하여 업무 순서와 기간 및 업무량을 표시하고, 수학적으로 해석하여 일정을 관리하는 네트워크기법인 PERTProgram evaluation and review technique 등이 있다(그림 7-2). 이러한 차트를 이용하여 일정표를 작성한 후 실행 계획서는 보통 1~2쪽 분량으로 우선순위와 책임자 및 최종 검토일 등을 명기하여 작업 분석표를 첨부하면 완성된다.

3) 프로그램 관리

지역사회 영양중재 프로그램을 최대한 원활하게 수행하기 위해서는 크게 두 가지 측면에서 프로그램을 관리해야 한다. '프로그램 참여율을 어떻게 증진시킬 것인가'와 '프로그램을 어떻게 개선할 것인가'이다. 이는 효율적인 자원관리, 활동 홍보관리 및 실행 효율성 제고 등을 통하여 이루어질 수 있다.

(1) 활동 홍보관리

프로그램 참여란 건강증진 활동에 참여하는 사람들의 수를 뜻한다. 프로그램 참여율이 높으면 높을수록 지역사회 영양 프로그램이 효과적일 수 있고, 장기적인 참여로 행동 변화가 일어날 가능성 또한 크다. 만일, 건강증진 활동이 집단을 대상으로 이루어졌다면 참여율은 각각의 교육이 종료되는 시점에 참여하는 사람의 수가 될 것이다. 만일 프로그램이 뉴스레터 형식이었다면 참여율은 뉴스레터를 받는 사람 수×연간 뉴스레터 출간 횟수(또는 우편 발송 수)가 될 것이다.

참여율은 프로그램이 얼마나 새로운지 또는 참여하면 보상(인센티브)이 있는지 여부에 따라 다양하게 나타난다. 일반적으로 그룹 활동에서는 인센티브 없이 자발적인 참여 유도가 많은데, 이때 참여율은 5~35% 정도이다. 반면에 뉴스레터 형식으로 프로그램 참여를 유도하면 참여율은 85~95%로 상승한다.

지역사회 영양 프로그램 실행에서 참여율을 높이는 방안에는 우선, 참여집단의 요구와 관심도를 파악하는 것이 매우 중요하다. 또한, 더 나은 프로그램을 설계하기 위해서 앞서 운영되었던 프로그램에 대한 평가와 관련 연구자료를 활용하는 것이 필요하다. 일반적으로 참여율을 높이기 위해서는 프로그램이 재미있고, 참여자들의 수요와 잘 맞아야 한다. 둘째, 참여하기 어려운 장애요소를 파악하여 제거해야 한다. 사람들은 서로 다른 여러 가지 이유를 가지고 건강증진 활동에 참여한다. 예를 들면 '재미있는 활동을 하고 싶어서', '친구나 가족과 함께하기 위해서', '무엇인가 새로운 것을 배우고 싶어서', '목표에 충실한 성격이거나 지원받고 싶어서' 등이다. 따라서 성공적인 프로그램 실행을 위해서는 참여자들의 요구와 성격을 잘 파악하는 것이 중요하다. 참여하기 쉬운 여건을 조성하고, 참여하기 편안한 시간을 정하는 것도 프로그램의 성공률을 높이는 데 있어 매우 중요한 요소이다. 셋째, 적절한 인센티브를 활용하는 것이다. 인센티브는 공식적으로 인정을 해주는 '상'이 될 수도 있고, 또는 티셔츠, 생활용품, 요리책 등 다양한 형태가 될 수 있다. 넷째, 참여자들 사이에 '소유권'을 부여할 필요가 있다. 프로그램의 정체성을 분명히 할 슬로건이나 피규어, 로고 등을 이용하는 것이다. 마지막으로 프로그램의 대상 집단에게 알리고 또 알려야 한다.

(2) 마케팅 믹스 전략

지역사회 영양 프로그램이 잘 수행되려면 마케팅 믹스4Ps : product·price·place·promotion의 요소별 전략이 필요하다. 즉, 지역사회 목표나 지역주민의 요구에 잘 부합되는 구체적인 프로그램product을 설계하는 전략이 필요하고, 지역주민들이 프로그램 운영에 필요한 예산이나 사회적 대가price를 감당할 수 있어야 하며, 지역주민들이 쉽게 접근할 수 있는 장소place에서 실시하여야 한다. 또한, 지역주민들이 적극적으로 참여하고, 파급 효과를 증진시킬 수 있는 홍보promotion 전략이 필요하다.

(3) 혁신확산이론 활용

혁신확산이론theory of innovation diffusion은 새로운 기술이 인구집단에 확산되는 과정, 즉 인구집단이 새로운 것(또는 기술)을 수용하는 패턴에 대한 이론이다. 새로운 것을 수용하는 특성에 따라 인구집단을 구분하면 혁신자innovators, 조기 수용자early adopter, 전기 다수수용자early majority, 후기 다수수용자late majority 및 최후 수용자laggards로 구분할 수 있다(그림 7-3). 지역사회 영양중재 프로그램에도 이러한 인구집단의 특성을 활용할 필요가 있다.

건강증진 활동 초기에는 특히, 참가자들의 참여 독려와 유인이 필요하다. 진행 과정에서도 지속적으로 참가하도록 하는 마케팅 전략이 필요하다. 이때, 확산이론에 근거한 인구집단의 분할 특성을 고려하여 프로그램을 홍보하고, 활동에 참여한 고객은 다양한 방식(SNS 등)으로 접촉할 수 있는 기회를 만들며, 사회적 지지와 언론의 관심 등을 활용하

Tip 건강증진사업에 적용할 수 있는 마케팅의 기능

- 현재 또는 미래에 고객이 원하는 요구를 결정한다.
- 고객의 요구를 만족시키는 산출물을 개발한다.
- 고객에게 정보를 전달하고 설득할 수 있는 전달 체계를 개발한다.
- 고객의 편리를 고려한 시기와 장소를 선택하여 최선의 비용으로 제시한다.
- 고객은 지속적으로 관리한다.

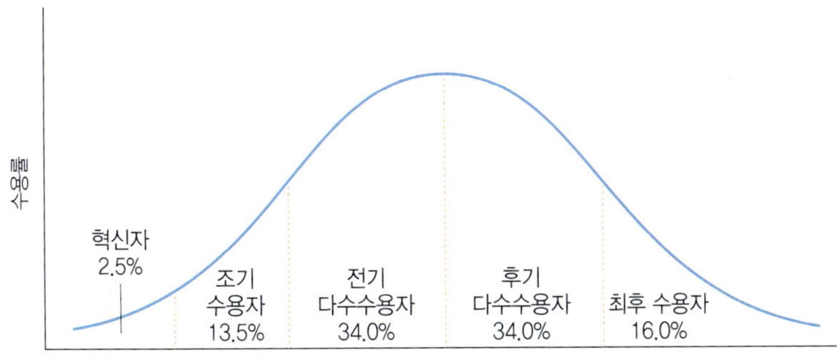

그림 7-3 혁신확산이론

여 고객에게 지속적인 동기부여를 할 수 있도록 마케팅 전략을 적절히 적용하는 것이 필요하다.

4) 프로그램의 실행 효율성 제고를 위한 고려 사항

건강증진 활동의 목표를 성공적으로 달성하기 위해서는 사전에 철저한 준비와 주의가 필요하다.

(1) 법률 사항

모든 활동에 대해 법률적 논란의 여지가 없는지 확인해야 한다. 건강증진 활동은 대부분 집단을 대상으로 하는 경우가 많기 때문에 참가자에 대한 위험이 작다고 하더라도 책임보험 등을 활용하는 것이 필요하다. 또한 운영자는 활동 전에 참가자들에게 주의 사항들을 충분히 설명하고 숙지하도록 하며 참가자의 동의informed consent를 구한다.

(2) 의료 사항

만일 활동에 참여하는 참가자들이 특별한 의료적 위험에 노출될 수 있다면 의료적 허가가 필요한지 확인해야 한다. 필요하다면 활동에 참가해도 문제가 없다는 의료적 허가에 대한 조치가 사전에 검토되었음을 확인하는 내용을 확보하는 것이 좋다.

(3) 안전 사항

프로그램 참가자와 운영자의 건강과 안전은 최대한 보장할 수 있는지 사전에 검토되어야 한다.

(4) 등록 사항

참가자가 자발적으로 등록하거나 참가비를 납부해야 하는 활동이라면 사전에 등록절차를 준비해야 한다.

(5) 기록관리

모든 활동에는 기록을 남겨야 한다. 등록 과정에서 수집한 정보, 의료 정보, 참가자의 반응과 프로그램에 대한 환류feedback 및 기록의 보관과 관련된 절차 등을 포함한다.

2. 지역사회 영양중재 프로그램의 평가

1) 프로그램 평가의 의의

평가는 프로그램의 계획이나 실행 수준 및 건강 효과성과 효율성을 판단하고 개선하기 위한 과학적인 방법이다. 프로그램을 평가하는 것은 크게 두 가지 차원에서 의의가 있다. 첫째, 프로그램을 실행하면서 발생하는 새로운 정보를 수집하고, 필요한 경우 프로그램 실행에 유동적으로 반영하여 프로그램 운영의 궤도를 수정하는 것이다. 이때, 프로그램 평가는 지역사회 영양문제를 해결하는 최종단계가 아니라 문제를 선정하고, 목표를 수립하며, 프로그램을 개발하고 실천하는 모든 과정에 영향을 미치는 활동이라고 할 수 있다. 둘째, 프로그램 평가의 의의는 운영의 효율성과 효과성을 직접적으로 측정하는 데 있다. 즉, 프로그램 실행 전에 세운 목표와 실행 이후 결과를 비교하여 프로그램 운영의 성취도를 측정하는 것이다.

2) 평가모델

지역사회 영양 프로그램의 평가는 다양한 모델을 적용하여 실시할 수 있다. 어떤 모델을 선택할 것인지는 평가 목적, 평가에 투입할 수 있는 시간, 예산, 평가 인력, 얻고자 하는 평가자료의 종류(정성적, 정량적 자료), 평가자료의 일반화 수준, 평가 후원자가 원하는 자료의 정확도 등에 따라 결정한다. 가장 보편적인 모델로는 PRECEDE-PROCEED 모델과 논리logic 모델이 있으며, 평가하는 시기 등에 따라 다양한 모델을 적용할 수 있다.

(1) PRECEDE-PROCEED 모델

이 모델은 프로그램 실행에 앞서 건강행동에 영향을 미치는 동기요인, 강화요인, 가능요인을 파악하는 것이 중요하다는 전제하에 프로그램을 평가하는 모델이므로 앞서 제5장에서 요구 진단모델로 소개되었다. 과거 프로그램을 사후 평가하던 개념에서 진단단계(PRECEDE)와 실행·평가 단계(PROCEED)에서 평가하여 과정과 절차를 평가하는 새로운 개념을 제시하였다.

(2) Logic 모델

이 모델은 논리모델 또는 투입-산출 모델이라고도 한다. 프로그램의 자원 투입단계부터 구체적인 실행 과정, 서비스 산출, 결과 및 단기·장기 영향 효과까지 일련의 논리적 흐름을 제시하여 혁신할 수 있다는 가정을 바탕으로 한다. 논리모델은 투입에 대한 구조 평가, 전환 과정과 산출 과정에 대한 과정 평가, 사업의 결과와 영향력 등에 대한 산출 평가 순으로 진행된다(그림 7-4).

구조 평가structure evaluation는 프로그램 수행 및 전달과 관련된 인적 역량과 환경 역량으로 구성된다(표 7-1). 인적 역량이란 프로그램을 수행하는 활동 인력이나 내·외부 협력자 등을 뜻한다. 한편, 공간시설이나 컴퓨터, 실험장비 등의 활용성, 활동과 관련된 정보, 기술, 경험 등의 무형적 자원과 프로그램 수행에 필요한 시간, 비용, 예산 등은 환경

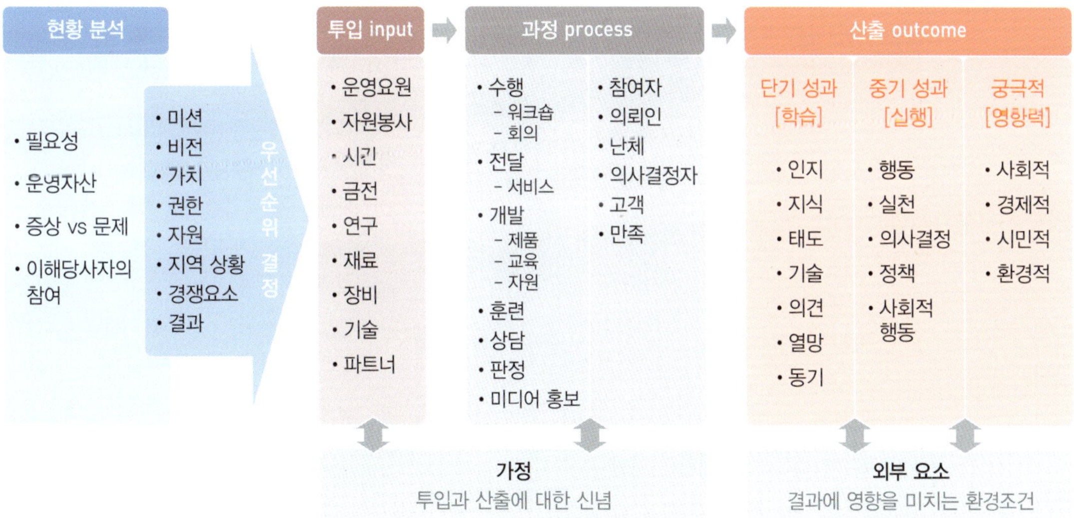

그림 7-4 Logic 모델을 이용한 평가

표 7-1 구조 평가의 평가항목과 평가내용

평가영역		평가항목	평가요소
구조 평가 structure evaluation	인적 역량	인력 활용	• 프로그램을 수행하는 전담 인력 • 지역사회 내·외부 협력자
		조직구조	• 조직 내 사업 수행 부서의 위상
	환경 역량	시설	• 사업 수행에 필요한 공간시설
		장비	• 사업 수행에 필요한 장비 활용성
		무형 자원	• 활동과 관련된 정보, 기술, 경험 등
		재원	• 비용과 예산 확보율 • 사업 수행 예산의 자체 기여도 • 계획된 예산 중 실제 집행 예산

역량에 해당된다. 프로그램 관리자는 구조 평가를 통하여 운영진과 프로그램 활동을 지원할 수 있는 방안을 모색할 수 있다.

과정 평가process evaluation는 지역사회 영양 프로그램 실천 과정을 뜻한다. 일반적으로 행동 체계를 구성하는 사람들을 중심으로 위원회를 조직하고, 정기 또는 비정기적으로 평가회의를 통하여 프로그램의 추진단계를 면밀히 검토하는 것이다(표 7-2).

$$\left(\frac{\text{실제 활동}}{\text{계획된 활동}}\right) \times 100 = \text{수행도}(\%)$$

표 7-2 과정 평가의 평가항목과 평가내용

평가영역		평가항목	평가요소
과정 평가 process evaluation	전략적 기획	사업기획조직	• 전담 부서 존재 여부 • 사업운영위원회의 사업기획 참여
		자료조사	• 선행 사업 및 연구자료 문헌고찰 • 지역사회 주민의 건강 수준 자료 활용
		사업내용의 적절성	• 지역보건의료계획 목표와의 정합성 • 사업 계획서 내용
	사업관리	사업담당자의 적합성	• 사업담당자의 해당 사업 수행 기간 • 사업담당자의 외부교육 횟수
		사업내용	• 사업 진행 상황 정기 확인, 문서 작성 및 보관 • 타 부서와의 업무 협조 정도 • 진행 상황에 따른 사업목표 및 내용 수정 가능성
		사업관리	• 사업 수행과 관련된 홈페이지 활용 • 대상자의 의견 및 만족도 조사 여부

결과 평가outcome evaluation는 지역사회 영양 프로그램에 투입된 총체적인 자원 대비 얻은 결과를 평가하는 것이다(표 7-3). 만일, 과정 평가나 영향 평가가 긍정적으로 나타났더라도 그 효과가 투입된 자원에 비해 적다면 그 프로그램은 폐기하거나 수정되어야 하는 것으로 평가할 수 있다.

표 7-3 결과 평가의 평가항목과 평가내용

<table>
<tr><th colspan="2">평가영역</th><th>평가항목</th><th>평가요소</th></tr>
<tr><td rowspan="2">결과 평가
outcome evaluation</td><td rowspan="2">만족도</td><td>프로그램 시행자</td><td>• 프로그램 진행방법에서의 권한
• 프로그램 수행을 위한 인력 규모
• 프로그램 수행을 위한 재정 지원
• 프로그램 수행을 위한 시설, 장비, 훈련 지원 수준
• 담당자의 전문성
• 기관장 및 지방자체단체장의 의지
• 프로그램에 대한 전반적 만족도</td></tr>
<tr><td>프로그램 대상자</td><td>• 프로그램 홍보 만족도
• 프로그램 제공 담당자의 친절도
• 프로그램 참여의 시간적, 장소적 용이성
• 프로그램 제공 담당자의 전문성
• 프로그램의 유용성
• 타 기관 프로그램과의 우위성
• 프로그램에 대한 전반적 만족도
• 프로그램 재이용 의사
• 프로그램 권유할 의사</td></tr>
</table>

(3) 평가시기에 따른 평가모델

프로그램은 목표집단과 잘 부합되도록 설계하고 목표집단에 잘 맞는 영양교육 메시지를 개발하며, 프로그램의 목표시장에 적절한 마케팅 계획을 고안하는 등 모든 프로그램의 계획과 수행 단계에서, 그리고 종료단계에서 평가가 이루어진다. 프로그램 관리자는 이와 같이 모든 단계에서 발견되는 평가 결과를 이용하여 프로그램을 변경하거나 중재활동을 수행하거나 하며 운영진의 활동 등에 활용하여야 한다.

① 초기 평가모델

평가하는 사업의 특성, 목적, 내용이 명확하게 나타나므로 새로운 활동을 기획하거나 또는 이미 수행한 활동을 새로 시도하고자 할 때 유용하다. 지역사회 영양 프로그램을 기획하는 초기단계에는 주로 기술모델descriptive model을 이용한다(표 7-4).

표 7-4 초기 평가모델

평가모델	평가항목	평가요소
계획 평가 plan evaluation	지역주민들의 건강과 영양 상태	• 건강 위험 평가, 표적집단토의(focus group discussions), 영양 스크리닝(screenings), 설문조사, 면접조사, 직접적인 영양 평가(nutrition assessment)
사전 평가 formative evaluation	교육자료의 언어 적절성 교육자료 내용의 정확성 교육자료의 완전성 교육 참여자의 수용도	• 일종의 예비시험(pilot-test) : 프로그램을 수행하기에 앞서 전달 체계나 중재활동의 문제 유무 확인 가능

② 과정 평가모델

감사모델audit model은 사업을 진행하는 중간 과정에 주로 이용하는 과정 평가인데 원래의 계획과 실행 전략에 맞추어 활동이 진행되고 있는지 평가한다.

③ 종료 후 효과 평가모델

전후모델, 비교실험모델, 무작위로 통제된 실험모델 등은 사업의 효과 평가에 적합한 평가모델이다(표 7-5).

표 7-5 종료 후 평가모델

평가모델	평가방법	장점	단점
전후모델 before-after model	사업 전과 후를 비교하는 평가 모델	비교적 단순하고 편리하게 평가할 수 있음	대조군 또는 비교군이 없어서 실제 사업의 효과인지 또는 다른 환경의 변화에 의한 효과인지 확인하기 어려움
실험모델 randomized controlled experimental model	중재군과 대조군에서 중재 전후의 상태를 측정	중재에 의한 효과를 과학적으로 확인할 수 있음	대조군 구성에 어려움이 크고 비용이 많이 듦
비교모델 comparative model	중재군과 다른 중재군 또는 기존 방식을 이용한 집단과 비교하는 방법	다른 활동과 비교해 상대적 효과를 확인할 수 있음	중재에 의한 효과를 절대적으로 확인하기는 어려움
조직개입 평가모델 intervention to a health organization model	중재 전과 후에 프로그램 실시가 조직에 미친 영향과 대상자에게 끼친 영향의 두 가지 측면에서 평가를 수행하는 방법 조직에 대한 중재효과는 전후모델, 비교모델, 실험모델을 이용할 수도 있음		

그 밖에도 프로그램 평가는 평가 인력이나 기준, 평가 목적, 평가단계, 평가 시기 및 평가 결과의 수치화 등의 분류 기준에 따라 여러 가지 유형으로 구분할 수 있다(표 7-6).

표 7-6 프로그램 평가항목별 평가 유형

평가항목	평가 유형	평가내용
평가 인력	내부 평가	프로그램을 실시하는 기구의 내부 인력에 의한 평가
	외부 평가	외부 인력에 의한 평가
평가 기준	절대 평가	평가자의 주관에 의한 절대 평가
	상대 평가	여러 프로그램 비교 평가
평가 목적	프로그램 개선	프로그램 개선을 목적으로 하는 평가
	프로그램 관리	프로그램 관리를 목적으로 하는 평가
	연구	연구 목적으로 하는 평가
평가단계	계획 평가	프로그램 계획 수립단계의 평가
	실시 평가	프로그램 실행단계의 평가
	종합 평가	프로그램 마무리단계의 평가
평가 시기	구조 평가	프로그램 시행 전에 실시하는 평가
	과정 평가	프로그램 실행 과정 중에 실시하는 평가
	결과 평가	프로그램 완료 후에 실시하는 평가
평가 결과의 수치화	질적 평가	수치화 불가, 명목척도와 순서척도로 평가
	양적 평가	수치화 가능, 등간척도와 비율척도로 평가

3) 프로그램의 평가 설계

프로그램 평가 설계는 평가의 목적, 결과의 활용 및 활용자, 평가질문, 평가방법, 협정 등의 사항을 고려하여 평가 방향과 수행내용에 대하여 계획을 세우는 것이다. 평가는 반드시 이해 당사자의 주요 관심사에 초점을 맞춰야 하며, 시간과 자원을 최대한 효율적으로 사용한다. 일반적으로 보건 프로그램의 평가 목적은 4가지로 요약할 수 있다(표 7-7).

평가의 활용 및 활용자는 평가 결과가 생산하는 모든 정보를 이용하므로 평가의 표적을 잡는 과정에서 참여시켜야 한다. 프로그램 평가는 운영자는 물론 다른 기관의 대리인 또는 외부 위원 등이 수행할 수 있다. 평가자에 따라서 프로그램에 대해 상세하게 잘 아는 경우도 있고, 그렇지 않은 경우도 있다. 평가자는 평가 목적을 분명히 인지하고 무엇을 수행해야 하며, 어떤 사실을 발견했는지에 충실해야 한다.

표 7-7 보건 프로그램 평가 설계의 목적

목적	내용
1. 관점의 확보	• 프로그램의 혁신적 접근법에 대한 가능성을 판단하는 관점 • 기존의 평가로부터 도출된 정보들을 프로그램 개발단계에서 활용하는 관점
2. 실행의 변화	• 프로그램 운영 체계, 운영방법, 전체적인 프로그램 전략을 실행단계에서 어떻게 반영하여 미세조정할지 적절하게 기술되어야 함 • 프로그램 활동의 질, 효과, 효율성을 개선하기 위해 시행됨
3. 효과 판정	• 프로그램 활동과 관찰된 결과 간의 관계를 평가할 필요가 있음 • 원인과 효과의 직접적인 관계 속에서 효과가 파악되기도 함 • 어떤 효과는 하나의 프로그램에 의한 결과가 아닌 경우도 있으며 이때 각 프로그램의 공헌도에 대한 근거를 찾는 것이 평가의 목적이 됨
4. 참여자에 대한 영향	• 논리적이고 체계적인 반성은 프로그램에 참여하는 이해 당사자의 자발적 변화를 유도할 수 있음 • 영향의 예 : 추가적 프로그램 조정(지속적 설문을 통한 메시지 강화), 프로그램 참여자의 권한 증대(프로그램 방향에 대한 참여자의 조절 능력 증대), 관리자 능력의 개발 증진(근거 해석, 분석, 수집 능력에 대한 교육 효과), 조직 성장에 기여(조직의 역할과 임무와 프로그램 간의 관계를 분명히 함), 사회적 변화의 가속화(자기 결정에 대한 지역사회 논쟁의 가속화) 등

표 7-8 평가의 방법론

구분	내용	방법
전실험적 방법 pre-experimental design	• 사례연구(case study) • 단일집단 사후조사 설계 (one-group posttest-only design) • 단일집단 전후 비교 설계 (one-group pre-posttest design) • 비교집단 사후조사 설계 (posttest-only comparison group)	• 관찰을 통한 기술 설계방법 • 개인이나 집단 등을 하나의 단위로 하여 정밀하게 조사, 연구하는 방법
준실험적 방법(유사실험설계) quasi-experimental design	• 유사 통제집단 전후 비교 설계 (pre-posttest non-equivalent comparison)	• 동일하지 않은 집단을 비교, 두 집단이 연구 영역에서 동질하다는 가정하에 전후검사 실시
	• 단일집단 전후검사 설계 (staged pre-post desgin)	• 동일집단의 사전, 사후 시간적 비교
	• 시계열 설계(time series desgin)	• 동일집단의 서로 다른 여러 시점의 시간적 비교 pre-123 vs post-123
실험적 방법 experimental design	• 무작위비교실험 (randomised controlled trial, RCT) • 통제집단 전후 비교 설계 (pre-posttest control group desgin) • 통제집단 사후 비교 설계 (posttreat-only control group desgin)	• 특수 성격의 집단, 즉 실험집단에 대한 대조집단과의 비교 설명

평가 질문을 통하여 프로그램의 어떤 면이 구체적으로 평가되어야 하는지 구분할 수 있으며, 이해 당사자로 하여금 평가가 어떤 해답을 주어야 하는지 알 수 있게 해준다.

평가방법은 사회적, 행태적, 의과학적 분석에 기초하여 결정된다. 평가방법의 종류는 표 7-8과 같으며, 각각의 평가방법은 고유의 한계와 선입견이 있기 때문에 여러 가지 평가방법을 병행하여 사용할 수 있다. 협정 또는 협약은 목적, 활용자, 활용, 질문, 방법뿐만 아니라 실행 가능성, 일정, 예산, 이해 당사자들의 역할과 책임 등을 기술하고 요약하여 중대한 환경 변화가 발생할 경우를 대비한다.

4) 평가지표 개발

(1) 평가지표의 의의

지역사회 영양중재 프로그램이 지역사회에 어떠한 영향을 미쳤는지 설명하기 위해서는 적절한 측정도구, 즉 평가지표의 개발은 필수적이다. 지표란 방향이나 목적, 기준 등을 나타내는 것으로 지역사회 프로그램의 평가지표는 프로그램이 목표에 도달했는지, 도달한 수준은 어느 정도이며 적절한 수준인지, 어떻게 목표에 도달했다고 할 수 있는지 알려주는 도구라고 할 수 있다. 예를 들면 지역사회의 만성질환 관리 수준의 평가지표는 혈압 측정 경험률, 혈압 조절률, 고혈압 약의 투약 지속률, 혈당 조절률, 당뇨병 합병증 예방 검사 비율 등이 될 수 있다(표 7-9 참고).

(2) 평가지표의 개발 절차

평가지표를 개발하기 위해서는 우선 프로그램의 궁극적인 목적을 파악하고, 프로그램을 평가하는 목적을 정확하게 설정한 후 유형별로 평가할 시점을 결정한다. 표 7-9는 보건소 사업에서 평가영역별로 제시할 수 있는 평가지표 사례를 보여 준다. 평가자료의 수집을 언제, 어떻게 할지 유형을 정하고 평가문항을 결정하여 제작, 수정, 검토 후 평가지표를 최종 확정한다.

(3) 평가지표의 조건

WHO에 의하면 좋은 평가지표는 타당성, 신뢰성, 감수성, 특이성을 갖추어야 한다. 평가지표는 내용이 적절하고 참신해야 하며, 질문의 명확성 및 구조화, 적절한 난이도가 있어야 한다. 또한, 적극적인 참여 동기를 유발하고 측정 오차관리가 쉬우며, 문항에

표 7-9 보건소사업의 성과 평가를 위한 영역별 평가지표 사례

평가영역	평가항목	평가지표	비고
투입	인력	• 최소 배치 기준 충족률 • 보건사업별 실제 투입 인력 수 • 보건사업별 담당자 중 교육훈련 이수자 수	
	예산	• 지방자치단체 예산 중 보건소 예산이 차지하는 비율 • 보건소 예산 구성비(인건비 및 보건사업 비율) • 주요 보건사업별 예산 집행액(사업별, 인구 1인당) • 교육훈련비	
활동·산출	지역사회 건강 수준 모니터링	• 지역사회 건강 수준 파악 여부 • 지역사회 건강 수준 공개 여부 • HP2020 주요 건강지표 중 산출 가능한 건강지표 수 • 인구집단 건강관리 등록사업 실시 여부	
	건강 정보 제공 및 교육	• 건강 정보 제공 여부 • 보건교육 실시 여부	
	지역사회 협력	• 지역사회 협력 체계 구축 방안(설명회, 협조 요청) 실시 여부 • 지역사회 협력에 포함된 기관의 다양성 • 지역사회 협력을 통해 수행하는 보건사업의 다양성 • 지역사회 협력기관으로부터 자원 공유 여부 • 지역의료 계획 심의위원회 개최 횟수 • 지역의료 계획 심의위원회 활동 내용	
	법률 및 제도 강화	• 건강문제 해결을 위한 지방자치단체 조례 제정 여부 • 건강 환경 조성 여부 • 모범 사례 발굴 및 언론보도, 포상 실시 여부	
	보건의료 서비스 제공	• 취약계층에 대한 서비스 제공 정도 • 적정 서비스 제공 정도	
	보건사업 평가	• 사업 평가 실시 여부 • 사업 만족도조사 실시 여부 • 주민 의견조사 실시 여부	
결과	보건소 단위·지역사회 단위에서 사업 결과와 건강 수준 변화	• 건강 위험요인 지표의 관리 실적 –사업 참가자의 흡연율, 음주율, 혈압 조절률, 혈당 조절률 등 –지역 단위의 흡연율, 음주율, 혈압 조절률, 혈당 수준 등 • 질병 예방 및 질병관리지표 관리 실적 –사업 참가자의 흡연율, 음주률, 예방 접종률, 혈압 조절률 등 –지역 단위의 흡연율, 음주율, 예방 접종률, 혈압 수준 등	

자료 : 한국보건산업진흥원 건강증진사업지원단, 보건소 업무수행성과 평가체계 개발, 2007

사용하는 용어에 일관성이 있고 윤리성 및 도덕성을 갖춰야 한다. 궁극적으로 좋은 평가 지표는 평가 상황에 대한 적용 가능성applicability, 평가를 받는 사람이 받아들일 수 있

Tip 타당도와 신뢰도

- 타당도 : 측정값이 참값을 반영하는 정도. 즉, 원래 측정하고자 의도한 속성을 제대로 측정했는지의 정도를 나타낸다. 타당도를 산출하기 위해서는 참고치reference standard가 필요하다.
- 신뢰도 : 측정하고자 하는 것을 일관성 있게 측정했는지의 정도. 만일, 동일한 검사를 동일한 대상자에게 여러 번 반복하여 실시할 경우 결과 간에 오차가 크면 신뢰도 또는 재현성reproducibility은 떨어진다고 할 수 있다.

타당도와 신뢰도가 항상 일치하는 것은 아니다. 타당도와 신뢰도가 높은 결과는 참값에 가깝고 정밀도가 높다고 할 수 있지만, 타당도는 있으나 신뢰도가 낮으면 평균적으로 참값을 가지지만 정밀도가 떨어진다고 할 수 있다.

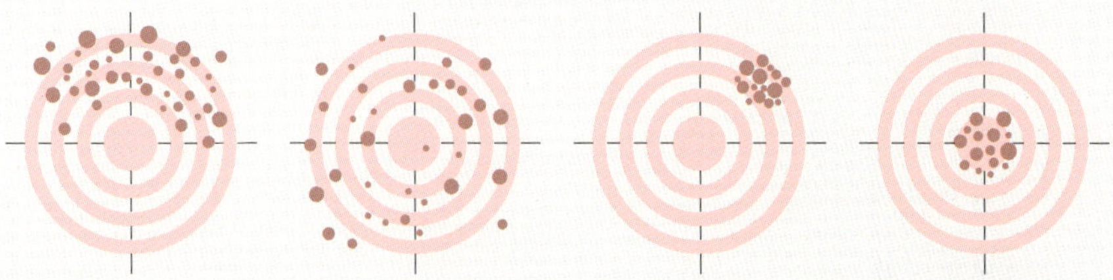

	1	2	3	4
타당도	낮음	높음	낮음	높음
신뢰도	낮음	낮음	높음	높음

는 수용 가능성acceptability, 실제로 평가에 사용될 수 있는 실용성practicality 및 타당도validity와 신뢰도reliability가 높은 것을 뜻한다.

5) 평가 결과의 활용과 정보 공유

평가의 주요 목적은 의사 결정에 필요한 정보를 수집하는 것이므로 평가 결과는 반드시 활용되어야 한다. 평가가 완료되면 지역사회 영양활동의 이해 관계자들은 평가 결과를 해석하고 판단하기 위해 보고회를 갖는다. 보고서를 작성할 때에는 보고받을 주체를 결정하고, 결과 보고를 누가 할 것인지, 어떤 형태로 결과를 보급할 것인지, 평가 결과를 프로그램에 어떻게 활용할 것인지 등을 고려한다. 또한, 평가의 핵심과 한계를 설명하고, 제때에 준비하여 가능한 한 많은 잠재 수요자들에게 보급할 수 있도록 준비한다.

(1) 평가 보고서 내용 및 작성방법

- 요약 또는 초록 : 평가의 목적과 방법 등 개요, 주요 결과, 결론, 제안
- 서론 : 평가의 목적과 목표, 사업 및 참여자 특징

- 방법 : 평가 모형, 표적집단, 표적집단 추출방법, 대표성, 평가도구, 자료 수집 과정, 예비조사 결과, 자료 분석방법, 제한점
- 결과 : 분석 결과, 결과 설명, 그림과 그래프, 특별한 결과 강조
- 결론 및 제언 : 결과의 해석, 활동 효과에 대한 결론, 추후 활동 제안, 추가 정보

(2) 평가자료 해석의 주의점

- 자료의 정확도와 신뢰도
- 표본 추출방법과 대표성
- 측정치의 적합성
- 분석방법의 적절성
- 결과 제시방법
- 윤리성
- 원자료 제시 여부

6) 프로그램 평가의 실시 예

프로그램 평가는 그림 7-5와 같이 단계별로 실시할 수 있다.

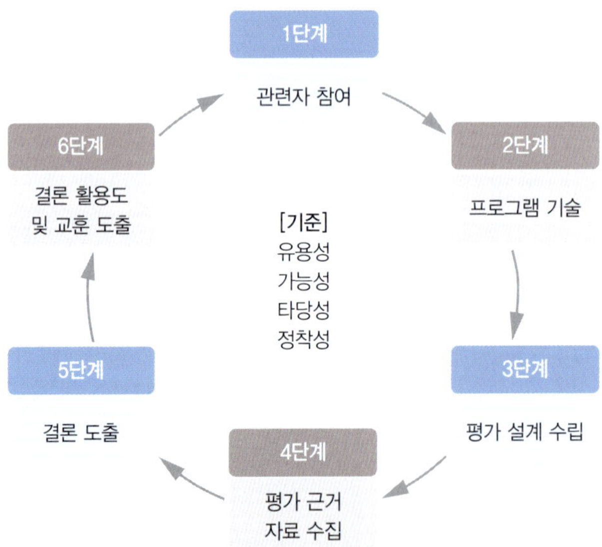

그림 7-5 미국 질병관리본부(CDC)의 보건사업 평가 단계

- 1단계 : 보건 프로그램은 팀워크를 기반으로 이루어지므로 이해 관련자의 참여가 필수적이다.
- 2단계 : 프로그램의 개요, 중재방법, 서비스 제공자 및 서비스를 제공받은 대상자의 특성, 프로그램 예산과 자원, 실행 중에 나타난 이슈, 프로그램 실행단계 등을 모두 기술한다.
- 3단계 : 평가의 목적, 결과 활용자, 평가항목, 평가방법, 협정 등의 사항을 설계한다.
- 4단계 : 설문조사, 관찰, 인터뷰 등 구체적인 자료 수집방법 등을 결정하여 신뢰할 만한 근거자료를 수집한다.
- 5단계 : 수집된 자료를 분석하고 평가 기준에 따라 분석 및 조합하여 판단하고 권고하는 결론을 도출한다.
- 6단계 : 평가 보고서 등으로 발표 과정을 통하여 평가 결과를 공유하고 전파한다.

단원정리

- 지역사회 영양중재 프로그램은 구체적인 실행 계획을 통하여 목표 달성의 전략을 세우고 각 세부 업무내용과 담당자, 예산 지원 등에 대한 운영지침을 기술하며 추진 일정에 따라 단계적으로 실행한다. 실행 계획에는 프로그램 참여율 증진을 위한 다양한 홍보 활동관리와 프로그램의 효율성을 제고하기 위한 관리활동, 프로그램의 평가 계획과 위기 대응 방안도 함께 수립한다.
- 프로그램의 평가모델은 평가의 목적, 평가시간, 예산, 평가 인력, 얻고자 하는 평가자료 등에 따라 PRECED-PROCEED 모델이나 논리모델, 평가 시기별로 초기·중기·종료 후 평가모델 등 여러 가지 평가모델을 이용할 수 있다.
- 평가 설계는 평가의 관점과 평가단계별 수행 계획을 설계하는 것으로, 평가 목적과 의도를 명확히 하고 평가 결과를 활용하는 사람을 위해 표본 추출, 자료 수집, 자료 분석, 결과 해석, 판단 등을 기술한다. 또한 협정 혹은 협약을 준비하여 이해 당사자들 간의 역할과 책임을 명시하고 중대한 환경 변화가 발생하는 경우에 대비할 수 있도록 한다.
- 평가는 우선, 이해 관계자를 정의하고 프로그램을 기술한 후 평가 설계를 수립하고, 신뢰할 만한 근거자료를 수집·분석하여 도출된 결론을 평가 결과 보고서를 통해 작성하며, 평가 결과를 공유하고 활용하는 과정으로 실행된다.

연습문제

1 프로그램의 실행 계획을 수립하는 의의에 대하여 이야기해 보자.

2 프로그램 평가를 실시하는 중요성과 목적에 대하여 이야기해 보자.

3 당뇨병이 있는 40~50대 비만 직장인을 대상으로 8주간 실시하는 영양교육 프로그램에서 프로그램 종료 후에 대상자들의 평가지표를 전후 비교 평가하는 것은 어떤 평가모델을 적용한 것인지 이야기해 보자.

4 본문의 표 7-9를 이용하여 보건소사업 성과를 평가한다고 가정할 때에 평가 영역별로 배점을 주고, 평가지표의 타당성과 신뢰도에 대하여 토의해 보자.

정답과 풀이

1. 영양중재 프로그램의 목표 달성을 위한 전략이 될 수 있고, 실제 프로그램이 진행되는 동안 예정대로 수행되고 있는지 확인할 수 있으며, 만일 계획대로 수행되고 있지 않다면 무엇이 문제인지 수정할 내용을 파악하고 조치하여 당초 설계한 프로그램의 목표를 최대한 효율적으로 달성할 수 있도록 관리하는 데 도움이 된다.
2. 프로그램을 평가하는 것은 크게 두 가지 차원에서 그 목적과 중요성이 있다. 첫째, 프로그램을 실행하면서 발생하는 환경 변화에 대응하여 지역사회 영양문제의 목표 수립, 프로그램 개발, 실행하는 모든 과정에서 의사 결정을 위한 정보로서 활용할 수 있으며 프로그램의 품질관리 시스템을 갖출 수 있다. 둘째, 프로그램의 효율성과 효과성을 직접적으로 측정하여 성취도를 측정할 수 있다.
3. 결과 평가 모델 중 전후 모델
4. 본문 중의 평가지표의 타당도와 신뢰도 참고한다.

MILK

08

영양 정책과 영양 행정

영양 정책

영양 행정

대한민국 「헌법」 제34조는 '모든 국민은 인간다운 생활을 할 권리를 가진다'고 선언하고 있다. 이에 따라 국가는 '사회보장과 사회복지의 증진에 노력할 의무'를 가지며, '여자의 복지와 권익의 향상을 위해 노력'하여야 하고 '노인과 청소년의 복지 향상을 위한 정책을 실시할 의무'를 진다. 또 '신체장애자 및 질병·노령, 기타의 사유로 생활 능력이 없는 국민은 법률이 정하는 바에 의하여 국가의 보호'를 받는다고 하였다. 「헌법」 제35조는 '모든 국민은 건강하고 쾌적한 환경에서 생활할 권리'를 가진다고 하였으며, 제36조는 '국가는 모성의 보호를 위하여 노력'하여야 하며 '모든 국민은 보건에 관하여 국가의 보호를 받는다'고 하였다. 영양 정책과 영양 행정은 이와 같은 헌법상 국민의 권리를 실현하기 위하여 정부기관과 민간조직이 협력하여 '국민 건강증진과 영양 개선'이라는 궁극적 목적을 달성하고자 하는 것이다. 국민 건강증진과 영양 개선을 위한 활동의 영역은 크게 영양 정책, 영양 행정, 영양 서비스로 나눌 수 있다. 이 장에서는 영양 정책의 개념과 실제를 알아보고, 정부기관에서 수행하는 영양 행정과 민간조직의 영양활동에 대하여 살펴보도록 한다.

1. 영양 정책

1) 영양 정책의 개념

정책은 일반적으로 행정의 개념과 혼동되기 쉽다. 정책과 행정은 '목적과 수단'으로 구분하여 이해할 수 있다. 즉, 정책은 궁극적인 목적을 가리키는 방향 제시이고, 행정은 그 목적을 달성하기 위한 방법이나 과정이다. 정책을 구현하는 방법이 행정이며, 행정적으로 지원 가능한 자원과 여건이 정책의 규모와 방향을 구속하기 때문에 실제로 정책과 행정이 분명하게 구분되지는 않는다. 특정 활동이 시작될 때에는 정책으로서의 의미가 강하지만, 반복 시행되면서 일상적인 업무의 영역으로 들어오면 행정으로서의 의미를 갖게 된다.

2) 영양 정책의 실제

영양 정책은 앞서 제시한 대로 헌법상 국민의 권리를 실현하기 위한 것이므로 국회에서 발의하여 의결된 여러 법령의 형식으로 존재한다. 영양 정책은 관련된 실정법이나 이와 연관된 행정지침 등에 의하여 이루어지기 때문에, 영양 정책을 이해하고자 한다면 관련 법령을 살펴보아야 한다. 현행 및 과거의 법령과 규칙, 해석례 등을 법제처에서 관리하는 국가법령정보센터 홈페이지(그림 8-1)에서 확인할 수 있다. 국가법령정보센터는 필요할 때 쉽게 접근할 수 있도록 스마트폰 앱으로도 개발되어 있다. 영양 정책과 관련된 법령으로는 「식품위생법」, 「국민건강증진법」, 「국민영양관리법」, 「식생활교육지원법」, 「어린이 식생활안전관리 특별법」, 「학교급식법」, 「건강기능식품에 관한 법률」, 「수입식품안전관리 특별법」, 「식품기부 활성화에 관한 법률」, 「식품위생 분야 종사자의 건강진단 규칙」 등이 있다. 이 중 대표적인 법령의 내용은 부록에 제시하였다. 국민의 요구가 정책화되어 법령으로 공포되기까지의 법령 형성 과정은 그림 8-2와 같다.

그림 8-1 국가법령정보센터 홈페이지

자료 : http://law.go.kr

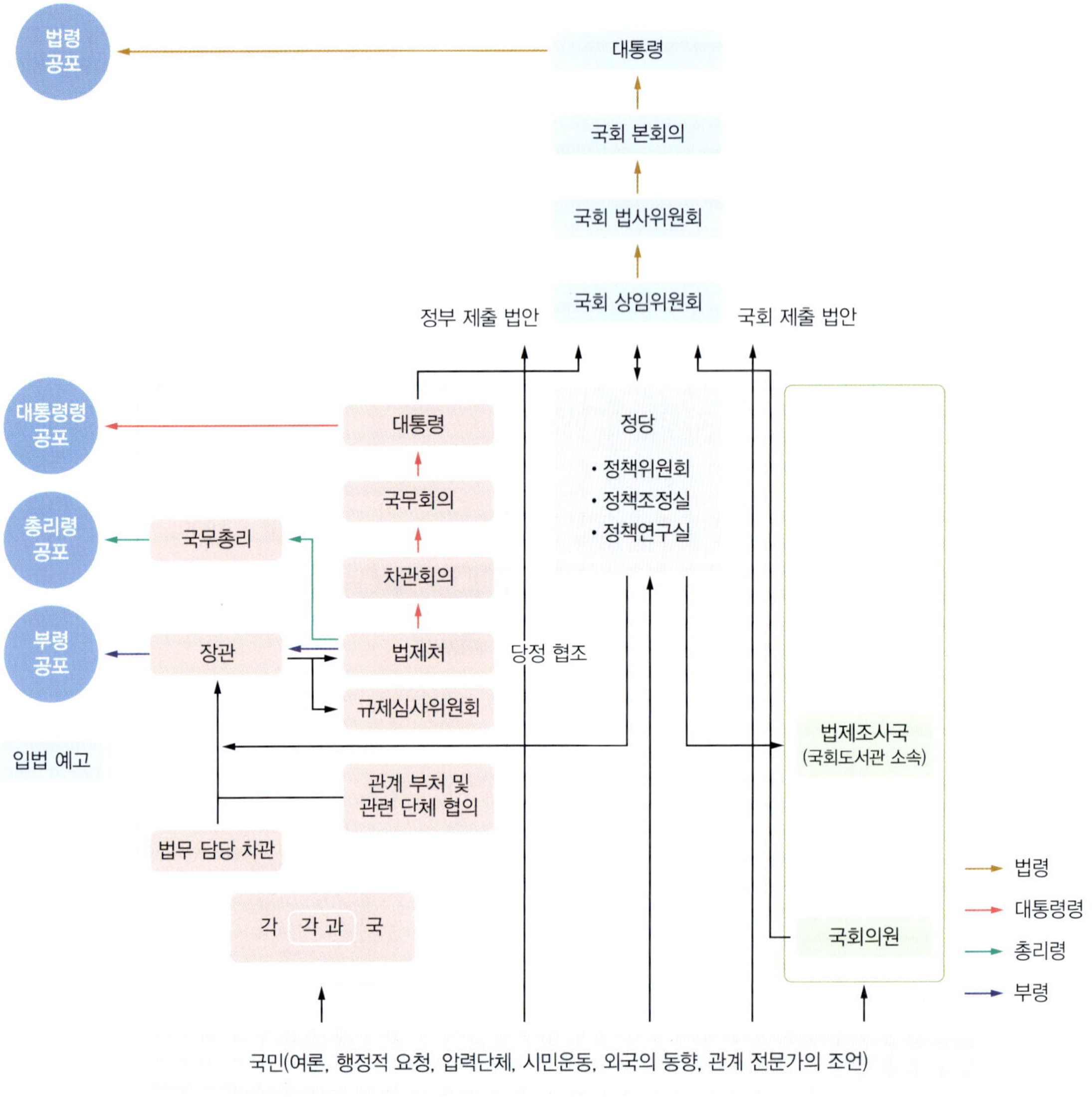

그림 8-2 우리나라의 법령 형성 과정

3) 영양 정책의 범위

영양 정책은 식품의 수급에 관한 식량 정책과 관련되어 있고, 건강증진과 질병 예방을 위한 보건 정책과도 연관되어 있다. 영양 정책이 어떤 영역에 초점을 두느냐는 사회적 배경과 시대적 맥락에 따라 달라진다. 과거 6.25전쟁이 중단된 후 기간산업이 유실되고 전후 출생한 베이비부머로 인구가 급증하던 시절에는 국민에게 식량을 공급하는 것이 영양 정책의 주된 이슈였다. 이때는 식량 증산을 위한 노력과 해외 원조의 유치 및 배분에 관한 사항이 정책 결정에서 중요하였다. 1960년대부터 1980년대까지 식량농업기구FAO와 세계보건기구WHO, 국제연합 아동기금UNICEF의 원조를 받아 농촌진흥청에서 수행한 응용영양사업의 주된 표적 지역은 농촌이었다. 산업화와 근대화를 위하여 주곡의 가격을 국가가 통제하던 시절에 농촌의 생활개선사업은 국가 전체의 식량 확보와 직결되는 중요한 사업이었다.

그러나 1990년대 이후 산업화가 이루어지고 식량 수급이 안정화되면서 삶의 질에 대한 국민의 관심이 커졌다. 생존을 위한 식량이 아닌 먹는 즐거움을 위한 한 끼 식사를 추구하면서 필요 이상의 영양소 섭취는 비만과 생활습관병의 유병률 증가를 가져왔다. 삶의 질에 대한 관심이 혼인의 감소와 이혼의 증가, 출산율 감소로 이어지면서 더 이상 인구가 증가하지 않는 시대를 열었다. 우리나라의 2014년 합계출산율은 1.21명(통계청, 2015)으로, 인구대체율 2.1명에 미치지 못하고 OECD 국가의 평균 합계출산율인 1.7명보다도 적다. 합계출산율이 1.3명 이하의 사회를 '초저출산사회'라 하는데 우리나라는 2001년도

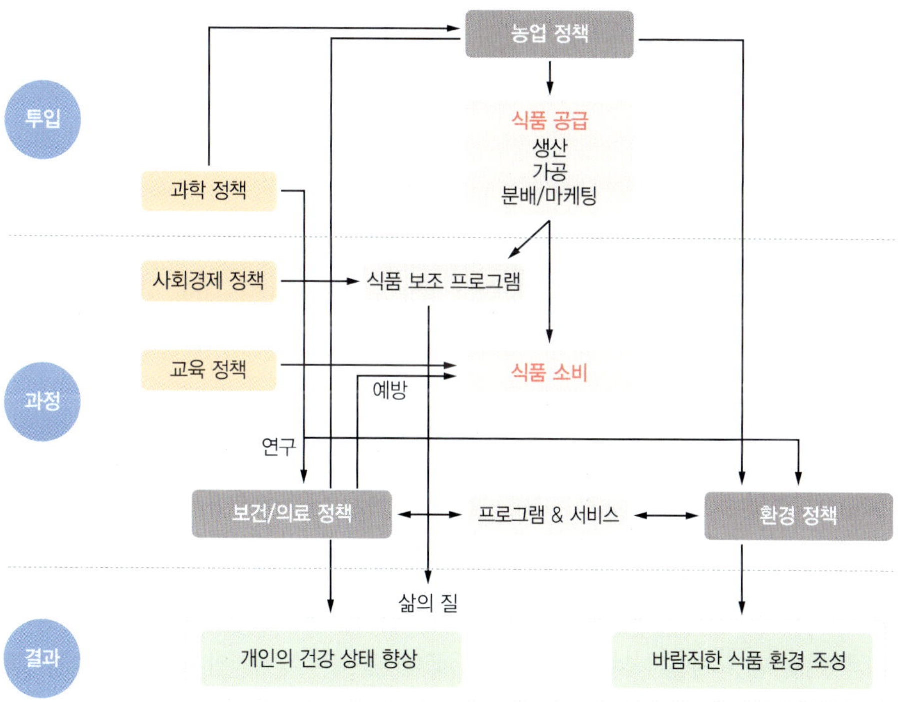

그림 8-3 영양 정책의 개관

자료 : Sims LS, Public policy in nutrition: a framework for action, Nutrition Today, 28(5), p.14, 1993

에 초저출산사회로 진입하였다. 이러한 배경하에서 저출산문제에 대응하기 위한 영양 정책으로 '영양플러스사업'이 도입되었고, 생활습관병 예방을 위하여 지역보건소에서는 금연, 절주, 신체활동, 영양을 주제로 한 건강생활실천사업을 수행하고 있다. 또 날로 증가하는 음식물 쓰레기로 인한 환경오염을 줄이려는 환경 정책도 영양 정책의 일환으로 고려할 수 있다. 이와 같이 다양한 영역에서 이루어지는 영양 정책의 범위는 그림 8-3과 같이 정리할 수 있다.

4) 정책 과정

정책 과정에 대해서는 다양한 모형들이 존재한다. 디니토Dinitto와 다이Dye(1983)는 '정책문제 확인 → 정책 형성 → 공공 정책의 정당화 → 정책 실행 → 정책 평가'의 5단계 모형을 제시하였고, 길버트Gilbert와 스펙Specht(1974)은 '문제의 발견 → 분석, 일반 계층에 홍보, 정책목표 개발 → 대중의 지지와 정당화'라는 3단계 모형을 제시하였다. 현외성(1993)이 제안한 9단계의 사회복지 정책 과정은 '인간의 욕구 불충족 → 개인문제 → 사회문제 → 정책문제 → 정책 의제 → 정책화(입법) → 정책 실행 → 정책 평가 → 욕구의 해결/미해결'이다. 여기에서 우리는 '사회문제 → 정책문제 → 정책 결정 → 정책 집행 → 정책 평가'의 5단계 모델에 따라 영양 정책 과정을 살펴보기로 한다.

(1) 사회문제

변화는 필요에 의하여 촉발된다. 영양 정책이라는 사회적 자원을 활용하고자 하는 결정은 인간의 욕구를 스스로 충족할 수 없는 상태를 전제로 한다. 영양 정책 과정에서 영양사와 영양학자를 포함하는 개인은 충족되지 못한 인간의 욕구를 파악하고 이를 왜, 어떻게, 어느 정도로 해결해야 할 것인지를 판단할 수 있어야 한다. 충족되지 못한 욕구는 일차적으로 개인문제를 초래한다. 개인문제는 시간이 지나면서 해결될 수도 있지만 그렇지 못한 경우 더욱 심각해질 수도 있다. 만일 문제의 원인이 개인에게 있다면 상담이나 원조를 통하여 해결할 수 있는 사항인지, 스스로의 노력 없이는 해결되기 어려운 상황인지 판단할 필요가 있다. 그러나 개인문제 자체는 일반적으로 정책적 개입을 요구하지는 않는다. 만일 개인의 문제가 지속되어 사회공동체에 부정적인 영향을 미치거나, 개인의 영양문제가 누적되어 사회적 수준에서 문제 상황을 초래한다면 그 문제에 대해서는 공공의 중재가 필요해진다. 개인의 식생활 문제가 질병을 초래하였다면 병의원에서 치료

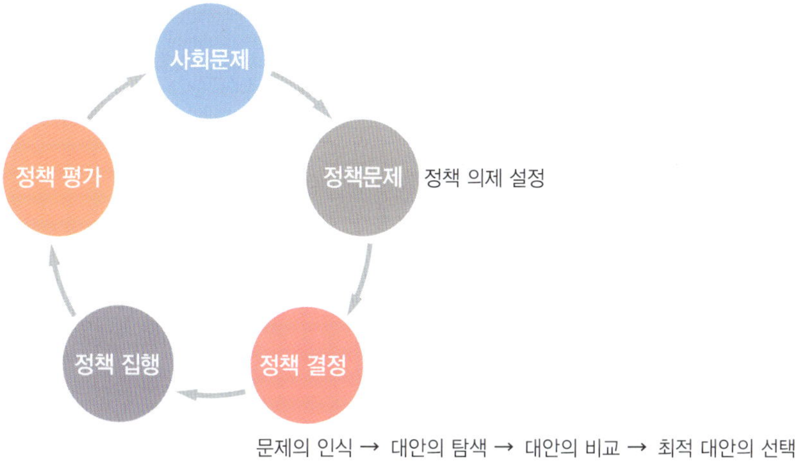

그림 8-4 정책 과정

를 받음으로써 해결할 수 있겠지만, 이러한 질병이 유행할 때는 정책적 중재가 요구된다. 개인의 변화를 촉구하는 상담이나 설득보다는 제도의 변화와 국가적 지원 체계가 사회문제화된 영양문제의 해결에 보다 효과적일 것이다.

(2) 정책문제

존재하는 많은 영양문제 중 관심을 가지고 해결하고자 하는 문제를 정책문제라고 한다. 자원의 제한 때문에 여러 영양문제 중 우선순위에 따라 먼저 해결하고자 하는 문제가 결정된다. 이때 우선순위는 영양문제의 크기, 영양문제의 심각성, 중재의 효과성, 정책적 지원 가능성 등을 고려하게 된다. 따라서 영양문제들은 서로 경쟁적인 상태에 있으며, 이 중 어떠한 영양문제를 먼저 정책문제로 다룰 것인지는 다분히 정치적 판단을 하게 된다.

사회의 고령화문제와 저출산문제가 경합할 때 우리 사회는 어떠한 가치 체계를 가지고 우선순위를 판단할 것인가? 우리 사회는 노인이 경험하는 영양문제에 대하여 부양자인 가족에게 일차적인 책임을 지우는 사적 영역에서의 해법을 선택할 수 있다. 고령화를 해결하기 위하여 의학적 치료를 소홀히 할 수는 없으나 수명을 연장시키기 위한 국가의 정책적 노력은 논리적으로는 고령화를 가속화할 수도 있다. 그러나 저출산문제에 대해서는 국가가 상당히 적극적인 대응을 할 수 있다. 보건복지부와 한국보건산업진흥원(2008)은 정책 과제 보고서에서 '영양플러스사업'의 목적을 "'저출산·고령화 시대'에 즈음하여 더욱 그 중요도가 높아지는 태아 및 영유아의 미래 건강을 위해, 영양 측면의 위험집단인 임산부(임신부, 출산부, 수유부) 및 영유아에 대한 영양 지원을 실시하는 것"이라고 명시하였다. 영양플러스사업은 현재 전국 17개 시도, 252개 보건소에서 연간 9만여 명을 대상으로 시행되고 있다.

정책문제가 정책으로 확정되기 전에 정책 결정권자들은 다양한 정책적 대안을 검토한다. 이러한 토론과 연구 과정을 거쳐 제시된 정책문제의 해결책을 정책 의제agenda라고 한다. 영양 정책 의제 설정은 앞서 제시된 영양문제를 해결하기 위한 구체적인 수단과 방법을 구상하고 제안하는 과정이다.

(3) 정책 결정

정책 결정단계에서는 결정된 영양 정책의 내용이 국회의 심의, 의결을 거쳐 법률로 구체화된다. 이전 단계에서 정책 의제로 다루어진 대안들이 하나의 정책으로 확정되는 단계이다. 이렇게 결정된 법률은 대통령의 재가를 거쳐 공포되고, 구체적으로 효력을 발효하면서 실천하게 된다. 현재 시·군·구에서 운영하고 있는 어린이급식관리지원센터의 설치와 운영에 관한 사항은 「어린이 식생활안전관리 특별법」 제5장에 적시되어 있다. 그리고 운영과 재정, 지도감독, 평가에 관한 구체적인 사항은 동법 시행령과 시행규칙으로 정하였다. 이와 같이 현행 법령으로 확정된 영양 정책은 법령의 보호와 제재를 받으며 집행된다.

(4) 정책 집행

영양 정책의 집행은 영양중재를 전달하는 과정이다. 각급 보건소와 보건복지부, 식품의약품안전처, 농촌진흥청, 한국보건산업진흥원, 질병관리본부, 개별 단체급식소, 학교, 유치원, 어린이집, 병의원, 요양원, 군부대, 식품제조회사, 식품유통업자, 어린이급식관리지원센터 등 여러 조직은 법령으로 공포된 영양 정책에 따라 영양관리 및 급식 업무를 수행한다.

(5) 정책 평가

영양 정책이 목적을 달성하고 있는지 평가한 결과는 다시 정책 과정에 환류되어 정책을 개선하기 위하여 반영된다. 정책 평가의 대상은 정책 과정의 적절성, 정책 효과 달성 정도, 정책 대상자의 만족도, 정책 성과의 달성 정도, 비용 대비 효과 또는 편익 달성 정도 등이 있다. 정책 평가에 대한 계획은 정책 의제 설정단계에서 이미 구상되어야 한다. 그러나 정부가 계획한 정책 평가의 결과보다는 시민이나 행정기관, 대중매체, 학계, 이익단체들의 공식 또는 비공식적 평가가 더 중요한 영향을 미치기도 한다. 영양 정책은 조세로 확보한 국고 또는 지방비를 재원으로 하기 때문에 시민사회의 인정과 평가를 받아야 하는 책임이 있다.

5) 국민건강증진종합계획

「국민건강증진법」 제4조에 따라 국민 건강증진 및 질병 예방을 위하여 5년마다 국가 차원의 건강증진 로드맵을 작성하고 있다. 보건복지부와 한국건강증진개발원은 이에 대한 제1차 계획(2002~2005), 제2차 계획(2006~2010, Health Plan 2010), 제3차 계획(2011~2020, Health Plan 2020)을 수립하여 발표하였고, 2016년 제4차 계획(2016~2020, HP2020)은 제3차 HP2020의 중간 수정 형태로 수립하였다. 국민건강증진종합계획Health Plan은 우리나라의 대표적인 영양 정책이다.

제1차 국민건강증진종합계획은 건강한 삶에 대한 국민의 욕구 증가와 노인 인구비율의 증가로 인한 의료비 부담 증가, 질병구조의 다양화와 만성화로 예방 차원의 적극적인 건강관리 정책으로의 전환, 보건소의 기능 강화 등을 고려하여 수립되었다. 건강생활 실천과 만성질환 예방관리, 생애주기별 건강증진을 통하여 '75세의 건강장수 실현이 가능한 사회'를 목적으로 하는 계획이었다. 제2차 국민건강증진종합계획은 '온 국민이 함께하는 건강세상'을 비전으로 하여 '건강수명 연장과 건강 형평성 제고'를 목표로 하였다. 금연, 절주, 운동, 영양의 건강생활 실천 확산과 예방 중심의 질병/건강 관리, 인구집단별 건강관리, 건강 지원 환경 조성을 중점 과제로 하였다. 제3차 국민건강증진종합계획부터는 건강증진사업의 효과가 장기간에 걸쳐 나타난다는 점을 고려하여 계획 단위를 5년에서 10년으로 확대하였다. 건강수명은 2020년까지 75세 달성을 목표로 하고 WHO 지표를 사용하였다. 건강 형평성 제고는 취약계층을 위하여 인구집단별 건강관리 분야에서 별도의 중점 과제로 다루었다. 집중적인 노력의 대상이 될 중점사업 분야는 총 6개 분야가 도출되었으며 여기에 32개 중점 과제를 선정하였다.

가장 최근에 발표된 제4차 국민건강증진종합계획은 제3차 종합계획의 성과를 점검하고 기존의 방향은 유지하되 미흡한 부분을 강화하였다. 건강증진종합계획에서 변화시키

표 8-1 건강 결정요인의 분류 및 건강 기여 정도

건강 결정요인			건강 기여 정도(%)	사업 분야와의 관련성
대분류	중분류	소분류		
개인적 요인	개인적 특성	생물·의학적 요인 정서적 요인	9~19	인구집단별 건강관리(생애주기별 건강관리, 건강 취약집단 건강관리)
	사회·경제적 특성	개인의 사회·경제적 요인	40	
	건강행동	건강 행태 보건의료 이용	22~51	건강생활 실천 확산
환경적 요인	보건의료 서비스 제공 환경	건강증진 보건의료 서비스	10	예방 중심의 상병관리
	사회적 환경	사회적 환경요인	2~20	안전 환경 보건
	물리적 환경	물리적 환경요인		

표 8-2 제4차 HP2020 대표 지표의 현황

과제		대표 지표	2008년 기준치	2013년 현황	2020년 목표치
1	금연	성인 남성 현재 흡연율	47.7%	42.1%	29.0%
		중·고등학교 남학생 현재 흡연율	16.8%	14.4%(2015년 11.9%)	9.0%
2	절주	성인 연간 음주자의 고위험 음주율	남자 28.4% 여자 8.4%	남자 22.5% 여자 7.2%	남자 19.0% 여자 5.1%
3	신체활동	유산소 신체활동 실천율	-	57.1%(2014년)	62.8%
4	영양	건강식생활 실천율(지방, 나트륨, 과일/채소, 영양 표시 4개 지표 중 2개 이상을 만족하는 인구비율)	30.2%	35.6%	48.6%
5	암관리	암 사망률(인구 10만 명당)	103.8명	90.4명	82.3명(2019년)
6	건강검진	일반(생애) 건강검진 수검률(건강보험 적용자)	64.3%	72.2%	80.0%
7	심뇌혈관 질환	고혈압 유병률	26.9%	27.3%	23.0%
		당뇨병 유병률	9.7%	11.0%	11.0%
8	비만	성인 비만 유병률	남자 35.6% 여자 26.5%	남자 37.6% 여자 27.5%	남자 ≤ 37.0% 여자 ≤ 27.0%
9	정신 보건	자살 사망률 감소(인구 10만 명당)	26명	28.5명	20명
10	구강 보건	아동·청소년 치아우식 경험률(영구치)	61.1%(2006년)	57.3%(2012년)	45.0%
11	결핵	신고 결핵 신환자율(인구 10만 명당)	78.9명(2011년)	71.4%	39.5명
12	손상 예방	인구 10만 명당 손상 사망률	61.7명	61.3명	56.0명
13	모성건강	모성 사망비(출생 10만 명당)	12명	11.5명	9명
14	영유아	영아 사망률(출생아 1,000명당)	3.4명	3.0명	2.8명
15	노인건강	노인 활동 제한율 일상생활 수행 능력(ADL) 장애율	11.4%	6.9%(2014년)	6.5%

고자 하는 대상은 건강 결정요인(표 8-1)이다. 건강 결정요인 중 건강행동, 보건의료 서비스 제공 환경, 사회·물리적 환경요인의 개선을 중점 과제로 적용하였다. 주요 개선사항으로는 건강 형평성 제고를 위하여 건강 격차 모니터링 지표와 전략, 예방 중심의 평생 건강관리 전략, 건강 환경 조성, 건강 정책의 추진 체계를 강화하였다. 중점사업 분야는 6개 분야이고, 제3차 계획에서 유사 분야를 통합하여 총 27개 중점 과제를 선정하였다. 제4차 HP2020의 대표 지표는 표 8-2와 같다.

6) 국민영양관리기본계획과 국민영양관리시행계획

저출산·고령화, 영양 불균형문제 지속, 비만 인구 및 만성질환 증가, 건강 식생활 실천의 미흡, 외식 일상화 및 가공식품 이용 증가 등 우리가 직면하고 있는 영양문제는 국가 수준의 정책적 대처를 요구한다. 이에 보건복지부는 「국민영양관리법」에 근거하여 국민영양관리기본계획을 수립하여 통보하고 있으며, 지역 시·군·구에서는 국민영양관리시행계획을 수립하여 보건복지부에 제출하여 시행하고 있다. 보건복지부는 2012년에 제1차 국민영양관리기본계획(2012~2016)을 수립하였고, 2017년에 제2차 국민영양관리기본계획(2017~2021)을 확정·발표하였다.

표 8-3 국민영양관리기본계획과 국민영양관리시행계획 수립의 법적 근거

국민영양관리기본계획 (「국민영양관리법」 제7조)
복지부는 5년마다 국민의 영양관리를 위하여 중장기적 목표의 추진 방향과 영양·식생활 교육사업, 취약계층 영양관리사업, 영양 및 식생활 조사사업 등 관련 추진 계획을 담은 국민영양관리기본계획을 수립·통보함
국민영양관리시행계획 (「국민영양관리법」 제8조 및 동법 시행규칙 제3조)
시장·군수·구청장은 기본계획에 따라 매년 국민영양관리시행계획을 수립·시행하여야 하며 그 시행계획 및 추진 실적을 시·도지사를 거쳐 보건복지부장관에게 제출함

국민영양관리기본계획은 국민건강증진종합계획의 하위계획으로, 이미 수립·시행 중인 관련 부처의 식품 영양 관련 계획(표 8-4)을 고려하여 수립한다. 기존의 영양 정책은 식품위생 및 안전관리 중심으로 추진되어 왔으나, 식생활의 서구화 및 만성질환의 증가로 건강증진 및 만성질환 예방을 위한 영양 정책으로 고도화하여야 할 필요성이 대두되고 있다. 또한 영양관리 기반 연구에 대한 체계적이고 지속적인 투자가 미흡하였으므로, 앞

표 8-4 국가기관에서 수립·시행 중인 식품영양 관련 계획

관련 계획	관련 부처	근거법	내용
국민건강증진종합계획	보건복지부	국민건강증진법	건강수명 연장 및 건강 형평성 제고
식품안전종합대책	보건복지부, 식품의약품안전처	식품안전기본법	식중독 예방 대책 추진 및 어린이 먹거리 안전관리 기반 조성
학생 건강증진 기본방향	교육부	학교급식법	학교급식의 운영 내실화·안정성 확보와 영양관리 및 식생활 지도 강화
어린이 식생활 안전관리종합계획	보건복지부, 식품의약품안전처	어린이 식생활안전관리 특별법	어린이 기호식품과 단체급식 등의 안전 및 영양 관리
식생활교육 기본계획	농림축산식품부	식생활교육지원법	환경·건강·배려를 고려한 녹색 식생활 확산
식품산업진흥 기본계획	농림축산식품부	식품산업진흥법	식품산업 육성·수출 확대 및 안전식품·안전 공급

으로는 영양 정보를 생산하고 관리하며 식생활을 모니터링하는 등 연구사업의 확대가 필요하다. 부처별, 기관별로 산발적·분절적으로 추진되었던 사업을 체계적으로 통합하여 추진하고, 올바른 식생활 영양관리를 위한 대국민 홍보·교육을 제공하며, 생애주기별 영양관리 지원 정책을 확대하고 내실화하기 위하여 국민건강관리기본계획이 수립되었다.

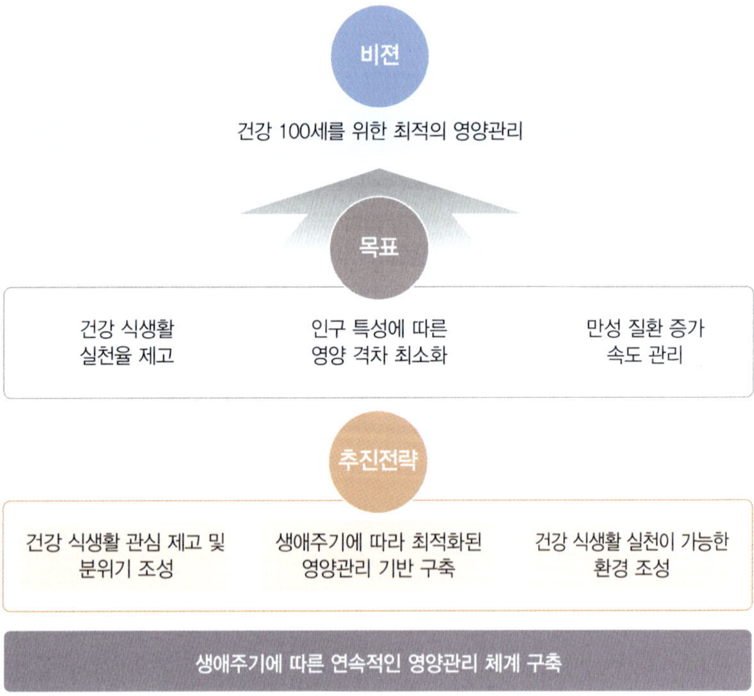

그림 8-5 국민영양관리기본계획의 비전 및 추진 전략

구분 생애주기/ 국민 특성		영유아 · 임산부	어린이 · 청소년	노인
추진 과제	취약계층	• 취약계층 영양관리 - 임산부 및 영유아 영양 관리 지원 - 다문화가정 영양관리	• 취약계층 영양관리 - 저소득층 어린이 과일 제공 교육자료 개발 및 홍보 - 지역아동센터 급식관리 체계화	• 활기찬 노후를 위한 영양관리 - 노인급식의 질 관리 제고
		• 영유아 보육시설 영양관리 - 어린이급식관리지원센터 확대 및 운영 내실화 - 보육교사의 영양 · 식생활 교육 이수 및 보육시설 식생활교육 강화	• 학교 기반의 영양관리를 통한 바른 식습관 형성 - 영양친화학교 운영 • 스마트 영양관리 - 모바일 영양관리(Anyone Anytime Anywhere, AAA)	
	건강위험군		전 국민 • 비만/만성 질환 예방 영양관리 - 비만 및 만성 질환 예방 영양관리 서비스 모델 마련	• 노인질환자 영양관리 - 방문 영양관리 서비스 체계 개발
	일반	전 국민 • 식품 및 음식의 영양 정보 확인 환경 조성 - 외식, 급식 영양표시 확산 추진/주류 칼로리 자율표시 시범 추진/학교급식 알레르기 표시제/건강음식점 지정 • 나트륨 섭취 저감화 - 급식, 외식, 가공식품 등 나트륨 저감화/나트륨 줄이기 국민운동본부 • 주류 및 위해 기능 영양 성분 섭취 저감화 - 절주교육/가공식품 및 외식의 당, 트랜스지방 저감화/주류 칼로리 자율표시 시범 추진 • 건강체중 인식 확산 교육 · 홍보 - 유치원, 학교, 직장 등 교육		

기반 구축			
• 국민 식생활 모니터링 - 국민건강영양조사 개선 - 영양 취약계층 등 심층 식생활조사 - 위해 기능 영양 성분의 실태조사 및 영향 평가 - 녹색식생활조사 연구 등	• 영양 정보 뱅크 운영 - 영양 정보/영양교육자료 인증, 등록 및 국가영양 정보 뱅크 운영 - 영양 성분 분석기관 국가 관리 체계 구축사업 - 음식 레시피 등 기초 DB 구축	• 영양관리 기준 연구 - 영양섭취기준 제/개정 - 생애주기별/질환별 식생활 지침 제/개정	• 영양관리 서비스 산업 기반 구축 - 영양관리 서비스 선도기업 육성 - 고객 맞춤형 상품 개발

그림 8-6 국민영양관리기본계획의 생애주기별 추진 과제

국민영양관리기본계획의 주요 추진 과제는 환경 조성 및 교육·홍보, 생애주기별 영양관리 지원, 기반 조성으로 구성된다(그림 8-7). 환경 조성 및 교육·홍보 영역에서 추진하는 사업에는 기준에 적합한 메뉴를 판매하고 영양성분을 표시한 식당을 건강식당으로

인증하는 건강식당사업, 나트륨 섭취를 줄이기 위하여 '나트륨 줄이기 국민운동본부'를 발족하여 체계적이고 지속적으로 교육하고 홍보하는 것, 모바일 프로그램을 통하여 영양교육과 영양관리 콘텐츠를 제공하는 스마트 영양관리 등이 있다. 생애주기별 영양관리 지원을 위하여 영양플러스사업을 내실화하고 대상자를 확대하기 위한 노력을 하고 있

추진 분야	추진 방향	세부 추진 과제
환경 조성 및 교육 · 홍보	• 올바른 영양, 식생활 지식의 효과적 확산 • 건강한 식생활 실천 기술 보급	**• 건강 식생활 실천 환경 조성** - 식품 및 음식의 영양 정보 확인 환경 조성(외식 및 단체급식 영양표시제 확산 추진, 주류의 칼로리 자율표시 시범 추진, 건강음식점 지정 등) - 위해 기능 영양 성분(당, 트랜스지방 등) 저감화 유도 **• 건강 식생활 교육 · 홍보** - 나트륨 섭취량 감소 실천을 위한 교육 · 홍보 - 절주 문화 확산을 위한 지속적인 홍보 - 건강체중 인식 확산을 위한 교육 및 홍보 - 맞춤형 영양관리 도구 개발(스마트 영양관리)
생애주기별 영양관리 지원	• 영양 형평성 제고를 위한 취약계층 지원 • 건강 수준 향상을 위한 맞춤형 영양관리	**• 영유아 및 임산부** - 영양플러스사업 운영, 다문화가정 영양관리 - 어린이급식관리지원센터 운영, 보육교사 식생활교육 이수 및 보육시설 식생활교육 강화 **• 어린이 · 청소년** - 지역아동센터 급식관리 체계화, 교육자료 개발 홍보 - 영양친화학교 운영 **• 성인** - 비만 / 만성 질환 예방을 위한 영양관리 서비스 및 보건소 건강생활 실천 통합 서비스, 질환자에 대한 임상영양관리 **• 노인** - 노인급식의 질 관리 제고 - 방문영양관리 서비스 체계 개발
기반 조성	• 영양관리 기반 강화 • 생애주기별 영양문제 진단 및 관리 체계구축 • 과학적 영양 정보 제공 • 영양, 식생활 관리 근거 마련	**• 국민식생활모니터링** - 국민건강영양조사 개선, 영양 취약계층 식생활조사, 위해 기능영양 성분 실태조사, 녹색식생활조사 · 연구 등 **• 영양 정보 뱅크 운영** - 영양 정보 / 영양교육자료 인증, 등록 및 정보 뱅크 운영, 영양 성분 국가관리 체계 구축, 음식 레시피 등 기초 DB 구축 **• 영양관리 기준 조사 · 연구** - 영양섭취기준 제 / 개정 및 보급, 식생활지침 제 / 개정 및 보급 **• 영양관리 산업 기반 정비** - 영양관리 서비스 정립, 건강기능식품 및 식품산업 분야 간 연계와 인프라 확충, 영양관리 서비스 기업 육성 등

그림 8-7 국민영양관리기본계획의 분야별 추진과제

으며, 보건소 내 '모유 수유 클리닉'을 운영하여 모유 수유 실천을 돕고 있다. 다문화가정 지원사업, 어린이급식관리지원센터의 확대 및 운영 내실화, 보육교사 영양·식생활 교육 이수 및 보육시설 영양교육 강화, 지역아동센터 급식관리 체계화, 저소득층 어린이 과일 제공사업, 영양친화학교 운영, 만성질환 예방·관리를 위한 영양관리, 노인 급식 질의 관리 제고, 노인 방문 영양관리·영양상담 체계 개발 등도 세부 과제로 수행하고 있다.

국민의 체계적인 영양관리와 영양교육을 위한 국민영양관리기본계획은 국민의 건강한 식생활 실천을 유도하고, 관련 만성질환을 예방하여 국민 건강증진에 기여하고 있다. 제1차 국민영양관리기본계획(2012~2016)의 성과 지표는 제3차 국민건강증진종합계획(2011~2020)의 영양 부문 및 일부 만성질환 부문과 주요 지표를 공유한다. 건강식생활 실천율 제고, 인구 특성에 따른 영양 격차 최소화, 만성질환 증가 속도관리를 측정하기 위한 주요 지표들이 제시되어 있다(그림 8-8). 2017년 6월 15일에 확정·발표된 제2차 국민영양관리기본계획(2017~2021)은 '건강 식생활 실천인구 증가'를 최종 목표로 삼고, 맞춤

국민영양관리기본계획 목표	국민영양관리기본계획 주요 지표
건강 식생활 실천율 제고	• **건강 식생활 실천 환경 조성** (지방, 나트륨, 과일 / 채소, 영양표시 등 4개 지표 중 2개 이상을 만족하는 인구 비율 증가) - 2008년 28.9% → 2015년 32.5% ※1인당 1일 나트륨 섭취량(2010년 4,878 mg) 20% 감소(2020) • **영양 섭취 부족 인구 비율 증가** - 2008년 13.7% → 2015년 8.0% • **영양표시 활용 인구 비율 증가** - 2008년 22.7% → 2015년 27.0% • **아침 결식률 증가** - 2008년 21.5% → 2015년 18.0%
인구 특성에 따른 영양 격차 최소화	• **영양관리(교육 및 상담)를 받는 인구 비율 증가** - 2008년 8.3% → 2015년 15.1% • **식품 안정성이 확보된 가구 비율 확대** - 2008년 88.1% → 2015년 92.1% 확대
만성 질환 증가 속도관리	• **적정체중(18.5 ≤ BMI < 25) 성인 인구 비율 증가** - 2008년 64.0% → 2015년 65.8% • **고혈압 유병률(30세 이상) 감소** - 2008년 26.9% → 2015년 25.0%

그림 8-8 제2차 국민영양관리기본계획(2012~2016) 성과 지표

형 영양관리 서비스 지원 강화, 환경 조성 및 기반 강화, 국민 인식제고의 3가지 핵심 전략하에 세부 추진 과제들을 선정하였다. 영양플러스 집합교육 참여가 어려운 임신·수유부의 편의를 위하여 2018년부터 온라인 및 앱 기반 영양교육을 실시하고, 초등 돌봄교실 아동 대상으로 놀이에 기반한 식생활·영양교육 프로그램의 확산, 만성질환 위험군에 대한 영양상담 서비스 강화, 개인이 스스로 활용할 수 있는 영양 평가도구의 개발·보급, 영양관리 서비스 모델의 개발 및 고도화, 생애주기별·질환별 식생활 지침의 개발·보급 등을 주요 내용으로 하고 있다.

보건복지부와 한국건강증진개발원은 「지역보건법」 제3조와 제4조에 근거하여 지역보건의료계획 수립을 지원하고 있으며, 2014년에 2015~2018년 수행할 제6기 지역보건의료계획을 수립하였다. 지역보건의료계획의 추진 분야는 지역주민 건강 향상을 위한 지역보건 서비스, 지역 보건 전달 체계 구축 및 활성화, 지역 보건기관 자원 재정비이며, 시·군·구에서 지침에 따라 작성한 지역보건의료계획은 광역시·도와 보건복지부에서 평가한 후 확정된다. 「국민영양관리법」 제8조에 따라 시·군·구에서 수립해야 하는 국민영양관리시행계획은 지역보건의료계획의 내용으로 갈음하고 있다. 국민영양관리시행계획은 국민 식생활 및 영양과 관련하여 환경 조성 및 교육·홍보, 생애주기별 영양관리 지원, 기반 조성 등에 대하여 지역사회에서 기획·수행하는 사업을 주요 내용으로 한다.

2. 영양 행정

1) 영양 행정의 개념

정책이 궁극적인 목적을 가리키는 방향의 제시라면, 행정은 그 목적을 달성하기 위한 방법이나 과정이다. 영양 정책이 시민, 학자, 이익집단, 정치가 등의 연구, 옹호, 정치활동을 통하여 설정되었다면, 이를 집행하는 영양 행정은 일반적으로 공무원 신분을 가진 행정가들에 의하여 관련 법령과 규칙에 따라 수행된다. 따라서 영양 행정은 국가가 주도하는 지역사회영양 활동의 실제라고 할 수 있다. 영양 행정에 상대되는 개념은 민간에서 주도하는 지역사회영양 활동이라고 볼 수 있다. 국가 주도와 민간 주도는 재원이 어디에서 나왔으며 사업을 기획하는 주체가 누구인가를 근거로 구분할 수 있지만, 최근에는 민간 주도의 사업에 국고를 지원하거나 국가 주도의 사업을 민간에 위탁하는 경우가 많아지고 있어서 명확하게 구분하기가 어렵다.

예를 들어 1980년대 민간의 후원금으로 운영하던 지역 공부방이 2004년 법제화를 거쳐 「아동복지법」상 아동복지시설이 되면서 895개 지역아동센터가 설립되었고, 2015년 12월 말 기준 총 4,102개소를 10만 9,661명의 아동이 이용할 만큼 규모가 확대되었다. 공부방에서의 결식아동 무료급식은 민간의 후원에 의존하였기에 푸드뱅크나 이웃의 기탁에 따라 식사의 양과 질이 달라질 수밖에 없었다. 그러나 현재 지역아동센터는 국고 지원금을 지원받아 운영하고 있으며, 1식 평균 3,500원 수준의 식사를 제공하고 있다. 식사의 질 관리를 위하여 지역아동센터 중앙지원단은 매월 식단표와 조리법, 영양 정보를 제공한다. 또한 지원 예산은 기준 및 항목에 따라 집행하여야 하며, 수시 점검과 매년 평가를 하도록 정하고 있다.

이와 같이 영양 행정은 법령과 규칙, 기준, 지침에 따라 집행되는 일련의 과정이며, 민간 주도의 영양 서비스와 달리 표준화된 절차와 수준을 보장한다. 그러나 많은 서류작업과 관료화된 절차로 인하여 변화와 융통성, 창의력을 발휘할 수 있는 여지가 매우 적고 표준화된 수준 이상의 영양 서비스를 기대하기도 어렵다.

2) 영양 행정 관련 주요 정부기관

영양 정책을 집행하는 영양 행정을 수행하는 조직으로는 정부기관과 민간기관이 있고, 민간기관은 영리를 추구하는 사기업과 비영리기관으로 나뉜다. 비영리기관은 국가 보조금이나 후원금으로 운영되기도 하고 이용자가 비용을 부담하는 기관도 있다. 재정을 주로 어디에서 확보하느냐에 따라 기관의 활동 내용과 대상이 달라지는 경우가 많다. 영양 행정을 수행하기 위하여 식품의약품안전처와 보건복지부, 농림축산식품부 등 여러 정부 부처가 협력하고 있으며, 정부 부처의 관할하에 질병관리본부, 농촌진흥청, 보건산업진흥원, 보건사회연구원, 암센터, 보건소, 식생활교육국민네트워크, 어린이급식관리지원센터 등의 기관들이 영양 행정 업무를 수행하고 있다(그림 8-9).

(1) 식품의약품안전처

식품의약품안전처는 식품·농축수산물·의약품·바이오의약품·한약·의료기기·화장품·의약외품·마약 등의 안전관리에 관한 사무를 관장하는 국무총리실 산하의 중앙행정기관이다. 국민의 식품·의약품 안전관리를 통해 삶의 질을 높이는 민생 안전 확보, 생산에서 소비까지 사람 중심의 안전관리, 국민의 더 안전한, 더 건강한 삶 구현, 안전을 넘

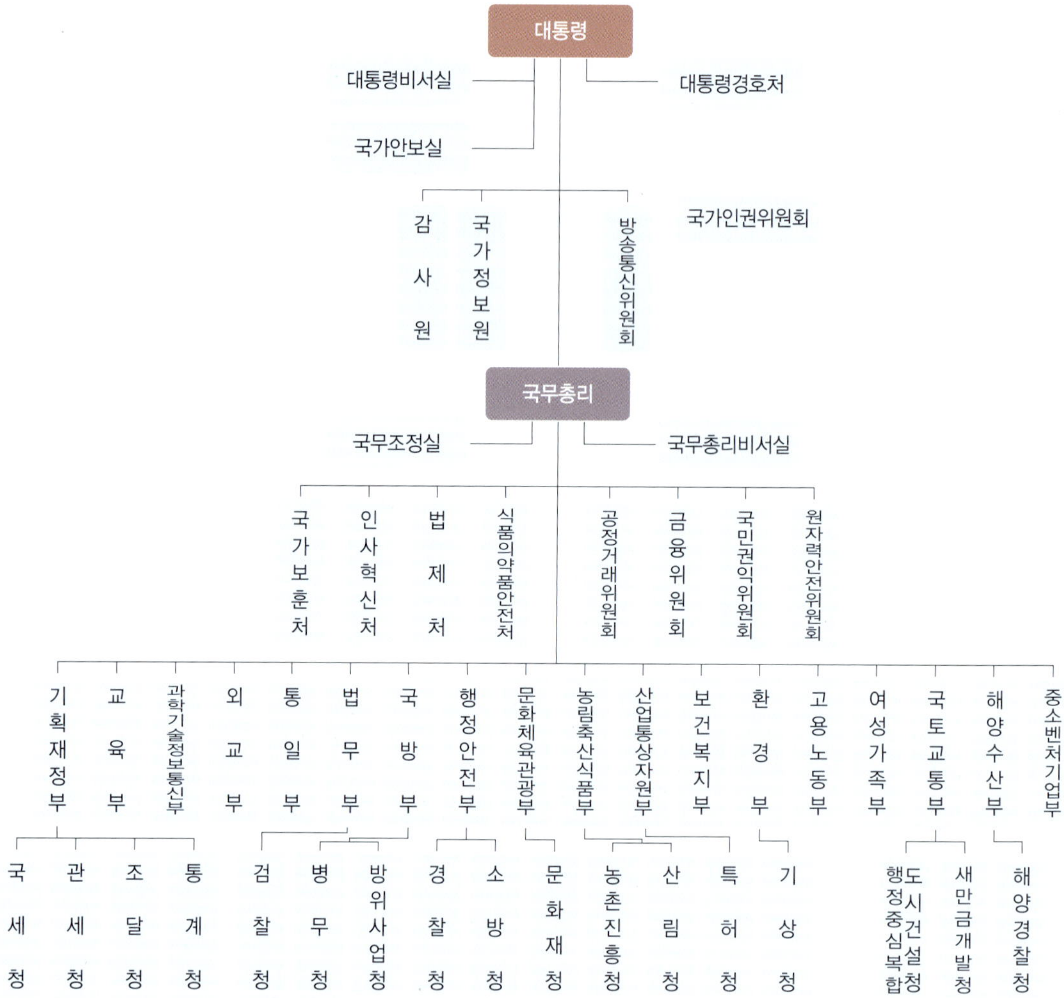

그림 8-9 대한민국 중앙정부조직(2017년 7월 기준)

어 안심 확보를 목적으로 1998년에 설립되었다. 소관 주요 법령에는 「식품안전기본법」, 「식품위생법」, 「건강기능식품에 관한 법률」, 「어린이 식생활안전관리 특별법」, 「축산물 위생관리법」, 「농수산물 품질관리법」, 「식품·의약품분야 시험·검사 등에 관한 법률」 등이 있다.

식품의약품안전처 내 식품안전정책국은 식품 안전 정책 총괄 및 법령의 제·개정 및 불량식품·수입식품을 관리한다. 식품기준기획관은 식품 등의 기준·규격 및 시험법 설정, 식품첨가물, 건강기능식품 기준 설정을 담당한다. 식품영양안전국은 식품 영양 및 건강기능식품 안전관리 정책 총괄과 어린이 식생활, 식중독 및 신소재식품 안전관리를 담당한다. 소속기관인 식품의약품안전평가원은 식품, 의약품 등의 위해 평가 및 시험방법 개발과 의약품·의료기기 등의 허가 심사를 담당한다. 지방청은 위해식품, 의약품에 대한 지도·단속, 회수 폐기 및 수입 농·축·수산물 가공식품검사, 의약품 등과 관련한 업체 실사를 관장한다.

식품의약품안전처는 안전한 식의약, 건강한 국민, 행복한 사회를 비전으로 4가지 핵심 전략을 제시하고 있는데, 이 중 첫 번째가 '국민의 식탁에서 불량식품을 뿌리 뽑겠다'는 불안 제로 전략이다. 식품의약품안전처에서 수행하는 영양 행정 업무 영역에는 식품 안전, 식품영양, 농·축·수산 등이 있다. 각 영역에서 수행하는 주요 업무 중 영양 관련 업무는 표 8-5와 같다.

① 어린이급식관리지원센터

식품의약품안전처는 어린이집, 유치원, 지역아동센터 등 어린이에게 단체급식을 제공

표 8-5 식품의약품안전처의 영양 관련 업무

업무 분야	주요 업무
소비자 위해 예방	식품·의약품 등의 위해 예방 및 위기관리 소비자단체 지원·육성 및 소비자 권익 증진을 위한 정책 개발 식품·의약품 등의 관계 부처 및 대국민 소통 활성화 식품·의약품 등의 국내외 위해 정보 수집 분석 및 공유 식품·의약품 등의 위해 정보 교류 및 대외 협력 등 관리 식품·의약품 등의 시험검사기관 및 시험 장비관리 식품·의약품 등의 시험검사 능력 국제적 수준으로 향상
식품 안전	식품 안전관리 종합계획 수립 및 법령의 제·개정 식품표시 기준 제·개정 및 제도 개선 업무 위해식품 등(농·축·수산물 제외)의 회수, 관리 위해식품 판매 차단 시스템 운영, 관리 국제회의 및 국제행사 등 식음료 안전관리 지원 HACCP 종합계획 수립 및 제도 개선 수입식품 안전관리 종합계획 수립 및 제도 개선 주류 제조업체 등록 및 관리 식품 등에 대한 기준·규격 설정·운영
식품영양	과학적 영양 관리로 만성질환의 사전 예방 어린이 식생활 안전·안심 확보 건강기능식품의 기준·규격 설정 운영 식중독 발생 저감과 대책 추진 건강기능식품 종합계획 수립 및 법령의 제·개정 건강기능식품의 기능성 원료 또는 성분의 인정

하는 집단급식소를 대상으로 체계적이고 철저한 위생관리 및 영양관리를 지원하기 위하여 어린이급식관리지원센터를 설치하였다. 2009년 제정된 「어린이 식생활안전관리 특별법」 제21조에 근거하여 2011년부터 순차적으로 개소하고 있다. 어린이급식관리지원센터가 전국으로 확대됨에 따라 2015년 기준 190개소 지역 어린이급식관리지원센터를 지원하기 위하여, 2016년 중앙급식관리지원센터가 설립되었으며 충북대학교에서 위탁운영하고 있다.

(2) 보건복지부

국민 보건과 사회복지 증진에 관한 사무를 관장하는 중앙행정기관으로, 1948년 사회부로 출범하여 1949년 보건부, 1955년 보건사회부, 1994년 보건복지부를 거쳐 2008년 보건복지가족부로 개편되었다가 2010년 3월 보건복지부로 환원되었다. 보건복지부는 국민 건강과 복지 증진을 위한 주무 부서이며, 더 나은 내일을 위한 사회 안전망 확충, 전 생애에 걸친 건강한 삶 보장, 노후생활 안정 지원을 핵심 과제로 하고 있다. 보건의료, 공공보건, 한의약, 건강보험, 건강, 보건산업, 복지, 사회 서비스, 장애인, 인구, 아동, 노인, 보육, 연금에 관한 업무를 수행하고 있다.

질병관리본부는 국립병원과 함께 보건복지부의 소속기관이며 국립암센터, 한국보건산업진흥원, 국민건강보험공단, 국민연금공단, 건강보험심사평가원, 국립중앙의료원 등은 보건복지부의 산하기관이다. 보건복지부의 외청이었던 식품의약품안전청은 2013년 3월 국무총리에 소속된 식품의약품안전처로 승격하였다.

① 질병관리본부

보건복지부의 소속기관이며, 질병관리본부와 그 전신은 구한말 이래로 국가 질병관리 및 의과학 연구 분야에서 핵심적인 역할을 수행해 왔다. 질병관리본부 내 건강영양조사과는 2007년부터 전문조사수행팀을 구성하여 국민건강영양조사를 전담하여 기획·수행하고 자료를 관리·배포하고 있다.

(3) 농림축산식품부

농산·축산, 식량·농지·수리, 식품산업 진흥, 농촌 개발 및 농산물 유통에 관한 사무를 관장하는 중앙행정기관이다. 1948년 정부 수립 당시 농림부로 출발하여 1973년 농수산부로, 1986년 농림수산부로 명칭이 바뀌었다가 1996년 해양수산부가 생기면서 농림부로 변경되었다. 2008년 해양수산부의 어업·수산업 업무, 보건복지부의 식품산업 업무를 합쳐 농림수산식품부로 개편되었다. 2013년 농림축산식품부로 개편되면서 수산 업무는 해양수산부로, 식품 안전 업무는 식품의약품안전처로 이관되었다.

농림축산식품부의 주요 업무는 식량의 안정적 공급과 농산물에 대한 품질관리, 농업인의 소득 및 경영 안정과 복지 증진, 농업의 경쟁력 향상과 관련 산업의 육성, 농촌 지역 개발 및 국제 농업 통상협력 등에 관한 사항, 식품산업의 진흥 및 농산물의 유통과 가격 안정에 관한 사항 등이다. 안전 농식품의 안정적 공급, 농축산물 유통구조 개선 등을 핵심 과제로 선정하여 추진하고 있다.

외청으로 농촌진흥청과 산림청이 있다. 소속기관에는 농림축산검역본부, 국립농산물품질관리원, 농식품공무원교육원, 한국농수산대학, 국립종자원이 있다. 또 한국농어촌공사, 한국농수산식품유통공사, 한국마사회, 가축위생방역지원본부, 농림수산식품기술기획평가원, 축산물안전관리인증원, 축산물품질평가원, 농림수산식품교육문화정보원 등의 공공기관을 관리 감독한다.

① 농촌진흥청

농촌진흥청은 농림축산식품부의 외청으로 '국가의 기본 산업인 농업의 발전과 농업인

그림 8-10 농촌진흥청의 농식품종합정보시스템

자료 : http://koreanfood.rda.go.kr

의 복지 향상 및 농촌 자원의 효율적 활용을 도모하기 위하여 농업·농업인·농촌과 관련된 과학기술의 연구 개발·보급, 농촌 지도, 교육 훈련 및 국제 협력에 관한 사항을 추진함으로써 농촌 지역의 진흥과 국가 발전에 기여'하기 위하여 설립되었다. 농촌진흥청의 농촌지도사는 1960~1980년대 응용영양사업의 수행 주체였다. 이에 걸맞게 현재 농촌진흥청의 4대 목표는 국민 식량의 안정적 공급, 농업 경쟁력 강화로 국가 발전 견인, 바이오 기반의 미래 신성장 동력 확보, 지속 가능한 농업·농촌의 실현이다. 농식품자원부 내 가공이용과는 식품가공 기술 개발과 건강식품 소재 활용, 한식의 건강식 이미지 정립을 위한 과학적 근거를 연구하고 있다. 같은 부의 기능성식품과에서는 1970년부터 현재까지 『국가표준식품성분표』를 발간하여 배포하고 있으며, 생애주기별 맞춤형 성분표와 1인 1회 섭취에 대한 영양 정보 서비스, 연령 및 신체조건에 맞는 식생활관리 서비스, 기능성 성분에 관한 데이터베이스 구축 및 기능성 소재 발굴을 수행하고 있다(그림 8-10).

(4) 보건소

질병의 예방, 진료 등 국민의 건강을 지키기 위해 설치한 공공 의료기관으로 행정안전부와 지방자치단체에서 관할한다. 시·군·구에는 보건소가, 읍면에는 보건지소가 설치되어 있다. 전염병과 질병의 예방과 진료, 보건통계와 보건의료 정보 관리, 보건교육, 영양개선, 식품위생과 공중위생, 학교 보건 협조, 보건과 관련된 실험과 검사, 구강 보건, 정신 보건, 노인 보건 및 장애인의 재활, 의약에 대한 지도, 국민 보건의 향상과 증진에 관한 일을 수행하고 있다. 보건소에서 수행하는 영양 관련 사업으로는 금연, 절주, 신체활동, 영양을 주제로 한 건강생활실천사업, 영양플러스사업, 대사증후군 관리사업, 지역특화건강행태개선사업, 심뇌혈관 질환 예방관리사업 등이 있다.

단원정리

- 영양 정책은 헌법상 국민의 권리를 실현하기 위한 것으로 국회에서 발의하여 의결된 여러 법령의 형식으로 존재한다.
- 영양 정책은 식량 정책, 보건의료 정책, 환경 정책 등이 연관되어 있으며, 사회적 배경에 따라 영양정 책의 초점과 방향이 달라진다.
- 우리나라의 대표적인 영양 정책인 국민건강증진종합계획은 「국민건강증진법」 제4조에 따라 국민의 건강증진과 질병 예방을 위하여 5년마다 수립된다. 가장 최근에 수립된 것은 제4차 국민건강증진종합계획(2016~2020, HP2020)이고, 영양 과제의 대표 지표는 건강 식생활 실천율이다.
- 국민영양관리기본계획은 「국민영양관리법」 제7조에 근거하여 보건복지부가 수립한다. 국민건강증진종합계획의 하위 계획으로 기존의 식품영양 관련 계획을 고려하여 수립한다. 가장 최근에 발표된 것은 제2차 국민영양관리기본계획(2017~2021)이다. 건강 식생활 환경 조성 및 교육 홍보, 생애주기별 영양관리 지원, 영양관리 기반 조성을 주요 내용으로 하고 있다.
- 식품의약품안전처는 소비자 위해 예방, 식품 안전, 식품 영양 등의 영양 행정 업무를 수행한다.
- 질병관리본부는 보건복지부의 산하기관으로 국민건강영양조사를 전담하여 기획·수행하고, 자료를 관리·배포하고 있다.

연습문제

1 영양 정책과 영양 행정을 구분하여 설명해 보자.

2 우리나라의 대표적인 영양 정책인 국민건강증진종합계획을 수립하는 정부 부처는 어디이며, 몇 년마다 새로이 수립하는지 대답해 보자.

3 국민영양관리기본계획과 국민영양관리시행계획을 수립하는 주체는 각각 누구인지 대답해 보자.

4 환경·건강·배려를 고려한 녹색 식생활 확산이라는 내용의 식생활교육기본계획을 수립하여 시행하는 정부 부처를 대답해 보자.

5 1970년부터 현재까지 『국가표준식품성분표』를 발간하여 배포하고 있으며, 1인 1회 섭취에 대한 영양 정보 서비스, 식생활관리 서비스, 기능성 성분에 관한 데이터베이스 구축 및 기능성 소재 발굴 등을 수행하는 정부 기관을 대답해 보자.

정답과 풀이

1. 영양 정책은 국민의 건강증진이라는 궁극적 목적을 가리키는 방향 제시이고, 영양 행정은 영양 정책을 집행함으로써 궁극적 목적을 달성하기 위한 방법이나 과정으로 국가 행정 부처에서 수행하는 활동을 말한다.
2. 보건복지부, 5년마다
3. 국민영양관리기본계획 : 보건복지부, 국민영양관리시행계획 : 시·군·구청장
4. 농림축산식품부
5. 농촌진흥청

MEMO

제3부

대상별 지역사회 영양중재의 실제

09
임산부와 영유아 영양중재

1. 임산부 및 영유아 영양의 중요성

영양이 부족한 모체에서 태어난 영아는 건강한 모체에서 태어난 영아에 비해 선천성 장애나 정신적·육체적 발달 장애 및 질병에 쉽게 걸리며, 충분한 영양 공급을 해주어도 잘 회복되지 않을 수 있다(그림 9-1). 따라서 임신기와 수유기의 적절한 식생활관리로 영양 상태를 최상으로 유지하는 것은, 임산부 자신의 건강뿐만 아니라 태아 발달 및 출생 후 아기의 정상적인 발육과 건강 그리고 그 이후의 성장과 발달에 영향을 미친다는 의미에서 그 중요성이 더해진다.

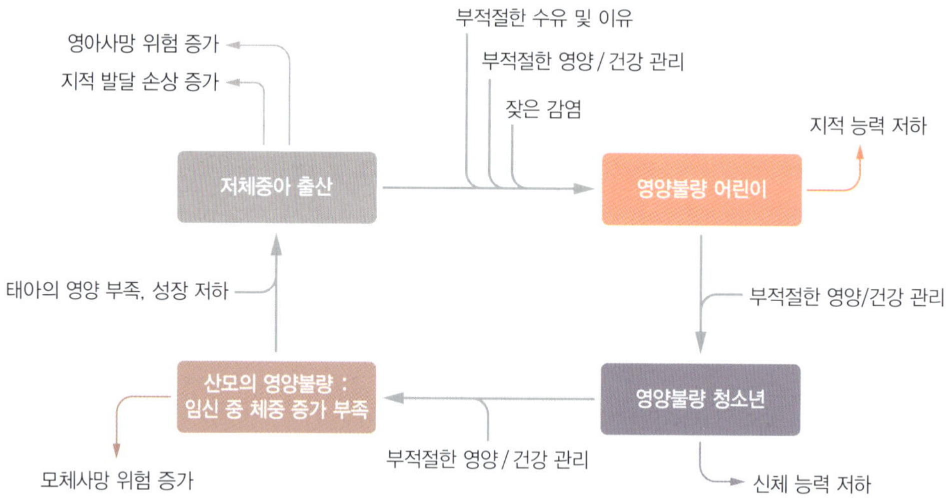

그림 9-1 모체의 영양이 태아의 발달 및 건강에 미치는 영향

1) 임산부와 수유부의 영양 요구량

임신으로 인한 태반의 발달, 혈액량 증가, 유선조직·지방조직과 같은 신체조직의 증가는 에너지 필요량을 증가시킨다. 임신부의 에너지 필요추정량(2015 한국인 영양소 섭취기준)은 한국 여성의 임신 중 체중 증가량(12.2~14.6 kg)과 신생아 체중(3.27~3.39 kg)을 참고로 설정하여 임신 1/3분기에는 에너지 필요추정량을 추가하지 않으며, 2/3분기에는 1일 340 kcal, 3/3분기에는 450 kcal, 수유부의 경우 320 kcal를 비임신 여성의 필요추정량에 추가하여 섭취하도록 하고 있다. 임신수유부의 단백질 권장섭취량은 비임신 여성의 권장섭취량에 25 g을 추가하도록 권고하고 있다. 비타민 D는 임신 중 태아 성장을 위한

칼슘 축적을 돕기 위해서 하루 5 μg을 추가 보충하도록 하고, 수유부에게도 모유 생성과 모체의 칼슘 균형을 위해 하루 5 μg을 추가하도록 권고하고 있다. 태아의 골격과 치아 형성으로 인하여 임신부 모체의 골격에서 칼슘 방출이 많아지므로 임신 기간 동안 하루 300 mg 정도의 칼슘이 추가로 필요하여 수유부는 하루 400 mg 정도의 칼슘을 추가 섭취하도록 권하고 있다. 임신 기간 동안의 철분 섭취 부족은 빈혈을 유발하고 조산 및 저체중아 출산 등 태아 건강에도 부정적인 영향을 끼칠 수 있으므로 임신부는 성인 여성의 철분 권장섭취량에 하루 10 mg을 추가하여 섭취하도록 하였으며 수유부는 추가 설정하지 않았다.

2) 영유아의 영양 요구량

대한민국 「영유아보육법」에서 '영유아'란 만 6세 미만의 취학 전 아동을 말한다. 좀 더 정확하게는 『표준국어대사전』에 따르면 '영아는 출생 직후부터 걷기 전 또는 만 1세가 되기 전의 어린아이를 일컫고, 유아는 걸음마를 시작할 즈음부터 초등학교에 입학하기 전까지의 어린이'를 가리킨다.

영유아기는 성장 발육이 빠르고 체중에 비해 체표면적이 넓기 때문에 생애 어떤 시기보다 체중 kg당 에너지 요구량과 단백질 권장량도 높다. 특히, 영아기는 골격 형성이 빠르게 진행되므로 칼슘 필요량과 충분한 양의 비타민 D 섭취가 필요하다. 성숙아에 비해 미숙아는 체내 칼슘 보유율이 낮기 때문에 더 많은 양의 칼슘을 필요로 한다. 정상적으로 건강하게 출생한 영아는 충분한 양의 철분을 가지고 태어나지만, 출생 후 혈액양이 급격히 증가함에 따라 5개월만 지나면 철분 결핍이 나타난다. 따라서 모유 수유를 하는 경우 4~6개월부터 이유식을 통한 철분 보충이 필요하며, 인공영양인 경우 철분이 강화된 조제유를 권하고 있다.

2. 임산부 및 영유아 영양문제

1) 임산부 영양문제

(1) 저체중아 및 조산아 출산

임산부의 영양 불량으로 태아에게 공급되는 영양소의 양이 감소하면 태아의 성장이 지연될 수 있다. 또한 모체 태반이 구조적 결함이나 기능 저하 상태일 때에도 태아에 대한 영양소 공급이 방해받을 뿐만 아니라 산소 공급도 원활하지 않으므로 태아의 성장 방해 및 기형 등을 유발할 수 있으며 저체중아 출산 또는 영아 사망으로 이어지기 쉽다. 저체중아 및 조산아 출산율의 관련 요인으로는 낮은 사회·경제 지표, 건강관리 서비스 부족, 영양 상태 불량, 낮은 교육 수준, 비위생적 주거 환경, 건강에 좋지 않은 습관(흡연, 과음, 약물 사용), 고령 임신, 10대 임신 등이 있다. 저체중아 및 조산아는 분만 시 합병증이 많이 나타날 수 있으며 신체적·정신적 결함의 초래나 질병에 걸릴 확률도 높다. 저체중아는 임신 기간을 모두 채우고 태어났어도 영아 사망률을 높이는 주요 인자가 되므로 영아 사망률을 감소시키려면 우선 저체중아 출산율을 감소시켜야 한다.

일반적으로 35세 이후에 임신과 출산을 하는 경우 고령 임신, 고령 출산이라고 한다. 고령 임신과 출산인 경우 임신성 당뇨, 고혈압, 염색체 변이에 의해 선천성 기형아 출산, 자연유산율 증가 등의 문제가 일어날 수 있다. 우리나라의 고령 출산은 인구 1,000명당 2015년 54.1명(35세 이상의 출산)으로 증가 추세에 있다. 따라서 고령 임신에 관한 사전 예방교육과 그에 따른 안전한 출산을 위한 교육이 필요하다. 또한 임신 중 음주 및 흡연율(2013)이 우리나라는 각각 2.7%, 1.7%이며, 특히 소득이 낮을수록 임신 중 음주율(4.1%)과 흡연율(2.8%)이 높아지는 것으로 보고되었다. 임신 중 흡연 및 음주는 출생 시 저체중, 선천성 기형, 발육 지체, 신경 장애의 위험을 높이는 등 유아기의 사망과 질병 발생의 원인이 된다. 이외에 10대 임신 및 출산은 경제적 빈곤, 부적절한 영양 섭취, 임신 전의

표 9-1 산모의 연령별 출산율 및 합계출산율(2000~2015년)

(단위 : 가임기 여자 1명당 인원, 해당 연령 여자인구 1,000명당 인원, %)

구분		2005	2006	2007	2008	2009	2010	2011	2012	2013	2014	2015	증감	증감률
합계출산율		1.08	1.12	1.25	1.19	1.15	1.23	1.24	1.30	1.19	1.21	1.24	0.03	2.8
연령별 출산율	15~19세	2.1	2.2	2.2	1.7	1.7	1.8	1.8	1.8	1.7	1.6	1.4	-0.2	-12.5
	20~24세	17.8	17.6	19.5	18.2	16.5	16.5	16.4	16.0	14.0	13.1	12.5	-0.6	-4.6
	25~29세	91.7	89.4	95.5	85.6	80.4	79.7	78.4	77.4	65.9	63.4	63.1	-0.3	-0.5
	30~34세	81.5	89.4	101.3	101.5	100.8	112.4	114.4	121.9	111.4	113.8	116.7	2.9	2.5
	35~39세	18.7	21.2	25.6	26.5	27.3	32.6	35.4	39.0	39.5	43.2	48.3	5.1	11.8
	40~44세	2.4	2.6	3.1	3.2	3.4	4.1	4.6	4.9	4.8	5.2	5.6	0.4	7.7
	45~49세	0.2	0.2	0.2	0.2	0.2	0.2	0.2	0.2	0.1	0.1	0.2	0.1	100.0

자료 : 통계청. 국가통계포털. 2016

불량한 건강 상태 등 사회·경제적 요인에 의해서 모체 자신 및 태아에 부작용이나 합병증을 유발할 수 있다. 즉, 10대의 임신은 모자보건 차원에서 모체 자신에게 미치는 부작용이나 합병증의 유발 가능성이 20, 30대보다 더욱 크며, 임신중독증으로 인한 저체중아 출산 빈도도 더 높아진다.

(2) 철결핍성 빈혈

임신기의 빈혈은 조산이나 사산, 저체중아 출산과 깊은 관련이 있다. 특히 철 결핍은 임신 중 가장 흔히 일어나는 영양문제이다. 철 결핍의 위험성이 가장 큰 집단은 가임여성 중에서도 임신 후반기와 사회·경제 지표가 낮은 여성이다. 빈혈 예방 및 치료를 위해서는 좋은 영양 상태를 유지하는 것이 필요하고, 임신 중 빈혈은 균형 잡힌 식사를 함으로써 치료할 수 있다. 우리나라의 보건소에서는 임신부들의 철 결핍 예방 및 치료를 위해 철 보충제 및 영양교육을 실시하고 있다.

(3) 임신 중 비정상적 체중 증가

임신 중 바람직한 체중 증가는 12~16 kg 정도이며, 쌍둥이를 임신한 임신부는 16~20 kg, 세쌍둥이를 임신한 경우에는 20~25 kg 정도의 증가가 좋다. 다만, 임신 전 저체중이었던 임신부는 13~18 kg, 과체중이었던 임신부는 7~11 kg 정도의 체중 증가가 바람직하다. 임신 중 체중 증가가 너무 적으면 저체중아 출산 위험이 높아지고 이렇게 태어난 아기의 사망률도 높다. 반면 임신 중 체중 증가가 너무 많으면 분만 합병증과 분만 후 비만의 위험이 높아진다. 출생 시 신생아의 체중은 신생아의 사망률, 아동기 성장, 성인 건강에 중요한 역할을 하여 출생 시 몸무게가 낮았던 사람은 심장 질환, 고혈압, 고콜레스테롤증, 당대사 장애의 위험이 높아진다. 임신 초기의 체중 증가는 적을수록(약 1~2 kg 정도) 좋으며, 그 후로는 일주일에 0.5 kg 정도씩 서서히 증가하는 것이 바람직하다.

표 9-2 임신 중 바람직한 체중 증가량(IOM, 2009)

임신 전 BMI(kg/m^2)	바람직한 체중 증가량(kg)
저체중 < 18.5	12.5~18.0
정상 18.5~24.9	11.5~16.0
과체중 25.0~29.9	7.0~11.5
비만 > 30.0	5.0~9.0

(4) 임신성 고혈압

임신성 고혈압은 산모 사망의 주된 원인이며, 저체중아 출산과 조산 위험률이 높아진다. 임신성 고혈압은 평소 고혈압 증세가 있는 임산부, 35세 이상, 초산, 다태아 임신인 경우 위험도가 높아진다. 임신 초기에는 임신부의 체중 증가와 관련 없이 임신성 고혈압이 나타나기도 하지만, 임신 중·후반기에 급격한 체중 증가가 나타나는 경우에 위험도가 증가한다.

(5) 임신성 당뇨

임신 초기에 고혈당이 나타나면 기형아 발생률이 증가하게 되며, 임신 말기에 혈당이 상승하는 경우 거대아 출산율이 증가한다. 또한 태아의 저혈당, 호흡곤란 증세 등이 나타나 임산부와 태아 사망률을 높이며, 출생한 아기의 당뇨병 발생 위험도도 증가시킨다. 대부분의 임신성 당뇨병 환자는 출산 후 정상으로 회복되지만, 약 40%는 출산 후 15년 이내에 다시 당뇨병이 발생하는 것으로 보고되고 있다. 임신성 당뇨병의 위험요인은 고령 임산부, 비만, 당뇨병 가족력 및 임신성 당뇨병에 걸린 경험 등이다.

2) 영유아 영양문제

(1) 철결핍성 빈혈

세계보건기구WHO에 의하면 전 세계 인구의 30%가 철결핍성 빈혈을 앓고 있으며, 특히 취학 전 아동의 43%, 임산부의 51%, 학동기 아동의 37% 정도가 앓고 있는 인류에게 가장 흔한 만성질환 중의 하나이다. 국내의 여러 조사 결과를 보면 철결핍성 빈혈은 영유아의 50% 내외, 소아의 7~8%로 보고되어 있으며, 2014년 '국민건강통계' 결과 1~2세 유아 중 철분 평균필요량 미만을 섭취하는 유아 비율이 32.3%로 나타나 철분 결핍을 보였다. 아기는 태어날 때 철 저장량을 가지고 태어나므로 생후 4개월까지는 섭취가 부족해도 별 문제가 없으나, 그 후부터 3세까지 급격한 성장기에 해당하므로 철 섭취가 부족하

Tip 영아 & 유아

대한민국 「영유아보육법」에서 '영유아'란 만 6세 미만의 취학 전 아동을 말한다. 더 정확하게는 『표준국어대사전』에서 이르길 '영아는 출생 직후부터 걷기 전 또는 만 1세가 되기 전의 어린아이를 일컬으며, 유아는 걸음마를 시작할 즈음부터 초등학교에 입학하기 전까지의 어린이를 말한다'고 정의한다.

면 결핍증상이 나타날 가능성이 커진다. 우유에는 철 함량이 매우 적으므로 조제유를 먹은 영유아에 철 결핍 우려가 높다. 따라서 조제유를 먹일 때는 철이 강화된 조제유를 선택하는 것이 바람직하다. 또 6개월 이상 철 보충 없이 모유만 먹은 유아, 저체중 출산아, 사회·경제 지표가 낮은 유아에게서 철 결핍이 나타나기 쉽다.

(2) 비만

유아 비만은 성인 비만으로 이행될 확률이 높으므로 주의해야 한다. 유아기는 지방세포의 수가 증가하는 시기이므로 유아 비만일 경우 지방세포의 크기가 커질 뿐 아니라 지방세포의 수도 증가하므로 에너지 제한만으로 정상 체중으로 돌아가기가 매우 어렵다. 유아 비만의 경우 과식, 폭식, 패스트푸드와 가공식품의 다량 섭취, 아침 결식, 지나친 간식, 짜게 먹는 식습관 등이 문제될 수 있다. 되도록 신체활동량을 늘려서 식품 섭취와 에너지 소비의 불균형을 개선하는 것이 바람직하다. 일반적으로 영유아의 성장 평가에 있어서는 성별, 연령별 집단의 신장과 체중의 분포로 나타낸 백분위수를 이용하며, 동일 집단에 비교하여 95백분위수 이상일 때 비만이라고 할 수 있다.

(3) 성장 장애

영유아에게 성장 장애를 일으키는 요인으로는 영양학적·신체적·사회적·심리적 요인 등이 있으며 이 중에서 영양학적 요인이 가장 큰 비중을 차지한다고 알려져 있다. 즉, 영양 공급의 문제이거나 만성질환에 의한 문제로 인한 성장 장애가 유발될 수 있다. 영아의 경우 모유 수유 횟수 감소, 약한 흡유력 등으로 모유 섭취량이 부족한 경우 또는 중추신경계 질환, 선천성 심장 질환 등으로 인한 에너지 요구량이 증가하는 경우, 모체의 유즙 생성량이 저하되거나 생성된 유즙의 배출이 잘 안 되는 경우에 영양 부족으로 영아의 성장 장애를 가져올 수 있다. 또한 이유 시기가 너무 늦어지는 경우에도 영양 부족으로 성장 장애가 일어날 수 있다. 영유아의 신체 성장과 관련된 측정치는 백분위수로 평가하며 정상적으로 성장하는 보통 체격의 영유아는 대개 50백분위수에 근접한다. 일반적으로 3백분위수에서 97백분위수까지의 범위 안에 포함되면 표준성장의 '정상 범위'에 속한다.

(4) 식품 알레르기

알레르기는 집먼지, 진드기, 꽃가루, 음식 등의 원인물질과 접촉해서 기관지, 피부, 장 등의 신체조직에 과민반응을 일으키는 증상을 의미한다. 식품 알레르기는 1세 이하의 영아기에 가장 많고 나이가 들수록 줄어든다. 특히 만 3세 이전의 아이들은 체내 면역 기능이 완전하지 않아 식품 알레르기 반응이 흔히 일어난다. 대부분 음식을 섭취한 후 1~7일 이내에 증상이 나타난다. 달걀, 우유, 대두는 영유아기에 가장 흔한 알레르기 유발 식품이며, 이 밖에도 메밀, 땅콩, 돼지고기, 닭고기, 고등어 등 생선류, 조개류, 갑각류, 토마토, 복숭아 등도 알레르기를 잘 일으킬 수 있는 식품이다. 그 외 「어린이 식생활안전관리 특별법」 제11조의 2에 따라 알레르기 유발 식품(18종)을 '난류(가금류에 한함), 우유, 메밀, 땅콩, 대두, 밀, 고등어, 게, 새우, 돼지고기, 복숭아, 토마토, 아황산류(이를 첨가하여 최종 제품에 SO_2로 10 mg/kg 이상 함유), 호두, 닭고기, 쇠고기, 오징어, 조개류(굴, 전복, 홍합 포함)를 함유한 원재료'로 정하였다.

알레르기의 이상 증상으로는 비염, 설사, 구토, 두드러기, 피부염, 과민증 등이 나타나는데 음식 섭취 후 2시간 이내에 즉시 발생할 수도 있고 4~72시간 이후에 나타나기도 한다. 음식물 알레르기는 영유아에게 가장 많으나 성장하면서 대략 5세 정도가 되면 자연치유되는 경우가 많다. 알레르기 증상 중에 하나인 아나필락시스는 심각하고 치명적인 전신적 반응으로 알레르기를 유발하는 물질(식품 등)에 노출된 후에 갑작스럽게 일어나며, '빠르게 진행되어 생명을 잃을 수 있는 심각한 알레르기 반응'으로 정의된다. 증상은 호흡기, 피부, 소화기, 순환기 등 다양하게 나타날 수 있으며 심각한 증상에서 경미한 증상까지 다양하다.

3. 국내의 영양중재 프로그램

생애 초기인 태아기 및 영유아기의 건강은 생산성 높은 인구를 보장하는 지름길이며, 건강한 여성은 건강한 아기를 출산하고 건강한 가족을 이루며 건강한 사회활동이 가능하여 지역과 국가 발전에 이바지할 수 있다. 우리나라의 제4차 국민건강증진종합계획(HP2020)은 모성 건강과 영유아 건강에서 모성 사망비와 영아 사망률을 대표 지표로 삼고 있다. 영아 사망률infant mortality rate은 연간 태어난 출생아 1,000명 중에 만 1세 미만에 사망한 영아 수의 천분비로, 건강 수준이 향상되면 영아 사망률이 감소하므로 국민 보건 상태의 측정 지표로 널리 사용되고 있다. 모성 사망비maternal mortality ratio는 출생아 10만 명당 산모 사망자 수를 말한다. 두 지표는 국제적으로 국민 보건 수준을 가늠하는 중요 지표로 사용되고 있다. 우리나라의 경우 생후 1년 이내 사망한 영아 사망률은

2015년 출생아 1,000명당 2.7명으로 2000년 이후 최저치를 보이고 있다. 2015년 모성 사망비는 같은 해 출생아 10만 명당 8.7명으로 전년 대비 21.4% 감소하였다. OECD 회원국의 모성 사망비 평균이 6.0명임을 감안하면 우리나라는 다소 높은 편이다. 또한 아동 사

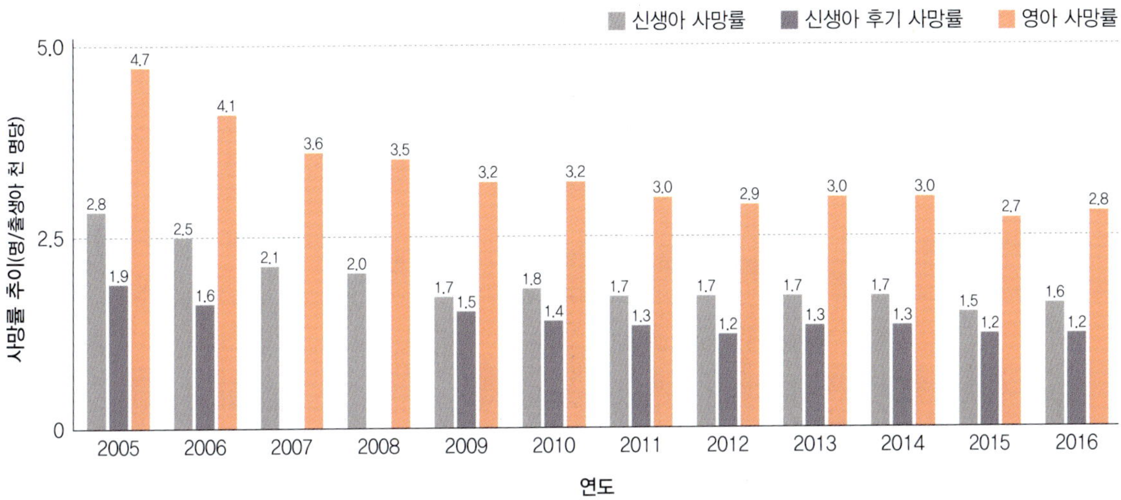

그림 9-2 영아 사망률 추이

자료 : 통계청. 사망원인통계. 2017

그림 9-3 모성 사망비 추이

자료 : 통계청. 사망원인통계. 2017

Tip 모성 사망비 & 영아 사망률

- 모성 사망비 : $\dfrac{\text{동일 기간의 임신, 분만, 산욕의 합병증에 의한 사망자 수}}{\text{주어진 기간의 출생아}} \times 100{,}000$
- 영아 사망률 : $\dfrac{\text{1년 이내에 사망한 영아 수}}{\text{일 년간의 출생자 수}} \times 1{,}000$

표 9-3 제4차 국민건강증진종합계획의 중점 과제인 모성 건강 및 영유아 건강의 대표 지표

<table>
<tr><th colspan="6">모성 건강</th></tr>
<tr><th>지표명</th><th>2008</th><th>2013</th><th>2020</th><th>관련 사업 코드</th><th>사업명</th></tr>
<tr><td colspan="4">19-1 임산부 사망 비율을 낮춘다.</td><td></td><td rowspan="8">가. 분만 취약 지역의 단계적 해소를 위한 지역별 맞춤형 지원 및 공공투자 확대
나. 고령 임신 및 고위험 임산부 건강관리 강화 및 공적 지원 확대
다. 산전·산후 건강관리 표준 가이드라인 개발 및 보급
라. 불임(난임) 부부 임신 및 출산을 위한 의료적, 사회적 지원 체계 구축
마. 청소년 생식 건강증진</td></tr>
<tr><td>모성 사망비
(출생 10만 명당 임신부 사망 수)</td><td>12명</td><td>11.5명</td><td>9명</td><td>19-가, 나, 다</td></tr>
<tr><td colspan="4">19-2 임부의 고위험요인을 예방하고 조기발견 치료한다.</td><td></td></tr>
<tr><td>임신 8주 이내 산전 검진율</td><td>93.6%
(2009년)</td><td>94.5%
(2012년)</td><td>97.0%</td><td>19-가, 나, 다</td></tr>
<tr><td colspan="4">19-3 원치 않는 임신을 예방하여 인공임신중절 경험률을 감소시킨다.</td><td></td></tr>
<tr><td>인공임신중절 경험 비율</td><td>26.0%
(2009년)</td><td>17.0%
(2012년)</td><td>15.0%</td><td rowspan="2">19-나, 라, 마</td></tr>
<tr><td>피임 실천 비율</td><td>80.0%
(2009년)</td><td>77.1%
(2012년)</td><td>90.0%</td></tr>
<tr><td colspan="5"></td></tr>
<tr><th colspan="6">영유아 건강</th></tr>
<tr><th>지표명</th><th>2008</th><th>2013</th><th>2020</th><th>관련 사업 코드</th><th>사업명</th></tr>
<tr><td colspan="4">20-1 영유아 사망 관련 지표를 향상시킨다.</td><td></td><td rowspan="15">가. 신생아 집중치료실 지원
나. 영유아 사전 예방적 건강관리
다. 보건소 모유 수유 클리닉 운영 및 직장 내 모유 수유실 설치
라. 취학 전 아동 실명 예방사업
마. 보육시설의 영유아 건강 역량을 강화</td></tr>
<tr><td>영아 사망률
(1세 미만 출생아 1,000명당 사망 수)</td><td>3.4명</td><td>3.0명</td><td>2.8명</td><td rowspan="2">20-가, 나</td></tr>
<tr><td>신생아집중치료실 병상 확충률
(목표 300병상)</td><td>10.0%
(30병상)</td><td>-</td><td>100.0%
(300병상)</td></tr>
<tr><td colspan="4">20-2 고위험 신생아의 장애 발생을 억제시킨다.</td><td></td></tr>
<tr><td>고위험 신생아 장애 발생률</td><td>97.8%</td><td>98.4%</td><td>99.5%</td><td rowspan="4">20-나</td></tr>
<tr><td>선천성 대사이상검사 검사율</td><td>97.6%</td><td>98.4%</td><td>100.0%</td></tr>
<tr><td>고위험 신생아 의료비 지원율</td><td>55.2%</td><td>56.0%</td><td>65.0%</td></tr>
<tr><td>신생아 난청 선별검사 대상자 수</td><td>2만 9,000명</td><td>4만 9,000명</td><td>30만 명</td></tr>
<tr><td colspan="4">20-3 모유 수유 실천율을 향상시킨다.</td><td></td></tr>
<tr><td>출생 후 6개월 모유 수유 실천율</td><td>60.7%</td><td>60.8%
('11~'13)</td><td>66.8%</td><td>20-다</td></tr>
<tr><td colspan="4">20-4 보육시설의 영유아 건강 역량을 강화한다.</td><td></td></tr>
<tr><td>보육시설 보육교사 아동건강관리 관련 보수교육 이수율</td><td>-</td><td>-</td><td>100.0%</td><td rowspan="2">20-라, 마</td></tr>
<tr><td>보육시설 보육교사 아동안전관리 관련 보수교육 이수율</td><td>-</td><td>-</td><td>100.0%</td></tr>
</table>

망률은 아동의 보건 상태를 반영하는데 출생아 1,000명당 만 5세 미만 아동의 사망자 수를 말한다. 아동 사망의 원인 중 가장 많은 것은 임신 37주 미만에 신생아를 출산하는 '조산(33%)'으로 나타났다. 현재 우리나라의 아동 사망률은 1990년 7.1명에서 2014년 3.6명으로 보고되고 있다. 최근 제4차 국민건강증진종합계획에서 대표 지표로서 모성 사망비를 출생아 10만 명당 9명으로 낮추고 영아 사망률은 출생아 1,000명당 2.8명으로 정하고 있다. 현재 우리나라에서는 임산부, 영유아 대상 영양관리로는 산모 철분제 지원사업, 엽산제 지원사업, 보건소 모유 수유교육, 영유아 검진사업 및 예방접종사업, 영양플러스사업, 어린이급식지원센터 등이 있다.

1) 산모 건강관리 사업

(1) 철분제 지원사업

지방자치단체에서 자체 예산으로 추진해 온 철분제 지원사업과 연계하여 2008년 하반기부터 전국 시·군·구(보건소)에서 임신 16주 이상 보건소에 등록된 임신 5개월(20주) 이상 임산부에게 분만 전까지 철분제를 지원〔2013년부터 지역사회 통합건강증진사업으로 추진(지자체 포괄 보조사업)〕한다. 보건소에 등록된 임산부에게 임신 16주부터 분만 전까지 철분제를 지원한다.

Tip 임산부 철분제 1일 섭취기준(대한산부인과학회)

- 보통의 건강한 임산부들이 섭취해야 하는 하루 최소 철분 함량 : 27 mg
- 쌍태아 임산부 또는 철결핍성 빈혈 임산부의 경우 하루 섭취 철분 함량 : 60~100 mg

(2) 엽산제 지원사업

계획 임신 및 건강한 아기 출산을 위해 전국 시·군·구(보건소)에서 보건소에 등록된 임산부에게 임신일로부터 3개월까지 엽산제를 지원하고, 모든 보건소 등록 임산부, 보건소 방문 가임기 여성 등에 대한 체계적 우울증 진단 실시, 사후관리 안내 및 상담을 시행한다.

Tip 임신기의 엽산 권장량

- 미국의 질병관리센터와 산부인과학회는 임신 1개월 전부터 임신 초기 3개월까지 1일 0.4 mg의 엽산제 복용을 권장
- 한국영양학회의 '2010년 한국인 영양섭취기준'에서는 임신부의 엽산 권장섭취량을 0.6 mg(600 μg)으로 정하고 있음
- 한국모자보건학회(2014)는 건강한 여성의 경우 임신 2~3개월 전부터 분만 후 4~6주 또는 수유 기간 동안 지속적으로 엽산제 0.4~1.0 mg의 섭취를 권장

2) 보건소 모유 수유 클리닉 운영

모유 수유를 위해 세계의 각 기관에서 다양한 캠페인이 펼쳐지고 있으며, 우리나라의 모유 수유 증진에 관련된 임신수유부를 위한 주요 영양서비스사업은 주로 보건소에서 시행하고 있다. 모유 수유 증진을 위한 모유 수유 클리닉 운영 및 홍보사업을 적극 추진하고 있는데, 산전 모유 수유교육이 계획률과 실천율 증진에 큰 영향을 끼치므로 산전 교육·홍보를 강화하고, 산후 방문 시 모유 수유의 필요성, 권장 시기, 수유법 등을 지도 관리하고 있다. 또한 세계모유수유주간에 자체 또는 민간기관(단체) 등과 협력하여 모유 수유의 우수성을 교육·홍보하고 실천 증진을 위한 캠페인, 모유 수유아 선발대회 등을 실시하고 있다.

우리나라의 연도별 모유 수유율(5개월, 단 2017년 12개월)은 1970년대에는 90.0%로 높았으나 2000년까지 10.2%로 지속적으로 감소하는 추세를 보였다. 2000년에 가장 낮은 수준이었다가 2009년까지 지속적으로 증가하였으나 2015년 현재 2009년에 비하여 감소하는 양상을 보인다. 우리나라의 모유 수유율은 2000년에 최저점을 기록한 후 2003년에는 다소 상승하였으며, 최근 들어 전반적으로 출산 직후 모유 수유율이 높아지고 있으나 모유 수유 기간은 길어지지 않는 추세이다. 2011~2013년을 기준으로 생후 6개월 시점의 완전 모유 수유율이 45.2%로 나타났으며(HP2020 목표치 : 60.0%), 만 1~3세 유아의 모유 수유 경험률은 88.3%, 조제분유 수유 경험률은 76.1%이고, 평균 모유 수유 기간은 9.4개월이다. 이유보충식 시작 월령은 6.4개월, 시판 우유 시작 월령은 평균 14.1개월로 보고되고 있다.

(1) 모유 수유의 중요성

WHO와 UNICEF는 모유 수유를 받은 아동이 인공 수유를 받은 아동에 비하여 호흡기 질환이나 소화기계 질환, 변비, 알레르기 이환율이 낮으며 정신적 안정감을 갖는 데 기여

> **Tip 우리나라 보건소의 주요 사업내용**
>
> ① 모유 수유교육 및 간담회 : 모유 수유의 중요성을 알리고 실천 의지를 고취시켜 모유 수유 성공률을 높이기 위해 모유 수유에 필요한 지식 제공 및 인식 변화
> ② 가정보건방문사업 및 산모·신생아도우미사업 연계 추진 : 저소득 계층이나 장애아, 미숙아를 출산한 가정의 산모·신생아에 대한 모유 수유의 문제점 해결과 모유 수유에 대한 지식 제공
> ③ 모유 착유기 위생관리 교육 및 상담
> ④ 모유 수유 홈페이지 운영 : 모유 수유의 중요성을 강조하고 임신부들이 보건소의 모유 수유 클리닉 사업에 적극 참여토록 유도함으로써 사업을 활성화하기 위해 홈페이지를 개발, 운영
> ⑤ 모유 수유 동아리 모임 : 지역사회 내 엄마젖을 먹이는 어머니모임을 활성화하여 의견 교환과 지지 환경의 장을 구축하고, 지역사회 내 역량을 강화하여 모유 수유를 홍보하고 모유 수유사업의 확산 도모
> ⑥ 모유 수유 문자 서비스 제공 : 모유 수유 서약자가 성공적으로 모유 수유를 실천할 수 있도록 지속적인 관심과 올바른 지식을 전달하고자 모유 수유 문자 메시지를 단계적으로 발송
> ⑦ 모유 수유 서명운동 : 보건소 및 주민센터 방문 임산부 등을 대상으로 모유 수유 서약을 받음으로써 모유 수유 실천의지를 공고화함
> ⑧ 지역 내 분만 의료기관에 모자 동실제 권유 및 모유 수유 권장
> ⑨ 착유실 설치 권유 : 직장 내 모유 수유·착유실 설치를 통한 아기와 직장여성의 건강증진 및 출산 친화적 분위기 조성〔'아기와 엄마가 행복한 방'사업 연계 추진(인구보건복지협회)〕
> ⑩ 모유 수유 홍보 : 모유 수유의 중요성 및 장점을 알리고, 대상자 모두가 모유 수유에 성공할 수 있도록 모유 수유 클리닉 운영에 대한 적극적인 홍보로 모유 수유를 실천할 수 있는 사회분위기를 확산하여 모유 수유율 제고
> ⑪ 엄마젖 먹이기의 중요성에 대한 홍보물 제작, 배포
> ⑫ 엄마젖 먹는 건강한 아기 선발대회 : 지방자치단체와 민간단체가 협력하여 건강한 모유 수유아를 선발함으로써 모유 수유의 장점 홍보 및 분위기 조성

한다고 보고하고 있다. 더불어 모유 수유는 수유 여성에게도 유방암과 난소암, 제2형 당뇨병의 발생을 감소시키며 임신 전 체중 수준으로 회복하는 데도 도움을 준다. 최근에는 모유 수유아가 아동기 비만 위험이 낮고 성인이 된 후에도 혈압과 콜레스테롤 수치가 낮고, 비만, 제2형 당뇨병을 앓을 위험도 낮으며, 지능지수도 높은 것으로 역학적으로 규명되어 모유 수유의 중요성을 다시 한 번 입증하였다. 모유 수유의 장점을 고려하여 WHO, 영국 등에서는 생후 6개월까지 모유 수유를 영아영양의 기본으로 권장하고, 12~24개월까지 모유 수유를 지속하면서 적절하고 안전한 보충식을 먹이도록 권고하고 있다.

(2) 모유 수유 실천을 위한 정책 방향

전 세계적으로 모유 수유율 감소에 대응하여 WHO와 UNICEF를 중심으로 1980년대부터 모유 수유 캠페인을 벌이고 있으며, 회원국들은 국가 주도로 모유 수유 정책과 홍보

활동을 전개하고 모유 수유 보호를 위해 모유 대체 식품에 대한 판매 규제와 광고 규제의 입법화를 촉구하고 있다. 또한 1989년 의료기관의 모유 수유 실행지침인 '성공적인 모유먹이기 10단계'의 권장에 이어, 1992년부터 '아기에게 친절한 병원 만들기baby-friendly hospital initiative, BFHI' 지정사업, 모유 수유의 보호와 장려 및 지원을 위한 이노첸티 선언innocenti Declaration 채택을 각국 정부와 관련 단체와 함께 권고하고 있다.

Tip 성공적인 모유먹이기 10단계 의료기관의 모유수유 실행지침

1. 모든 병원은 의료요원을 위한 모유 수유 방침을 가진다.
2. 이 방침을 실행하기 위하여 모든 의료요원에게 모유 수유 기술을 가르친다.
3. 임산부에게 모유의 장점을 가르친다.
4. 아기가 태어난 후 30분 이내에 엄마 젖을 물린다.
5. 임산부에게 엄마 젖 먹이는 방법을 자세히 가르친다.
6. 아기에게 엄마 젖 이외에 다른 음식물을 주지 않는다.
7. 엄마와 아기는 한방을 쓴다(모자 동실).
8. 엄마 젖은 아기가 원할 때마다 먹인다.
9. 아기에게 엄마 젖 외에 인공젖꼭지나 노리개 젖꼭지 등 다른 것을 물리지 않는다.
10. 엄마 젖 먹이는 모임을 만들도록 도와주고, 산모가 퇴원하면 이 모임에 참가하도록 추천한다.

자료 : 세계보건기구·유니세프 공동발표, 1989

3) 영유아 검진사업 및 예방접종사업

국가는 영유아 연령에 적합한 건강 검진 프로그램을 도입하여 영유아의 성장 발달 사항을 추적·관리하고, 보호자에게 적절한 프로그램을 제공하기 위해 실시되고 있다. 건강 검진항목은 성장·발달 이상, 비만, 안전사고, 영아급사증후군, 청각·시각 굴절 이상, 치아우식증 등이며, 총 7회에 걸쳐 이루어진다. 검진횟수는 일반 건강 검진 5회, 구

Tip 유아 건강관리사업

- 지원 대상 : 만 12세 이하 모든 어린이
- 지원액 : 예방접종비의 약 30% 수준
- 지원 대상 백신 : 만 12세 이하 국가 필수 예방접종 8종(총 22회)
  B형 간염, 결핵(BCG(피내용), 디프테리아·파상풍·백일해(DTaP), 폴리오(IPV), 홍역·유행성 이하선염·풍진(MMR), 일본뇌염(사백신), 수두, 파상풍·디프테리아(Td)

강 검진 2회이고, 검진 시기는 월령 4, 9, 18, 30, 54개월이며, 보건소에서 지정한 관내 검진 지정기관에서 검진을 받을 수 있다.

2009년 3월부터는 영유아 포함 어린이 필수 예방접종 비용 국가지원사업이 만 12세 이하 모든 어린이를 대상으로 실시되고 있다. 이 사업은 보건소(필수 예방접종 백신 무료)뿐 아니라 시·군·구청장이 위탁한 민간 의료기관(유료)에서 예방접종을 받을 때에도 비용 일부(약 30%)를 정부에서 지원한다.

4) 임산부 및 영유아를 위한 영양플러스사업

임산부 및 영유아를 위한 영양 서비스사업은 주로 보건소에서 시행하고 있다. 영양플러스사업(임산부 및 영유아 보충영양관리사업)은 생리적 요인과 환경 여건에 의해 상대적으로 영양 상태가 취약한 대상(임산부 및 영유아)에 대한 영양 지원을 실시하는 것이다. 즉, 불량한 영양 섭취 상태 개선과 건강증진을 위한 영양교육을 실시하고, 영양 불량문제 해소를 돕기 위한 특정 식품들을 일정 기간 지원하는 제도이다. 이 사업은 미국의 WICThe special supplemental nutrition program for women, infants, and children 프로그램을 우리 실정에 맞게 수정·변형한 것으로, 2005년 3개 보건소에서 시범사업으로 시작하여 현재는 전국 보건소로 확대 실시되고 있다. 영양플러스사업의 목표는 빈혈, 저체중, 영양 불량 등 취약 계층의 임산부 및 영유아의 영양문제를 해소하고, 스스로 식생활을 관리할 수 있는 능력을 배양하여 국민의 장기적인 건강을 확보하는 데 있다. 즉, 영양교육을 통해 식생

그림 9-4 영양플러스사업

자료 : 대구시 북구보건소, 2015

활관리 능력을 배양시키고, 습득한 식생활관리 지식의 실천을 위해서 보충 식품을 제공하는 형태로 운영되고 있다.

(1) 대상자 선정 및 사업내용

① 대상자 선정 및 관리

2015년 상반기까지 영양플러스사업의 대상자는 '① 사업 운영 보건소 관할 지역에 거주하는 ② 만 6세 미만의 영유아와 임신부, 출산부, 수유부로서 ③ 소득수준이 최저생계비의 200% 미만이고 ④ 영양 위험요인을 가지고 있는 사람이어야 한다.'는 4가지 기준을 모두 만족해야 한다. 그러나 「국민기초생활 보장법」이 개정됨에 따라 2015년 7월 1일부터는 소득수준이 기준 중위소득의 80% 미만인 기준을 만족해야 한다. 등록된 대상자에게는 매월 영양교육과 보충 식품이 제공된다. 대상자의 수혜 기간은 최대 12개월이며, 영유아는 생후 72개월, 임산부(임신부와 출산부)는 출산 후 6개월, 수유부는 출산 후 12개월까지 수급자격이 인정된다. 관할 지역에 거주하는 외국인을 포함할 수 있으며 유산 또는 사산한 여성도 출산부의 범주에 포함시킨다.

대상자의 선별 기준이 되는 영양 위험요인은 표 9-4에 제시된 빈혈, 성장 부진, 저체중, 영양 섭취 상태 불량이다. 그 외에도 기타 영양 위험요인이 있다고 판정된 경우 대상자로 등록될 수 있으며, 자격을 갖춘 신청자가 예산 범위를 초과하면 우선순위 기준을 적용하여 대상자를 선정한다. 소득수준이 더 낮거나 소득수준이 같더라도 영양·의학적 위험이 높을수록 우선순위를 부여할 수 있고, 최저생계비 대비 120% 혹은 150% 미만 대상자를 우선 선정할 수 있다. 조손가구, 한부모가구, 미혼모가구, 다자녀가구, 다문화가구, 다태아 출산가구 등도 더 높은 우선순위를 부여받는다.

② 영양플러스사업 내용

영양플러스사업 내용은 보충 식품 공급, 정기적인 영양 평가, 월 1회 이상의 영양교육 및 상담으로 구성된다.

- 보충 식품 공급 : 식품 패키지는 총 6가지로 구분된다. 패키지 1은 0~5개월된 영아로 조제분유, 패키지 2는 6~12개월된 영아로 조제분유, 쌀, 당근, 감자, 달걀, 패키지 3은 13개월에서 72개월 미만의 유아로 쌀, 감자, 당근, 달걀, 검정콩, 미역, 우유, 김, 패키지 4-1는 임신부로 쌀, 감자, 당근, 달걀, 검정콩, 김, 우유, 패키지 4-2는 인공 수유부(산후 7~12개월)로 우유, 패키지 5는 출산부로 쌀, 감자, 당근, 달걀, 검정

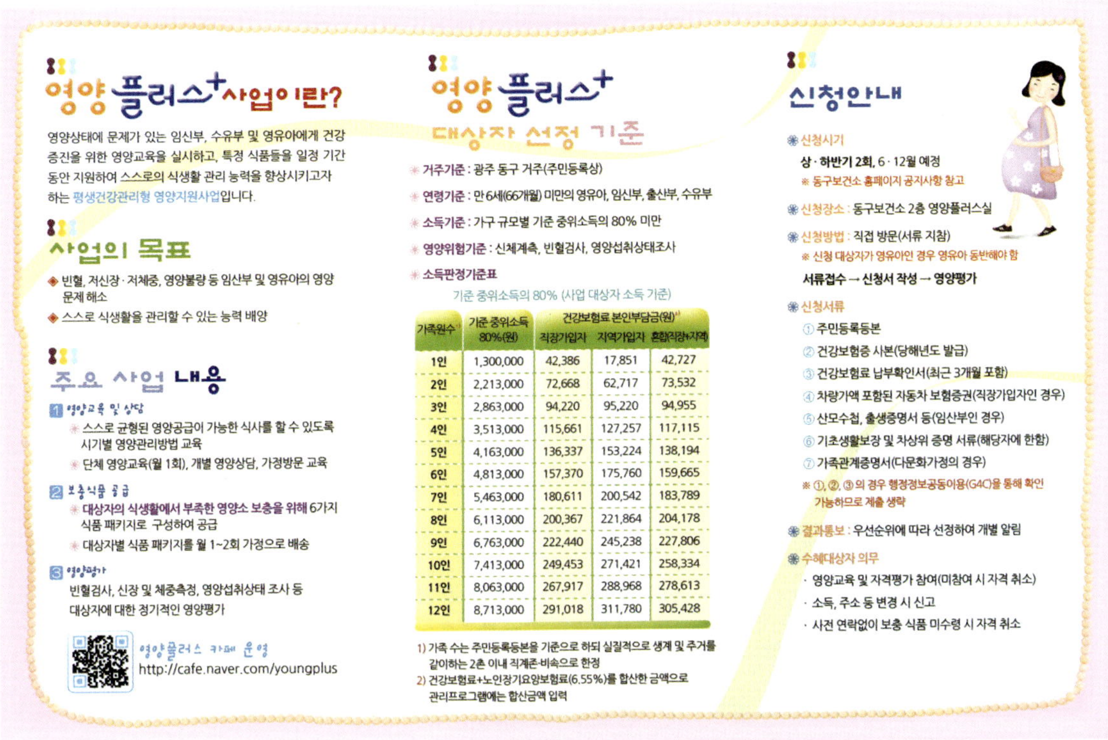

영양 플러스+ 사업이란?

영양상태에 문제가 있는 임신부, 수유부 및 영유아에게 건강 증진을 위한 영양교육을 실시하고, 특정 식품들을 일정 기간 동안 지원하여 스스로의 식생활 관리 능력을 향상시키고자 하는 평생건강관리형 영양지원사업입니다.

사업의 목표

- 빈혈, 저신장·저체중, 영양불량 등 임산부 및 영유아의 영양 문제 해소
- 스스로 식생활을 관리할 수 있는 능력 배양

주요 사업 내용

1 영양교육 및 상담
- 스스로 균형된 영양공급이 가능한 식사를 할 수 있도록 시기별 영양관리방법 교육
- 단체 영양교육(월 1회), 개별 영양상담, 가정방문 교육

2 보충식품 공급
- 대상자의 식생활에서 부족한 영양소 보충을 위해 6가지 식품 패키지로 구성하여 공급
- 대상자별 식품 패키지를 월 1~2회 가정으로 배송

3 영양평가
빈혈검사, 신장 및 체중측정, 영양섭취상태 조사 등 대상자에 대한 정기적인 영양평가

영양플러스 카페 운영
http://cafe.naver.com/youngplus

영양 플러스+ 대상자 선정 기준

- 거주기준 : 광주 동구 거주(주민등록상)
- 연령기준 : 만 6세(66개월) 미만의 영유아, 임신부, 출산부, 수유부
- 소득기준 : 가구 규모별 기준 중위소득의 80% 미만
- 영양위험기준 : 신체계측, 빈혈검사, 영양섭취상태조사
- 소득판정기준표

기준 중위소득의 80% (사업 대상자 소득 기준)

가족원수[1]	기준 중위소득 80%(원)	건강보험료 본인부담금(원)[2]		
		직장가입자	지역가입자	혼합(직장+지역)
1인	1,300,000	42,386	17,851	42,727
2인	2,213,000	72,668	62,717	73,532
3인	2,863,000	94,220	95,220	94,955
4인	3,513,000	115,661	127,257	117,115
5인	4,163,000	136,337	153,224	138,194
6인	4,813,000	157,370	175,760	159,665
7인	5,463,000	180,611	200,542	183,789
8인	6,113,000	200,367	221,864	204,178
9인	6,763,000	222,440	245,238	227,806
10인	7,413,000	249,453	271,421	258,334
11인	8,063,000	267,917	288,968	278,613
12인	8,713,000	291,018	311,780	305,428

1) 가족 수는 주민등록등본을 기준으로 하되 실질적으로 생계 및 주거를 같이하는 2촌 이내 직계존·비속으로 한정
2) 건강보험료+노인장기요양보험료(6.55%)를 합산한 금액으로 관리프로그램에는 합산금액 입력

신청안내

- 신청시기
  상·하반기 2회, 6·12월 예정
  ※ 동구보건소 홈페이지 공지사항 참고
- 신청장소 : 동구보건소 2층 영양플러스실
- 신청방법 : 직접 방문(서류 지참)
  ※ 신청 대상자가 영유아인 경우 영유아 동반해야 함
  서류접수 → 신청서 작성 → 영양평가
- 신청서류
  ① 주민등록등본
  ② 건강보험증 사본(당해년도 발급)
  ③ 건강보험료 납부확인서(최근 3개월 포함)
  ④ 차량가액 포함된 자동차 보험증권(직장가입자인 경우)
  ⑤ 산모수첩, 출생증명서 등(임산부인 경우)
  ⑥ 기초생활보장 및 차상위 증명 서류(해당자에 한함)
  ⑦ 가족관계증명서(다문화가정의 경우)
  ※ ①, ②, ③의 경우 행정정보공동이용(G4C)을 통해 확인 가능하므로 제출 생략
- 결과통보 : 우선순위에 따라 선정하여 개별 알림
- 수혜대상자 의무
  · 영양교육 및 자격평가 참여(미참여 시 자격 취소)
  · 소득, 주소 등 변경 시 신고
  · 사전 연락없이 보충 식품 미수령 시 자격 취소

그림 9-5 영양플러스사업 내용 홍보 리플릿

자료 : 광주광역시 동구보건소, 2017

표 9-4 영양 위험요인 판정 기준

영양 위험요인	대상자	판정 지표	판정 기준
빈혈	6~59개월	혈중 헤모글로빈 농도	11 g/dL 미만
	5세 유아		11.5 g/dL 미만
	임신부		11 g/dL 미만
	출산, 수유부		12 g/dL 미만
성장 부진	영유아	연령별 신장 백분위수	10th 백분위수 미만
		연령별 체중 백분위수	
		신장별 체중 백분위수	
		연령별 BMI 백분위수	
저체중	임신, 출산, 수유부	체질량지수	18.5 미만
영양 섭취 상태 불량	6개월 이상	에너지 섭취량	필요 추정량의 75% 미만
		단백질, 칼슘, 철, 비타민 A, 리보플라빈, 나이아신, 티아민, 비타민 C 섭취량	이 중 하나라도 평균필요량 미만

자료 : 보건복지부, 2014

콩, 김, 우유, 미역, 패키지 6은 완전 모유 수유부로 쌀, 감자, 당근, 달걀, 검정콩, 김, 우유, 미역, 참치통조림, 귤(오렌지주스)까지 제공된다. 보충 식품의 선정 기준은 '대상별로 문제가 되는 영양소target nutrient의 밀도가 높은 식품을 한 가지 이상 포함하며, 운반 및 보관이 쉽고 그 과정에서 일정 기간 품질이 유지될 수 있는 형태의 식품으로 누구나 어디서나 쉽게 구할 수 있고 가격이 너무 비싸지 않으며, 일반적으로 대상자의 선호도가 높은 식품이어야 한다.'는 원칙에 따라 구성되었다.

- 영양 평가 : 사업 참여 전에 대상자를 선정할 때, 자격에 대한 재평가가 필요할 때, 사업 종료할 때, 그리고 정기적인 중간 평가로서 3개월에 1회 영양 평가 실시를 권장하고 있다. 영양 평가는 신체 계측(신장, 체중), 생화학적 검사(헤모글로빈), 24시간회상법을 이용한 영양섭취상태조사로 구성되어 있다. 평가 결과에 따라 대상자별 맞춤형 영양교육을 실시한다.
- 영양교육 : 사업 중에서 가장 중요한 부분으로 수혜 대상(영유아의 경우 보호자)에게 가능한 한 월 1회(최소 2개월에 1회 이상) 영양 교육 및 상담 서비스를 제공한다. 교육의 주요 내용은 임신부, 출산부, 영유아의 식생활·영양 관리방법, 빈혈 예방 및 관리를 위한 식생활, 올바른 이유식 시작과 진행, 식사 구성안을 이용한 식사계획, 식생활 실천지침, 보충 식품의 이용방법, 모유 수유로 나눠 실시한다.

표 9-5 영양플러스사업 식품 패키지(1개월 기준)

패키지 종류	대상자	제공되는 식품
식품 패키지 1	영아(0~5개월)	조제분유
식품 패키지 2	영아(6~12개월)	조제분유, 쌀, 감자, 달걀, 당근
식품 패키지 3	유아(13~72개월)	쌀, 감자, 달걀, 당근, 우유, 검정콩, 김
식품 패키지 4-1	임신부	쌀, 감자, 달걀, 당근, 우유, 검정콩, 김, 미역
식품 패키지 4-2	인공 수유부(산후 7~12개월)	우유
식품 패키지 5	출산부(산후 1~6개월)	쌀, 감자, 달걀, 당근, 우유, 검정콩, 김, 미역
식품 패키지 6	완전 모유 수유부(산후 1~12개월)	쌀, 감자, 달걀, 당근, 우유, 검정콩, 김, 미역, 참치통조림, 귤(오렌지 쥬스)

*보충 식품은 아래 대체식품으로 대신 공급할 수 있다.
쌀 : 혼합잡곡, 찹쌀 / 감자 : 국수, 고구마 / 검정콩 : 시리얼, 참치 통조림, 붉은팥
당근 : 애호박, 서양호박, 채소류 / 귤, 오렌지 주스 : 과일류 / 참치 통조림 : 닭가슴살 통조림
영아용 생식품(식품 패키지 2) : 이유식(분말)

자료 : 보건복지부, 2014

(2) 영양플러스사업 효과

2012년 보건복지부에서 발표된 6개월 이상 영양플러스사업에 참여한 대상자의 영양 개선 효과에 대한 결과를 보면 2005년부터 2007년까지 실시한 시범사업에서 사업 참여자의 빈혈 유병률 감소, 아동의 저체중 비율 감소, 영양 섭취 상태 향상, 영양 지식과 건강 행태 개선 효과가 증명되었고, 이후 본 사업이 실시된 후에도 표 9-6과 같이 영양 개선 효과가 뚜렷이 나타났다.

표 9-6 6개월 이상 영양플러스사업에 참여한 대상자의 영양 개선 효과

연도(년)	철결핍성 빈혈 유병율(%)		변화율(%)	평균 영양섭취 적정도[1]		변화율(%)
	참여 전	참여 후		참여 전	참여 후	
2005	45.4	34.7	-25.0	0.75	0.88	+17.3
2006	45.9	29.9	-34.9	0.76	0.88	+15.8
2007	51.7	29.6	-42.7	0.74	0.87	+17.6
2008	55.4	29.0	-47.8	0.76	0.88	+15.8
2009	56.9	29.6	-48.0	0.74	0.87	+17.6
2010	58.5	20.5	-65.0	0.75	0.87	+16.0
2011	61.4	14.8	-75.8	0.75	0.87	+13.3

[1] 평균영양섭취적정도 : Mean Adequacy Ratio, MAR

자료 : 보건복지부, 2012

Tip 평균 영양섭취 적정도Mean Adequacy Ratio, MAR

단백질, 칼슘, 철, 비타민 A, 티아민, 리보플라빈, 나이아신, 비타민 C 섭취량을 대상별 권장섭취량과 비교한 영양섭취최적정도Nutrition Adequacy Ratio, NAR의 평균. NAR의 최고점을 1로 하여 평균을 계산하며 MAR은 0에서 1 사이의 값이고 권장섭취량을 충족하며 1에 가까운 값을 갖는다.

5) 어린이급식관리지원센터

(1) 영유아 보육시설의 영양활동의 중요성

영유아기는 신체 성장이나 정서적·지적 발달이 활발하며 식습관, 식사행동 양상이 형성되는 시기이므로 영유아 보육시설은 육아뿐만 아니라 영양관리와 식생활교육을 함께 해야 한다. 여성의 취업인구 증가와 핵가족화 현상으로 보육시설이 급증하게 되고, 가정에서 담당하던 육아 기능을 영유아 보육시설이 담당함에 따라 보육시설을 통한 영양활

예시 1 사업명 : 토요 열린 보건소, 이유식 및 건강 간식 조리교실

- 일시 : 매주 마지막 토요일 오전 10:30~12:30
- 대상 : 강동구 주민
- 목적 : 바람직한 이유식 및 건강 간식 조리법 교육
- 방법 및 내용 : 강동구 보건소 1층 로비에서 단계별 이유식 2종류와 어린이 영양 간식 2종류를 실습을 통해 교육한다.

자료 : 서울시 강동구 보건소

예시 2 사업명 : 이유식 및 영유아 간식 만들기 조리실습

- 대상 : 오산시 영양플러스사업 대상자
- 목적 : 임산부 및 영유아의 영양 상태 개선
- 방법 및 내용 : 닭가슴살, 감자 등을 이용한 이유식 조리 및 평소 쉽게 해 보지 못하는 유아 간식조리

자료 : 경기도 오산시 보건소

예시 3 사업명 : 영양 쑥쑥~ 건강 쭈욱~ 이유기 영양교실

- 일시 : 상반기 3번, 하반기 3번
- 대상 : 영양플러스사업 대상자 및 0~12개월 영아를 둔 임산부 가족들
- 장소 : 용산구청 보건소 지하 1층 건강교육실
- 방법 및 내용 : 이유식의 필요성에 대한 교육, 성장 상태별, 계절별 이유식 요리방법 교육, 이유식 요리방법 시연 및 시식

자료 : 서울시 용산구청 보건소

그림 9-6 보건소에서 실시 중인 영양플러스사업과 관련된 영양교육 예시

동 강화가 요구되고 있다. 영유아시설의 급식은 영양교육의 일환으로 지역사회의 영양 개선을 이룩할 수 있기 때문에 중요한 의미를 지닌다. 2009년 전면 개정된 「영유아보육법 시행규칙」 제34조에 의하면 급식은 영유아가 필요한 영양을 섭취할 수 있도록 영양사가 작성한 식단에 따라 공급해야 한다. 이 경우 영양사(5개 이내의 어린이집이 공동으로 두는 영양사를 포함)를 두고 있지 아니한 100명 미만의 영유아를 보육하고 있는 어린이집은 보육정보센터 및 보건소 등에서 근무하는 영양사의 지도를 받아 식단을 작성해야 한다. 영유아에 대한 급식은 어린이집에서 직접 조리하여 공급하는 것을 원칙으로 한다. 현재 어린이집에서는 당 저감화(과다한 당 섭취 줄이기), 나트륨 저감화, 지방 저감화의 원칙에 따라 급식이 제공되고 있다.

(2) 어린이급식관리지원센터 사업내용

식품의약품안전처는 어린이집, 유치원, 지역아동센터 등 어린이에게 단체급식을 제공

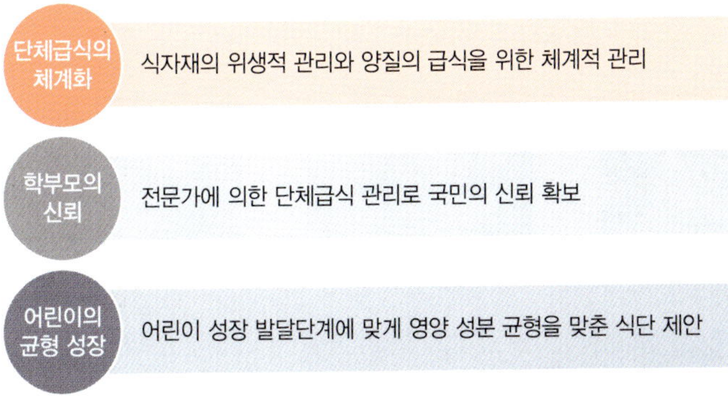

그림 9-7 어린이급식관리지원센터의 사업 목표

하는 집단급식소를 대상으로 체계적이고 철저한 위생관리 및 영양관리를 지원하기 위하여 어린이급식관리지원센터를 설립하였다. 2009년 3월 「어린이 식생활안전관리 특별법」 시행으로 2011년 경기도 하남시를 시작으로 12개의 어린이급식관리지원센터가 설립된 이후 현재 전국 210여 개소로 확대되었다. 센터에 소속된 영양사 등 전문가가 어린이집이나 유치원 등을 직접 순회 방문하여 식품 위생관리를 위한 맞춤형 식단 제공, 영양교육, 식사 및 식자재 관리 지도 등을 실시한다. 센터는 위생관리 지원과 영양관리 지원으로 구성되며, 위생관리 지원으로는 집단급식소 위생관리 실태 파악 및 컨설팅(급식 컨설팅 체크리스트를 활용한 점검, 1차 점검 후 2차 점검 시 개선 정도 평가), 방문 위생교육(원장, 조리종사자, 어린이, 학부모 대상)이 있다. 영양관리 지원으로는 식단 작성 및 보급, 표준 레시피 개발 및 보급 등의 지원을 한다. 이렇듯 어린이에게 보다 안전하고 영양가 있는 급식을 제공하기 위하여 식품·영양 전공자들이 다양한 업무를 수행하고 있다.

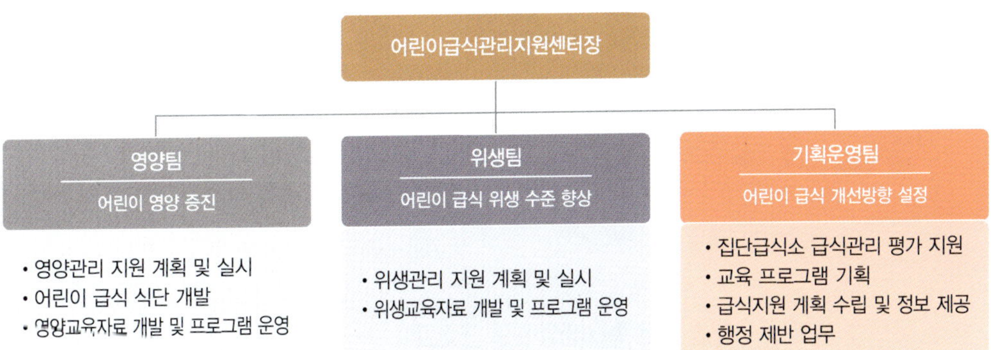

그림 9-8 어린이급식관리지원센터 조직도

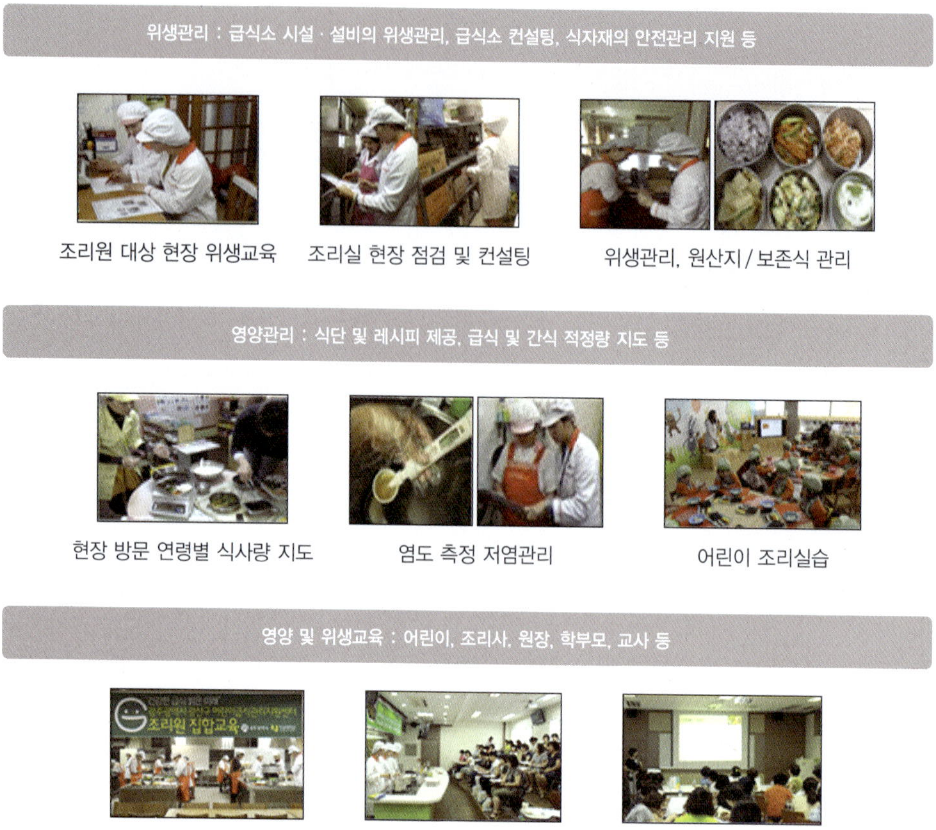

그림 9-9 어린이급식관리지원센터 활동
자료 : 광주광역시 서구 어린이급식관리지원센터

4. 외국의 영양중재 프로그램

1) 미국

'건강한 사람들 2020Healthy People 2020'에서 임신부와 유아의 건강 향상을 위한 국가적 목표를 달성하기 위해서는 임신부의 생활습관과 임신에 영향을 주는 요인들을 변화시키는 것에 관심을 가지고 미국 농무부US Department of Agriculture와 보건복지부US Health and Human Services에서 제공하는 프로그램은 표 9-7과 같다.

(1) 여성, 유아 및 아동을 위한 특별 영양 보충 프로그램

여성, 유아 및 아동을 위한 특별 영양 보충 프로그램Special Supplemental Nutrition Program

1. 오감 만족 쑥쑥 놀이터(체험관)

- 일시 : 2016. 07. 06~28
- 프로그램 : 사랑해 샌드위치 요리교실, 어린이 인형극
- 참여 어린이집 : 센터 등록 어린이집 총 22곳

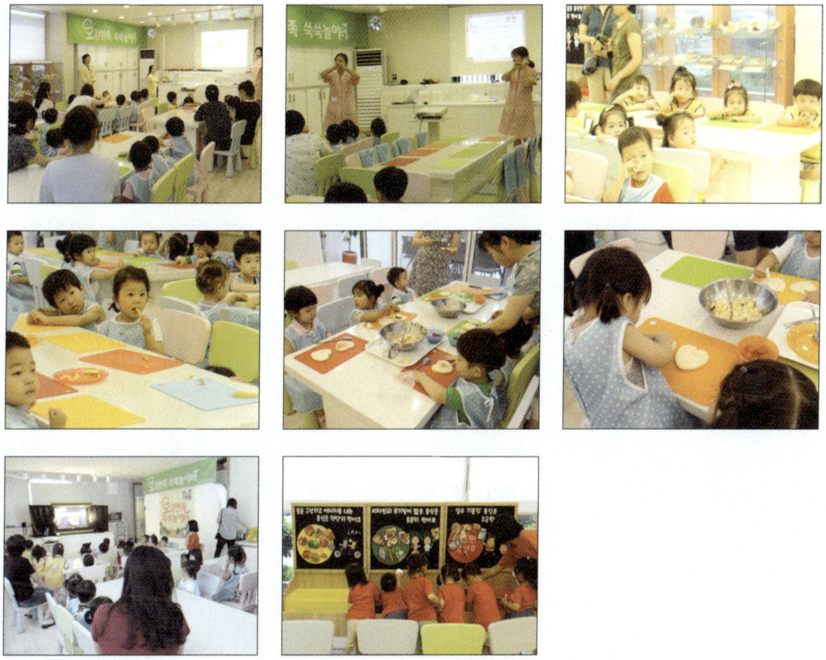

그림 9-10 어린이급식관리지원센터 활동사업의 예시

자료 : 광주광역시, 서구 어린이급식지원센터

표 9-7 Healthy people 2020(USA)의 임산부와 유아 건강 향상을 위한 목표

MICH-21 : 모유 수유하는 영아의 비율 증가		
MICH-21.1	모유 수유 경험이 있는 12개월 미만 영유아	81.9%
MICH-21.2	생후 6개월까지 모유 수유	60.6%
MICH-21.3	생후 1년까지 모유 수유	34.1%
MICH-21.4	생후 3개월까지 완전 모유 수유	46.2%
MICH-21.5	생후 6개월까지 완전 모유 수유	25.5%
MICH-22 : 직장 내 모유 수유 지원 프로그램을 운영하는 고용주의 비율 증가		38.0%
MICH-23 : 생후 2일 이내에 분유(모유 수유 대체품)를 지급받는 모유 수유아의 비율 감소		14.2%
MICH-24 : 수유하는 엄마와 아기들의 적절한 케어가 가능한 시설에서의 출산율 증가		8.1%

자료 : Office of Disease prevention and Health promotion, https://www.healthypeople.gov/

for Women, Infants, and Children, WIC은 저소득 임산부, 모유 양육 여성, 5세 미만 어린이들의 건강관리와 영양을 위한 식품에 대한 연방 정부의 지원 프로그램이자 미국 농무부의 영양 서비스이다. WIC은 1960년대 미국에서 대다수 저소득층이 영양 불량 또는 영양 실조의 문제를 겪고 있다는 사실이 사회적으로 인지되면서 시작되었다. 1969년 식품, 영양, 건강에 관한 백악관 컨퍼런스에서 빈곤으로 인한 기아와 영양실조를 국가가 주목해야 하며, 더 나아가 저소득층 임신부와 영유아의 영양적 측면의 욕구need에 주의를 기울여야 한다고 하였다. 이러한 배경하에 1972년 관련법(P.L. 92-433)이 제정되면서 2년간의 시범사업을 거쳐 1974년 공식적으로 시행되어 현재 미국에서 태어난 생후 12개월 이하의 영아 중 53%가 WIC의 참여자가 되었다. 즉, 저소득층 임산부 및 산모, 어린이의 건강을 향상시키기 위해 보충 식품이나 건강 식단에 대한 정보, 건강관리법 등의 서비스를 제공하는 연방 정부 지원 프로그램이다. 미국 내 50개 주와 워싱턴DC, 34개 인디안 부족, 미국령 사모아, 괌 등에서 시행되고 있으며, 약 2,200개의 지역 정부 및 9,000개의 보건소가 프로그램을 운영 중이다.

WIC은 건강한 임신과 출산, 영유아의 건강한 성장 발육을 위해 WIC에서 정한 일정한 조건을 만족시키는 대상자에게 영양 보충음식을 지원(바우처 형태로 지원)하고 해당 보건

표 9-8 WIC에서 정한 영양 위험요인

요인	내용
신체계측 관련 요인	• 저체중 • 과체중 • 저신장 • 부적절한 성장/체중 증가 패턴 • 다른 신체 계측적 요인
생화학적 요인	• 기준치 이하의 헤마토크리트치 또는 헤모글로빈 농도 • 기타 비정상적인 영양 관련 생화학적 지표(예 : 혈액 납 농도 상승)
임상/건강/의학적 요인	• 임산에 의한 상태 변화(예 : 입덧, 임신성 당뇨, 임신성 당뇨력, 임신중독증 등)
식사성 요인	• 미국영양섭취기준에 따르지 못함 • 부적절한 식사 및 영양 관련 행동
다른 위험 요인	• 퇴행/전염 • 모유수유 엄마와 아기 쌍 • WIC의 대상자에 해당하는 엄마나 임신기 중 위험요인을 지닌 엄마의 영아 아기 • 노숙자/이민자 • 다른 영양적 위험

소를 통한 영양 교육 및 상담, 자녀교육 서비스를 제공한다. 즉, 저소득자로서 최근에 아기가 태어났거나, 임신 중이거나, 수유 중이거나, 5세 이하의 자녀가 있는 경우로 반드시 지원하는 주에 거주하고, 연방 정부의 극빈층 기준에 속하거나 차상위 소득계층의 극빈층 기준의 195%를 넘지 않아야 하며 제시된 기준(표 9-8)의 영양 위험요인을 가지고 있어야 WIC의 대상자가 될 수 있다. 의사, 간호사, 영양사에 의해 영양 위험 정도를 판정받아야 하고, 의학적 기준이나 식생활 현황에 의해서도 판정받을 수 있다. 예를 들면 빈혈, 저체중이거나 과체중, 성장이 부진한 경우, 이상출산 경험, 식사 섭취 불량 등이다. 신장과 체중을 측정하고 빈혈 판정을 위해 혈액검사를 실시한다.

① WIC 프로그램 내용

- 영양 보충 식품 제공 : 식품의 종류와 양이 지정된 식품 교환용 바우처를 제공한다. 참가자들은 식료품점에서 이 쿠폰으로 식품과 교환할 수 있다. 식품 교환용 바우처를 이용하여 교환 가능한 식품들은 저소득층의 임산부나 수유부, 신생아에게 꼭 필요한 영양소가 풍부하게 들어 있다. 우유, 치즈, 영양 강화된 시리얼, 비타민 C가 강화된 과일주스 등이 이에 속한다. 일부 지역에서는 전자 시스템Electronic Benefit Transfer, EBT을 통하여 식품을 교환받을 수 있다.

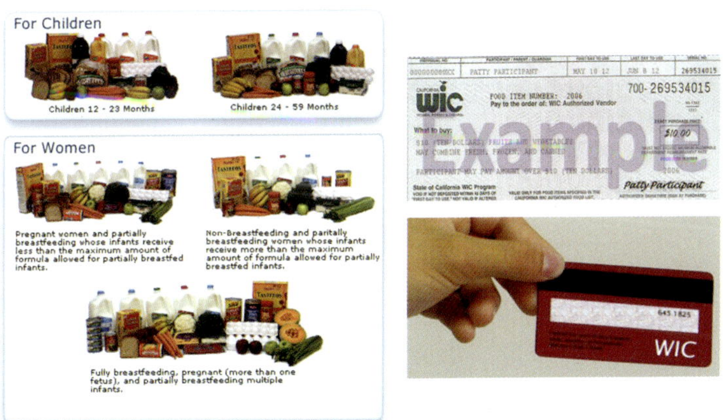

그림 9-11 미국 WIC 프로그램의 식품 패키지 및 식품 교환용 바우처(수표, EBT 카드)

② 영양 교육과 상담

참가자들은 영양상담사로부터 영양 교육과 상담을 받는다. 각 영양소의 개인 필요량을 정하고, 개별적인 영양상담을 실시한다. 식생활의 중요성, 각 식품과 영양소의 역할에 대하여 교육받는다. 모유 수유의 중요성, 이유식에 대한 교육도 진행한다. WIC 영양 보충 프로그램은 영양 서비스뿐만 아니라 건강관리 서비스도 함께 받을 수 있다. 참가자는 산전 관리, 가족계획, 예방접종, 알코올 중독문제 등 다양한 의료 서비스를 통합적으로 받는다.

(2) WIC 농부시장 영양 프로그램

WIC 농부시장 영양 프로그램WIC Farmers' Market Nutrition Program, FMNP은 WIC 프로그램의 일부로서 1992년부터 신선하고 가공되지 않는 지역 농산물을 WIC 대상자에게 제공하기 위해서 실시하고 있다. 지급받은 수표로 신선한 과일, 채소, 허브 등을 구입할 수 있다. 바우처를 이용하여 지정된 상점에서 구입하거나, 일부 지역에서는 전자 시스템EBT이 도입되어 있다. 2020년까지 모든 주에 필수적으로 전자 시스템의 도입을 추진하고 있다.

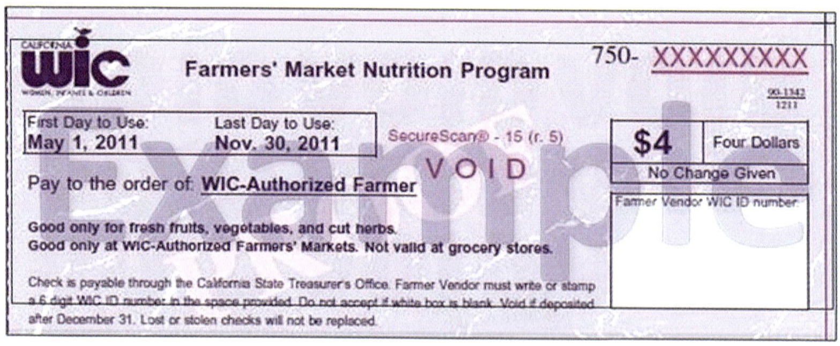

그림 9-12 식품 교환용 바우처 수표

(3) 필수보충식품 프로그램

미국의 몇 개 주는 지역에 따라 필수보충식품 프로그램Commodity Supplemental Food Program, CSFP을 제공한다. CSFP 혜택을 받으면 한 달에 한 번 식량 패키지를 집에 가져갈 수 있다. 임산부, 아기엄마, 그리고 6세 이하의 어린이가 있는 저소득가정이라면 신청할 수 있다. 그러나 CSFP를 제공하는 지역에 거주해야 한다. WIC 수혜자는 신청할 수 없으나 SNAP 수혜자는 신청할 수 있다.

(4) 보충영양 지원 프로그램

보충영양 지원 프로그램Supplemental Nutrition Assistance Program, SNAP은 미국의 전국적

인 식량 지원 프로그램이다. 예전에는 'Food Stamp Program'이라고 부르기도 하였다. 최근에 SNAP도 바우처 EBT 카드를 발급한다. 이 카드는 식료품점에서 직불카드처럼 식료품을 구매할 수 있다. SNAP는 한 달에 한 번 이 카드에 혜택 수당이 입금되며, 건강한 식습관과 활동적인 생활을 배울 수 있도록 도움을 제공하는 프로그램도 갖추고 있다. 저소득 개인이나 가정을 위한 프로그램으로 이들에게 신청자격이 주어진다.

(5) 헤드 스타트 프로그램

경제적·문화적으로 불우한 아동들을 위하여 국가 차원에서 개입하여 만든 유아교육 프로그램이 헤드 스타트 프로그램Head start program이다. 미국 연방 보건복지부에서 운영하고 있으며, 종합적인 유아기 교육, 건강, 영양, 그리고 저소득층 어린이와 그들의 가족에게 다양한 서비스를 제공한다. 50개 주의 도시와 시골 지역의 100만 명 이상의 어린이와 그들의 가족에게 매년 서비스를 지원한다. 유치원 교육, 건강 검진, 구강검사 등을 포함하며, 건강한 출산 결과와 건강한 가족과 영아, 걸음마를 배우는 아이의 발달 증진 및 3~5세의 저소득층 어린이가 건강하게 발달할 수 있도록 돕는 등의 지원을 한다.

2) 영국

(1) 헬시 스타트 프로그램

헬시 스타트 프로그램Healthy start program은 영국 전역에서 2006년부터 시행되고 있다. 저소득층 임산부와 어린이, 10대 임신 청소년의 가족을 위한 영국 정부의 식품 복지제도로, 현금으로 지급되는 바우처로 우유, 비타민제, 과일과 채소 등의 신선한 식품 또는 냉동식품과 영유아 분유만을 구입할 수 있다. 저소득층 임신·수유부, 만 4세 이하 어린이를 대상으로 하며 바우처를 통해 보충 식품(우유, 과일, 야채, 분유)을 지원한다. 한 주에 3.10파운드(약 5,400원) 바우처를 제공하며, 영아가 있는 경우에는 바우처를 2개 제공한다. 또한 8주마다 비타민 무료 쿠폰Healthy start vitamins을 제공하여 엽산, 비타민 C, 비타민 D를 지원한다. 식품과 건강에 관한 정보 제공, 임신 기간 중 건강한 식사, 공중위생을 측정하는 역할을 강화하고, 수혜자가 최대한 제도를 활용할 수 있도록 돕기 위해 영양과 건강 정보는 바우처와 함께 보낸다. 비타민, 모유 수유, 이유식 시작, 음주, 흡연에 대한 교육과 상담도 제공한다.

그림 9-13 Healthy start program에서 지원되는 비타민 및 쿠폰

표 9-9 미국과 영국의 임산부 및 영유아를 위한 영양 서비스

국가	영양 서비스	내용
미국	WIC	WIC(The Special Supplemental Nutrition Program for Women, Infants and Children)은 저소득 임산부, 모유 양육 여성, 유아와 다섯 살 아래의 어린이들의 건강관리와 영양을 위한 식품의 연방 지원 프로그램이자 미국농무부의 영양 서비스
	SNAP	SNAP(The Supplemental Nutrition Assistance Program)는 이전에 미국에 사는 저소득 및 무소득 사람들을 위한 음식 제공
	HEAD START PROGRAM	Head Start Program은 미국의 보건복지부의 프로그램으로, 종합적인 유아기 교육, 건강, 영양, 그리고 저소득층의 아이들과 그들의 가족들에게 부모 참여 서비스를 제공
영국	HEALTHY START	Healthy Start는 저소득층 임신부와 아이들, 10대 임신 청소년의 가족을 위한 영국 정부 식품 복지 제도

3) 그 외의 국외 프로그램

(1) GAIN work

2002년에 세워진 GAIN**global alliance for improved nutrition**(www.gainhealth.org/)은 국제기구이며, GAIN program은 정부, 국제적인 조직 파트너, 그리고 600개 넘는 세계적인 기업 등과 함께 일을 한다. 대표적인 GAIN의 work로는 방글라데시에서 시행하는 'maternal, infant and young child feeding'이라는 프로그램이 있다. 이 프로그램은 토속적인 음식에 쉽게 추가할 수 있는 다양한 영양소 파우더를 이용하여 6~24개월된 수백만 명의 영아에게 제공하고 있다.

표 9-10 GAIN의 대표적인 국제 영양 서비스의 예시

대상국가	사업명	내용
인도	Vitamin A prophylaxis program	비타민 A 유성제제의 정량 이상의 일 회 분량을 지역사회에 있는 아이들에게 6개월마다 투여
	Prophylaxis against nutrition anemia	인도 정부에 의해 실시된 국가적 프로그램으로 임신부와 어린아이들에게 철과 엽산제 제공
	Special Nutrition Program	도심 빈민가, 낙후된 시골의 6살 이하 어린이, 임신부, 그리고 모유 수유하는 여성의 영양적 이익을 위해 1970년에 식품보조제 제공 시작
	Balwadi Nutrition Program	발와디 시골에 사는 3~6세 어린이들에게 식품 보충제를 제공하는, 인도 정부가 실시하는 건강 교육 프로그램으로 인도 정부의 사회복지부서에서 1970년 시작하였다. 식품 보조제는 아이들에게 하루 300 kcal의 에너지와 10 g의 단백질을 270일 동안 제공
	ICDS	Integrated Children Development Service Program은 1975년 시작된 프로그램으로, 세계에서 가장 큰 유아기 발달을 위한 프로그램. 목표는 아이들의 영양적 건강 상태를 증진시키고, 아이들의 적절한 신체적, 심리적, 사회적 발달을 위한 기반을 마련하려는 것이다.
	Wheat-based Nutrition Program	1986년에 실시된 프로그램으로, 여성과 아동 발달 부서에서 실시되었다. 6세 이하의 어린이, 임신부, 수유하는 여성에게 영양적인 식품을 제공

단원정리

- 임신기와 수유기의 적절한 식생활관리에 의해 영양 상태를 최상으로 유지하는 것은 임산부 자신의 건강뿐만 아니라 태아 발달 및 출생 후 아기의 정상적인 발육 및 건강, 더 나아가 성인기의 건강 상태에도 영향을 미치게 되므로 매우 중요하다.
- 영양플러스사업(임산부 및 영유아 보충영양관리사업)은 생리적 요인과 환경 여건에 의해 상대적으로 영양 상태가 취약한 대상(임산부 및 영유아)에 대한 영양 지원을 실시하고 있다. 즉, 불량한 영양 섭취 상태 개선과 건강증진을 위한 영양교육을 실시하고, 영양 불량문제의 해소를 돕기 위한 특정 식품들을 일정 기간 지원하는 제도이다. 이 사업은 미국의 WIC(The special supplemental nutrition program for women, infants, and children) 프로그램을 우리 실정에 맞게 수정·변형한 것으로, 2005년 3개의 보건소에서 시범사업으로 시작하여 현재 전국 보건소로 확대 실시되고 있다. 영양플러스사업의 목표는 빈혈, 저체중, 영양 불량 등 취약계층 임산부 및 영유아의 영양문제를 해소하고, 스스로 식생활을 관리할 수 있는 능력을 배양하여 국민의 장기적인 건강을 확보하는 데 있다. 즉, 영양교육을 통해 식생활관리 능력을 배양시키고, 습득한 식생활관리 지식을 실천할 수 있도록 보충 식품을 제공하는 형태로 운영되고 있다.
- 영유아기는 신체 성장이나 정서적·지적 발달이 활발하며 식습관, 식사행동 양상이 형성되는 시기이므로 영유아 보육시설은 육아뿐만 아니라 영양관리와 식생활교육을 함께 해야 한다. 여성의 취업인구 증가와 핵가족화 현상으로 보육시설이 급증하고, 가정에서 담당하던 육아 기능을 영유아 보육시설이 담당함에 따라 보육시설을 통한 영양활동 강화가 요구되고 있다.
- 식품의약품안전처는 어린이집, 유치원, 지역아동센터 등 어린이에게 단체급식을 제공하는 집단급식소를 대상으로 체계적이고 철저한 위생 및 영양 관리를 지원하기 위하여 '어린이급식관리지원센터'를 설립하였다. 센터에 소속된 영양사 등 전문가가 어린이집이나 유치원 등을 직접 순회 방문하여 식품 위생관리를 위한 맞춤형 식단 제공, 영양교육, 식사 및 식자재 관리 지도 등을 실시한다. 센터는 위생관리 지원과 영양관리 지원으로 구성되며, 어린이에게 보다 안전하고 영양가 있는 급식을 제공하기 위하여 식품·영양 전공자들이 다양한 업무를 수행하고 있다.

1 국내의 대표적인 영양 보충 서비스인 영양플러스사업을 설명해 보자.

2 국내외의 모유 수유 실천을 위한 정책 방향을 설명해 보자.

3 어린이급식관리지원센터의 지원활동을 설명해 보자.

정답과 풀이

1. 임산부 및 영유아를 위한 영양 서비스 사업으로 주로 보건소에서 시행되는 영양플러스사업(임산부 및 영유아 보충영양관리사업)은 상대적으로 영양 상태가 취약한 대상(임산부 및 영유아)에 대한 영양 지원을 실시한다. 즉, 불량한 영양 섭취 상태 개선과 건강증진을 위한 영양교육을 실시하고, 영양 불량문제의 해소를 돕기 위한 특정 식품들을 일정 기간 지원하는 제도이다. 이 사업은 미국의 WICThe special supplemental nutrition program for women, infants, and children 프로그램을 우리 실정에 맞게 수정·변형한 것이다. 영양플러스사업의 목표는 빈혈, 저체중, 영양 불량 등 취약계층 임산부 및 영유아의 영양문제를 해소하고, 스스로 식생활을 관리할 수 있는 능력을 배양하여 국민의 장기적인 건강을 확보하는 데 있다. 영양플러스사업 내용은 6가지 패키지의 보충 식품 공급, 정기적인 영양 평가, 월 1회 이상의 영양 교육 및 상담으로 구성된다.
2. 전 세계적으로 모유 수유율 감소에 대응하여 WHO와 UNICEF를 중심으로 1980년대부터 모유 수유 캠페인을 벌이고 있으며, 회원국들은 국가 주도로 모유 수유 정책과 홍보활동을 전개하고 모유 수유 보호를 위한 모유 대체 식품에 대한 판매와 광고 규제의 입법화를 촉구하고 있다. 1989년 의료기관의 모유 수유 실행지침인 '성공적인 모유 먹이기 10단계'의 권장에 이어 1992년부터 '아기에게 친절한 병원 만들기baby-friendly hospital initiative, BFHI' 지정 사업, 모유 수유의 보호와 장려 및 지원을 위한 이노첸티 선언innocenti Declaration의 채택을 각국 정부, 관련 단체와 함께 권고하고 있다.
3. 식품의약품안전처는 어린이집, 유치원, 지역아동센터 등 어린이에게 단체급식을 제공하는 집단급식소를 대상으로 체계적이고 철저한 위생관리 및 영양관리를 지원하기 위하여 어린이급식관리지원센터를 설립하였다. 2009년 3월 「어린이 식생활안전관리 특별법」의 시행으로 2011년 경기도 하남시를 시작으로 12개의 어린이급식관리지원센터가 설립된 이래 현재 전국 210여 개소로 확대되었다. 센터에 소속된 영양사 등 전문가가 어린이집이나 유치원 등을 직접 순회 방문하여 식품 위생관리를 위한 맞춤형 식단 제공, 영양교육, 식사 및 식자재 관리 지도 등을 실시한다. 센터는 위생관리 지원과 영양관리 지원으로 구성되며, 위생관리 지원으로는 집단급식소 위생관리 실태 파악 및 컨설팅(급식 컨설팅 체크리스트를 활용한 점검, 1차 점검 후 2차 점검 시 개선 정도 평가)과 방문 위생교육(원장, 조리 종사자, 어린이, 학부모 대상)이 있다. 영양관리 지원으로는 식단 작성 및 보급, 표준 레시피 개발 및 보급 등의 지원을 한다. 이렇듯 어린이에게 보다 안전하고 영양가 있는 급식을 제공하기 위하여 식품·영양 전공자들이 다양한 업무를 수행하고 있다.

10
학령기 어린이 및 청소년 영양중재

학령기 어린이 및 청소년 영양 프로그램의 중요성

학령기 어린이 및 청소년의 영양문제

국내의 영양중재 프로그램

외국의 영양중재 프로그램

1. 학령기 어린이 및 청소년 영양 프로그램의 중요성

식생활 습관의 측면에서 보면, 학령기는 스스로 음식을 선택하여 섭취하기 시작함으로써 자신만의 식습관을 형성하는 준비단계에 해당하며, 청소년기는 식생활 습관 등 건강과 관련한 행동습관이 형성되고 노년기에 이를 때까지 이어져 개인의 미래 건강을 좌우하는 바탕이 되는 시기이다. 또한 영양 측면에서 보면, 학령기의 영양 상태는 생애 두 번째로 급격한 성장 발달이 이루어지는 청소년기를 준비한다는 점에서 중요하고, 청소년기의 영양 상태는 성인기 이후의 건강한 신체를 위한 바탕이 되므로 신체 발육에 부족함이 없는 동시에 과도하지 않은 상태를 유지할 수 있는 수준에서 식품을 섭취해야 한다.

학령기와 청소년기는 급격한 정신적, 정서적, 사회적 발달을 이루어 나가는 시기로, 활동 반경이 가정에서 이웃과 학교 등으로 확대되면서 부모와 교사, 또래 관계를 바탕으로 자신이 속한 사회의 일원이 되기 위한 사회화 훈련이 이루어진다. 그렇기 때문에 이 시기에 시작되는 체형의 변화 등 신체적 발달은 자신의 신체에 대한 인식의 발단이 되며 친구들과 자신을 비교함으로써 신체상을 형성하는 계기가 된다. 따라서 신체적으로뿐만 아니라 정신적으로 건강한 성인기를 맞이하기 위해서는 이때에 올바른 신체상에 대한 교육도 이루어져야 한다.

이러한 점에서 학령기와 청소년기의 영양 프로그램은 성장을 위한 적절한 영양 상태를 유지하는 동시에 과도한 영양 섭취로 인한 각종 질병을 예방할 수 있어야 하고, 일생에 거쳐 영향을 미치게 될 식습관이 올바르게 형성될 수 있도록 길잡이가 되어야 하며, 바른 신체상 확립에 관한 교육도 포함되어야 한다.

2. 학령기 어린이 및 청소년의 영양문제

만 6~12세 학령기와 만 13~18세에 해당하는 청소년기에 이루어지는 성장은 문화적, 사회·경제적 환경에 큰 영향을 받는다. 개화기 이후 100여 년 동안 우리 식생활은 큰 변화를 겪어 왔는데, 특히 지난 수십 년간은 산업화와 국제화에 따른 급속한 사회·경제적 발전으로 인하여 식생활의 서구화와 식품 섭취의 양적, 질적 증가 현상이 두드러졌다. 전통 식생활에서 흔히 사용하던 식재료뿐 아니라 그 전에는 쉽게 접할 수 없었던 다양한 식재료를 사용하게 되었고, 동물성 식품의 섭취량도 증가하게 되었으며, 가공식품 및 외식과 편이식품의 이용 빈도도 증가하게 되었다. 이처럼 변화된 환경요인은 특히 학령기 어린이와 청소년의 식품 섭취 및 식행동에 큰 영향을 주어 한국인의 체격에 급속한 세대적 변화secular trend를 일으켰다. 과도한 영양소 섭취와 함께 영양 불균형의 문제는 조기 지방증 반동adiposity rebound, 이른 사춘기, 비만아동의 급증 등과 같은 현상을 일으켰고, 성인기 최종 키에는 거의 변화가 없으면서 체중 증가만 현저해지는 신체 발육 양상을 초래하였다.

특히 청소년 시기에는 과중한 학업량, 입시에 대한 불안감, 사춘기의 심리적 불안정 및 조기등교로 인한 아침 결식, 불규칙한 식사시간 등의 문제와 함께 영양의 중요성을 잘 인식하지 못하고 영양에 대한 일반적 지식이 부족하여 식품 구입 시 영양과 안전성은 고려하지 않은 채 맛이나 편의성 및 광고와 유행에 치중하는 등의 문제를 안고 있어, 올바른 식습관을 유지하거나 합리적인 식행동을 하기 어려운 실정이다. 더구나 마른 체형에 대한 사회적 선호의 확산과 함께 비만에 대한 염려로 인해 날씬한 몸을 유지하기 위한 절식이나 식사 조절을 자의로 선택하는 현상이 흔히 관찰되기도 한다.

1) 영양 섭취의 불균형

2016 국민건강영양조사 결과에 따르면 학령기 어린이와 청소년의 전반적인 영양 섭취 상태는 양호하였으나 영양소별로 어린이와 청소년 간, 남녀별, 소득수준별 특징적인 현상을 보였다(표 10-1).

(1) 에너지 섭취의 과잉과 부족의 공존

학령기 어린이의 영양 섭취 특징은 에너지와 지방의 과다한 섭취이다. '국민건강영양조사' 결과(표 10-2)에 따르면 6~11세 어린이의 에너지 및 지방 과잉 섭취자 분율은 2007년 1.6%였지만, 2016년에는 7.5%로 크게 증가하였는데 이는 20대와 30~40대 다음으로 높은 것이다. 12~18세 청소년의 경우에도 지난 수년간 에너지와 지방의 섭취 증가가 두드러졌는데, 에너지 및 지방 과잉 섭취자 분율이 2007년 2.1%에서 2016년에는 7.5%로 크

청소년기 「청소년 기본법」에서는 9세 이상 24세 이하, 「청소년 보호법」에서는 만 19세 미만을 청소년으로 지칭하고 있으나, 이 책에서는 학령기 이후부터 성인기 이전까지의 만 13~18세에 해당하는 시기로 함.

지방증 반동(adiposity rebound) 출생 후 1년 동안은 체질량지수가 급격히 증가하다가 어느 시점 이후에는 감소하여 일반적으로 5~6세경 최소의 수치에 이르게 된다. 이처럼 유아기 중의 한 시기에 최소의 수준에 이르렀던 체질량지수는 그 이후 다시 증가하게 되는데 이와 같은 현상을 지방증 반동이라고 하며, 지방증 반동 시기가 5세 전에 나타나는 경우에는 성인비만의 위험이 커진다.

에너지 및 지방 과잉 섭취자 분율 에너지 섭취량이 필요추정량(또는 영양권장량)의 125% 이상이면서 지방 섭취량이 에너지 적정 비율을 초과한 분율

표 10-1 영양소별 영양소 섭취기준[1]에 대한 섭취비율과 미만 섭취자 분율(학령기 어린이와 청소년, 경제적 위치 지표별)

(단위 : %)

		영양소 섭취기준[1] 대비 섭취비율(미만 섭취자 분율)									
		에너지	단백질	칼슘	나트륨	철	비타민 A	티아민	리보플라빈	나이아신	비타민 C
6~11세	전체	105.2 (18.5)	192.5 (2.5)	62.3 (76.5)	206.2	142.8 (11.8)	79.4 (65.1)	207.6 (2.2)	134.9 (17.9)	125.3 (20.7)	117.8 (49.6)
	남자	106.2 (17.6)	201.5 (2.9)	66.9 (71.0)	221.2	145.2 (12.0)	78.8 (63.3)	225.5 (1.7)	136.6 (20.7)	137.5 (16.7)	120.8 (50.2)
	여자	104.2 (19.4)	183.6 (2.1)	57.8 (82.1)	191.3	140.3 (11.7)	79.9 (66.9)	189.9 (2.6)	133.2 (15.1)	113.2 (24.5)	114.9 (49.1)
12~18세	전체	91.7 (34.7)	140.7 (15.7)	52.1 (84.1)	230.4	107.2 (40.0)	51.2 (82.3)	170.0 (12.5)	102.4 (40.7)	100.8 (37.6)	72.2 (69.2)
	남자	92.4 (34.1)	148.2 (10.0)	57.0 (78.7)	261.0	119.7 (29.6)	47.4 (82.0)	188.6 (6.3)	98.6 (41.2)	110.6 (28.2)	76.4 (68.1)
	여자	90.9 (35.4)	132.1 (22.3)	46.5 (90.4)	195.1	92.8 (52.0)	55.7 (82.7)	148.5 (19.5)	106.7 (40.0)	89.5 (48.5)	67.3 (70.5)
소득수준[2] (표준화)[3]	하	95.4 (32.8)	139.9 (22.3)	60.9 (75.6)	242.0	149.9 (23.3)	57.3 (77.3)	157.5 (13.3)	106.6 (43.1)	105.9 (36.9)	86.6 (65.7)
	상	99.5 (27.0)	151.5 (16.7)	66.3 (70.5)	263.2	162.0 (16.7)	65.3 (71.5)	159.2 (8.6)	116.0 (33.4)	121.7 (24.7)	115.6 (50.0)

[1] 영양소 섭취기준 : 2015 한국인 영양소 섭취기준(보건복지부, 2015)
- 에너지 : 필요추정량
- 단백질, 칼슘, 철, 비타민 A, 티아민, 리보플라빈, 나이아신, 비타민 C : 권장섭취량
- 나트륨 : 충분섭취량

[2] 소득수준 : 월 가구 균등화 소득(월 가구 소득/$\sqrt{\text{가구원 수}}$)을 성별, 연령별(5세 단위) 사분위로 분류하여 '하'는 1/4분위, '상'은 4/4분위, 만 1세 이상

[3] 표준화 : 2005년 추계인구로 연령표준화

자료 : 보건복지부. 2016 국민건강영양조사. 2017

게 증가하였다.

학령기 어린이와 청소년에서 나타나는 에너지와 지방의 과잉 섭취 현상은 비만으로 이어져 중대한 보건문제가 되고 있다. 비만 소아·청소년은 정상체중인 경우에 비하여 신체상 불만족도가 높으며 이와 같은 부정적 자기 신체상은 자존감의 상실, 우울과 같은 정신적·사회적 문제를 초래할 수 있고 열등감, 고독 등 심인성 정신장애를 유발할 가능성이 높다. 또한 비만 소아·청소년의 신체에 대한 낮은 만족도는 체중 감량을 위한 절식이나 식사 제한 및 조절을 유발하기 때문에 이들에서 빈번히 관찰되는 잘못된 식행동이나 나쁜 식습관과 무관하지 않으며, 이렇게 형성된 부적절한 식행동과 식습관은 다시 역으로 비만을 악화시킬 가능성도 크다.

표 10-2 학령기 어린이와 청소년의 에너지/지방 과잉 섭취자 분율[1] 추이

(단위 : %)

구분		2007년	2008년	2009년	2010년	2011년	2012년	2013년	2014년	2015년	2016년
6~11세	전체	1.6	2.4	4.1	4.1	5.6	8.4	10.2	10.1	10.9	7.5
	남자	1.9	3.1	4.9	3.6	5.4	11.1	10.7	12.1	13.7	10.5
	여자	1.3	1.7	3.3	4.7	5.8	5.6	9.6	7.8	7.7	4.5
12~18세	전체	2.1	2.7	2.1	9.4	6.0	7.4	6.7	8.5	8.3	7.5
	남자	1.0	2.3	2.2	10.2	7.3	7.4	7.1	10.0	8.7	7.7
	여자	3.4	3.2	2.1	8.4	4.4	7.4	6.3	7.0	7.9	7.3
소득수준[2] (표준화)[3]	하	3.9	3.9	3.9	5.7	6.6	7.0	8.6	7.0	8.5	7.1
	상	3.2	5.9	5.8	8.5	7.8	6.8	12.1	10.5	11.7	7.4

[1] 에너지/지방 과잉 섭취자 분율 : 에너지 섭취량이 필요추정량의 125% 이상이면서 지방 섭취량이 지방 에너지 적정비율의 상한선을 초과한 분율

- 지방 에너지 적정비율의 기준
  - 2007~2009년 : 한국인 영양섭취기준(한국영양학회, 2005)
  - 2010~2016년 : 2015 한국인 영양소 섭취기준(보건복지부, 2015)

[2] 소득 수준 : 월 가구 균등화 소득(월 가구 소득/$\sqrt{\text{가구원 수}}$)을 성별, 연령별(5세 단위) 사분위로 분류하여 '하'는 1/4분위, '상'은 4/4분위, 만 1세 이상

[3] 표준화 : 2005년 추계인구로 연령표준화

자료 : 보건복지부. 2007~2016 국민건강영양조사. 2008~2017

'국민건강영양조사'에 나타난 6~11세 학령기 어린이의 비만 유병률(표 10-3)은 연도에 따라 증가하는 경향이 있으며, 2016년 남자 9.7%, 여자 6.7%로 성별에 따른 차이가 크지 않다. 그러나 '청소년건강행태 온라인조사' 결과(표 10-3)에 따르면 12~18세 청소년의 비만 유병률은 해가 갈수록 크게 증가하고 있으며, 남녀별 차이도 뚜렷하여 2017년 비만 유병률을 살펴보면 남자 18.5%, 여자 9.0%로 남자가 여자보다 2배 이상 높은 특징을 보인다. 또한 이 시기의 비만 유병률은 학년이 올라갈수록 더 높아지는 현상이 매우 뚜렷하다.

학령기와 청소년기의 비만은 영양 섭취 상태와도 관련되어 있지만 낮은 수준의 신체활동과도 관련 있다(그림 10-1). 입시 위주의 교육 환경으로 인해 학습을 위해 앉아서 보내는 하루 평균 시간이 매우 많으며, 이는 체육시간과 운동 등 여가활동의 감소 및 낮은 신체활동량과 관련되어 있다. 신체활동의 실천은 남학생보다 여학생이 낮고, 학년이 올라갈수록 낮아지는 경향이 있다. 이에 따라 청소년의 체격은 크게 증가하였으나 체력 수준은 급격히 감소한 것으로 보고되고 있다. 최근 가정의 경제 수준 및 부모의 학력과 소아·청소년 비만과의 관련성에 대한 연구들이 활발히 수행되고 있는데, 사회적 관심이 낮

표 10-3 학령기 어린이와 청소년의 비만 유병률 추이

(단위 : %)

구분		1997년	1998년	2001년	2005년	2006년	2007년	2008년	2009년	2010년	2011년	2012년	2013년	2014년	2015년	2016년	2017년
학령기 어린이[1]	전체	4.2	5.8	6.7	6.2	-	7.6	8.0	7.3	8.8	8.4	7.1	6.1	5.9	7.9	8.2	-
	남자	4.4	4.5	6.9	4.8	-	9.5	8.9	7.5	12.2	9.6	4.7	5.2	5.6	8.3	9.7	-
	여자	4.0	7.3	6.6	7.7	-	5.6	7.0	7.0	5.0	7.1	9.6	7.2	6.2	7.4	6.7	-
청소년[2]	전체	-	-	-	8.2	8.8	8.2	8.2	8.2	8.3	8.6	9.2	9.8	10.1	10.9	12.8	13.9
	남자	-	-	-	11.5	12.1	11.4	11.3	11.5	11.9	11.7	12.3	13.1	13.7	14.2	17.0	18.5
	여자	-	-	-	4.6	5.0	4.7	4.6	4.4	4.4	5.2	5.7	6.2	6.1	7.3	8.3	9.0
	중학교	-	-	-	7.3	7.0	6.6	6.6	6.7	7.2	7.3	7.6	7.7	8.0	8.2	9.8	10.6
	남자				10.1	9.8	9.1	9.4	9.7	10.4	10.1	10.5	10.1	10.8	11.0	13.3	14.4
	여자				4.1	3.8	3.7	3.5	3.3	3.5	4.1	4.4	4.9	4.9	5.1	5.9	6.4
	중1	-	-	-	5.8	5.3	5.0	5.6	5.6	6.2	6.8	6.6	5.9	6.2	6.5	8.5	9.1
	중2	-	-	-	7.4	7.4	6.7	7.0	6.6	6.9	6.6	7.6	8.1	7.9	8.5	9.6	10.3
	중3	-	-	-	8.7	8.2	8.0	7.2	7.8	8.3	8.3	8.5	8.9	9.6	9.2	11.1	12.3
	고등학교	-	-	-	9.9	10.8	10.1	9.9	9.7	9.5	10.0	10.7	11.8	12.0	13.3	15.4	16.8
	남자				13.9	14.7	14.0	13.4	13.2	13.3	13.2	13.9	15.9	16.4	17.1	20.1	21.9
	여자				5.5	6.4	5.8	5.9	5.6	5.3	6.3	7.1	7.4	7.3	9.2	10.2	11.2
	고1	-	-	-	10.0	9.3	8.6	9.1	8.8	8.9	9.4	9.7	10.9	11.0	11.9	13.9	14.9
	고2	-	-	-	9.9	10.3	10.7	9.0	9.3	9.1	9.3	10.4	11.6	11.8	13.2	15.9	16.8
	고3	-	-	-	-	13.0	11.3	11.7	11.0	10.7	11.3	12.0	13.0	13.2	14.9	16.4	18.4

[1] 보건복지부. 1997~2016 국민건강영양조사. 1998~2017

[2] 교육부, 보건복지부. 2005~2017 청소년건강행태 온라인조사. 2005~2017

은 환경일수록 건강한 생활습관에 대한 접근성이 낮아져 비만 가능성이 높아질 수 있음이 보고되고 있다. 따라서 소아·청소년 비만의 예방과 관리를 위해서는 지역사회, 학교, 가정의 연계 체계 구축을 통한 통합적인 접근이 필요하다.

청소년에서 나타나는 영양 섭취 특징 중의 하나는 에너지와 지방의 과다 섭취자도 많지만, 에너지와 각종 영양소의 부족 섭취자도 많아서 양 극단의 특성을 가진다는 점이다. 2016년 국민건강영양조사 결과(표 10-4) 12~18세 청소년의 영양섭취 부족자 분율은 19.8%인데, 이것은 우리나라 전체 연령층 중 가장 높은 것으로 1998년 22.7%에 비해서

영양섭취 부족자 분율 에너지 섭취 수준이 필요추정량(또는 영양권장량)의 75% 미만이면서 칼슘, 철, 비타민 A, 리보플라빈의 섭취량이 평균필요량(또는 영양권장량의 75%) 미만인 분율

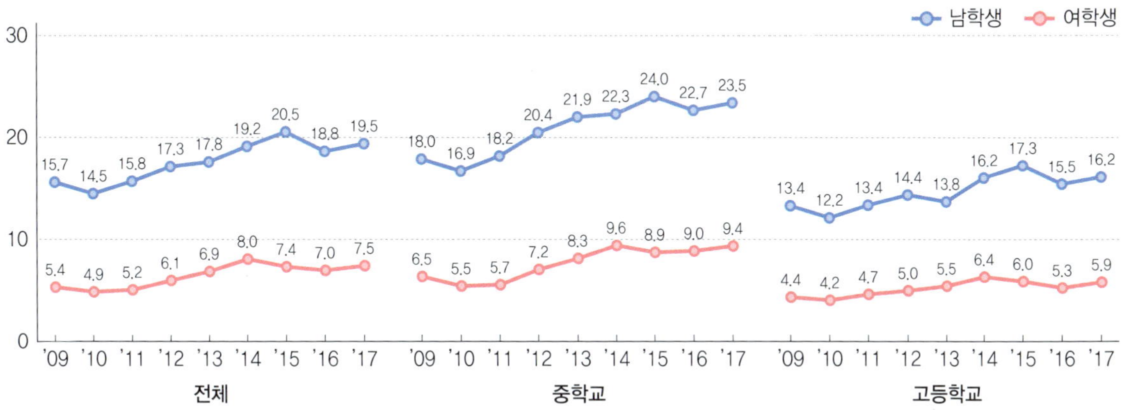

* 하루 60분 주 5일 이상 신체활동 실천율 : 최근 7일 동안 운동 종류 상관없이 심장박동이 평상시보다 증가하거나, 숨이 찬 정도의 신체활동을 하루에 총합 60분 이상 한 날이 5일 이상인 사람의 분율, 중1 ~ 고3

그림 10-1 청소년기의 학교별, 남녀별 신체활동 실천율

자료 : 교육부, 보건복지부. 2009~2017년 청소년건강행태 온라인조사. 2009~2017

표 10-4 학령기 어린이와 청소년의 영양섭취 부족자 분율[1] 추이

(단위 : %)

구 분		1998년	2001년	2005년	2007년	2008년	2009년	2010년	2011년	2012년	2013년	2014년	2015년	2016년
6~11세	전체	14.3	16.1	6.7	11.3	6.8	7.9	7.5	4.3	7.3	3.9	3.5	4.8	4.9
	남자	11.7	13.3	6.6	12.0	5.0	7.1	7.8	4.7	4.6	2.8	4.5	5.4	5.5
	여자	17.1	19.3	6.8	10.5	8.8	8.7	7.2	3.9	10.1	5.2	2.4	4.1	4.3
12~18세	전체	22.7	21.5	14.5	19.9	20.0	21.9	15.6	14.9	17.0	14.3	15.2	16.7	19.8
	남자	21.1	18.9	15.2	20.9	19.8	19.3	16.3	15.0	15.2	12.3	16.5	15.8	140
	여자	24.3	24.1	13.6	18.7	20.3	24.9	14.7	14.7	19.2	16.4	13.8	17.6	26.5
소득수준[2] (표준화)[3]	하	24.9	23.5	13.8	20.3	18.1	19.2	13.4	12.7	16.9	9.6	10.8	14.1	13.1
	상	16.5	14.2	11.1	13.1	10.7	10.2	7.2	9.1	8.5	6.4	6.9	5.6	9.2

[1] 영양섭취 부족자 분율 : 에너지 섭취 수준이 필요추정량의 75% 미만이면서 칼슘, 철, 비타민 A, 리보플라빈의 섭취량이 평균필요량 미만인 분율

- 필요추정량, 평균필요량의 기준
  - 2007~2009년 : 한국인 영양섭취기준(한국영양학회, 2005)
  - 2010~2015년 : 한국인 영양섭취기준 개정판(한국영양학회, 2010)
  - 2016년 : 2015 한국인 영양소 섭취기준(보건복지부, 2015)

[2] 소득수준 : 월 가구 균등화 소득(월 가구 소득/$\sqrt{가구원 수}$)을 성별, 연령별(5세 단위) 사분위로 분류하여 '하'는 1/4분위, '상'은 4/4분위, 만 1세 이상

[3] 표준화 : 2005년 추계인구로 연령표준화

자료 : 보건복지부. 1998~2016 국민건강영양조사. 1999~2017

는 감소한 수치이지만 여전히 높은 수준이다. 6~11세 어린이의 경우에는 1998년 14.3%에서 2016년 4.9%로 크게 감소하였다. 영양 섭취 부족자 분율은 소득수준이 낮을수록 높은 것으로 나타나 소득수준이 낮은 가정의 어린이와 청소년 집단에 대한 영양관리의 필요성이 제기되고 있다. 그러나 청소년 집단의 영양 부족은 단순히 소득수준뿐 아니라 이 시기에 특징적으로 관찰되는 체중 조절 시도와도 관련이 있어 이에 대한 고려도 필요하다.

(2) 부족한 칼슘의 섭취

칼슘은 학령기 어린이와 청소년 모두에서 매우 부족한 영양소이며 어린이에 비하여 청소년에서, 남자에 비하여 여자에서 더욱 심각하다(표 10-1). 2016년 여자 청소년은 권장섭취량의 46.5%에 해당하는 칼슘을 섭취하고 있었으며 전체 여자 청소년의 90.4%가 영양섭취기준 미만의 칼슘을 섭취하는 것으로 나타나 칼슘의 영양 상태가 매우 불량하였다. 칼슘 부족은 이 시기에 특징적으로 나타나는 체중 조절의 시도와 관련이 있을 뿐 아

표 10-5 청소년의 1일 1회 이상 우유 섭취율[1]

(단위 : %)

구분	2006년	2007년	2008년	2009년	2010년	2011년	2012년	2013년	2014년	2015년	2016년	2017년
전체	38.2	37.3	39.6	28.7	28.2	28.7	29.9	29.3	26.6	27.8	26.8	25.0
남자	46.6	45.9	47.4	34.6	34.3	34.8	35.4	35.7	32.8	34.4	33.6	30.2
여자	28.7	27.6	30.8	22.0	21.5	21.9	24.0	22.3	19.9	20.5	19.4	19.3
중학교	43.1	42.1	43.8	33.4	33.3	33.5	35.4	35.8	33.0	34.1	33.1	29.3
남자	51.8	50.3	50.9	38.4	39.5	40.0	41.2	42.8	39.6	41.6	40.6	34.8
여자	33.2	32.8	35.8	27.9	26.6	26.3	29.0	28.2	25.7	26.0	25.0	23.4
중1	46.1	45.0	46.3	36.4	36.1	36.9	39.1	39.9	36.8	38.1	37.4	31.5
중2	42.7	40.9	43.1	33.3	32.4	32.5	34.7	35.6	32.8	33.7	32.6	28.9
중3	40.3	40.6	42.1	30.7	31.6	31.2	32.5	32.0	29.7	31.5	29.9	27.6
고등학교	32.6	31.9	35.1	23.8	23.1	24.0	24.7	23.1	20.7	22.1	21.5	21.3
남자	40.6	40.9	43.7	30.8	29.2	29.8	29.8	29.0	26.4	28.1	27.8	26.3
여자	23.5	21.8	25.5	16.0	16.2	17.4	19.0	16.7	14.5	15.6	14.6	15.9
고1	42.4	44.2	47.1	33.5	31.7	32.4	26.3	24.3	22.6	24.6	24.2	23.8
고2	41.6	41.4	43.0	31.3	29.4	29.4	24.5	23.3	19.9	22.0	20.5	20.8
고3	37.7	36.6	40.4	27.3	26.2	27.6	23.4	21.7	19.7	19.7	19.9	19.6

[1] 1일 1회 이상 우유 섭취율 : 최근 7일 동안 1일 1회 이상 우유(흰 우유, 가공우유 모두 포함)를 마신 사람의 분율

자료 : 교육부, 보건복지부. 2006~2017 청소년건강행태 온라인조사. 2006~2017

니라, 가정의 소득수준과도 연관되어 있었는데 소득이 낮을수록 권장섭취량 대비 섭취 비율이 낮고 미만 섭취자 분율도 높았다.

청소년에서 최근 7일 동안 1일 1회 이상 우유를 섭취한 분율은 해가 갈수록 감소하여 2017년에는 25.0%에 불과하였으며, 학년이 올라갈수록 감소하는 현상이 더욱 심각하고 남자보다 여자의 섭취율이 매우 낮은 특성을 보였다(표 10-5). 칼슘의 좋은 급원식품인 우유의 섭취율이 해가 갈수록 감소하고, 또한 학년이 올라갈수록 줄어드는 현상은 칼슘의 영양 상태를 더욱 악화시키는 요인이다.

청소년기는 급속한 성장이 이루어지는 중요한 시기임을 고려할 때 부족한 칼슘 영양 상태는 최종적인 성인 키의 정체 또는 저하, 노년기 이후의 골격건강 문제 등을 일으킬 수 있어 이 시기에 해결해야 할 중요한 영양문제이다. 특히 소득수준이 낮은 가정의 청소년은 칼슘 영양 상태에 있어서 취약한 계층이므로 이들을 대상으로 한 지역사회영양 프로그램의 실시가 매우 시급하다.

(3) 과도한 나트륨의 섭취

나트륨은 학령기 어린이와 청소년 모두 충분섭취량의 2배 이상 과도한 양을 섭취하고 있는데, 특히 남자 청소년은 충분섭취량의 약 2.6배를 섭취하고 있어서 나트륨 섭취 감량이 필수적이다(표 10-1 참고). 가공식품과 인스턴트식품 및 패스트푸드는 나트륨 섭취에 기여하는 중요 식품으로 청소년기에 이들 식품의 섭취율은 매년 증가하는 추세이다(표 10-10, 10-11 참고).

어린 시절 짜게 먹는 식습관은 성인기에도 이어질 수 있다는 점에서 나트륨 섭취 감량에 관한 식습관교육은 반드시 이 시기에 이루어져야 할 것이다. 이는 성인기 이후에 발생할 수 있는 각종 생활습관병의 예방을 위해서도 매우 중요하다.

(4) 여자 청소년들의 철과 각종 비타민 부족

지난 수십 년간 육류 섭취의 증가와 함께 단백질과 철의 섭취는 충분해진 것으로 나타났지만, 여자 청소년에서는 철의 영양소 섭취기준 대비 미만 섭취자의 분율이 52.0%에 달하는 것으로 나타났다(표 10-1 참고). 이 시기는 제2차 성징과 함께 초경이 시작되거나 이미 주기적인 월경이 있는 시기이므로 부족한 철의 섭취는 빈혈 등의 문제를 일으킬 수 있으므로 이에 대한 각별한 관리가 필요하다.

청소년에서 비타민 A와 비타민 C의 섭취 수준이 영양소 섭취기준에 비하여 낮은 수준이었고, 미만 섭취자 분율도 각각 82.3%, 69.2%에 달하였다. 각종 비타민의 부족 현상은 과일과 채소 등의 불충분한 섭취에 기인하는데 이는 소득수준뿐 아니라 이 시기에 특징적으로 나타나는 체중 조절의 시도와도 상관있어서 성장기 균형 있는 식품 섭취의 필요성과 올바른 식습관에 대한 교육이 필요하다.

2) 아침식사 결식과 낮은 가족 동반식사 빈도

아침식사 결식률은 6~11세 어린이의 경우 2005년 11.3%, 2016년 10.0%로 최근 몇 년간 비슷하게 유지되고 있으나 여전히 높은 수준이며, 12~18세 청소년의 경우에는 이보다 심각한 수준으로 2005년 23.8%에서 2016년 34.6%로 크게 증가하였다(표 10-6). 청소년기의 아침식사 결식률은 우리나라 전체 연령층 중 20대에 이어 두 번째로 높은 것이다(그림 10-2). 아침식사 결식률이 높을수록 결식에 뒤이은 폭식과 잦은 간식 등의 섭취로 전반적인 식사의 질이 불량해지고 비만의 위험이 높아질 수 있으며, 특히 두뇌활동이 왕성한 청소년기에는 학업 능력에 영향을 미칠 수도 있다. 아침식사 결식률은 중학생에 비해 고등학생에서 더 높은 현상을 보이는데(표 10-7), 등교로 인한 아침식사 시간의 부족, 체중 조절의 시도 등이 원인으로 꼽히고 있어서 아침식사의 중요성에 대한 영양교육과 함께 학교 아침급식 프로그램 등의 정책적인 접근이 필요하다.

식구食口의 사전적 의미는 '한집에서 함께 살면서 끼니를 같이하는 사람'이다. 하지만 청소년의 가족 동반식사 빈도는 매우 낮은 수준이며 그나마도 지속적으로 저하하고 있다. 가족 동반 저녁식사 빈도를 살펴보면 6~11세 어린이의 경우 2005년 93.7%, 2016년 94.4%였지만, 12~18세 청소년의 경우에는 2005년 66.9%에 비해 더욱 감소하여 2016년 56.0%로 약 44%가 가족과 저녁식사를 함께하지 못하는 것으로 나타났다(표 10-8). 청소년은 학습활동으로 인한 시간 부족이 가족과 식사를 함께하지 못하는 주요한 원인으로 보고되고 있으며, 야근 등으로 인한 부모의 늦은 귀가도 원인으로 지목되고 있다. 가족이 함께하는 밥상은 어린이와 청소년에게 예절과 인성 및 바른 식습관을 습득할 수 있는 기회를 제공하고, 어휘력 학습의 장이 된다. 또한 편안한 환경에서 충분한 시간을 가지고 식사를 하면 비만 예방에도 도움이 된다. 특히 청소년에게는 부모와 함께하는 식사가 정서적 안정과 긍정적인 사고와도 관련이 깊은 것으로 보고되고 있다.

표 10-6 학령기 어린이와 청소년의 아침식사 결식률[1)]

(단위 : %)

구분		2005년	2007년	2008년	2009년	2010년	2011년	2012년	2013년	2014년	2015년	2016년
6~11세	전체	11.3	13.4	11.1	9.7	10.8	9.9	12.4	11.4	11.5	14.9	10.0
	남자	12.6	12.7	10.7	10.0	10.0	7.6	10.4	9.4	11.7	19.2	10.4
	여자	10.0	14.1	11.6	9.5	11.6	12.3	14.5	13.6	11.3	10.1	9.6
12~18세	전체	23.8	30.3	27.0	29.1	29.0	30.3	29.5	33.1	31.0	32.6	34.6
	남자	24.7	26.2	24.2	30.8	27.5	31.9	28.4	30.5	33.2	29.2	34.6
	여자	22.8	35.5	30.3	27.2	30.8	28.5	30.9	35.9	28.6	36.4	34.6
소득수준[2)] (표준화)[3)]	하	22.9	24.8	25.8	24.5	23.1	21.4	26.6	27.1	26.8	29.8	31.3
	상	17.0	18.5	20.1	18.4	19.5	20.8	21.5	19.7	19.9	23.0	24.2

1) 아침식사 결식률 : 조사 1일 전 아침식사를 결식한 분율, 만 1세 이상

2) 소득수준 : 월 가구 균등화 소득(월 가구 소득/$\sqrt{가구원 수}$)을 성별, 연령별(5세 단위) 사분위로 분류하여 '하'는 1/4분위, '상'은 4/4분위, 만 1세 이상

3) 표준화 : 2005년 추계인구로 연령표준화

자료 : 보건복지부. 2005~2016 국민건강영양조사. 2006~2017

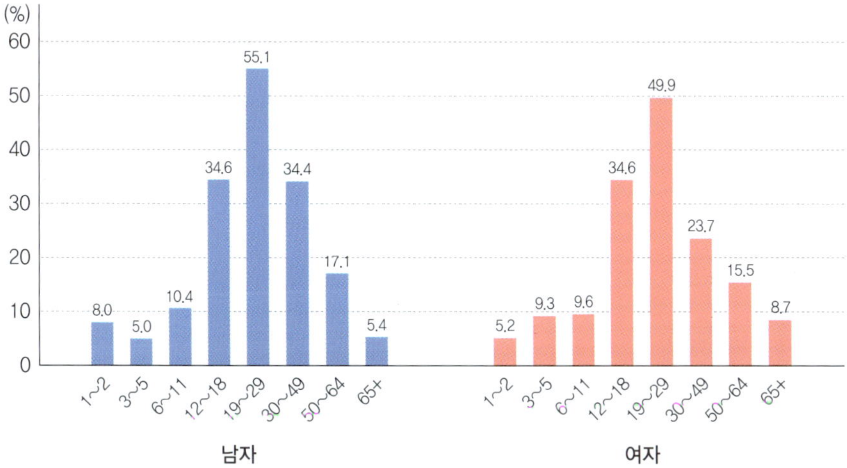

그림 10-2 연령별 아침식사 결식률[1)]

1) 아침식사 결식률 : 조사 1일 전 아침식사를 결식한 분율, 만 1세 이상

자료 : 보건복지부. 2016 국민건강영양조사. 2017

표 10-7 청소년의 주 5일 이상 아침식사 결식률[1)]

(단위 : %)

전체	중학교			고등학교		
	30.9			32.0		
	중1	중2	중3	고1	고2	고3
31.5	29.2	30.7	32.9	30.6	33.6	31.7

1) 주 5일 이상 아침식사 결식률 : 최근 7일 동안 아침식사를 5일 이상 먹지 않은 사람의 분율

자료 : 교육부, 보건복지부. 2017 청소년건강행태온라인조사. 2017

표 10-8 학령기 어린이와 청소년의 저녁식사 가족 동반 식사율[1)]

(단위 : %)

구분		2005년	2007년	2008년	2009년	2010년	2011년	2012년	2013년	2014년	2015년	2016년
6~11세	전체	93.7	95.7	96.2	96.2	95.0	93.9	95.4	95.2	95.6	94.7	94.4
	남자	93.4	96.7	96.3	96.5	93.8	94.9	93.1	96.2	95.6	95.9	94.1
	여자	94.0	94.7	96.1	95.9	96.3	92.9	97.9	94.1	95.7	93.3	94.7
12~18세	전체	66.9	63.1	62.3	59.0	54.9	53.1	54.7	53.4	60.1	57.6	56.0
	남자	67.2	68.7	61.5	57.6	53.7	53.7	53.3	54.9	61.2	55.6	58.5
	여자	66.5	56.1	63.1	60.6	56.4	52.3	56.3	51.7	59.0	59.9	53.1
소득수준[2)] (표준화)[3)]	하	78.3	71.4	69.1	66.3	66.8	66.1	70.0	63.1	66.4	63.3	61.1
	상	73.5	65.2	68.3	66.8	69.3	65.3	64.3	66.6	64.2	64.5	63.0

[1)] 저녁식사를 대체로 가족과 함께 식사하는 분율

[2)] 소득수준 : 월 가구 균등화 소득(월 가구 소득/$\sqrt{가구원 수}$)을 성별, 연령별(5세 단위) 사분위로 분류하여 '하'는 1/4분위, '상'은 4/4분위, 만 1세 이상

[3)] 표준화 : 2005년 추계인구로 연령표준화

자료 : 보건복지부. 2005~2016 국민건강영양조사. 2006~2017

3) 외식과 가공식품 섭취 증가

국민건강영양조사 결과, 우리나라 국민들의 하루 1회 이상 외식률은 해가 갈수록 증가하고 있다(표 10-9). 6~11세 어린이의 경우 2008년 16.4%에서 2016년 32.4%로 두 배 정도 늘었고, 12~18세 청소년의 경우에도 2008년 33.4%에서 2016년 52.9%로 큰 폭으로 증가하였다. 이와 같은 추이는 19세 이상 성인의 외식률의 증가폭(2008년 24.7%, 2016년 39.5%)과 비교해 볼 때 더욱 가파른 양상을 보인다. 특히 여자는 12~18세 청소년 시기에 전체 연령층에서 가장 높은 수준의 외식률을 보였고, 남자는 12~18세 청소년 시기가 30~49세 다음으로 높은 수준이었다(그림 10-3). 하루 1회 이상 외식률은 소득수준과 관련 있는 것으로 나타났는데 소득이 높을수록 높은 외식률을 보였다.

청소년에서 주 3회 이상 패스트푸드를 섭취하는 분율은 해가 갈수록 높아져서 2009년 12.1%였으나 2017년에는 20.5%에 달했으며 이와 같은 현상은 학년이 올라갈수록 더욱 심각하였다(표 10-10). 라면 섭취율도 높은 수준으로 2017년 25.9%에 달하였는데 중학생의 라면 섭취율은 2017년 29.0%로, 특히 중2와 중3 학생의 약 1/3이 일주일에 3회 이상 라면을 섭취하는 것으로 나타났다(표 10-11). 청소년들이 라면을 즐겨 먹는 주된 이유는 편의성과 맛 때문인데 특히 연령이 낮을수록 맛 때문에 섭취하는 분율이 높다는 보고가

외식률 최근 1년 동안 평균적으로, 가정에서 조리한 음식 이외에 매식(배달음식, 포장음식 포함), 급식, 종교단체 제공 음식 등의 외식을 하루 1회 이상 섭취한 분율

표 10-9 학령기 어린이와 청소년의 하루 1회 이상 외식률[1)]

(단위 : %)

구분		2008년	2009년	2010년	2011년	2012년	2013년	2014년	2015년	2016년
6~11세	전체	16.4	15.1	13.1	15.4	14.9	21.1	31.7	32.2	32.4
	남자	16.3	16.5	12.7	15.6	16.9	20.1	29.3	29.6	29.7
	여자	16.5	13.7	13.6	15.2	12.8	22.2	34.4	35.1	35.3
12~18세	전체	33.4	33.2	38.4	40.2	36.7	46.4	47.7	50.5	52.9
	남자	34.4	34.9	40.0	38.3	39.6	45.1	48.4	53.6	54.3
	여자	32.3	31.2	36.5	42.5	33.1	47.9	46.9	46.8	51.4
소득 수준[2)]	하	21.4	20.8	21.6	20.9	19.0	24.5	23.4	26.1	25.4
	상	26.6	26.9	30.6	31.9	28.0	33.6	37.4	37.3	36.5

1) 하루 1회 이상 외식률 : 최근 1년 동안 평균적으로, 가정에서 조리한 음식 이외의 매식(배달음식, 포장음식 포함), 급식, 종교단체 제공 음식 등의 외식빈도가 하루 1회 이상인 분율, 만 1세 이상

2) 소득수준 : 월 가구 균등화 소득(월 가구 소득/$\sqrt{\text{가구원 수}}$)을 성별, 연령별(5세 단위) 사분위로 분류하여 '하'는 1/4분위, '상'은 4/4분위, 만 1세 이상

자료 : 보건복지부, 2008~2016 국민건강영양조사, 2009~2017

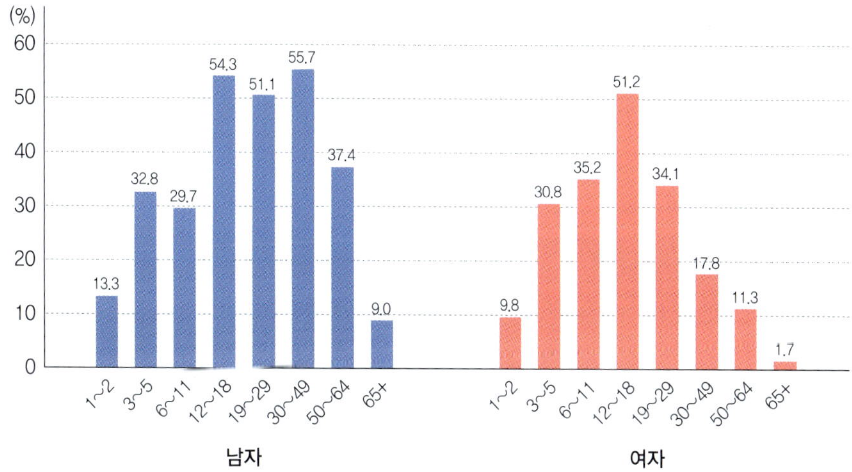

그림 10-3 연령별 하루 1회 이상 외식률[1)]

1) 하루 1회 이상 외식률 : 최근 1년 동안 평균적으로, 가정에서 조리한 음식 이외의 매식(배달음식, 포장음식 포함), 급식, 종교단체 제공 음식 등의 외식빈도가 하루 1회 이상인 분율, 만 1세 이상

자료 : 보건복지부, 2016 국민건강영양조사, 2017

있다. 평균적으로 라면 1개에 함유된 나트륨의 양이 1일 충분섭취량을 넘거나 육박하는 수준이며, 라면의 장점이면서 결과적으로 단점이 될 수 있는 쉽고 빠르게 조리하여 다른 반찬 없이 간편하게 먹을 수 있다는 간편성은 채소류를 비롯한 다른 식품군의 섭취를 낮

표 10-10 청소년의 주 3회 이상 패스트푸드 섭취율[1)]

(단위 : %)

구분	2009년	2010년	2011년	2012년	2013년	2014년	2015년	2016년	2017년
전체	12.1	12.0	11.6	11.5	13.1	15.6	14.8	16.7	20.5
남자	13.4	13.4	13.0	12.6	14.4	16.5	16.0	17.9	21.6
여자	10.7	10.4	10.0	10.3	11.6	14.5	13.5	15.4	19.3
중학교	11.1	10.8	9.5	10.4	12.0	14.7	13.7	15.8	18.8
남자	12.1	12.3	10.6	11.0	12.9	15.1	14.4	16.7	19.7
여자	9.9	9.2	8.3	9.7	11.0	14.2	13.0	14.8	17.9
중1	10.7	10.5	8.4	9.8	11.1	13.6	12.5	14.9	16.6
중2	11.4	11.2	9.4	10.3	12.0	14.9	13.5	15.3	18.6
중3	11.2	10.8	10.6	11.1	12.8	15.4	14.9	17.0	21.3
고등학교	13.2	13.1	13.6	12.6	14.1	16.4	15.8	17.5	21.8
남자	14.7	14.5	15.3	14.1	15.8	17.9	17.4	18.9	23.1
여자	11.5	11.5	11.6	10.9	12.2	14.7	14.0	15.9	20.5
고1	13.2	12.4	13.7	12.0	13.6	15.0	15.4	17.0	20.8
고2	13.2	12.1	12.9	12.9	14.3	16.7	15.8	17.1	22.5
고3	13.2	14.8	14.2	12.8	14.4	17.4	16.2	18.4	22.0

[1)] 최근 7일 동안 3회 이상 피자, 햄버거, 치킨 같은 패스트푸드를 먹은 사람의 분율

자료 : 교육부, 보건복지부. 2009~2017년 청소년건강행태온라인조사. 2009~2017

표 10-11 청소년의 주 3회 이상 라면 섭취율[1)]

(단위 : %)

구분	2009년	2010년	2011년	2012년	2013년	2014년	2015년	2017년
전체	26.1	23.7	22.7	22.5	22.6	23.2	22.4	25.9
중학교	29.2	26.5	25.3	25.2	25.8	26.0	24.9	29.0
중1	29.0	25.9	23.5	23.9	24.3	25.2	23.4	26.3
중2	30.3	28.1	26.0	25.2	26.7	26.0	26.0	30.3
중3	28.4	25.7	26.2	26.3	26.5	26.8	25.1	30.4
고등학교	22.9	20.8	20.1	19.9	19.5	20.6	20.2	23.4
고1	22.6	20.9	20.7	20.1	20.2	20.6	19.8	22.8
고2	22.2	19.9	19.0	20.6	20.2	20.5	20.2	24.3
고3	24.1	21.5	20.6	19.1	18.1	20.8	20.4	22.9

[1)] 최근 7일 동안 3회 이상 라면이나 컵라면을 먹은 사람의 분율

자료 : 교육부, 보건복지부. 2009~2017년 청소년건강행태온라인조사. 2009~2017

추는 결과를 초래하게 된다. 따라서 라면 섭취율이 높은 청소년 집단을 대상으로 이와 같은 문제점을 보완할 수 있는 식품 섭취에 대한 교육이 필요하다.

미국은 2005~2006년 국민건강영양조사에서 콜라, 에너지 음료, 스포츠 음료, 과일음료와 같은 가당 음료수sugar-sweetened beverage에 함유된 첨가당을 당류의 대표적인 급원으로 간주하였다. 우리나라에서 총당류 섭취에 대한 식품군의 기여도를 조사한 결과, 가공식품의 기여도가 56.8%로 가장 높았고 연령층별 비교에서는 12~18세 청소년에서 67.7%로 가장 높게 나타났다(그림 10-4). 청소년에서 주 3회 이상의 탄산음료 섭취율은 해가 갈수록 증가하여 2009년 24.0%에서 2017년에는 33.7%로 높아졌으며, 학년별 특성 없이 모든 학년에서 비슷한 수준을 보였고 여자에 비하여 남자의 섭취량이 높았다(표 10-12).

첨가당의 과잉 섭취는 식사의 영양 밀도를 감소시키며, 성인과 어린이 모두에게서 비만, 당뇨병 및 심혈관 질환과 같은 생활습관병과 충치 발생 위험도를 높이는 것으로 보고되고 있다. 따라서 한국인 영양소 섭취기준에서 제시한 총에너지 섭취량의 10~20% 수준의 총당류 섭취량과, 총에너지 섭취량의 10% 이내의 식품 조리 및 가공 시 첨가되는

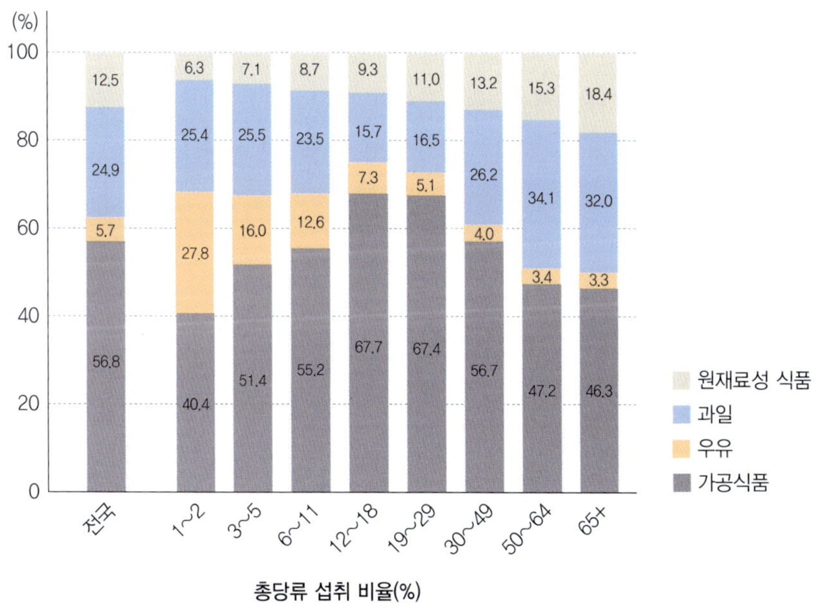

그림 10-4 한국인의 총당류 섭취에 기여하는 식품군 비율

자료 : 이행신, 권성옥, 연미영, 김도희, 이지연, 남지운, 박승주, 연지영, 이순규, 이혜영, 권오상. 한국인의 총당류 섭취실태 평가: 2008~2011년 국민건강영양조사 자료를 이용하여. J Nutr Health 47(4): 268-276, 2014

표 10-12 청소년의 주 3회 이상 탄산음료 섭취율[1)]

(단위 : %)

구분	2009년	2010년	2011년	2012년	2013년	2014년	2015년	2016년	2017년
전체	24.0	24.3	23.2	24.3	25.5	26.0	28.3	27.1	33.7
남자	29.8	29.8	28.8	30.0	31.6	32.3	35.5	32.5	40.2
여자	17.4	18.2	17.0	18.0	18.7	19.1	20.8	21.2	26.7
중학교	24.2	24.2	21.8	23.5	25.6	26.0	27.7	27.8	33.8
남자	30.0	29.7	26.9	28.0	30.9	31.2	33.7	32.5	39.5
여자	17.8	18.2	16.2	18.5	19.8	20.2	21.2	22.6	27.5
중1	23.1	23.8	20.2	22.4	24.3	25.4	24.8	25.8	30.4
중2	25.1	24.9	22.0	23.1	26.1	25.5	28.5	28.9	35.0
중3	24.5	23.9	23.1	24.8	26.5	27.0	29.3	28.6	35.8
고등학교	23.7	24.4	24.6	25.1	25.3	26.0	28.9	26.5	33.7
남자	29.6	30.0	30.7	32.0	32.3	33.3	36.7	32.5	40.8
여자	17.1	18.1	17.7	17.4	17.7	18.0	20.4	19.9	26.1
고1	22.9	24.0	24.3	25.1	25.1	24.8	28.4	26.8	33.0
고2	24.2	23.3	24.3	25.4	26.2	26.8	28.9	26.8	35.2
고3	24.1	25.9	25.2	25.0	24.7	26.3	29.4	25.8	32.9

[1)] 최근 7일 동안 3회 이상 탄산음료를 마신 사람의 분율

자료 : 교육부, 보건복지부. 2009~2017년 청소년건강행태온라인조사. 2009~2017

첨가당 수준을 실천하기 위해서는, 청소년에서 탄산음료를 비롯한 가공식품의 섭취를 줄이기 위한 학교, 가정, 지역사회의 노력이 이루어져야 할 것이다.

4) 신체상 장애

학령기에는 긍정적 성격과 자아 개념, 적응적 행동adaptive behavior, 올바른 사회성 등을 확립하기 위해서 적절한 신체상body image을 형성하는 과정이 필요하다. 신체상은 각 개인이 자신의 몸에 대해서 주관적으로 인식하고 있는 형상을 말하는데, 학령기 어린이와 청소년 시기에는 자신의 신체를 정확하게 인지하지 못하는 오인misperception현상과 자신의 신체에 대해 만족하지 못하는 불만족dissatisfaction현상이 나타날 수 있다. 이러한 현상은 모두 신체상 장애disturbance의 일종이다.

청소년기는 자신의 신체에 대해 관심이 높아지는 시기인 동시에 남녀별 신체상 인식의 차이가 뚜렷이 나타나는 시기로, 남자 청소년의 경우에는 근육이 많은 체형을 이상적으

로 생각하는 반면에 여자 청소년의 경우에는 마른 체형을 이상적으로 생각하는 것으로 보고되고 있다. 이와 같은 특징은 여자 청소년에서의 높은 체중 감소 시도율과 신체상 왜곡 인지율과 관련되어 있다. '2017년 청소년건강행태온라인조사' 결과에 따르면 청소년의 월간 체중 감소 시도율은 남자 24.0%에 비해 여자가 42.5%로 매우 높았고(표 10-13), 신체상 왜곡 인지율도 남자 20.1%에 비해 여자가 35.8%로 높았다(표 10-14). 또한 월간 체중 증가 시도율은 남자 청소년에서는 12.0%, 여자 청소년에서는 2.2%로 여자에 비하여 남자에서 높은 비율로 나타나(표 10-15), 이상적 신체상이 성별에 따라 다르게 형성되어 있으며, 서로 다른 형태의 체중 조절 시도와 연관되어 있음을 나타낸다. 신체상 왜곡 인지와 같은 신체상의 오인현상은 자신의 신체에 대한 불만족 현상을 가져오고, 이는 날씬

표 10-13 청소년의 월간 체중 감소 시도율[1]

(단위 : %)

전체	남자	여자	중학교			고등학교		
			33.6			32.2		
			중1	중2	중3	고1	고2	고3
32.9	24.0	42.5	32.0	34.5	34.3	32.9	33.8	29.9

[1] 최근 30일 동안 체중 감소를 위해 노력한 적이 있는 사람의 분율

자료 : 교육부, 보건복지부. 2017년 청소년건강행태온라인조사. 2017

표 10-14 청소년의 신체상 왜곡 인지율[1]

(단위 : %)

전체	남자	여자	중학교			고등학교		
			24.1			28.0		
			중1	중2	중3	고1	고2	고3
26.2	20.1	35.8	22.2	24.4	25.7	26.8	28.1	29.0

[1] 2007년 소아·청소년 성장도표 연령별 체질량지수 기준 85백분위수 미만인 자 중에서 자신의 체형을 살이 찐 편이라고 인지하는 사람의 분율

자료 : 교육부, 보건복지부. 2017년 청소년건강행태온라인조사. 2017

표 10-15 청소년의 월간 체중 증가 시도율[1]

(단위 : %)

전체	남자	여자	중학교			고등학교		
			7.3			7.3		
			중1	중2	중3	고1	고2	고3
7.3	12.0	2.2	7.7	7.0	7.3	7.4	7.6	6.9

[1] 최근 30일 동안 체중 증가를 위해 노력한 적이 있는 사람의 분율

자료 : 교육부, 보건복지부. 2017년 청소년건강행태온라인조사. 2017

한 몸을 유지하기 위한 절식이나 식사 조절행동으로 연결되어 영양 섭취 부족 및 영양 불균형 등의 문제를 초래할 수 있으므로 반드시 올바른 신체상을 확립할 수 있는 교육이 필요하다.

한편, 최근에는 학령기 어린이와 청소년의 신체상 장애가 비만 역학 분야에서 새롭게 주목받고 있다. 과체중 또는 비만에 해당하는 어린이와 청소년은 신체상 과소평가, 즉 자신의 신체를 실제 크기보다 작게 오인하는 경향이 있기 때문에 비만의 조기 예방 또는 치료를 위한 체중 조절의 시기를 놓쳐 청소년기 이후에 비만을 초래하는 원인이 되기도 한다.

5) 식품 알레르기

식품 알레르기는 면역 메커니즘에 의해서 일어나는 식품에 대한 알레르기 반응을 말한다. 특정 체질의 사람이 알레르기 반응을 일으키는 식품을 섭취했을 때 면역계가 과잉 반응하여 구토, 복통, 설사, 기침, 호흡곤란, 천식, 재채기, 피부 반응 등의 다양한 증상을 일으키게 된다. 특히 피부 반응은 급성 두드러기, 부종 등 아토피 피부염과 증상이 비슷하다. 만일 중증의 급성 증상이 일어난 경우에는 약물치료를 하여야 한다.

알레르기를 일으키는 식품을 반복해서 먹으면 해당 식품에 대한 알레르기가 고착되거나 아토피 피부염, 천식, 알레르기 비염으로 발전할 수 있다. 따라서 개인 차원에서는 알레르기를 일으키는 원인 식품을 규명하여 영유아 때부터 꾸준한 주의를 기울여야 하고, 지역사회 차원에서는 식품에 대한 알레르기가 있는 사람들을 대상으로 알레르기의 재발 방지를 위한 예방교육 등을 실시할 필요가 있다.

원인 식품을 규명하고 회피하는 것이 가장 확실한 예방법이지만 원인 식품을 제한하게 되면 이를 통해 얻을 수 있는 영양소도 섭취할 수 없다는 문제가 있다. 예를 들어 우유에 알레르기가 있어서 우유를 제한하면 칼슘, 비타민 등의 영양소 섭취도 줄어든다. 따라서 특정 식품을 제한할 경우에는 대체식품을 섭취해야 하는데, 우유의 경우에는 완전가수분해 우유나 아미노산 조제분유를 이용하는 등의 방법이 있다.

해당 식품이 소량 섞이거나 또는 해당 식품에서 추출한 성분이 조리 과정에 사용되는 경우는 피하기가 쉽지 않기 때문에, 「어린이 식생활안전관리 특별법」, 「학교급식법」, 「식품위생법」 등의 법에 의거하여 유통되는 모든 식품에 알레르기 식품과 그 유래 성분이 포함되었는지를 표시하는 제도가 2004년부터 시행되고 있다(표 10-16). 현재 법적 표시

대상 식품은 난류, 우유, 메밀, 땅콩, 대두, 밀, 고등어, 게, 새우, 돼지고기, 복숭아, 토마토, 아황산류, 호두, 닭고기, 쇠고기, 오징어, 조개류 등 총 18종이다. 이들 식품에 대한 알레르기가 있는 사람은 평소 식품 성분표시를 확인하는 습관을 가져야 하며, 알레르기 유발 식품과 그렇지 않은 식품을 같은 시설에서 생산하면서 발생하는 교차 오염에도 주의해야 한다.

표 10-16 식품 알레르기와 관련된 법규와 조항

어린이 식생활안전관리 특별법 [시행 2017.5.30.] [법률 제14263호, 2016.5.29., 일부개정]
제11조의 2(알레르기 유발 식품 표시) ① 「식품위생법」 제36조 제1항 제3호에 따른 식품접객영업자 중 주로 어린이 기호식품을 조리·판매하는 업소로서 대통령령으로 정하는 영업자는 조리·판매하는 식품에 알레르기를 유발할 수 있는 성분·원료가 포함된 경우 그 원재료명을 식품의약품안전처장이 정하는 표시 기준 및 방법 등에 따라 표시하여야 한다. ② 식품의약품안전처장은 제1항에 따른 알레르기 유발 식품 표시를 위한 표시 기준 및 방법 등을 정하여 고시하여야 한다.
학교급식법 [시행 2013.11.23.] [법률 제11771호, 2013.5.22., 일부개정]
제16조(품질 및 안전을 위한 준수사항) ③ 학교의 장과 그 소속 학교급식 관계 교직원 및 학교급식 공급업자는 학교급식에 알레르기를 유발할 수 있는 식재료가 사용되는 경우에는 이 사실을 급식 전에 급식 대상 학생에게 알리고, 급식 시에 표시하여야 한다. ④ 알레르기를 유발할 수 있는 식재료의 종류 등 제3항에 따른 공지 및 표시와 관련하여 필요한 사항은 교육부령으로 정한다.
학교급식법 시행규칙 [시행 2016.4.20.] [교육부령 제96호, 2016.4.20., 타법개정]
제7조(품질 및 안전을 위한 준수사항) ② 법 제16조 제3항에 따라 학교의 장과 그 소속 학교급식 관계 교직원 및 학교급식 공급업자는 학교급식에 「식품위생법」 제10조에 따라 식품의약품안전처장이 고시한 식품의 표시 기준에 따른 한국인에게 알레르기를 유발하는 것으로 알려져 있는 식품을 사용하는 경우 다음 각 호의 방법으로 알리고 표시하여야 한다. 다만, 해당 식품으로부터 추출 등의 방법으로 얻은 성분을 함유하고 있는 식품에 대해서는 다음 각 호의 방법에 따를 수 있다. 1. 공지방법 : 알레르기를 유발할 수 있는 식재료가 표시된 월간 식단표를 가정통신문으로 안내하고 학교 인터넷 홈페이지에 게재할 것 2. 표시방법 : 알레르기를 유발할 수 있는 식재료가 표시된 주간 식단표를 식당 및 교실에 게시할 것
식품위생법 [시행 2018.6.20.] [법률 제15277호, 2017.12.19., 일부개정]
제10조(표시기준) ① 식품의약품안전처장은 국민보건을 위하여 필요하면 다음 각 호의 표시에 관하여 기준을 정하여 고시할 수 있다. 1. 판매를 목적으로 하는 식품 또는 식품첨가물의 표시 2. 제9조 제1항에 따라 기준과 규격이 정하여진 기구 및 용기·포장의 표시 └→ 식품 등의 표시기준 [시행 2020.1.1.] [식품의약품안전처고시 제2017-99호, 2017.12.6., 일부개정]

(계속)

II. 공통 표시기준

2. 소비자 안전을 위한 주의사항 표시

가. 알레르기 유발물질 표시

알레르기 유발물질은 함유된 양과 관계없이 원재료명을 표시하여야 하며, 표시대상과 표시방법은 다음과 같다.

1) 표시대상

가) 난류(가금류에 한한다), 우유, 메밀, 땅콩, 대두, 밀, 고등어, 게, 새우, 돼지고기, 복숭아, 토마토, 아황산류(이를 첨가하여 최종제품에 SO_2로 10 mg/kg 이상 함유한 경우에 한한다), 호두, 닭고기, 쇠고기, 오징어, 조개류(굴, 전복, 홍합 포함)를 원재료로 사용한 경우

나) 가)의 식품으로부터 추출 등의 방법으로 얻은 성분

다) 가) 및 나)를 함유한 식품 또는 식품첨가물을 원재료로 사용한 경우

2) 표시방법

원재료명 표시란 근처에 바탕색과 구분되도록 별도의 알레르기 표시란을 마련하여 알레르기 표시대상 원재료명을 표시하여야 한다.

(예시) 계란, 우유, 새우, 이산화황, 조개류(조개류(굴), 조개류(바지락)) 함유

나. 혼입 가능성이 있는 알레르기 유발물질 표시

알레르기 유발물질을 사용하는 제품과 사용하지 않은 제품을 같은 제조 과정(작업자, 기구, 제조라인, 원재료 보관 등 모든 제조 과정)을 통하여 생산하여 불가피하게 혼입 가능성 있는 경우, 주의사항 문구를 표시하여야 한다. 다만, 제품의 원재료로서 가목에 따라 표시한 알레르기 유발물질은 표시하지 아니한다.

(예시) "이 제품은 메밀을 사용한 제품과 같은 제조 시설에서 제조하고 있습니다" 등의 표시

다. 밀, 호밀, 보리, 귀리 및 이들의 교배종을 원재료로 사용하지 않으면서 총 글루텐 함량이 20 mg/kg 이하인 식품 또는 밀, 호밀, 보리, 귀리 및 이들의 교배종에서 글루텐을 제거한 원재료를 사용하여 총 글루텐 함량이 20 mg/kg 이하인 식품은 무글루텐(Gluten Free)의 표시를 할 수 있다.

3. 국내의 영양중재 프로그램

1) 학교급식

(1) 학교급식의 발달 과정

일제강점기 때 경성부(현 서울)에서 특지가의 기부금으로 공립 보통학교(현 초등학교)에서 결식아동을 대상으로 점심급식이 시작되었으나 예산 부족을 이유로 실시 1년 만에 폐지되었다. 해방 전까지는 결식아동을 대상으로 각 지역 학교에서 부분적으로 급식을 시행하기도 하였다. 해방 이후에는 1946년 서울 시내 국민학교(현 초등학교) 전 아동을 대상으로 일시적으로 잡곡밥과 국, 반찬으로 이루어진 급식을 실시한 바 있다.

6·25전쟁 발발 이후에는 1953년 3월 캐나다 정부가 탈지분유 14만 파운드를 결식아동에게 제공하여 서울 시내 72개 국민학교에 급식하였다. 휴전 이후에는 1953년 11월부터

UNICEF 등 구호단체에 의해 결식아동을 위한 분유와 간유肝油 등의 원조가 1957년까지 활발히 지속되었으며, 그 이후에도 여러 단체들에 의해 구호 원조활동이 수시로 이루어졌다. 1958년부터는 우리 정부와 구호단체인 미국 CARE의 협약으로 전국 국민학교 결식아동을 대상으로 옥수수 가루로 만든 죽과 빵을 무료 급식하였다. 이 시기의 급식은 모든 학생을 대상으로 하는 것이 아닌 결식 및 국민학교 아동의 춘궁기 극복 및 기아 해결을 목적으로 하는 구호급식의 성격이 강하였다.

점차 해외 지원이 줄어들면서 1970년 9월부터는 서울, 부산 등 대도시를 시작으로 모든 공립 국민학교 학생 중 희망자를 대상으로 유료로 빵 급식을 실시하였고, 1970년대 말에 학교급식 재개의 필요성이 전문가집단으로부터 지속적으로 제기되면서 도서벽지와 일부 도시의 실험학교를 중심으로 학교급식이 부분적으로 실시되었다. 1972년부터는 모든 공립 국민학교 학생에게 국고 보조로 우유를 급식하였으며 이는 점차로 확대되었다. 그러나 1977년 9월 학교급식용 크림빵을 먹은 서울 시내 국민학교 3학년 학생 중 포도상구균 오염으로 인하여 52개교 7,862명이 집단 식중독을 일으키는 사고가 발생하고, 그중 1명이 사망하자 학교급식은 전면 폐지되었다.

1978년에 학교급식 사고를 방지하고 운영의 효율화를 기하기 위해 급식위원회 설치 등을 골자로 하는 학교급식법안이 정기국회에 제출되고 1981년 「학교급식법」으로 제정되기에 이른다(표 2-3 참고). 이 법률에 따르면 학교급식 대상자는 의무교육을 받는 국민학교 학생 전체로, 급식 소요 재원을 매년 정부 예산에 책정토록 하였다. 1990년 12월 「학교급식법 시행령(대통령령 제11362호)」에 의해 1회 급식학생이 50명 이상인 학교의 경우는 영양사를 배치하도록 하였고, 50명 미만인 학교에는 영양사 또는 문교부(현 교육부)령으로 정하는 자격을 갖춘 자를 배치하도록 하였으며, 1인의 영양사가 급식학생 400명을 초과하지 않으면서 공동 관리할 수 있게 되었다.

「학교급식법」의 제정으로 학교급식을 실시할 수 있는 법적인 근거가 마련되고, 대통령 선거공약 실천을 위해 각급학교에서 급식 확대 발전 방안이 수립됨에 따라, 1991년 정부는 전국 학교에 급식을 연차적으로 확대하기로 결정하고, 1992년부터 정책적으로 추진하기 시작하였다. 일단 1992년 특수학교에서 전면 급식을 실시하고, 1993년에는 초등학교부터 급식을 확대하기 시작함으로써 1990년 학교 수 기준으로 10.2%이던 급식 실시율이 1993년 25.0%, 1995년 57.4%, 1997년 97.3%로 급격한 신장세를 보여 1998년에는 전국 모든 초등학교에서 급식을 실시하게 되었다. 나아가 1999년에는 대학입시 준비 등 학업

부담이 큰 고등학교에서 우선적으로 전면 급식이 실시되고, 2002년에는 중학교에서도 전면 급식이 실시되어 학교급식 확대사업이 완료되었다.

이처럼 급작스러운 학교급식의 양적 확대로 인하여 1996년 「학교급식법」이 개정(법률 제5236호)되어 학교급식의 외부 위탁을 허용하게 되었다. 개정 전 규정에 의하면 학교 안에 학교급식시설을 갖추지 아니한 학교는 급식을 실시할 수 없으며 학교급식시설은 학교 안에만 설치할 수 있었다. 그러나 모든 학교에 급식시설을 갖추는 데는 많은 예산과 시일이 소요될 뿐만 아니라 급식시설을 설치할 공간이 없는 학교의 경우 급식 실시가 어려웠기에, 개정된 규정에 따라 시도 교육감 또는 교육장이 공동조리장을 설치, 운영할 수 있도록 하고 해당 학교에서 원하는 경우 위탁급식업자와의 계약을 통하여 외부 위탁급식이 가능하게 되었다. 그리하여 2002년 전국 초등학교의 0.7%, 중학교의 32.1%, 고등학교의 53.1%가 위탁급식을 실시하게 되었고, 2005년에는 전국 초등학교의 0.4%, 중학교의 24.8%, 고등학교의 43.9%가 위탁급식을 실시하였다.

그러나 2003년 3월과 2006년 6월 두 차례에 걸쳐 외부 위탁급식 학교에서 각각 13개교 1,557명, 46개교 3,613명의 대형 식중독사고가 발생하였다. 이에 따라 2003년 10월 '학교급식개선종합대책(2003~2007)'이 수립되고, 2004년 10월 양 중심의 확대 정책에서 질 중심의 내실화 정책의 일환으로 「학교급식법」 개정안이 국회에 제출되었다. 2006년 7월에는 「학교급식법」 전부 개정으로 위탁급식 직영 전환, 부정 식재료 공급업자 벌칙 도입, 식재료 품질 기준 설정 등이 제도화되고, 2006년 12월에 다시 '학교급식개선종합대책(2007~2011)'이 수립되었다(그림 10-5). 2006년에 수립된 '학교급식개선종합대책'에는 양적인 학교급식 확대 정책에서 급식의 질 향상 및 과학적 관리로 전환하는 질 중심의 내실화를 기하고, 공급자 중심의 학교급식을 수요자 중심의 학교급식으로 개선하는 내용을 포함하고 있다. 또한 적극적으로 식생활교육을 병행하고, 급식시설을 안전하고 쾌적한 환경으로 개선하며, 정부의 재원을 적정 수준으로 확대함으로써 학부모의 부담을 경감시키고, 교육부와 함께 농림부, 보건복지부 등 범정부 부처가 협조하여 지원하며, 관리 중심의 급식 행정을 지원 중심의 급식행정으로 전환하는 등의 내용도 담고 있다.

한편, 2003년 7월 25일 개정된 「초·중등교육법」과 「학교급식법」에 처음으로 영양교사의 배치가 법적으로 명시되었고, 2004년 1월 20일 개정된 「초·중등교육법」에 영양교사의 자격 기준이 명시되었다. 그리하여 2007년 3월에 1,712명, 9월에 2,386명의 영양교사가 각급학교에 임용·배치되었다.

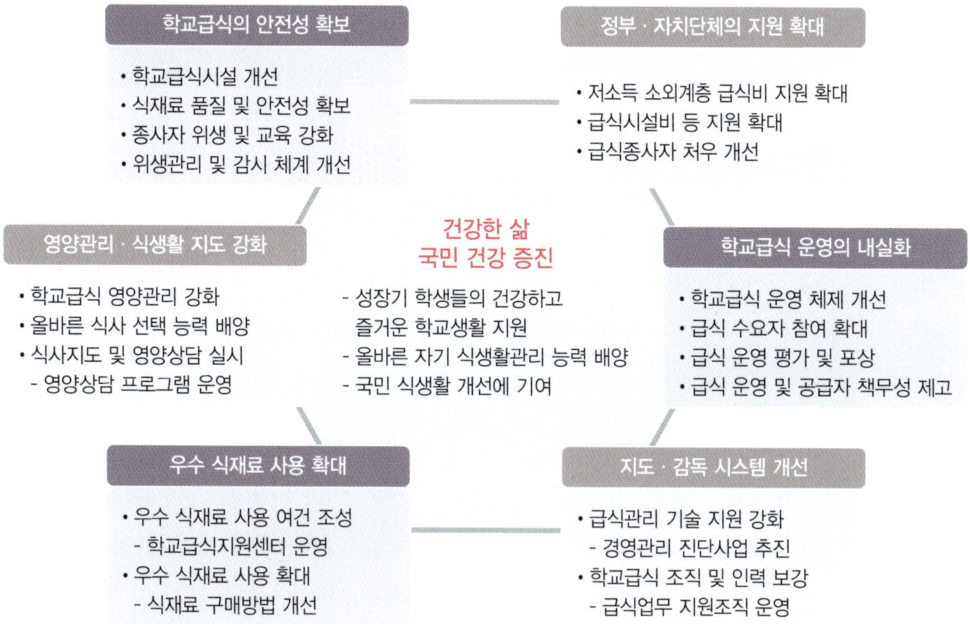

그림 10-5 2006년 학교급식개선종합대책(2007~2011) 추진 전략

(2) 오늘날의 학교급식

학교급식의 목적은 성장기 학생들에게 따뜻하고 영양적인 음식을 제공하여 건강과 학습 능률을 향상시키고, 편식 교정 등을 통해 올바른 식습관을 형성함으로써 평생 건강의 기틀을 마련하며, 공동체의식 함양 등 궁극적으로는 학생의 건전한 심신의 발달과 국민 식생활 개선에 기여함에 있다. 이 밖에도 도시락 준비 부담을 덜어 주어 어머니들의 사회활동 참여를 돕고, 학생들에게는 책가방 무게를 줄여 주는 등의 긍정적인 효과를 기대할 수 있다.

2016년 현재 각급학교에서의 급식률은 학교 수를 기준으로 100%를 보이고 있으며, 직영급식 비율은 2006년 '학교급식개선종합대책' 수립 이후 꾸준히 증가하여 전체 학교 기준으로 97.9%에 달한다(표 10-17). 그럼에도 학교급식을 담당하는 영양교사의 부족으로 적절한 급식 및 영양 교육의 부실이 우려되고 있다. 교육부의 2016년 '학교급식 실시현황' 보고에 따르면 급식시설을 갖춘 학교 10,372개교에 배치된 영양교사 또는 영양사는 10,119명이었지만, 직영으로 운영되는 학교 중 국립은 32명, 공립은 4,714명, 사립은 149명, 위탁으로 운영되는 학교는 8명 등 배치된 영양교사의 수는 총 4,903명에 불과하였다. 특히 서울의 경우 초등학교의 79.7%는 영양교사가 배치되어 있지만 중학교는 15.9%, 고

표 10-17 학교급식 실시 현황

(단위 : %)

		2005년	2006년	2007년	2008년	2009년	2010년	2011년	2012년	2013년	2014년	2015년	2016년
학교 수 기준 급식 실시 비율	초등학교	99.9	100	100	100	100	100	99.9	100	100	100	100	100
	중학교	99.0	99.3	99.5	99.9	99.9	99.9	99.9	100	100	100	100	100
	고등학교	99.0	99.3	99.5	99.5	99.8	99.9	99.9	100	100	100	100	100
	특수학교	95.1	95.1	96.5	97.3	98.0	98.0	98.1	100	100	100	100	100
	합계	99.4	99.6	99.7	99.8	99.9	99.9	99.9	100	100	100	100	100
학생 수 기준 급식 실시 비율	초등학교	95.3	96.4	97.7	98.2	98.9	99.3	99.6	99.9	99.7	99.9	99.9	100
	중학교	96.1	97.8	99.1	99.0	99.5	99.4	99.7	99.8	99.7	99.9	99.9	100
	고등학교	87.7	91.3	96.6	95.7	96.6	97.6	98.5	98.7	98.8	99.3	99.6	99.7
	특수학교	95.7	95.7	95.7	95.7	95.6	95.8	95.8	99.9	97.8	98.2	99.2	98.8
	합계	93.7	95.6	97.8	97.7	98.5	98.8	99.3	99.5	99.5	99.7	99.9	99.9
직영 비율	초등학교	99.6	99.8	99.8	99.9	99.9	99.9	99.9	99.9	99.9	99.9	99.9	99.9
	중학교	75.2	78.9	81.5	93.6	86.1	94.6	98.3	98.7	98.8	99.2	99.2	99.1
	고등학교	56.1	60.3	65.1	67.7	73.1	80.2	88.7	90.2	90.5	91.1	90.9	90.7
	특수학교	97.0	97.1	98.6	97.2	98.6	98.6	96.7	96.8	98.2	98.8	98.8	98.8
	합계	84.6	86.4	88.1	89.1	90.8	94.6	97.2	97.6	97.7	98.0	97.9	97.9

자료 : 교육부. 2005~2016년 학교급식 실시 현황. 2006~2017

등학교는 9.7%만이 영양교사를 두고 있어 대부분의 중·고등학교에서는 영양교사 없이 비정규직인 영양사가 학교급식을 담당하고 있는 실정이다. 학교급식의 활성화와 전문성 향상을 위해서 영양교사의 배치를 적극적으로 확대해야 하며, 학교급식을 교육의 일환으로 생각하는 인식의 전환이 필요하다.

2) 학교 보건사업

운동량의 감소, 패스트푸드 섭취의 증가 등으로 어린이와 청소년에서 비만 유병률이 높아지고 있으며, 이는 성인기의 비만과 고혈압, 심혈관 질환, 당뇨병 등의 생활습관병으로 이어져 의료비 증가와 삶의 질 저하를 초래할 수 있다. 따라서 어린이와 청소년의 비만 예방과 관리를 위한 영양교육과 신체활동 등의 지역사회 지원 프로그램이 시급하다. 이에 보건복지부는 제3, 4차 '국민건강증진종합계획Health Plan 2020'에서 학교 보건을 중점과제로 선정하고, 초·중·고교 학생들에게 건강에 대한 올바른 지식을 습득하게 하고 건강한 태도 및 습관을 형성하게 함으로써 성인기의 질병 예방과 평생 건강의 기틀 형성을 목적으로 설정하였다. 이를 위해 청소년의 비만율을 현 수준으로 유지하고 신체활동 실천율 증가를 위한 방안을 추진하는 동시에 나트륨 섭취 감소 방안을 추진하고 있다. 교육부는 매년 '학생 건강증진 기본방향'을 제시하여 보건교육 및 건강검사 등의 기본적인 건강관리와 더불어, 교사 내 환경위생 및 학교 주변 유해업소 관리, 학교급식 안전관리 및 학생 영양관리 등 다양한 건강증진 정책을 추진하고 있다. 이밖에도 비만 예방 프로그램, 학교급식 영양표시제, 학생건강체력평가 시스템physical activity promotion system, 초등학교 체육수업의 활성화, 학교 스포츠클럽 등 여러 가지 사업을 전개하고 있다.

3) 지역아동센터

지역아동센터는 「아동복지법」 제52조 제1항 제8호에 근거하여 설치되어 소외 지역과 취약계층을 중심으로 지역사회 아동 보호, 교육, 정서적 지원, 문화 서비스, 보호자의 지역사회 연계 등 종합적인 아동복지 서비스를 제공하고 있다. 1980년부터 민간에서 자생적으로 시작된 공부방 중 244곳이 2004년 아동복지시설로 법제화되어 지역아동센터로 변경되면서 정부로부터 운영비를 지원받게 되었다. 2016년 12월 현재 정부의 지원을 받는 지역아동센터는 전국에 4,107개소로 확대되어 양적, 질적으로 성장하게 되었으나, 여전히 예산 지원의 한계로 환경이 열악한 곳이 많다. 지역아동센터에서 지원하는 서비스 중 보호 프로그램에는 급식이 포함되어 있어서 식사와 간식을 제공하고 있다.

지역아동센터는 지역사회 내 방과 후 돌봄 서비스를 필요로 하는 18세 미만 아동을 대상으로 지원하는 것이 원칙이지만 18세 이상이더라도 고등학교에 재학 중인 청소년은 지원 대상에 포함될 수 있다. 각 지역아동센터의 시설별 신고 정원의 90% 이상은 우선보호아동이어야 하는데, 우선보호아동은 소득기준, 가구 특성기준, 연령기준 등의 산정기준을 모두 만족하는 경우의 아동이거나 우선보호특례에 해당하는 아동을 말한다. 소득기준과 가구 특성기준에는 「국민기초생활 보장법」에 따른 수급권자 또는 차상위계층 가구, 「한부모가족지원법」에 따른 한부모가족, 「기초연금법」에 따라 기초연금을 받는 조손가족, 「다문화가족지원법」에 따른 다문화가족, 「장애인복지법」에 따른 등록장애인이 있는 가족, 3명 이상 다자녀가족, 맞벌이 가정 등의 아동이다.

새롭게 설치되거나 이전하는 지역아동센터의 경우에는 사무실, 조리실, 식당 및 2개 이상의 집단지도실을 각각 갖추어야 한다. 또한 「식품위생법」 제2조와 제88조에 근거하여 종사자 포함 1회 50인 이상의 식사를 제공하는 지역아동센터는 시·군·구청 위생 관련 부서에 집단급식소로 신고해야 하며, 「식품위생법」 제51조와 제52조에 근거하여 조리사와 영양사를 배치해야 한다. 「아동복지법」 제54조와 「아동복지법 시행령」 제52조에 따른 아동복지시설 종사자의 직종·수 및 배치 기준은 표 10-18과 같다.

표 10-18 지역아동센터 종사자 배치 기준

아동 수에 따른 구분	아동복지시설의 장	영양사	생활복지사
30명 이상	1명	1명 (아동 50명 이상인 경우만 해당)	2명 (아동 50명 초과 시 1명 추가)
30명 미만 10명 이상	1명	-	1명

자료 : 「아동복지법 시행령」 제52조 [별표 11] 아동복지시설 종사자의 직종·수 및 배치기준

4) 초·중·고 학생 급식비 지원

교육부에서는 「초·중등교육법」, 「초·중등교육법 시행령」, 「초·중등교육법 시행규칙」에 근거하여 초·중·고등학교에 재학 중인 저소득층 자녀를 대상으로 급식비를 비롯한 고등학교 학비, 방과 후 학교 자유수강권, 교육 정보화 지원(PC, 인터넷 통신비) 등 4대 교육비를 지원하고 있다. 대상은 중위 소득 기준 각 시도별 기준 대상자, 한 부모 가족 보호대상자(법정 한 부모), 법정 차상위계층(차상위 자활, 본인 부담 경감, 장애수당 대상자 등) 등 저소득층의 자녀이다. 지원되는 급식비는 학기 중 평일 중식비 전액이며, 토·공휴일, 방학 중 급식은 지방자치단체에서 지원한다.

급식비 지원사업은 2005년부터 지방으로 이양되어 각 지역 교육청에서 대상자에게 무료급식을 제공하고 있다. 또한 시·도 교육청별 무상급식의 실시 여부가 다르기 때문에 각 교육청별 지원 대상 범위를 결정하고 예산을 지원하므로 지원 대상의 범위와 선정 우선순위가 다를 수 있다.

5) 지역사회 통합건강증진사업

(1) 건강과일바구니사업

보건소의 '지역사회 통합건강증진사업' 영양 분야 중 저소득층 어린이·청소년 대상 영양관리사업의 하나로 건강과일바구니사업이 수행되고 있다. 이 사업은 체계적인 영양교육을 통해 올바른 식습관 형성의 중요성을 인식시키고, 태도 변화를 유도하여 스스로 건

강한 식습관을 관리할 수 있도록 함으로써 평생 건강 유지에 도움이 되고자 하며, 과일 및 채소에 대한 접근성이 낮은 저소득층 어린이와 청소년에게 신선한 과일과 채소를 제공함으로써 과일에 대한 접근성 제고와 섭취량 증가를 통해 건강 식습관을 유도하고 이를 통해 비만 예방 및 성인기 만성질환 예방을 목적으로 한다.

사업 대상은 지역아동센터 이용 어린이와 청소년, 교내 '방과 후 돌봄교실' 이용 어린이 등이며, 기초생활보호대상자 어린이와 청소년의 비율이 상대적으로 높은 지역아동센터와 아동복지 담당부서에 등록되어 있는 지역아동센터를 우선 선정 대상으로 한다. 사업내용은 과일과 채소 섭취에 관한 영양교육과 생과일, 생채소로 구성된 건강 간식 제공 등이다.

(2) 학교 기반 영양관리사업

보건소의 '지역사회 통합건강증진사업' 영양 분야 중 저소득층 어린이와 청소년 대상 영양관리사업의 하나로 학교 기반 영양관리사업이 수행되고 있다. 이 사업은 학교 기반의 체계적인 영양교육을 통해 올바른 식습관 형성의 중요성 인식과 태도 변화를 유도함으로써 스스로 건강한 식습관관리를 할 수 있도록 하여 평생건강 유지 도모를 목적으로 한다. 사업의 대상은 초등학생이며 영양교육과 건강 메뉴 급식을 실시한다.

각 학교의 영양교사 또는 영양사가 영양교육을 실시하거나 보건소 영양사 또는 지역사회 연계를 통해 파견된 영양사가 영양교육을 실시하도록 하고 있다. 영양교육이 이루어지고 영양사를 통해 단체급식이 실시되고 있는 초등학교를 중점 대상으로 하여, 급식 시 가당 주스, 음료, 유색우유 등의 가공식품 대신 제철 생과일이나 생채소를 활용한 메뉴 또는 군고구마, 찐 감자, 삶은 달걀, 찐 옥수수, 흰 우유, 플레인 요구르트 등 지방, 나트륨, 당류 및 첨가물의 함량이 적은 자연식품 간식으로 구성된 건강 메뉴를 제공한다.

4. 외국의 영양중재 프로그램

1) 미국

미국 농무부Department of Agriculture, USDA는 저소득층 어린이와 청소년을 위한 다양한 급식 지원과 영양교육 등의 프로그램을 실시하고 있다. 이들 프로그램의 배경에는 잉여 농산물의 해결 및 농산물의 가격 안정이라는 목표가 깔려 있다. '확대된 식량 및 영양

교육 프로그램Expanded Food and Nutrition Education Program, EFNEP'은 유치원에서 고등학생까지의 자녀를 두고 있는 저소득층 가정을 대상으로 영양교육 담당자들이 영양 지식, 기술, 태도 및 행동 변화를 위한 영양교육을 수행함으로써 비만과 식품 불안정성 등의 문제를 해결하고 있다. '영양섭취 지원 프로그램Supplemental Nutrition Assistance Program, SNAP'은 저소득층 개인과 가족에게 식품의 구매를 지원해 주는 서비스로, 과거에는 푸드스탬프 프로그램Food Stamp Program으로 운영되다가 1990년대 후반부터 직불카드 시스템을 도입하면서 단계적으로 SNAP으로 전환되었다. 지원 대상자에게는 과일, 채소 등 건강한 식품을 구매할 수 있도록 재정적 지원을 실시하는 동시에, 별도의 영양교육 프로그램을 제공하고 있다. 이밖에도 소아비만 예방과 치료를 위해 학교에서 간식으로 과일과 채소를 제공하는 '신선 과일·채소 공급 프로그램Fresh Fruit and Vegetable Program, FFVP', 미국 연방법에 따라 학교 또는 아동보호시설의 학생들에게 전액 또는 일부 지원에 의해 점심을 급식하는 '국가 학교급식 프로그램National School Lunch Program, NSLP', 방학 중 저소득층 학령기 어린이에게 점심 급식을 제공하는 '여름방학 중 급식 프로그램Summer Food Service Program, SFSP' 등 다양한 지역사회 프로그램을 수행하고 있다.

미국 보건복지부Department of Health and Human Services, DHHS 산하의 국립암연구소National Cancer Institute, 국립심폐혈연구소National Heart, Lung, and Blood Institute, 질병 예방 및 관리 센터Center for Disease Prevention and Control는 어린이를 대상으로 다양한 목적의 영양교육 프로그램, 식사 지침, 캠페인 등을 개발하여 수행하고 있다.

2) 일본

일본의 후생노동성은 다양한 형태의 건강증진사업을 수행하고 있는 행정기관이다. 1978년부터 '제1차 국민건강 만들기 대책', 1988년부터 '제2차 국민건강 만들기 대책'을 수행하였고 2000년부터 2012년까지는 '제3차 국민건강 만들기 대책'을 '건강일본 21Health Japan 21'이라는 명칭으로 수행하였다. 2013년부터는 건강 수명의 연장과 건강 형평성 제고를 목표로 '제2차 건강일본 21Health Japan 21' 사업을 수행 중이다. 이 사업에서 어린이와 청소년을 대상으로 하는 프로그램은 영양 섭취, 식습관, 신체활동 등의 개선내용을 담고 있는데, 하루 세 끼 식사, 규칙적인 운동 실시, 저체중이거나 과체중 또는 비만에 해당하는 비율 감소와 정상 체중 유지 등을 달성하고자 세부 지표를 설정하고 있다.

- 학령기 어린이와 청소년에서 영양 섭취의 불균형, 아침식사 결식과 낮은 가족 동반 식사 빈도, 외식과 가공식품 섭취 증가, 신체상 장애, 식품 알레르기 등의 영양문제가 나타나고 있다.
- 청소년기는 자신의 신체에 관한 관심이 높아지는 시기로, 남녀별 신체상 인식의 차이가 생긴다. 남자 청소년의 경우에는 근육이 많은 체형을 이상적으로 생각하는 반면에 여자 청소년의 경우는 마른 체형을 이상적으로 생각하는 것으로 알려져 있다. 이와 같은 신체상 인식은 체중 감량을 위한 절식이나 식사 제한 및 조절 등 이 시기의 특징적 식행동과 관련이 있다.
- 청소년기에는 패스트푸드, 가공식품, 탄산음료 등의 섭취율이 높게 나타나는데, 이 시기에 식품 선택에 관여하는 주된 요인이 편의성과 맛이기 때문이다. 이를 해결하기 위해서는 청소년 대상의 식생활 및 영양 교육이 지속적으로 이루어져야 할 것이다.
- 학령기 어린이와 청소년에서 흔히 나타나는 식품 알레르기를 예방하기 위하여 「어린이 식생활안전관리 특별법」, 「학교급식법」, 「식품위생법」 등의 법에 의거하여 유통되는 모든 식품에 알레르기 식품과 그 유래 성분이 포함되었는지를 표시하는 제도가 시행되고 있다. 식품에 대한 알레르기가 있는 사람은 식품 성분표시를 확인하고, 교차 오염에 주의하여 원인 식품을 회피하는 것이 가장 좋은 예방법이다.
- 1970년대 이전에는 해외 지원을 통해 학교급식이 실시되다가, 1981년 「학교급식법」이 제정된 이후 초등학교부터 급식을 전면적으로 확대하기 시작하여 1998년에는 전국의 모든 초등학교에서 급식을 실시하였다. 1999년에는 고등학교, 2002년에는 중학교에서 전면 급식이 실시되어 학교급식 확대사업이 완료되었다.
- 학교급식의 목적은 성장기 학생들에게 따뜻하고 영양적인 음식을 제공하여 건강과 학습 능률을 향상시키고, 편식 교정 등을 통해 올바른 식습관을 형성함으로써 평생 건강의 기틀을 마련하며, 공동체 의식을 함양하는 데 있다.

연습문제

1 학령기와 청소년기에 나타나는 영양 섭취의 불균형현상에는 어떤 것들이 있는지 생각해 보자.

2 청소년의 비만 유병률이 수년간 증가하는 현상을 보이는 이유를 생각해 보자.

3 지역사회에서 학령기 어린이와 청소년을 대상으로 수행되고 있는 영양 분야의 사업에는 어떤 것들이 있는지 설명해 보자.

정답과 풀이

1. 에너지 섭취의 과잉과 부족의 공존, 부족한 칼슘의 섭취, 과도한 나트륨의 섭취, 여자 청소년에서 철분과 각종 비타민의 부족한 섭취 등의 현상이 나타나고 있다.
2. 식생활의 서구화와 식품 섭취의 양적, 질적 증가현상에 따른 에너지와 지방의 과잉 섭취가 주요 원인이다. 더불어 입시 위주의 교육 환경으로 인하여 체육시간과 운동 등 여가활동이 감소하고 이에 따라 신체활동량이 감소한 데에도 그 원인이 있다.
3. 각 지역 보건소에서는 저소득층 어린이·청소년 대상 건강과일바구니사업과 학교 기반 영양관리사업이 수행되고 있다. 또한 각 지역 교육청에서는 초·중·고등학교에 재학 중인 저소득층 자녀를 대상으로 학기 중 평일 중식비를 지원하고 있다.

11

성인 및 노인의 영양중재

1. 성인 및 노인 영양의 중요성

1) 성인 영양의 중요성

성인기는 성장 발달이 거의 완료된 단계로, 만 19~29세, 만 30~49세, 만 50~64세로 구분되며, 성인기의 영양 요구량은 신체 균형을 유지하는 데 필요한 양과 같다. 또한 영양소의 이용, 대사 및 필요량은 생애주기에 따른 생리적 변화에 의해 영향을 받는다. 2016년 제7기 1차년도 국민건강영양조사 자료를 바탕으로 1998~2016년도의 추이를 살펴보면 에너지 섭취가 감소하고 칼슘, 나트륨 섭취가 소폭 감소하였다. 또한 에너지 섭취에 대한 지방 급원 비율이 1998년 16.6%에서 2016년 22.4%로 지방 섭취는 지속적으로 증가하고 있다. 또한 지방산과 콜레스테롤 섭취량은 여자보다 남자의 섭취량이 높은 것으로 나타났다(그림 3-8 참고).

성인기는 노화가 서서히 진행되며 각종 만성퇴행성 질환이 발병하는 시기이다. 우리나라 국민건강영양조사 결과 성인에서 비만, 고혈압, 당뇨병, 이상지질혈증 등 만성 질환의 높은 유병률을 보이고 있다(표 11-1). 제7기 1차년도 국민건강영양조사(2016) 결과에 따르면

표 11-1 성인 및 노인의 만성질환 유병률 추이(2007~2016년)

질병 유병 구분 (%)			2007	2008	2009	2010	2011	2012	2013	2014	2015	2016
비만 (19세 이상)	체질량지수 기준 (kg/m^2) 25 이상	남	36.2	35.3	35.8	36.4	35.1	36.3	37.6	37.7	39.7	42.3
		여	26.3	25.2	26.0	24.8	27.1	28.0	25.1	23.3	26.0	26.4
고혈압 (30세 이상)		남	26.8	28.1	30.3	29.3	32.8	32.1	32.4	29.7	32.6	35.0
		여	21.7	23.8	22.1	23.8	23.6	25.2	22.1	20.9	22.9	22.9
당뇨병 (30세 이상)		남	11.8	10.3	10.7	11.0	11.9	10.1	12.8	12.6	11.0	12.9
		여	7.3	8.5	8.4	8.3	7.6	8.0	9.1	7.9	8.0	9.6
이상지질혈증 (30세 이상)	남	고콜레스테롤혈증	9.3	9.5	10.8	13.0	12.6	12.2	13.6	13.9	16.4	19.3
		고중성지방혈증	22.1	24.0	23.5	23.9	23.9	21.1	23.8	26.8	24.6	24.2
	여	고콜레스테롤혈증	11.6	11.9	11.9	13.4	14.9	16.4	15.9	15.0	19.1	20.2
		고중성지방혈증	12.2	11.2	10.1	9.7	8.9	12.5	10.9	9.8	9.7	10.8

- 고혈압 유병률(%) : 수축기혈압 140 mmHg 이상이거나 이완기 90 mmHg 이상, 또는 고혈압 약물을 복용한 분율, 만 30세 이상
- 당뇨병 유병률(%) : 공복혈당 126 mg/dL 이상이거나 의사 진단을 받았거나 혈당 강하제 복용 또는 인슐린 주사를 투여받고 있는 분율, 만 30세 이상
- 고콜레스테롤혈증 유병률(%) : 8시간 이상 공복자 중 총콜레스테롤 240 mg/dL 이상이거나 콜레스테롤 강하제를 복용한 분율, 만 30세 이상
- 고중성지방혈증 유병률(%) : 12시간 이상 공복자 중 중성지방이 200 mg/dL 이상인 분율, 만 30세 이상

자료 : 질병관리본부. 제4기~제7기(1차년도) 국민건강영양조사결과. 2007~2016

표 11-2 성인 및 노인의 연령별 만성질환 유병률

(단위 : %)

산출 지표(%)		30~39세	40~49세	50~59세	60~69세	70세 이상
비만 유병률	남	45.4	49.0	39.7	39.7	30.3
	여	21.7	28.7	32.5	40.7	42.2
고혈압 유병률	남	16.9	30.8	42.3	55.9	64.2
	여	3.3	12.4	30.8	46.2	72.5
고콜레스테롤혈증 유병률	남	10.8	20.2	28.1	27.2	16.4
	여	8.0	9.6	33.7	47.3	29.0
당뇨병 유병률	남	3.6	9.8	17.4	25.5	26.4
	여	1.8	6.1	11.0	18.3	30.9

자료 : 보건복지부. 2016 국민건강영양조사. 2017

최근 2015년 체질량지수 기준으로 성인(만 19세 이상) 남자 5명 중 2명이, 여자 4명 중 1명은 비만으로 추정되며, 성인의 허리둘레 기준으로 4명 중 1명은 비만으로 판정된다. 또한 비만 유병자의 5명 중 3명은 체중 감소를 시도하고 있다. 30세 이상 남자 3명 중 1명, 여자 4명 중 1명은 고혈압으로 판정되고, 30세 이상 고혈압 유병자 3명 중 2명은 질환을 인지하고 있으며 3명 중 2명이 치료 중이다. 당뇨병은 30세 이상 성인 10명 중 1명의 유병률을 보이고 있으며, 당뇨병 유병자 4명 중 3명이 질환을 인지하고 있고 3명 중 2명만 치료하고 있다. 특히 30~40대 당뇨병 유병자 절반 이상이 미인지 또는 미치료 상태에 있다. 30세 이상 고콜레스테롤혈증은 10년 사이 2배 이상 증가하였고, 여성 50대 이후 크게 증가하는 결과를 보였다. 따라서 이들 질환에 대한 적극적인 영양관리 및 지도가 요구된다.

세계적으로 잘못된 식생활은 흡연, 운동 부족 등의 생활습관과 더불어 만성퇴행성 질환의 주요 원인으로서 인식되고 있다. 특히 식생활의 중요성에 대한 인식이 매우 필요하며, 식생활을 올바른 방향으로 안내하는 영양 서비스 프로그램을 체계적으로 마련하는 것이 중요하다.

2) 노인 영양의 중요성

최근 통계청 발표에 의하면 2014년 우리나라 사람의 기대수명은 81.8세로 10년 동안 약 4년 증가하였으나 건강수명은 65.2세로 나타나서, 16.6년 동안은 질병이나 사고로 인하여 아픈 몸으로 살아가야 한다는 것을 의미하고 있다.

전 세계적으로 60세 이상 노인이 급격하게 증가하고 있다. 우리나라도 65세 이상 노인 인구가 1960년 73만 명(총인구의 2.7%)에서 2010년 545만 명(총인구의 11%)으로 증가하였으며, 2015년에는 657만 명(총인구 13.2%), 2030년에는 1,269만 명(총인구의 24.3%)으로 늘어날 것으로 예측되어 초고령사회로의 진입이 전망된다(그림 11-1). 최근 고령화가 심화되고 있는 추세에 따라 독거노인 가구의 증가 추세도 가속화되고 있으며, 65세 이상 독거노인의 가구 비중 역시 지속적으로 늘어가는 실정이다(그림 11-2).

그런데 우리나라 대부분의 노인들은 영양권장량의 75% 미만을 섭취하고 있는 것으로

그림 11-1 만 65세 이상 인구비율의 추이
자료 : 통계청, 인구주택총조사 및 장래가구추계, 2015

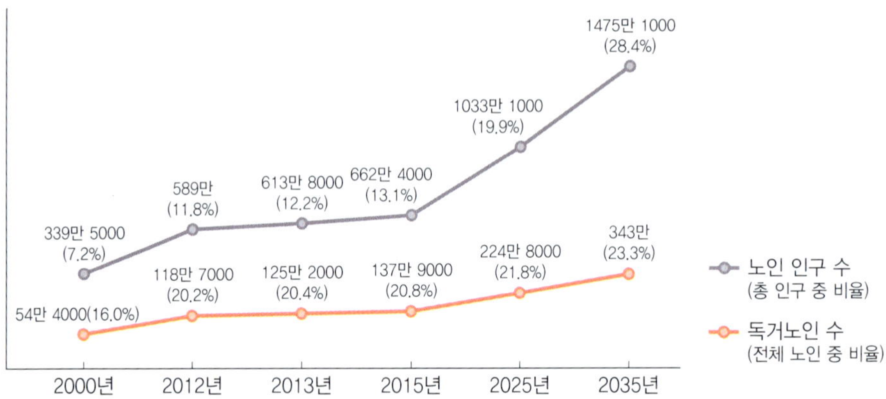

그림 11-2 독거노인 증가 추이
자료 : 통계청, 인구주택총조사 및 장래가구추계, 2015

기대수명 0세의 출생아가 앞으로 생존할 것으로 기대되는 평균 생존연수
건강수명 기대수명 중 질병이나 부상으로 고통받는 기간을 제외한 건강한 삶을 유지하는 기간

나타났으며, 노인 대상 대부분의 연구 결과 역시도 아직 노인의 영양 및 건강 상태가 불량한 것으로 보고하고 있다. 노인의 영양 상태와 일상생활 수행 능력에 영향을 미치는 요인으로 성별과 연령을 공통적인 변수로 거론하고 있으며, 소득수준에 따른 차이도 있다는 사실이 여러 보고에서 입증되고 있다. 우리 사회의 급속한 고령화 현상과 핵가족화 등 가족 관계와 부양의식의 변화 등으로 인하여 지역사회에는 홀로 사는 독거노인의 숫자가 갈수록 증가하고 있어서 중요한 사회문제로 대두되고 있다. 특히 영양문제에 있어서도 독거노인이 동거노인보다 취약하다는 것이 확인되었다. 따라서 노인의 영양 상태 및 식생활 지도가 중요해짐에 따라 여러 가지 생활을 올바른 방향으로 안내하는 영양 서비스 프로그램을 체계적으로 마련하는 것이 중요하다

2. 성인 및 노인의 영양문제

1) 성인의 영양문제

성인의 영양문제는 기본적으로 고섬유, 저지방 식이의 전통적인 식생활에서 고지방, 고당류 식품과 정제 식품으로의 식생활 패턴 변화로 적절한 영양 상태를 넘어서 비만과 만성질환을 빠르게 증가시키는 방향으로 바뀌면서 여러 문제가 발생하게 되었다.

(1) 비만

비만은 관상동맥 질환, 중풍, 당뇨병, 고혈압, 이상지혈증, 그리고 일부 악성 종양의 위험인자로 작용하는 동시에 이로 인한 사망의 원인이기도 한다. 비만은 국민건강영양조사(보건복지부, 질병관리본부) 기준으로 체질량지수(kg/m^2) 25 이상으로 정의하였다. 체질량지수 기준으로 저체중은 18.5 미만, 정상은 18.5 이상~25 미만, 비만은 25 이상이다. 허리둘레 기준으로 정의하는 비만은 남자 90 cm 이상, 여자는 85 cm이다. 남자의 경우 비만 유병률은 2007년부터 2011년까지 약 35% 수준이었으나 2012년부터 점차 증가하여 2015년 39.7% 수준이 되었다. 여자의 경우는 비만 유병률이 2007년부터 최근 8년간 약 23~27% 수준을 유지하고 있다.

(2) 당뇨병 및 대사증후군

대사증후군이란 복부비만, 높은 혈압, 이상지질혈증, 높은 혈당 등이 동반하여 나타

나는 대사적 이상 상태로, 1988년 리븐G.M. Reaven에 의해 처음 'X증후군syndrome X'이라 명명되었다. 고혈압, 고혈당, 높은 중성지방, 복부비만, 낮은 HDL-콜레스테롤 등의 질환이 한 개인에서 한꺼번에 나타나는 것으로, 방치하면 심장 질환, 뇌졸중, 암 발생 위험률이 높아진다.

대사증후군이 복합적인 성향을 가진다는 점에 대해서는 학계의 이견이 없지만 이에 대한 정확한 진단 기준은 아직 합의되지 않은 상황이다. 이에 세계보건기구WHO를 비롯해 국제당뇨병연맹International Diabetes Federation, IDF 등에서 나름의 기준을 제시하고 있다. 현재 가장 널리 사용되는 척도는 미국의 콜레스테롤 교육 프로그램NCEP-ATP III으로 우리나라의 '국민건강영양조사'도 이를 따른다. 최근 제7기 1차년도 국민건강영양조사 자료를 보면 우리나라 성인의 대사증후군 유병률은 31.3%로 보고되었다. 미국의 국민건강영양조사NHANES III 자료에 의한 대사증후군 유병률 및 서구 여러 나라에서의 대사증후군 유병률은 25~35%로 파악되고 있다.

NCEP-ATP III 기준을 적용한 국민건강영양조사 자료를 분석한 결과 우리나라의 대사증후군 유병률은 1998년 24.9%, 2001년 29.2%, 2005년 30.4%, 2007년 31.3%, 2015년 32.1%로 급격히 증가하였다. 연령과 성별에 따라 분석한 결과에서는 50대 이전에는 남자의 유병률이 높지만 50대 이후에는 폐경 후 여성에서 급격히 증가하는 추이를 볼 수 있다. 대사증후군의 위험인자로는 복부비만, 인슐린 저항, 열량 섭취의 과다, 부족한 신체활동이 있고, 그 외에 환경적, 경제적, 심리적 요인이 기여하는 것으로 알려져 있다.

당뇨병 유병률이란 국민건강영양조사 진단 기준으로 공복혈당 126 mg/dL 이상이거나 의사 진단을 받았거나 혈당 강하제 복용 또는 인슐린 주사를 투여받고 있는 분율을 말한

표 11-3 대사증후군의 진단 기준

WHO 진단 기준	NCEP-ATP III 기준
1. 혈당조절장애(공복혈당장애 또는 내당능장애) 또는 당뇨병이 있거나 또는 인슐린 저항성	• 복부비만(허리둘레) : 남자 > 102 cm(90 cm) 여자 > 88 cm(80 cm)
2. 고혈압(≥140/90 mmHg)	• 중성지방 ≥ 150 mg/dL
3. 고중성지방혈증(150 mg/dL 이상)/베타 고밀도지단백콜레스테롤 감소(남자 35 mg/dL, 여자 39mg/dL 미만)	• 고밀도지단백콜레스테롤 : 남자 > 40 mg/dL 여자 > 50 mg/dL
4. 중심성 비만(허리/엉덩이둘레비 > 0.85)/체질량지수 > 30 kg/m²	• 혈압 ≥ 130/85 mmHg 또는 약제치료를 하는 경우
5. 미세단백뇨 AER ≥ 20 μg(microgram)/min 또는 알부민/크레아티닌 비 ≥ 30 mg/g)	• 공복혈당 ≥ 110 mg/dL
* 1항목에 2, 3, 4, 5항목 중 2가지 이상일 때 진단	* 위 항목 중에서 3가지 이상일 때 진단

다. 2017년 1차년도 국민건강영양조사에 따르면 현재 우리나라 성인의 당뇨병 유병률은 만 30세 이상 남자의 경우 12.9%, 여성의 경우는 9.6%이다. 연령별로는 특히 만 60~69세(남자 25.5%, 여자 18.3%)와 만 70세 이상(남자 26.4%, 여자 30.9%)에서 모두 급격한 증가세를 보이는 것으로 나타나고 있다.

(3) 고혈압

고혈압이란 혈관을 흐르는 혈액의 압력이 과도하게 높아진 상태를 이르며, 성인기에 발생하는 가장 유병률이 높은 질환이다. 질병관리본부가 발표한 제7기 1차년도 국민건강영양조사 결과에 따르면 30세 이상 성인의 고혈압 유병률(수축기혈압이 140 mmHg 이상이거나 이완기혈압이 90 mmHg 이상 또는 고혈압 약물을 복용한 분율)은 2016년 기준 남자 35.0%, 여자 22.9%인 것으로 나타났다. 고혈압은 관상동맥 질환, 말초혈관 질환, 뇌졸중, 만성 신부전 등의 위험인자이다. 고혈압은 초기에 적절한 치료와 관리를 함으로써 합

표 11-4 고혈압 진단 기준

분류		수축기혈압(mmHg)		이완기혈압(mmHg)
정상		< 120	및	< 80
전기 고혈압		120~139	또는	80~89
고혈압	1단계	140~159	또는	90~99
	2단계	≥160	또는	≥100

자료 : 보건복지부, 대한의학회

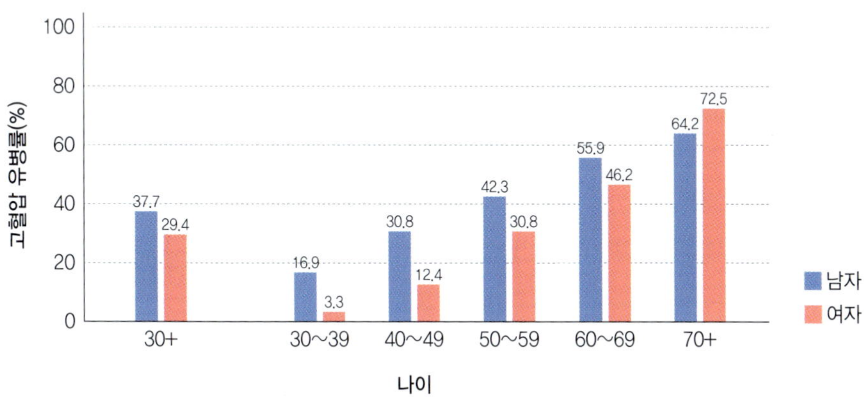

그림 11-3 성별 및 연령별 고혈압 유병률

자료 : 질병관리본부. 국민건강영양조사. 2017

병증을 줄이고, 사망률도 낮출 수 있으므로, 고혈압 전 단계부터 적극적인 관리와 치료를 하는 것이 좋다.

(4) 골다공증

골다공증이란 골 질량이 감소하고 골격 기능이 손상되어 쉽게 골절이 발생할 수 있는 상태를 말한다. 골 질량 감소는 모든 골격에서 일어나지만 특히 척추에서 가장 심하게 나타난다. 남자보다는 여자에서 더 많이 발생하는데, 남자에 비해 여자의 최대 골 질량이 낮고 칼슘 섭취량이 적으며 골 손실이 빨리 시작되기 때문인 것으로 알려져 있다. 또한 폐경기에는 에스트로겐 분비가 감소되면서 골 손실률이 가속화되기 때문에 폐경 이후 여성의 위험도가 가장 높다. 폐경 이후 8~10년 동안 매년 5%씩 골 질량이 손실될 수 있다.

골다공증은 골밀도를 측정하여 진단한다. WHO에서는 젊은 성인 여성의 골밀도 평균값의 2.5표준편차SD 이상의 감소(T-score=-2.5)가 있는 경우 골다공증으로 정의한다. 심한 골다공증은 T-score가 -2.5 이하이면서 한 곳 이상의 비외상성 골절이 동반되는 경우이다. 골다공증은 치료하기 어려우므로 예방이 중요하다. 골다공증을 예방하기 위해서는 35세 이전까지 최대 골 질량을 확보하고, 35세 이후부터는 골 손실량을 최소화해야 한다. 골 질량을 최대로 확보하기 위해서는 칼슘과 비타민 D 등 골격 형성에 필수적인 영양소를 적극적으로 섭취해야 한다.

(5) 암

암이란 악성 종양의 일반적인 명칭이며, 악성신생물이라고도 한다. 암은 화학적 발암물질이나 방사선 등에 의해 세포의 DNA가 손상을 받아 돌연변이를 일으켜 발생한다. 우리나라 사람의 3대 사망 원인인 암, 심장 질환, 뇌혈관 질환은 전체 사망 원인의 47.0%를 차지한다. 악성신생물(암)에 의한 사망률은 150.8명(인구 10만 명당)으로 폐암(34.1명), 간암(22.2명), 위암(16.7명), 대장암(16.4명), 췌장암(10.7명) 순으로 높았으며, 남자는 폐암(49.8명), 간암(32.9명), 위암(21.6명) 순이고, 여자는 폐암(18.5명), 대장암(14.3명), 위암(11.8명) 순으로 성별에 따른 차이가 있었다(그림 1-6, 그림 1-8 참고).

암과 관련하여 식생활 관련 위험요인으로는 식품 내의 발암물질, 곰팡이, 식품첨가물, 잔류농약 등을 꼽을 수 있고, 에너지 섭취가 과다하거나 단순당질, 지방, 단백질의 과잉 섭취 또는 비타민, 무기질, 식이섬유소 등의 섭취 부족도 원인이 될 수 있다. 암을

표 11-5 각종 암 발생과 관련 있는 식생활 요인

암의 부위	위험요인	억제요인
위암	고염식, 절인 음식, 뜨거운 음식, 훈제생선, 고질산 함유 음식물, 신선한 과일 및 채소와 비타민 C의 섭취 부족	우유 및 유제품, 신선한 녹황색채소, 과일
대장암	고지방식, 저섬유식, 맥주, 생선과 육류 조리 시 생성되는 아민류	고섬유식, 양질의 단백질 식품(쇠고기, 어패류, 우유, 치즈 등)
간암	곰팡이 오염 식품	양질의 단백질식품, 비타민, 미량원소가 많은 식품
폐암	흡연	신선한 녹황색채소, 비타민 A
식도암, 구강암	뜨거운 음식, 알코올, 단백질, 흡연, 비타민과 무기질(아연) 섭취 부족	녹색채소, 과일, 무기질이 많은 식품, 양질의 단백질식품
유방암	고지방식, 고열량식	저지방식, 저열량식, 채소 및 과일 섭취

자료 : 서울대 암연구소

예방하기 위해서는 식이섬유소와 항산화 영양소가 풍부하게 들어 있는 녹황색채소를 자주 섭취하는 것이 좋다. 마늘이나 양파, 콩, 버섯, 해조류 및 등푸른생선도 항암물질이 풍부하게 들어 있어서 암 예방에 도움이 되는 식품이다.

2) 노인의 영양문제

전 세계적으로 노령 인구에서 가장 많은 사망 원인으로는 혈관 질환 및 만성질환을 들 수 있다. 65세 이상 노인의 대다수(약 87%)가 당뇨, 관절통, 고혈압 등 만성퇴행성 질환을 앓고 있어서 장기간 치료 요양을 필요로 한다. 고령자 특유의 문제는 노화의 진행에 따른 소화 및 흡수 기능의 저하, 나이가 들어감에 따른 치아의 결손과 연하에 관련된 근력 및 반사 능력 저하 등의 문제가 있다. 이로 인해 노인기에는 성인기에 겪는 만성퇴행성 질환에 덧붙여 그 외의 영양문제로 대개의 노인들이 겪는 식욕부진 및 탈수, 섭식장애, 소화불량 및 흡수장애, 식품 안정성 취약으로 인한 음식 섭취 감소 등의 영양문제가 발생한다. 노인들은 한번 영양 불균형이 일어나게 되면 이후에 영양 보충 또는 교정을 하여도 이전 상태로 돌아가는 능력이 저하되어 있어서 영구적인 기능 손상을 입거나 다른 질환에 걸릴 가능성이 높다. 노인에게 영양문제로 인한 영양 불량은 신체적·정신적 기능 저하와 함께 삶의 질을 떨어뜨리며, 특히 입원 환자의 경우는 합병증, 재입원, 재원 기간, 사망률을 증가시키는 주요 원인이 된다.

노인의 생리적 대사 변화를 이해하고 적절한 영양 평가의 기반하에 충분한 영양을 공

급한다면 노인의 삶의 질과 생존율을 높일 수 있다. 제6기 국민건강영양조사 결과, 만 65세 이상은 에너지, 칼슘, 칼륨, 리보플라빈, 나이아신 섭취가 부족했음에도 불구하고 나트륨은 목표섭취량의 약 1.5배를 섭취하였으며, 남녀 모두 지방, 칼슘, 비타민 A, 리

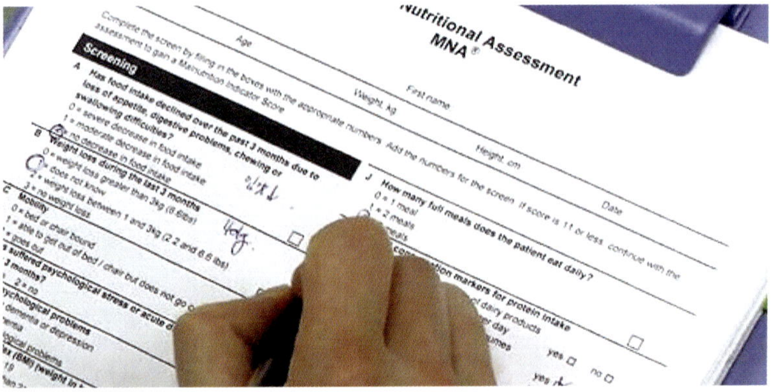

Table 1. A shortend version of the MNA[23]

간이 영양 평가(Mini Nutritional Assessment-Short Form)

조사일자: 년 월 일
진료과, 병동:
등록번호: 이름:
나이/성별: 키/몸무게: cm/ kg

* 항목은 체크하지 않으셔도 됩니다.
점수 합산은 하지 않으셔도 됩니다.

A. 지난 3개월 동안에 밥맛이 없거나, 소화가 잘 안되거나 씹고 삼키는 것이 어려워서 식사량이 줄었습니까?
0 = 예전보다 많이 줄었다.
1 = 예전보다 조금 줄었다.
2 = 변화 없다.

B. 지난 3개월 동안 몸무게가 줄었습니까?
0 = 3 kg 이상의 체중감소
1 = 모르겠다.
2 = 1 kg에서 3 kg 사이의 체중 감소
3 = 줄지 않았다.

C. 집 밖으로 외출할 수 있습니까?
0 = 외출할 수 없고, 집안에서도 주로 앉거나 누워서 생활한다.
1 = 외출할 수는 없지만 집에서는 활동을 할 수 있다.
2 = 외출할 수 있다.

D. 지난 3개월 동안 많이 괴로운 일이 있었거나, 심하게 편찮으셨던 적이 있습니까?
0 = 예 1 = 아니요

E. 신경 정신과적 문제
0 = 중증 치매나 우울증
1 = 경증 치매
2 = 특별한 증상 없음

F. *체질량지수(BMI)=[몸무게(kg)/신장(m^2)]
0 = BMI ≤ 19 2 = 21 ≤ BMI < 23
1 = 19 ≤ BMI < 21 3 = BMI ≥ 23

G. 평소에 어르신 댁에서 생활 하십니까?
0 = 아니요 1 = 예

H. 매일 3종류 이상의 약을 드십니까?
0 = 예 1 = 아니요

I. 피부에 욕창이나 궤양이 있습니까?
0 = 예 1 = 아니요

J. 하루에 몇 끼의 식사를 하십니까?
0 = 1끼
1 = 2끼
2 = 3끼

K. 단백질 식품의 섭취량
· 우유나 떠먹는 요구르트, 유산균 요구르트 중에서 매일 한 개 드시는 것이 있습니까?
□ 예 □ 아니요
· 콩으로 만든 음식(두부포함)이나 달걀을 일주일에 2번 이상 드십니까?
□ 예 □ 아니요
· 생선이나 육고기를 매일 드십니까?
□ 예 □ 아니요
* 0.0 = 0또는 1개 '예'
0.5 = 2개 '예'
1.0 = 3개 '예'

L. 매일 3번 이상 과일이나 채소를 드십니까?
0 = 아니요 1 = 예

M. 하루에 몇 컵의 물이나 음료수, 차를 드십니까?
0.0 = 3컵 이하
0.5 = 3컵에서 5컵 사이
1.0 = 5컵 이상

N. 혼자서 식사할 수 있습니까?
0 = 다른 사람의 도움이 항상 필요하다.
1 = 혼자 먹을 수 있으나 약간의 도움이 필요하다.
2 = 도움 없이 식사할 수 있다.

O. 어르신의 영양 상태에 대해 어떻게 생각하십니까?
0 = 좋지 않은 편이다.
1 = 모르겠다.
2 = 좋은 편이다.

P. 비슷한 연세의 다른 할아버지, 할머니들과 비교해 봤을 때, 어르신의 건강상태가 어떻습니까?
0.0 = 나쁘다.
0.5 = 모르겠다.
1.0 = 비슷하다.
2.0 = 자신이 더 좋다.

22점 이상 (정상)
15~21.5점 (영양 불량위험)
14.5점 이하 (영양불량)

자료출처: Mini nutritional assessment (MNA): research and practice in the elderly, Karger, 1999

그림 11-4 노인 영양 부족 진단표

자료 : 보건복지부, 간이영양평가(Mini Nutritional Assesment, MNA)

보플라빈, 나이아신, 비타민 C의 영양소 섭취기준 미만 섭취자 분율이 50% 이상으로 전반적인 영양 섭취가 부족하였다. 영양 섭취 부족자 분율은 연령이 높을수록, 소득수준 및 교육 수준이 낮을수록 유의적으로 높았고, 현재 활동에 제한이 있거나 저작에 불편을 겪고 있는 경우, 우울 증상을 경험한 경우에도 유의적으로 높았다. 노년기의 영양 섭취는 사회·경제적 수준, 신체적 건강, 정서적 상태 등 다양한 요인의 영향을 받는 동시에 노년기 건강을 결정하는 주요 요인으로 작용한다.

(1) 생리적 기능 저하에 따른 영양문제 : 식욕부진과 탈수, 섭식장애

음식물 섭취 감소의 또 다른 원인으로는 입안 건조, 통증, 또는 치아 손실이나 부적절한 치아 관리로 인한 저작 장애와 같은 구강문제를 들 수 있다. 구강 기능 제한율(2016년 국민건강영양조사, 현재 치아나 틀니, 잇몸 등 입안의 문제로 인한 저작 불편 또는 발음 불편을 느낀 분율)을 살펴보면 60~69세의 남녀는 각각 35.9%와 36.2%이고, 70세 이상의 남녀는 50.3%, 51.8%이었다. 그 외에 의인성 원인으로는 요양소 등에서 단조로운 또는 맛없는 음식과 불충분한 간호 및 식사의 보조, 다중약물요법polypharmacy을 들 수 있는데, 이것은 병원에 입원한 모든 원인의 10% 정도로 추산된다. 몇 가지 약물은 식욕과 미각의 감소, 오심 또는 정신장애를 일으켜 음식의 섭취를 감소시킨다. 항암화학요법을 받는 환자들은 점막염mucositis, 식욕 감소, 오심과 구토 등이 종양 그 자체로 인한 불량한 영양 상태를 더욱 악화시킬 수 있다. 일부 노인들은 수분 제한에 대한 적절한 갈증반응을 나타내지 못하기도 한다.

(2) 임상적 영양문제 : 소화기 질환, 소화불량 및 흡수장애

소화기 질환이 불량한 영양 상태를 초래하는 위험인자라는 것은 분명하다. 일반적으로 연령이 높아지더라도 장 흡수가 영향을 받을 정도로 저하되지는 않는다. 그러나 무위산증achlorhydria은 노인에서 더 흔하고, 위축성 위염은 흡수장애의 흔한 원인 중 하나로 증명되었는데 나이가 들수록 유병률이 증가한다. 위산 분비의 감소는 소장에서의 세균 과증식 위험성을 증가시키고, 칼슘, 철, 엽산, 비타민 B_6, 단백 결합 비타민 B_{12}의 수용성과 생체이용률에 장애를 가져온다. 그럼에도 이 환자들에게서는 소화불량 증상이 덜 흔하기 때문에 위염, 식도염, 궤양 질환 등이 과소평가될 수 있다.

(3) 식품 안정성 문제에 따른 영양문제 : 음식 섭취 부족

나이가 증가함에 따라 음식 섭취량은 감소 경향을 보인다. 이것은 매우 건강한 노인에서도 나타난다. 음식물 섭취의 절대량에서뿐만 아니라 20~30세 때와 비교하여 백분율로 표시한 수치 모두에서 남자가 여자보다 더 큰 감소를 보인다. 노년기에는 은퇴 이후 경제적인 어려움, 노년기 우울증 등으로 인해 영양 섭취가 불량해지기 쉽고, 불량한 영양 섭취는 면역 능력의 감소, 신체활동 능력 감소, 이환율 증가 등 건강 위험의 증가와 관련되어 있다. 따라서 다른 연령층에 비해 영양 섭취가 불량해질 수 있으므로, 노인의 영양적 위험 및 건강 위험을 조기에 발견하는 것이 무엇보다 중요하다. 또한 영양 섭취에 대한 지속적인 평가가 필요하며 영양문제를 야기할 수 있는 요인을 파악하는 일도 병행해야 한다.

3. 국내의 영양중재사업

1) 성인의 국내 영양중재

성인기는 고혈압, 대사증후군, 골다공증, 암 등 여러 가지 만성질환 및 비만 유병률이 증가하는 시기이며, 보건소의 여러 가지 보건사업 중 주민을 위해 가장 필요한 사업을 조사한 결과 고혈압, 당뇨, 고지혈증, 심뇌혈관 등의 만성질환 관리사업으로 나타났다. 현재 이를 위해 전국의 각 지역 보건소에서는 지역사회 통합건강증진사업이 활발하게 진행중에 있다.

(1) 비만 및 만성질환 예방관리사업

지역사회 통합건강증진사업 중 '비만 및 만성질환 예방 영양관리사업'은 건강검진 결과 건강 위험군으로 판정받은 지역사회 주민 대상으로 건강문제 인식 및 건강 행태 개선을 유도하기 위하여 검진 결과와 질환관리 상담 및 프로그램을 제공한다. 검진 결과 비만·만성질환 건강 위험군에 대한 영양상담 제공, 보건소 내소, 고혈압, 고지혈증, 당뇨·만성질환자에 대해 영양상담 및 영양 프로그램을 제공한다(그림 11-5).

(2) 스마트 영양관리

지역사회 통합건강증진사업의 건강 부분에서는 식생활 실천환경 조성, 교육·홍보 영역 중의 맞춤형 영양관리 도구로서 스마트 영양관리가 시행 중이다. 보건의료 부문에서

1. 건강 원스톱 서비스

- 대상 : 30세 이상 지역 주민
- 사업내용
  - ㅁ 주요 만성 질환(고혈압, 당뇨) 등에 대한 개인별 상담 서비스 제공
  - ㅁ 고혈압, 당뇨 등 주요 만성 질환 위험군, 질환군에 대한 등록관리 시스템 구축
  - ㅁ 만성 질환 위험요인 및 행동 변화 단계에 따른 통합 건강관리 서비스 제공
    - 건강검진 결과 및 만성 질환 관련 교육상담 서비스
    - 건강 위험 평가를 통해 개인별 맞춤 Care-Plan 수립 및 개인별 상담 실시
    - 건강 매니저를 통한 통합 건강관리 서비스 제공

자료 : 경남 창원시 보건소

2. 맞춤형 영양 개선 교육 및 홍보 사업('건강한 입맛을 살리자')

- 목적 : 지역 주민의 건강수명 증가를 위해 맞춤형 영양교육 및 인식 개선을 통해 만성 질환 예방 및 삶의 질 향상
- 대상 : 생애주기별 기관 및 지역 주민
- 기간 : 연중
- 방법 : ㅁ 생애주기별 기관 342개소에 의견조사를 통한 맞춤형 영양교육 지원
  ㅁ 생애주기별 맞춤형 영양 개선교육 연계
  (어린이집 학부모교육, 학교 기반, 직장 및 성인, 어르신 기관 연계)
  ㅁ 맞춤형 홍보 및 캠페인 확대(국 없는 날 캠페인, 숟가락 · 젓가락 데이, 건강 체험관 등)

자료 : 서울시 동작구 보건소

그림 11-5 지역사회 통합건강증진사업의 예시

는 진단 치료 위주에서 사전적 예방으로 패러다임이 변화됨에 따라 IT를 기반으로 한 스마트-헬스 케어smart health care 체계로의 전환이 급속히 이루어지고 있다.

국내에서도 의료 서비스의 접근성 및 편리성을 향상시키기 위해 생체정보 측정 센서,

표 11-6 헬스 케어 서비스의 발전 방향

구분	Tele-헬스	e-헬스	u-헬스	smart-헬스
시기	1990년 중반	2000년	2006년	2010년 이후
서비스 내용	원내 치료	치료 및 정보 제공	치료/예방 관리	치료/예방/복지/안전
주 player	병원	병원	병원, ICT 기업	병원, ICT 기업, 보험사, 서비스 기업 등
주 이용자	의료인	의료인, 환자	의료인, 환자, 일반인	의료인, 환자, 일반인
주요 시스템	병원 운영(HIS, PACS)	의무기록(EMR) 웹사이트	건강기록(EHR) 모니터링	개인건강기록 기반 맞춤형 서비스

자료 : 산업통상자원부. '스마트 헬스 케어 산업 활성화 방안'과 '바이오 분야 산업 엔진 프로젝트'. 2015

동작 감지 센서, 무선통신기술 등 최근 기술을 활용하여 의료 취약계층 해소, 의료 서비스 수준 향상, 사회적 안전망 확충 등 사용자 중심의 공공의료 서비스를 중점적으로 추진·확대하고 있다. 특히 '원격 건강 모니터링시스템 구축사업'을 통해 의료 취약계층과 만성질환자 등을 대상으로 원격진료와 방문간호, 재택 건강관리 등의 보건의료 서비스를 국내에서 시범적으로 실시하고 있으며, 이에 따른 관련법과 제도 개선도 추진되고 있다.

(3) 산업체 영양활동

산업체 근로자는 과중한 업무와 스트레스에 시달리며, 작업 환경이나 조건상 잦은 음주와 결식, 외식 등의 영양 위험요인에 노출되어 영양 불균형이 초래될 위험성이 높다. 따라서 직장에서의 영양관리 서비스는 구성원의 건강증진을 위한 투자를 통해 질 높은 노동력을 확보하고 의료비용을 줄여 경쟁력을 제고하며 근로자들의 건강한 식생활관리를 위해 필요하다. 이에 2009년 근로자의 건강증진운동을 효율적으로 추진하기 위하여 '사업장 건강증진운동 시행지침'을 제정하였다. 시행지침의 주된 내용으로는 사업주는 근로자의 건강증진을 도모하기 위하여 건강증진운동 계획을 수립·실시하도록 하고 있으며, 이를 위하여 산업안전보건위원회 또는 노사협의회에서 실천 계획을 수립하고 보건관리자가 이를 실천·운영하도록 하였다. 건강증진운동의 구체적인 내용은 건강교육 및 건강체조 보급 등에 관한 사항, 올바른 작업자세의 유지 등 작업관리에 관한 사항, 쾌적한 작업환경 유지 등 작업환경관리에 관한 사항, 그리고 금연, 절주, 스트레스(긴장) 해소, 운동 및 영양 개선 등 건강관리에 관한 사항으로 구성되어 있다.

산업체에서 펼쳐지는 영양활동의 대표적인 예가 '근로자 건강증진운동'이라 할 수 있으며 한국산업안전공단이 주관하여 시행하고 있다. 산업체 내의 영양활동 예를 들면, 개인별로 영양상담을 하거나 전 직원을 대상으로 전체 영양교육, 소규모 그룹을 대상으로 체중 조절 클리닉과 같은 워크숍이나 세미나를 하는 방법이 흔히 활용된다. 식행동 환경 변화는 카페테리아에서 실시하는 프로그램으로, 사내식당에서 기본적으로 건강식을 제공하거나 별도의 특별 음식을 제공하고, 체중 감소 시에 특별 보너스를 주는 방법 등이다. 즉, 행동 변화를 유도하는 환경을 조성하는 것이다. 산업체 영양사업 중에서 건강식 메뉴 제공, 사내 영양상담과 치료식 제공, 사내 영양교육과 홍보 등이 있으며 그림 11-6과 같은 사례를 찾아볼 수 있다.

1. 위풍당당 헬스업 프로그램

- 건강 증진 센터와 직원 식당, 피트니스를 유기적으로 연계해 개인별 맞춤형 건강 증진 프로그램을 직원들에게 제공
- 체계적인 건강상담, 맞춤 트레이닝, 저칼로리 식단 제공
- 직원 식당에서 현미밥 제공을 비롯해 점심 샐러드 바와 다이어트 도시락 제공
- 의료진, 영양사의 적절한 상담 및 조언

자료 : 포스코

2. 올바른 건강 솔루션

- 내용 : - 영양상담 전문가가 맞춤형 건강상담 솔루션을 제공하는 건강관리 프로그램
  - 기본 신체검사 결과와 로하스 식생활 설문 결과를 기초하여 맞춤형 솔루션 제공
  - 식사 일기를 검토하고 6개월간 3~4회 개별 상담 진행, 건강관리 모니터링
  - 이메일로 영양과 건강 정보 제공
- 결과 : - 비만 판정을 받았던 28명 중 7명이 2~7 kg 체중 감량
  - 로하스 식생활 설문 결과 평균 55점에서 62점으로 상승

자료 : 풀무원

3. 건강한 직원, 건강한 기업 : u 라이프 케어 오픈 서비스 플랫폼

- 사내 설치된 스마트 키오스크를 이용해 정기적인 개인 건강관리와 건강 콘텐츠를 열람
- 건강 어플리케이션을 다운받아 맞춤형 건강 실천방법 제공
- 연계 스포츠센터를 통해 그룹 트레이닝
- 매일 맞춤형 건강 도시락 배송을 통해 식이습관 개선

자료 : 한화 S&C

그림 11-6 산업체에서 실시하고 있는 영양사업의 예시

2) 노인기의 국내 영양사업

(1) 어르신을 위한 영양교육 프로그램

만 65세 이상의 노인들을 위해서 노년기 식생활의 중요성을 알고 올바른 식생활을 실천하게 함으로써 어르신들이 스스로 건강한 식생활을 이루는 데 도움을 되고자, 지역사회 통합건강증진사업의 일환으로 진행되고 있다. '일반 어르신', '당뇨 어르신', '고혈압 어르신'으로 주제별 영양교육 프로그램을 운영하고 있다.

(2) 실버건강식생활사업

식품 구입과 조리 등에 소홀히 하기 쉬운 독거노인을 대상으로 식생활관리에 대한 교육을 실시(월 1회의 영양 교육 및 상담)하고, 과일 및 유제품 등 건강 간식을 주 3회 제공한다. 실버건강식생활사업 대상자는 65세 이상 독거노인 등 취약계층 어르신들이다.

(3) 방문건강관리사업

만성질환자, 임산부, 결혼이민자, 허약 노인 등 취약계층을 대상으로 하며, 생애주기별 건강 위험요인 및 질환관리를 스스로 할 수 있도록 가정방문을 통해 실시하는 건강관리 서비스이다. 즉, 맞춤형 방문건강관리사업은 보건기관의 전문 인력이 지역 주민의 가정 또는 시설을 방문하거나 보건소 내 지역사회 제반 시설 등을 이용하여 가족 및 가구원에 건강문제를 가진 가구를 발견하고, 건강증진, 질병 예방 및 관리, 만성질환자 관리를 위하여 적합한 보건의료 서비스를 직접 제공하거나 의뢰·연계함으로써 가족과 지역 주민의 자가 건강관리 능력을 개선하여 건강 수준을 향상시키는 방식으로 수행되고 있다. 특히, 영양사는 방문보건사업 대상자 중 영양적 고위험자에 대해 식사요법 지도 및 영양상담을 하고 있다.

(4) 노인장기요양보험제도

노인장기요양보험제도는 국민건강보험에 가입한 국민과 의료급여 수급권자를 포함하는 전 국민을 대상으로 하고 있으며, 2014년 7월 1일부터 전국적으로 실시하고 있다. 치

Tip 맞춤형 방문건강관리사업 대상

- 1순위 : 기초생활보장 수급자 중 65세 이상 장애인, 독거노인 및 노인부부 세대
- 2순위 : 1순위 대상자에 포함되지 않은 기초생활보장 수급자
- 3순위 : 차상위계층 중 65세 이상 장애인, 독거노인 및 노부부 세대, 임산부, 영유아, 결혼이민자 가구, 노인 돌보미 바우처사업·중증장애인 활동보조사업·산모 도우미 대상자, 농어촌 지역 임산부·영유아, 보건소 내 타 부서 및 지역사회 기관에서 의뢰한 건강문제가 있는 대상자
- 4순위 : 시설 및 미인가 시설 거주주민(노숙자 쉼터, 복지시설 등)
- 5순위 : 위 순위 대상자에 포함되지 않는 취약계층 주민
- 6순위 : 1~5순위에 속하지 않은 일반 주민

*사업 대상 순위에 상관없이 거동 불편자, 와상환자 등 방문건강관리사업을 꼭 필요로 하는 경우는 우선 관리된다.

매, 뇌졸중, 중풍 등으로 인하여 스스로의 힘으로 일상생활이 힘든 65세 이상 노인을 대상으로 하는 보험제도이다. 전문 조사요원이 신체 기능, 희망 서비스 등을 조사하고 장기요양등급판정위원회에서 판정한다. 요양등급은 1등급(종일 침대 생활), 2등급(대부분 침대 생활), 3등급(부분적 타인 도움)으로 나뉜다. 전문적인 영양관리는 장기요양 급여로 필수적으로 제공되어야 하나, 현재 장기요양보험의 재가 급여 내 방문영양은 별도로 마련되지 않았으며 방문요양 및 방문간호에 제한적으로 일부 실시되고 있다.

(5) 결식우려 노인 무료급식 지원

결식우려 노인 무료급식 지원사업은 보건복지부에서 실시하는 사업이다. 가정 형편이 어렵거나 부득이한 사정으로 식사를 거를 우려가 있는 노인(기초수급자 노인 및 차상위계층 노인, 저소득 독거노인)에게는 무료로 식사를 제공하고, 그 이상의 일정한 경제적 능력을 갖춘 노인에게는 실비로 식사를 제공하고 있다. 이 사업은 자체적인 노인급식 수준의 제고 기반 조성을 목적으로 한다.

① 경로식당 운영 및 재가 노인을 위한 회합급식

재가 노인은 시설(노인 요양시설)에 입소해 있는 노인을 제외한 지역사회의 모든 노인을 말한다. 재가 노인복지의 개념은 자신의 집에서 필요한 전문적 또는 준전문적 서비스를 받을 수 있도록 보건의료 서비스와 가정 봉사 서비스를 제공하는 것으로 사회복지관, 노인복지관, 보건소 등에서 주로 이러한 업무를 담당하고 있다. 회합급식은 거동이 가능하고 건강하여 지역시설로 접근할 수 있는 노인들을 일정 장소에 모이게 하여 점심을 제공하는 경로식당 급식과, 부득이한 사유로 가족의 보호를 받을 수 없어 낮 동안 시설에 입소한 노인에게 점심을 제공하는 급식을 일컫는다. 회합급식 프로그램의 운영 주체는 사회복지법인, 종합사회복지관, 노인복지관, 상담시설, 기타 사회복지단체 등이다.

② 가정배달 급식 서비스

우리나라의 가정배달 급식 프로그램은 치아 부실, 신체기관의 기능 감퇴, 소화·흡수력 저하, 기호 변화 등의 신체 변화가 있어 조리가 불가능한 노인에게 조리된 음식을 배달해 주는 식사 서비스이다. 정부 차원의 국고 보조 없이 시·군·구의 지원이나 후원금을 재원으로 하고 있다.

(6) 노인 식품비 지원

보건복지부는 생활보호대상자를 선정하여 생계비 지급, 경로연금 지급과 사회의 저소득층 소외계층에 대하여 식품을 구매할 수 있게 식품비를 제공하는 등 영양 개선을 위한 중요한 사회복지와 영양 정책 등을 지원하고 있다.

4. 외국의 영양중재사업

1) 성인의 국외 영양중재

(1) 미국

미국의 경우 보건부처DHHS와 농업부처USDA의 조직 내에 다양한 영양 정책과 사업 조직을 가지고 있다. 또한 산하의 질병예방관리센터CDC, 식품의약품안전청FDA, 국립보건원NIH과 농업연구원ARS, 영양정책증진센터CNPP, 국가농업도서NAL 등 전문기관에서 업무를 분담하여 운영하고 있다.

① 보충영양 지원 프로그램

보충영양 지원 프로그램Supplemental Nutrition Assistance Program, SNAP은 미국의 전국적인 식량 지원 프로그램이다. 예전에는 'Food Stamp Program'이라고 하였으며, 최근 들어

표 11-7 미국의 영양 정책요소

영양 정책요소	영양사업의 예
영양감시	• NHANES, NHIS, BRFSS, YRBSS 등 각종 건강 및 영양 조사, 식품소비조사 • 조사 결과에 기초한 국민들의 영양 상태 분석 • 추이의 추적
영양중재	• School Lunch Program, Food Stamp Program, WIC Program • Elderly Nutrition program 등 각종 식품 및 영양 보조 프로그램을 통하여 수행
영양교육	• 영양소 섭취기준, 식사지침 개정, Food Guide Pyramid(MyPyramid) • 영양표시제도, EFNEP, NET Program 등을 통하여 수행 • 각종 식품 보조 프로그램 수행현장에서, 그리고 교육기관이나 비정부기관을 통하여 수행하며 영양교육이 포함되도록 강조
식품 안전	• USDA, FDA를 중심으로 연방 정부와 주정부 수준에서 다양한 기관이 관련법에 따라 관리 • 특히 최근에는 유전자 변형식품에 관련된 정책 수행
연구	• NIH, CDC, USDA 연방 정부 및 주정부 수준의 다양한 정부기관과 교육기관에서 수행하고, 그 결과를 정책 수립에 반영

서는 바우처 EBT 카드를 발급하는데 식료품점에서 직불카드처럼 사용할 수 있다. 카드에는 SNAP가 한 달에 한 번 혜택 수당을 입금한다. 그 외에도 SNAP는 건강한 식습관과 활동적인 생활을 익힐 수 있도록 도움을 제공하는 프로그램을 갖추고 있다. SNAP는 저

표 11-8 미국의 저소득층을 위한 영양 프로그램

프로그램명	지원기관	수혜 대상자	서비스 내용	예산 지원처	행정기관
Eldery Nutrition Program	노인회관 등 지역 노인 관련 기관	사회적, 경제적 도움이 필요한 60세 이상 저소득, 소수민족, 오벽지 노인, 60세 이하의 장애자	영양가 있는 식사 지원(회합급식, 가정배달급식), 지역사회 복지 및 사회 서비스, 사회교육 및 재활 서비스 지원	DHHS AOA	주 노인 관리기관, 지역 노인 관련 기관
Special supplemental nutrition program for WIC	WIC 사무소, 건강센터, 사회서비스센터	영양적 위험에 처해 있는 저소득층 임신, 수유, 여성 및 6세까지의 어린이	매달 식품 또는 쿠폰으로 우유, 치즈, 달걀, 과일주스, 시리얼, 땅콩버터, 조제분유, 유아용 시리얼 제공/영양교육	USDA	보건복지부 지부 지역복지사무소
Commodity supplemental food program	비영리 공립, 사립 시설(지역 건강센터 또는 사회서비스센터)	저소득층 임신, 수유 여성과 6세까지의 어린이, 노인	매달 가공식품으로 과일, 채소, 고기, 조제분유, 콩류 등 제공	USDA	주 보건기관
Supplemental nutrition assistance program(SNAP)	지방공공시설, 사회시설단체	미국시민, 저소득층, 보호시설에 수용된 사람 대상	식품을 구입할 수 있는 쿠폰 제공	USDA	주 복지, 사회서비스 기관
Emergency food assistance program	공립, 비영리사설기관(지역단체, 봉사단체, 지역보건청, 교육청)	저소득층 대상	1년에 4번 정도 치즈, 버터, 쌀, 분유, 밀가루 제공/비상식량과 유제품, 밀가루, 쌀을 한 달에 한 번 정도 제공	USDA	주/지방
Nutrition assistance program	Commonwealth of Puerto Rico	미국시민, 저소득층, 보호시설에 수용된 사람	식품을 구입할 수 있게 현금 지원	USDA	Puerto Rico Commonwealth 정부
Food distribution program for Indian	지방사무소	Indian	매달 생활용품을 제공	USDA	Indian 종족위원회
Expanded food and nutrition education program(EFNEP)	지방 협력기관	특별 자격조건은 없으나 푸드스탬프 등의 지원을 받고 있거나 빈곤율이 높은 지역 우선 저소득가구와 19세 이하 청소년, 아동	영양교육과 집에서 만들 수 있고 성장에 관련된 식품과 영양교육	USDA	주 Land grant대학, cooperative extension

소득 개인이나 가정을 위한 프로그램이다.

② Sister Together

건강 체중을 유지하기 위한 프로그램의 하나로, 처음에는 국립 당뇨·소화기·신장 질환연구소National Institute of Diabetes and Digestive and Kidney Diseases, NIDDK 지원으로 보스턴 전역에서 비만율이 높은 흑인 여성을 대상으로 시범 실시되었으며, 현재는 전국적으로 확대, 실시하고 있다. 프로그램의 대상은 18세 이상 흑인 여성이며, 식사 조절과 운동요법을 통한 체중 감량을 목표로 하고 있다. WIC 사업과 연계하여 진행하고 있다. 이 프로그램의 특징은 참여자가 지역사회 내에서 함께 체중 감량을 시도할 동료와 연계하여 목표를 설정하고 다양한 활동에 참여하는 것이다.

③ Lunch and Learn

미국의 근로자를 위한 영양사업 사례이다. 펜실베니아주 스티레 카운티에 있는 로버트 파커 병원의 근로자복지위원회는 점심식사를 하면서 배우는lunch and learn 프로그램을 전개하였다. 주제는 적절한 운동 기술, 식사행동 및 수정, 파워 걷기·운동·식사, 댄싱, 건강 이점 등이었다.

(2) 유럽

① 핀란드의 North Karelia Project

지역사회를 기초로 한 건강 중재사업의 일환으로, 순환계 질환, 특히 관상동맥 질환의 위험요인을 감소시키기 위한 지역사회 중심의 건강증진사업인 'North Karelia Project'가 1972년부터 일부 지역을 중심으로 시범 실시되다가 현재는 핀란드 전역에서 전개되고 있다. 사업 내용으로는 금연, 콜레스테롤을 낮추기 위한 영양 관련 프로그램, 고혈압 낮추기 프로그램, 신체활동 장려 프로그램, 체중 조절 프로그램이 있다. 이 사업의 실시 결과 노스 카렐리아North Karelia 지방에서의 흡연율, 활동량 및 식습관 변화 등 관상동맥 질환의 건강 위험요인 수준이 크게 변화하였다. 특히, 채소 섭취량 증가와 버터 이용률 감소를 목표로 실시된 식습관 변화사업의 전개로 혈중 콜레스테롤이 17% 감소하는 효과를 낳았다. 이로써 노스 카렐리아 지방의 관상동맥 질환에 의한 남자 사망률이 2006년 기준으로 사업 전보다 85% 감소하였다.

(3) 일본

일본은 고령화 사회에서 질병 부담을 줄이고, 만성질환을 예방하기 위한 각종 대책을 추진하는 과정에서 생활습관에 주목한 질병 대책 건강일본 21(2000~2010년)의 추진, 대사증후군 대책, 표준 건강 진단 지도 프로그램 도입, 건강 프런티어 전략 추진(2005~2014), 개호예방사업의 도입(2006~2011) 등 정책적으로 영양과 식생활을 강조하고 있다. 최근에는 내각부가 중심이 되어 후생노동성, 문무과학성, 농림수산성, 지방의 도·도·부·현과 시·정·촌, 민간을 참여시킨 「식육기본법」을 제정하고 국민운동으로 식생활 개선과 영양교육을 적극적으로 전개하고 있다.

① 생애전환기 건강 진단

건강검진제도를 개편하면서 '생애전환기 건강 진단' 실시 기준을 마련하여 2007년 이 제도를 새로 도입하였다. 만 40세(암, 심뇌혈관계 질환 등 만성질환 발병률이 급상승하는 시기)와 만 66세(신체 기능이 저하되고 낙상·치매 등 노인성 질환의 위험 증가 시기)에 국민건강보험 검진에서 기존 1, 2차로 분리 실시되었던 검진항목을 통합하고 생애주기별·성별·연령별 예방관리를 고려한 의사 상담과 5가지(흡연, 음주, 운동, 영양, 비만) 건강 위험요인에 대한 생활습관 평가 및 처방·상담을 제공함으로써 생활습관병 관리를 목표로 한 전략을 세웠다.

② 건강 프론티어

2004년에 대사증후군metabolic syndrome 개념을 도입하여 운동, 영양, 금연과 관련하여 건전한 생활습관 형성을 위해 국민운동을 전개하였고, 2005년부터는 국민 개개인의 생애에 걸쳐 건강하고 활동적이며 밝고 활력 있는 사회 구축을 위해 10년간 건강수명 2년 연장을 목표로 국민을 대상으로 하여 생활습관병 대책과 개호 예방 차원에서 '건강 프런티어 전략, 2005~2014'를 추진하였다.

2) 노인의 국외 영양중재

(1) 미국

미국 노인국Administration on Aging, AOA의 노인 영양 프로그램은 1965년부터 부족한 영양 섭취를 지원해 주는 국가적 노인 영양 보충사업을 연방 정부, 주정부 및 개인단체들의 참여하에 실시하였다. 이 사업으로 노인들의 영양이 개선되었다는 보고가 있었으며, 부족한 영양 섭취 지원과 동시에 제공되는 영양상담 및 영양교육도 노인의 영양 개선에 도움이 된다고 보고되었다.

미국의 노인에 대한 영양 프로그램은 노인국과 농무성US department of agriculture에서 제공하는 프로그램으로 나눌 수 있다. 특히 농무성은 재원과 식품을 직접 노인에게 제공할 뿐만 아니라 제반 노인 관련 사업을 총괄하는 노인국에도 제공함으로써 노인 영양 지원 프로그램을 지원하는 형식도 취하고 있다.

노인들의 영양 불량에 대처하는 현 미국 정부의 프로그램에는 식사 제공, 보충식 제공, 식품 구매 쿠폰/현금 제공, 영양 스크리닝, 영양 상담과 교육, 신체 단련 프로그램, 의료 서비스 등을 포함한다. 미국의 노인 영양 지원과 관련된 대표적 기관은 노인국과 농무성이며, 이들 기관의 영양 프로그램은 표 11-9와 같다.

표 11-9 미국의 노인 영양 지원 기관 및 프로그램

미국 노인국(Administration on Aging, AOA) • 노인 영양 프로그램(Older American Act Nutrition Program, OAANP) • 영양 서비스 강화 프로그램(Nutrition Service Incentive Program)
미국 농무성(US department of agriculture) • Supplemental Nutrition Assistance Program • Senior Farme's Market Nutrition Program • Commodity Supplemental Food Program • Emergency Food Assistant Program • Child and Adult Care Food Program • Food Distribution Program on Indian Reservations • Food Assistance for Disaster Relief

① 보충영양 지원 프로그램

보충영양 지원 프로그램Supplemental Nutrition Assistance Program, SNAP은 미국 농무성의 지원 프로그램으로, 저소득층 가구의 식품 구매를 지원함으로써 빈곤을 퇴치하고 영양 개선과 건강증진을 그 목적으로 하는데, 저소득층 노인들도 대상이 된다. 현재 이 프로그램 수혜자 중 10%가 60세 이상의 노인이며, 도움이 필요한 노인의 30%를 이 프로그램으로 지원하고 있다. SNAP의 수혜 자격은 저소득층 수입지침과 비교한 가구 수입으로 결정하며 카드에 적립된 일정 금액을 그 가족의 수, 나이, 성별, 지난달 재정 상태에 따라 지급한다.

② Senior Farme's Market Nutrition Program

이 프로그램의 목적은 저소득층 노인에게 신선하고 영양가 높은, 지역에서 재배된 과일, 채소, 허브 등 농산물을 공급하는 데 있다. 따라서 이 프로그램을 이용하여 제공된 상품권이나 수표로 농산물을 구입할 수 있으며, 60세 이상의 저소득 고령자가 신청할 수 있다.

③ Commodity Supplemental Food Program

CSFP는 저소득 임산부, 모유 수유부, 산모, 6세 미만의 유아, 60세 이상의 노인에게 건강 향상을 위해 식사와 함께 영양이 풍부한 USDA commodity foods를 지원하는 프로그램이다. 이 사업의 수혜 대상자 70% 이상이 노인으로 집계되고 있다. WIC 사업과는 달리 바우처 형태가 아니라 현물로 지급한다. 따라서 매월 식량 패키지를 집에 가져갈 수 있으며, 신청 자격은 60세 이상의 저소득 고령자이다. 다만, CSFP를 제공하는 지역에 거주해야만 수급이 가능하다.

④ Emergency Food Assistant program

아무런 비용 지불 없이 비상식품과 영양 지원을 제공하여 노인 및 노숙자를 포함한 저소득자에게 식사를 보충해 주는 연방 정부의 프로그램이다.

⑤ **어린이 및 성인 보호센터 대상 식품 지원 프로그램**(Child and Adult Care Food Program)

CACFP 프로그램은 어린이 및 성인 보호시설의 질을 향상시키고, 이 시설들을 저소득 가정에서 이용할 수 있도록 돕는 역할을 한다. CACFP 프로그램은 보호시설의 어린이 및 성인에게 식품과 기금을 지원하여 데이케어의 질을 높이는 데 중요한 역할을 한다. 거주지가 없는 12세까지의 아동, 노인, 장애인을 돕기 위한 프로그램으로, 비거주형 어린이 보호시설과 아동을 위한 가정보육시설family day care home에 연방 정부가 기금과 식품을 제공하는 프로그램이다.

⑥ **영양 서비스 인센티브 프로그램**

농무성에서 지원하는 영양 서비스 인센티브 프로그램Nutrition Service Incentive Program, NSIP은 각종 프로그램에 필요한 식품을 살 수 있도록 식품과 현금을 지원한다. 보건복지부의 가정급식배달 프로그램과 각 지역의 경로당이나 노인 센터에 필요한 식품과 현금을 지원한다. 노인데이케어센터에도 식사와 간식을 지원해 준다.

⑦ 노인 영양 프로그램

미국은 「노인법OAA」에 의해 각 주별로 회합식 및 가정배달식을 실시하고 있다. 노인영양 프로그램Older American Act Nutrition Program, OAANP은 「노인법」에 명시된 바에 의해 노인 영양 서비스 재원을 지원하여, 참가자들의 식이 섭취 향상과 새로운 친구를 만날 기회의 장을 제공함으로써 비공식적 지원 네트워크 형성 기회를 얻게 해준다.

OAANP는 회합형 식사Congregated Meals와 가정방문 식사 배달home-delivered meals or meals on wheels을 제공하며, 영양 서비스는 노인 센터, 학교, 개인의 집을 포함한 다양한 장소에서 제공되고 있다. 이 프로그램을 통해 제공되는 식사는 최소한 1일 식이섭취권장량의 1/3을 충족시켜야 하며, 실제로 310만 명의 참가자 대부분이 필요영양소의 40~50%를 이 프로그램을 통해 섭취하고 있다. 또한 aging network 내 약 4,000명의 영양 서비스 제공자들을 통해 영양 검색, 평가, 교육, 상담을 포함한 다양한 영양 서비스를 제공하고 있다. 이러한 서비스는 노인의 건강 상태(고혈압, 당뇨 등)와 관련하여 개별적인 영양 요구도를 알 수 있게 해주어 참가자들이 경제적이면서도 자신의 건강을 향상시킬 수 있는 식사를 계획, 구입, 준비할 수 있도록 돕고 있다.

⑧ Medicare

Medicar는 1966년에 시작된 연방 정부의 건강보험 프로그램으로, 65세 이상의 노인을 대상으로 하고 있다. 메디케어는 의무적인 보험과, 노인과 정부가 반반씩 부담하는 선택적인 보충보험 두 가지로 구성된다. 메디케어 해택에는 예방 차원의 건강 서비스, 노인의 일상생활에 크게 영향을 주는 안경, 보청기, 의치, 영양상담 등은 포함되지 않는다.

(2) 일본

인구의 고령화가 심해짐에 따라 1989년부터 개호보험제도가 도입되었으며, 전 일본 지역사회의 예방사업에서도 실시되고 있다. 일본의 영양 서비스는 영양 교육과 상담 위주로 수행되고 있으며, 관련 기관에 대한 감독 업무 또한 보건소 배치 영양사가 담당하고 있다.

① 영양 케어·매니지먼트

영양 케어·매니지먼트Nutrition Care and Management의 목적은 일반 고령자에서 나타나는 저영양 상태 등의 예방/개선, 경증의 병을 가진 고령자의 중증화 억제에 있다.

② **노인급식**

일본의 행정 주체가 실시한 최초의 노인급식 프로그램은 1973년 국고 보조사업으로 실시되었으나, 현행 일본 급식 프로그램은 국고 보조가 폐지되어 국공립기관인 기초자치제에서 주관하며 재가 복지 서비스의 중심으로 자리 잡았다. 급식 서비스의 형태는 만남형, 생활 원조형, 방문 조리형 및 식권형 등 다양한 형태로 운영되고 있다.

만남형 급식 프로그램은 재가 노인에게 타인과의 교류 기회를 제공하고자 한 달에 1~2회 한자리에 모여 회식 형태로 진행된다. 생활 원조형 급식 프로그램은 1일 1식 또는 1일 3식을 규칙적으로 제공함으로써 노인의 영양을 유지하고 지역사회 내에서 안전하고 원활한 생활을 유지할 수 있도록 하고 있다. 방문 조리형 급식 프로그램은 주간보호사업인 방문 서비스 사업과 연계하여 자원봉사자에 의해 수행되며, 식권형 급식 프로그램은 미국의 푸드스탬프Food Stamp와 유사하다. 이 외에도 결식노인 전용 식당을 지정하여 급식을 제공하는 전문식당 이용형 급식 프로그램과, 노인복지시설이나 복지기관과 연계하여 실시되는 연계형 급식 프로그램이 수행되고 있다.

단원정리

- 우리나라는 성인에서 비만, 고혈압, 당뇨병 등 만성질환의 높은 유병률을 보이고 있다. 따라서 이들 질환에 대한 적극적인 영양 관리 및 지도가 요구된다. 세계적으로 잘못된 식생활은 흡연, 운동 부족 등의 생활습관과 더불어 만성퇴행성 질환의 주요 원인으로 인식되고 있다.
- 최근 고령화가 심화되는 추세에 따라 독거노인가구의 증가 추세도 가속화되고 있다. 또한 지속적인 65세 이상 독거노인의 가구 비중 역시 매년 늘어가는 실정이다. 우리나라의 노인들은 영양권장량의 75% 미만을 섭취하고 있는 것으로 나타났으며, 노인 대상 대부분의 연구 결과에서도 여전히 노인의 영양 및 건강 상태가 불량한 것으로 보고되고 있다.
- 미국의 전국적인 식량 지원 프로그램인 Supplemental Nutrition Assistance Program(SNAP)은 예전에는 'Food Stamp Program'이라고 하였다. 최근에는 SNAP도 바우처 EBT 카드를 발급한다. 이 카드는 식료품점에서 직불카드처럼 사용할 수 있다. SNAP는 한 달에 한 번 이 카드에 혜택 수당을 입금하며, SNAP는 건강한 식습관과 활동적인 생활을 배울 수 있도록 도와주는 프로그램도 제공한다. SNAP는 저소득 개인이나 가정을 위한 프로그램이다.
- 미국의 경우 노인의 영양 상태 악화를 예방하고 이를 개선하기 위하여 농무성과 노인국 지원으로 다양한 노인 영양 프로그램이 운영되고 있다.
- 일본은 개호보험제도하에 일반 고령자에 대해서는 저영양 상태 예방 및 개선, 경증의 병을 가진 고령자의 중증화 억제를 목표로 하는 개호 예방 중시형 영양 케어·매니지먼트 시스템을 운영하고 있다.

연습문제

1 성인기의 영양 중요성을 설명해 보자.

2 보건소에 이루어지는 방문건강관리사업을 설명해 보자.

3 미국의 노인에 대한 영양 프로그램 중 'Older American Act Nutrition Program'을 설명해 보자.

정답과 풀이

1. 성인기에는 노화가 서서히 진행되며 각종 만성퇴행성 질환이 발병하는 시기이다. 우리나라의 국민건강영양조사 결과에 의하면 성인에서 비만, 고혈압, 당뇨병, 이상지질혈증 등 만성질환의 높은 유병률을 보이고 있다. 이들 질환에 대한 적극적인 영양 관리 및 지도가 요구된다. 전 세계적으로 잘못된 식생활은 흡연, 운동 부족 등의 생활습관과 더불어 만성퇴행성 질환의 주요 원인으로 인식되고 있다. 특히 식생활의 중요성에 대한 인식이 매우 필요하며, 식생활을 올바른 방향으로 안내하는 영양 서비스 프로그램을 체계적으로 마련하는 것이 중요하다.
2. 맞춤형 방문건강관리사업은 보건기관의 전문 인력이 지역 주민의 가정 또는 시설을 방문하거나 보건소 내 지역사회 제반 시설 등을 이용하여 가족 및 가구원 중 건강문제를 가진 가구를 발견하고, 건강증진, 질병 예방 및 관리, 만성질환자 관리를 위하여 적합한 보건의료 서비스를 직접 제공하거나 의뢰·연계함으로써 가족과 지역 주민의 자가 건강관리 능력을 개선하여 건강 수준을 향상시키는 방법으로 수행하고 있다. 특히, 영양사는 방문보건사업 대상자 중 영양적 고위험자에 대해 식사요법 지도 및 영양상담을 실시하고 있다.
3. 미국의 경우 「노인법(OAA)」에 의해 각 주별로 회합식 및 가정배달식을 실시하고 있다. 노인 영양 프로그램(OAANP)은 「노인법」에 명시된 바에 의해 노인 영양 서비스 재원을 지원하여 참가자들의 식이 섭취 향상과 새로운 친구를 만날 기회의 장을 제공함으로써 비공식적 지원 네트워크를 형성할 기회를 얻게 해준다. OAANP는 회합형 식사(Congregated Meals)와 가정방문 식사 배달(home-delivered meals or meals on wheels)을 제공하며, 영양 서비스는 노인 센터, 학교, 개인의 집을 포함한 다양한 장소에서 제공되고 있다. 이 프로그램을 통해 제공되는 식사는 최소한 1일 식이 섭취권장량의 1/3을 충족시켜야 하며, 실제로 310만 참가자들 대부분이 필요 영양소의 40~50%를 이 프로그램을 통해 섭취하고 있다. 또한 aging network 내 약 4,000명의 영양 서비스 제공자들을 통해 영양 검색, 평가, 교육, 상담을 포함한 다양한 영양 서비스를 제공하고 있다. 이러한 서비스는 노인의 건강 상태(고혈압, 당뇨 등)와 관련하여 개별적인 영양 요구도를 알 수 있게 해주어, 노인 참가자들이 경제적이면서도 자신의 건강을 향상시킬 수 있는 식사를 계획, 구입, 준비할 수 있도록 돕고 있다.

MILK

12
글로벌 영양문제와 영양중재

1. 북한의 영양 실태

1) 북한 주민의 식품 섭취 실태

경제적 배경, 기후의 영향, 연속적인 자연재해와 농업 기반의 붕괴 등으로 극심한 식량난을 겪고 있는 북한 주민의 영양 상태는 매우 불량한 것으로 추정되고 있기는 하나, 1970년대 이후 북한 주민의 식품 섭취 실태 및 영양 상태에 관한 북한 정부의 공식적인 자료가 공표되지 않아 객관적 통계 수치는 알 수 없다. 다만, 다양한 방식으로 국제연합 산하의 여러 국제기구가 추정한 실태조사 자료만이 존재할 뿐이다.

북한의 식량 소요량은 대략적으로 연간 500~600만 톤인데, 12% 정도의 식량이 부족하여 식량 부족분을 해외에서 수입하여 충당해야 한다. 그러나 대외적으로는 1990년대 소련 등 사회주의 국가의 몰락으로 인해 이들 국가로부터의 무상 지원과 교역량이 감소하였고, 국내적으로는 1995~1997년의 대홍수와 가뭄 같은 자연재해로 곡물 수확량이 감소하였으며, 전력 부족 및 비료 등 원재료의 수입 곤란 등으로 식량 부족현상이 악화됨으로써 식량 위기가 확산되었다. 국가에서 식량을 배급하는 체재인 북한에서는 1980년부터 식량 부족과 영양실조 문제가 이미 나타나기 시작하였는데, 1994년 이후 수년간 계속된 홍수와 가뭄 등의 재해로 1997년 식량 부족 상황은 매우 심각하게 전개되었다. 국가의 식량 배급량 절대 부족으로 1995년 이후에는 대부분의 지역에서 식량 배급이 중단

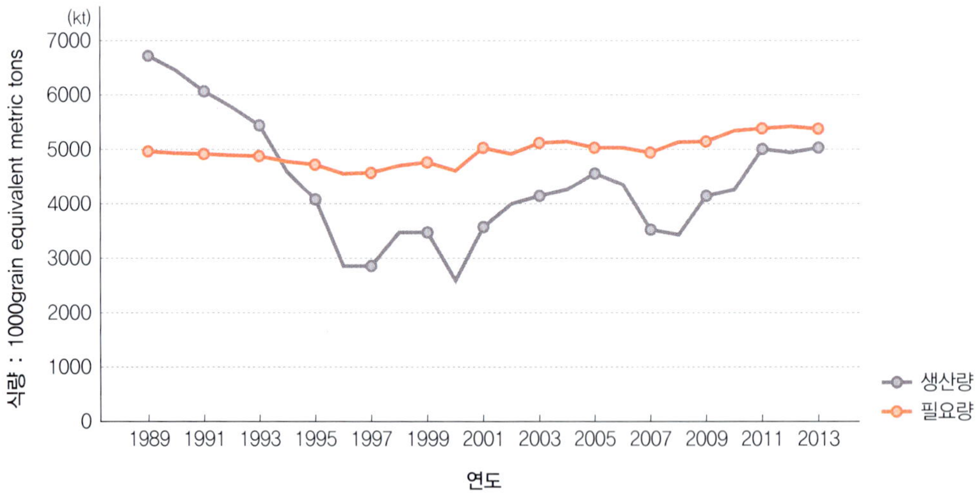

그림 12-1 북한의 식량 필요량과 생산량

자료 : 38 North, http://38north.org/2013/12/rireson121813/, 2013

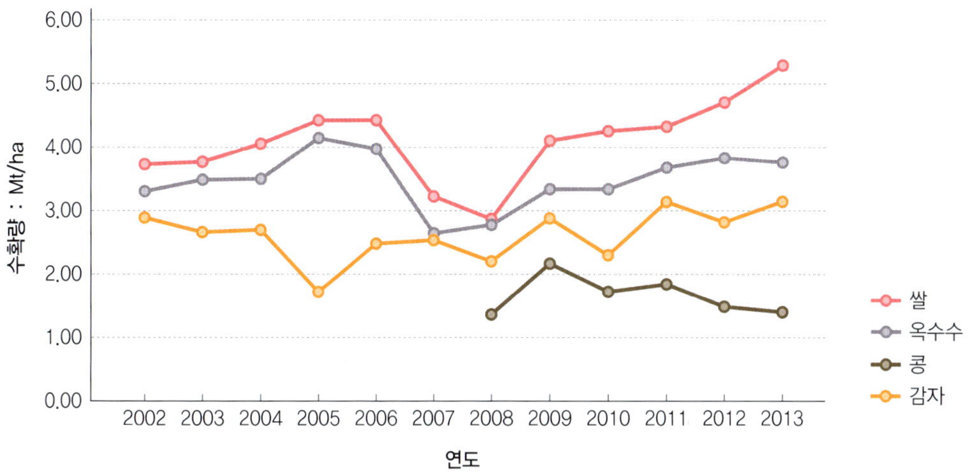

그림 12-2 북한의 연평균 작물 수확량

자료 : 38 North. http://38north.org/2013/12/rireson121813/. 2013

표 12-1 북한의 식품수급표(2015. 11~2016. 10)

	쌀(정미)[1]	옥수수	맥류	기타 곡물	감자[2]	콩[3]	합계
자급률	1284	2516	66	156	515	264	4801
주요 생장철 생산량	1284	2288		156	168	264	4160
겨울/봄 생산량			66		297		363
경사지 생상량(개간지)		203					203
텃밭		25			50		75
재고 이용	0	0	0	0	0	0	0
총 사용량	1705	2654	182	165	515	275	5495
식품	1455	2052	156	133	336	251	4383
사료		100			20		120
종자	50	74	16	7	81	11	238
수확 후 손실량	200	428	11	26	77	13	754
재고 저장	0	0	0	0	0	0	0
수입 필요량	421	138	116	9	0	11	694
예상 수입량							300
부속량							394

*수치들은 반올림으로 합이 맞지 않을 수 있다.

1) 쌀 도정률 66%

2) 감자를 곡물에 포함시킬 시 변환계수 0.25 사용

3) 콩을 곡물에 포함시킬 시 1.2 사용

자료 : global information and early warning system on food and agriculture(GIEWS) Update-The Democratic People's Republic of Kor3ea, 2016

되었으며, 개인이 식량을 자체 해결하도록 하였다. 이에 북한은 국제사회에 식량 지원을 요청하게 되었고, 2000년부터는 국제사회의 지원이 증가하고 곡물 생산량이 늘어나면서 식량 배급이 다소 호전되었지만, 절대량이 부족한 식량의 배분은 제대로 이루어지지 않고 있다. 2002년 이후 배급제도가 공식적으로 폐기되었다가 2005년 일부 재개되었지만, 신분과 소속기관에 따라 식량 배급에 큰 차이가 있어 사회 구성계층에 따라서는 여전히 식량 부족으로 생존에 위협을 받는 이들이 있다.

2008년 남한과 국제사회의 지원이 중단되었음에도 그 이후 북한의 식량 생산은 점차

표 12-2 국제사회의 대북 식량 지원(한국 포함)

연도	기타 곡물	CSB	CSM	옥수수	옥수수제품	쌀	밀	밀가루	계(톤)
1995	0	0	0	0	0	544,397	0	0	544,397
1996	120,000	15,772	0	38,000	3,299	233,420	83,100	5,151	498,742
1997	16,542	27,524	0	543,537	13,263	223,285	24,050	12,383	860,584
1998	9,831	47,655	0	370,907	27,979	202,974	77,298	26,127	762,771
1999	7,475	43,100	0	312,360	0	100,486	456,570	68,775	988,748
2000	7,564	6,118	0	516,616	0	327,892	170,948	114,658	1,143,796
2001	15,436	6,168	18,756	526,421	20	588,158	273,450	56,857	1,485,266
2002	15,760	0	13,057	263,014	83	551,761	155,882	111,256	1,110,813
2003	8,077	7,393	0	135,096	0	569,434	135,309	66,588	921,897
2004	25,494	9,248	0	95,048	12,062	441,002	156,695	108,366	847,915
2005	15,839	0	0	297,386	126	496,334	54,282	305,379	1,169,346
2006	598	0	0	43,833	0	107,783	12,285	189,672	354,171
2007	16,065	0	0	57,688	0	491,581	8,423	197,110	770,867
2008	7,553	6,175	0	241,392	0	20,527	37,270	14,874	327,791
2009	759	0	0	98,737	0	35,447	134,619	29,206	298,768
2010	5,826	0	0	25,637	0	11,206	49,261	8,739	100,669
2011	3,865	2,235	0	2,102	0	547	45,294	757	54,800
2012	6,857	2,003	0	270,294	0	33,428	43,505	8,743	364,830
합계	283,523	173,393	31,814	3,838,068	56,833	4,979,665	1,918,243	1,324,648	12,606,171

1) 곡물 환산치 자료
2) 기타 곡물에는 보리, 콩, 수수, 곡류 및 시리얼 포함
3) CSB : 옥수수 콩 혼합물
4) CSM : 옥수수 콩 우유

자료 : WFP, Interfais; http://www.wfp.org/fais, 2014

증가하고 있다. 이는 북한의 자구책 강구에 의한 것으로 보인다. 예년에 비해 식량 사정이 호전되었음에도 여전히 식량의 수급 균형에는 도달하지 못하였다. 이는 식량 생산은 증대되었다고 하나 절대적인 소요량을 충족시킬 만큼 농업 생산 능력이 회복되지 않았으며, 인구 증가로 식량 소요량도 꾸준히 증가하고 있기 때문이라 보인다.

2) 북한 주민의 영양 상태

북한의 기근은 20세기 가장 심각한 기근으로 기록되었다. 기근으로 인한 절대적 사망자 수가 아무리 많더라도 사망률이 전체 국민의 2~3%를 넘는 경우는 극히 드문 것에 비해 북한의 1990년대 기근으로 인한 사망률은 12~15%(사망자 수 280만~350만 명)에 달하여 최대의 기근으로 기록되고 있다.

북한의 극심한 식량 부족은 영양 취약계층인 영유아의 사망률은 높이고 가임기 여성의 출산율은 감소시켰다. 영양 결핍문제를 지닌 어린이들의 경우 면역체계가 약화되어서 감염성 질환에 걸릴 가능성이 높아지고, 성장 및 발달 지연, 학습 능력 저하가 초래된다. 또한 설사의 발생률을 증가시키고 설사로 인한 탈수증상이 사망의 원인으로 작용하기도 한다.

(1) 만성영양장애

만성영양장애stunting 비율은 연령에 비해 키가 작은 어린이의 비율이다. 만성영양장애는 장기간 영양 결핍을 반영하는 지표로, 영구적인 성장 지연을 일으킬 수도 있으며 성장

표 12-3 연령별 만성영양장애 비율

(단위 : %)

연도 연령	1998	2000	2002	2004	2009	2012
6개월 미만	-	21.9	17.3	-	12.5	3.7
6개월 이상 12개월 미만	14.5	31.9	22.8	19.4	23.6	8.4
12개월 이상 24개월 미만	48.5	50.2	41.6	27.1	23.9	27.0
24개월 이상 36개월 미만	62.2	47.5	45.6	34.7	32.1	36.8
36개월 이상 48개월 미만	75.1	58.6	47.6	46.7	39.5	33.3
48개월 이상 60개월 미만	77.5	60.3	47.5	50.8	46.5	35.4
60개월 이상	74.8	-	45.5	46.8	-	-
전체	62.3	45.2	39.2	37.0	32.4	27.9

자료 : 1998, 2000, 2002, 2004, 2009, 2012년 북한 어린이 영양조사 취합

후의 만성적인 대사증후군 발병과 연관성이 있는 것으로 밝혀졌다. 성장 지연은 인지 기능 감소, 생산력 감소, 면역 기능 약화를 초래할 수 있다.

만성영양장애는 1998년에 62.3%, 2000년에 45.2%로 발생 비율이 큰 폭으로 감소되었으며 이후로도 점차 감소하여 2012년에는 27.9%로 보고되었다. 연령대별로 만성영양장애 비율을 살펴보면 12개월 미만인 영아보다는 12개월 이상 24개월 미만의 유아에게서 크게 증가하여 개월 수가 늘어날수록 높아지는 것을 알 수 있다. 특히 이유식을 시작해야 하는 시기인 6개월 이후부터 영유아들의 만성영양장애 비율이 매우 높아지는 것을 알 수 있다. 이는 모유 수유를 공급받던 영유아가 이 시기부터는 이유식을 통해 철분 및 아연 등 필수영양소를 공급받아야 하는데 식품을 통한 영양 섭취가 충분하지 못하여 성장과 발달이 제대로 이루어지지 못하는 것으로, 연령이 증가할수록 영양소 섭취 부족으로 인한 영양 불량 상태가 더욱 심각해짐을 알 수 있다.

(2) 급성영양장애

급성영양장애wasting 비율은 키에 비해 체중이 적은 어린이의 비율이다. 급성영양장애 비율은 1998년 15.6%에서 2000년 10.4%로 감소하였고, 그 이후로도 점차 감소하여 2012년에는 4.0%로 보고되었다. 연령대별 급성영양장애 비율을 살펴보면 다른 연령대 그룹보다 12개월 이상 24개월 미만 그룹에서 대체적으로 높게 나타났다.

표 12-4 연령별 급성영양장애 비율

(단위 : %)

연령 \ 연도	1998	2000	2002	2004	2009	2012
6개월 미만	-	7.8	5.3	-	1.8	4.3
6개월 이상 12개월 미만	17.6	10.4	6.7	6.0	4.8	4.9
12개월 이상 24개월 미만	30.9	11.9	11.9	8.7	5.7	4.3
24개월 이상 36개월 미만	20.5	9.7	8.4	7.3	6.2	3.9
36개월 이상 48개월 미만	13.4	10.2	7.4	7.5	5.0	3.6
48개월 이상 60개월 미만	8.9	11.9	6.3	6.2	5.2	3.3
60개월 이상	7.8	-	5.6	5.3	-	-
전체	15.6	10.4	8.1	7.0	5.2	4.0

자료 : 1998, 2000, 2002, 2004, 2009, 2012년 북한 어린이 영양조사 취합

(3) 저체중

저체중underweight 비율은 연령에 비해 몸무게가 적은 어린이의 비율이다. 1998년 60.6%에서 2000년 27.9%로 대폭 감소하였고, 그 이후에는 점차적으로 감소하여 2012년에는 15.2%의 비율을 보였다. 연령대별로 저체중 비율을 살펴보면 6개월 이상 12개월 미만 영아 그룹과 대비하여 12개월 이상 24개월 미만 유아 그룹에서 가장 크게 증가하였고, 대체적으로 저체중의 비율이 가장 높은 그룹은 24개월 이상 36개월 미만 유아 그룹으로 조사되었다.

표 12-5 연령별 저체중 비율

(단위 : %)

연령 \ 연도	1998	2000	2002	2004	2009	2012
6개월 미만	-	7.7	7.6	-	5.6	2.9
6개월 이상 12개월 미만	34.2	21.5	12.0	14.1	17.4	8.2
12개월 이상 24개월 미만	56.3	31.4	24.9	20.5	16.2	13.6
24개월 이상 36개월 미만	66.8	34.0	25.5	27.3	21.7	18.5
36개월 이상 48개월 미만	69.7	32.4	20.2	26.3	21.7	18.0
48개월 이상 60개월 미만	61.6	39.0	21.0	26.6	21.3	20.0
60개월 이상	64.9	-	20.7	22.5	-	-
전체	60.6	27.9	20.2	23.4	18.8	15.2

자료 : 1998, 2000, 2002, 2004, 2009, 2012년 북한 어린이 영양조사 취합

이 연구조사 결과 5세 미만 북한 어린이의 영양 상태를 살펴보면, 여전히 만성영양장애와 저체중의 비율이 매우 높은 것으로 조사되었다. 이러한 만성영양장애와 저체중을 개선시키기 위해서는 열량 및 단백질뿐만 아니라 아연, 마그네슘, 칼륨 등의 무기질 섭취가 매우 중요하다. 따라서 이러한 필수영양소가 보강된 영양 강화식품을 공급하는 것이 바람직하며, 북한 어린이들의 만성영양장애 비율을 감소시키기 위해서는 양질의 단백질 식품 공급이 매우 중요하다.

모성의 영양 상태는 자신의 건강은 물론이고 임신 중 태아의 성장에 영향을 주어 저체중아 출산 위험을 증가시키며, 출생아의 성장 발육에도 영향을 끼치기 때문에 중요하다. 2012년의 북한 영양조사에서 가임여성의 23.2%가 영양실조(상완 위 둘레 22.5 cm 미만) 상태였으며, 31.2%에서 빈혈 증세를 보여 가임여성의 영양 불량이 만연해 있는 것으

로 나타났다. 특히 영유아의 키 성장이 지연되는 만성영양장애가 만연하는 것은 영양 결핍이 축적되어 나타난 적응현상으로 장기간의 식량 부족이 있었던 사실을 반영하는 것이다. 이는 북한 내 지역별로도 큰 차이를 보이는데 북한 동북부 지역의 영양 상태가 더욱 열악한 것으로 나타나 식량 이용 접근도가 지역에 따라 큰 차이가 있는 것으로 보인다.

탈북자 성인조사 결과, 해방 이후 장기간의 식생활 수준 차이로 식량난 이전에 이미 남북한 성인 간 신장 크기에 상당한 차이가 존재하고 있었음이 밝혀졌다. 특히 북한에서는 1970년대에 출생한 남자 집단을 제외한 모든 출생연도 집단에서 분단 이후 실질적인 신장 증가현상이 관찰되지 않았다. 이는 분단 이후 반세기 이상이 경과하는 동안 1970년대에 출생한 남성들을 제외한 모든 북한 사람이 지속적으로 영양 상태가 좋지 않았음을 뜻한다. 특히 주목할 만한 것은 해방 이전에 출생한 북한 사람은 남한 사람에 비해 평균 신장이 큰 데 비해, 해방 이후 출생한 모든 북한인은 동시대에 출생한 남한 사람보다 평균 신장이 작았다는 것이다.

2. 글로벌 영양문제

1) 굶주림과 영양 결핍

모든 사람들은 음식을 필요로 하며 '굶주림'은 언제나 생존과 직결되는 문제이다. 굶주림은 그 자체로 사망 원인이 될 뿐만 아니라 생명에 치명적인 질병에 취약하게 만들기 때문이다. 이러한 이유로 기아hunger는 인류가 존재해 온 이래 지속되어 온 가장 큰 고민 중 하나이며, 사실상 인류의 역사를 '굶주림의 공포'로부터 탈출하기 위한 노력의 역사라 보아도 지나치지 않다. 기아는 인구에 비해 부족한 식량자원으로 인해 발생하는 '불가피한 문제'라고 보았기 때문에 '식량의 비약적인 증가'를 통해 해결할 수 있다고 생각하였다. '기아'를 극복하기 위한 끊임없는 노력 끝에 오늘날 인류는 역사상 유례없는 풍요로운 시대를 살고 있다. 선진국 국민 중 대다수는 낮은 가격에 안정적으로 공급되는 식량을 당연한 것으로 받아들이고 있으며, 이들에게 식량문제는 '먹을 수 있느냐, 없느냐'가 아니라 '무엇을, 어떻게, 먹느냐'로 인식이 바뀌었다. 그러나 이러한 풍요로움의 혜택이 모든 사람에게 주어진 것은 아니다.

지구 전체 인구의 약 20%에 달하는 15억 명이 비만과 과체중으로 생명의 위협을 받고 있으며 매년 전 세계적으로 13억 톤의 식량이 음식물 쓰레기로 버려지고 있음에도 여전히 9억 2,500만 명의 사람이 굶주림으로 고통받고 있다. 이들의 굶주림이 인구 대비 식량 자원의 부족 때문이 아님은 너무나 명백하다. 따라서 식량 증산만으로는 오늘날의 기아 문제를 해결할 수 없다.

기아는 '만성적인 기아'와 '급성적인 기아'로 구분되는데 세계 영양결핍인구 9억 2,500만 명 중 7억 8,000만 명 이상이 만성적인 기아 상태에 놓여 있는 데 비해 가뭄, 대지진 등의 자연재해나 테러와 전쟁 등 특정한 이유로 급성기아 상태에 놓인 사람은 이들 중 채 10%가 되지 않는다. 기아로 고통받는 사람의 수는 에이즈나 말라리아, 결핵에 걸린 사람들을 합한 수보다 더 많으므로 기아가 전 세계인의 건강을 위협하는 가장 큰 문제라고 할 수 있다. 급성기아의 경우는 국제 사회의 원조가 적절한 시기에 제공되거나, 재해나 전쟁이 극복되고 농산물 생산이 정상적으로 이뤄지게 되면 기아 상태에서 벗어날 수 있다.

국제연합 식량농업기구**FAO**의 통계자료에 의하면, 지역적으로는 5억 7,800만 명의 기아 인구가 아시아·태평양 지역에 살고 있으며 2억 3,900만 명이 사하라사막 이남 아프리카 지역에서 살고 있다. 전 세계의 기아 인구 9억 2,500만 명 중 8억 5,000만 명이 넘는 숫자가 아시아와 아프리카, 그리고 라틴 아메리카의 제3 세계 국가에 살고 있는 것이다(그림 12-3).

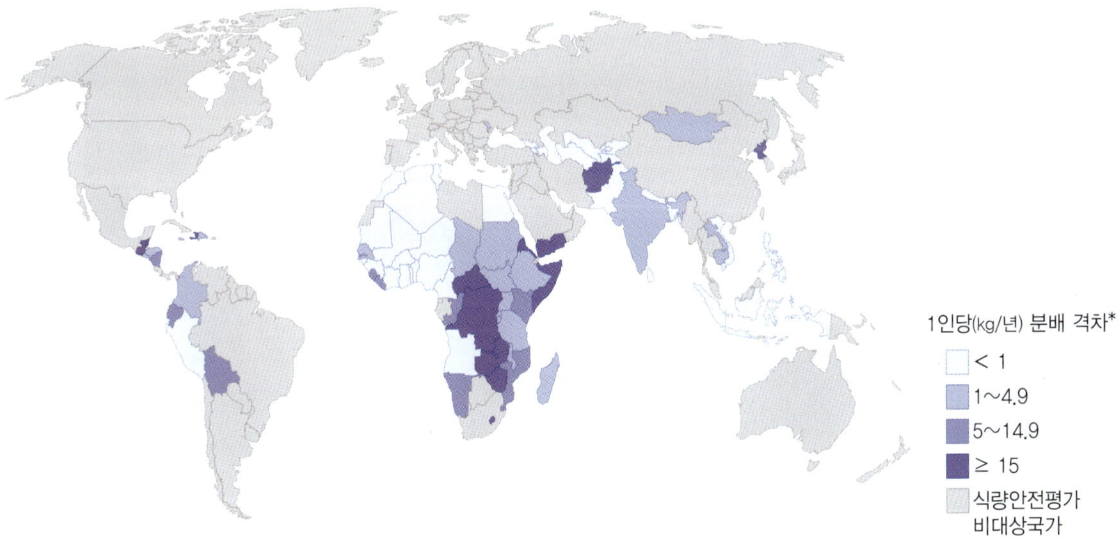

그림 12-3 식량 불안정 지도

*분배 격차는 중소득 십분위의 사람들이 1인당 약 2,100 cal인 1일영양목표량까지 충족시키기 위해 필요한 추가 식품의 양이다.

자료 : 미국 농무부(USDA). Economic research Service. 2013

그림 12-4는 국제연합 세계식량계획이 2015년 발행한 전 세계의 기아 지도이다. 아프리카 대륙이 가장 심각하고 아시아, 남미, 중동 지역에 걸쳐 기아 인구가 많은 것을 확인할 수 있다. 선진국에서는 자국민이 소비할 수 있는 것보다 더 많은 양의 식량을 생산하지만, 식량이 절실하게 필요한 제3 세계 국가의 국민들은 가난하여 식량을 구매할 능력이 없기 때문에 굶주리고 있다. 이들의 빈곤은 국제적으로 부국과 빈국 사이의 경제적 불평등과 제3 세계 국가 내에서의 계급 간 경제적 불평등 때문이라 분석하고 있다. 이러한 경제적 불평등 구조를 해소하여 제3 세계 국가의 빈민들이 실질적으로 식량을 구매할 수 있는 '식량에 대한 접근성'이 주어지지 않는 이상 기아문제는 극복할 수 없다고 주장한다.

영양 결핍은 인간이 생존하는 데 필요한 총열량이 탄수화물, 단백질, 지방의 섭취를 통해 충분히 공급되지 않은 '열량 부족undernutrition'의 경우와, 총열량과 관계없이 생명 유지에 필수적인 미량영양소가 부족한 '영양 불량nutrient deficiency' 상태로 나뉜다.

미량영양소 부족이란 비타민이나 무기질의 섭취량이 부족하거나 흡수가 잘 일어나지 않아 체내에서 충분한 양이 이용되지 못하여 생리 기능이 저하된 상태이며 '비타민, 무

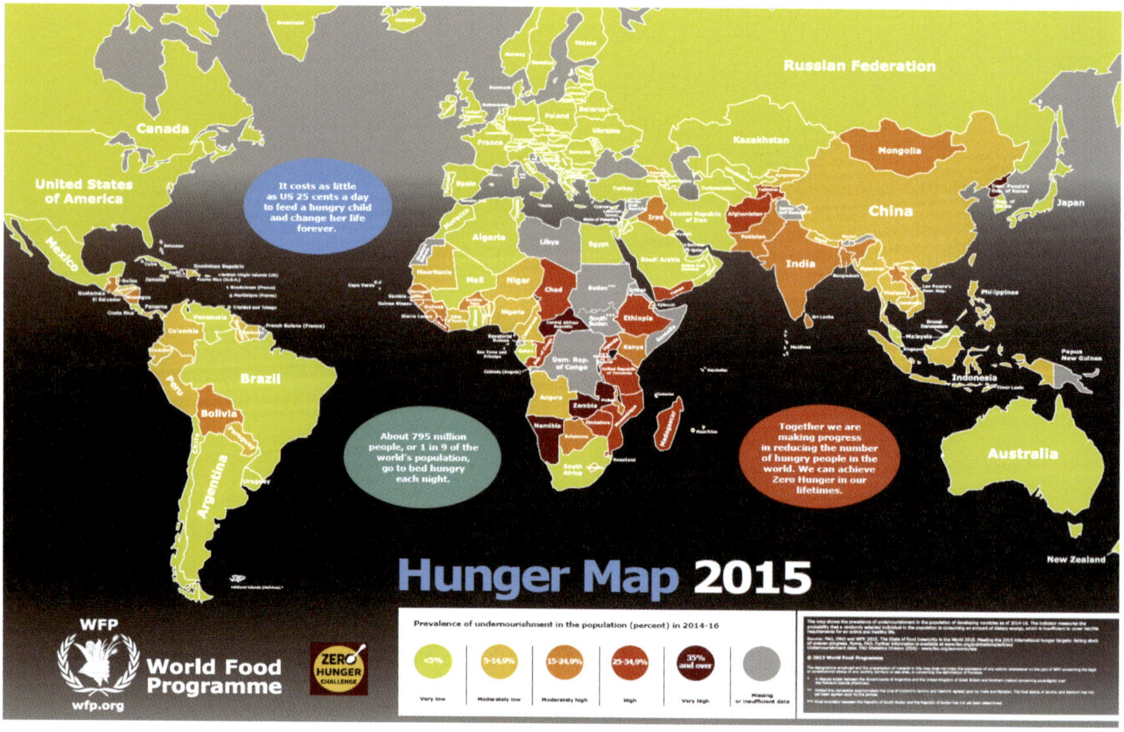

그림 12-4 세계 기아 지도

기질 부족'이라고도 한다. 미량영양소의 섭취 부족은 에너지를 충분히 섭취한 경우에도 나타날 수 있으며, 이러한 경우에는 배고픔을 느끼지 못하지만 하나 이상의 미량영양소가 부족함으로써 체내 생리 기능이 저하되어 건강에 심각한 결과를 초래할 수 있다. 미량영양소의 결핍은 전염병에 감염될 확률을 높일 뿐만 아니라 실명이나 빈혈 같은 질병의 직접적인 원인이 되기도 하며, 선천성 기형이나 심각한 경우 사망의 원인이 되기도 하여 매년 수백만 명이 심각한 급성영양 불량으로 목숨을 잃고 있다. 겉으로 보기에는 충분한 영양을 공급받고 있는 것으로 보이는 평균 체중의 사람에게서도 발생하므로 그 폐해가 즉각적으로 눈에 보이지 않는다는 의미에서 '감춰진 기아'라고도 부른다. 미량영양소의 부족문제를 해결하기 위해 1990년대 초 여러 국제회의에서 전 세계가 함께 힘을 모을 것을 강조하면서 더욱 관심이 모아졌다.

2) 미량영양소 부족

(1) 철 결핍성 빈혈

철 결핍성 빈혈은 가장 흔하게 나타나는 미량영양소 부족으로, 세계 인구의 약 25%가 철 결핍 상태이다. 그중 대부분이 학령 전 어린이와 여성이며, 어린이나 어른 모두에게 심각한 결과를 초래하므로 매우 중요한 영양문제이다. 철 결핍성 빈혈은 철의 섭취량이 부족하거나 임신이나 월경으로 철의 필요량이 증가할 때, 기생충에 감염되어 철이 손실될 때 등에 나타나기 쉽다. 영아나 성장기 어린이에게 심한 철 결핍성 빈혈이 있으면 신체적 발달이 지연될 수 있고, 주의력 저하, 학습 능력의 저하 등 정신적·신경학적 기능 발달에 장애가 생길 수 있다. 또한 감염의 위험을 높일 수 있으며, 납 성분의 장내 흡수를 증가시켜 납중독의 위험도 커진다. 임산부의 철 결핍성 빈혈은 조기 분만, 저체중아 출산과 연관성이 있다. 철 결핍성 빈혈이 있으면 조직에 충분한 산소 공급을 위해 심장이 평소보다 더 많은 일을 해야 하므로 심장에 부담이 가해져 협심증, 심장비대(심장이 커짐) 등이 발생할 수 있다.

(2) 비타민 A 결핍

비타민 A는 면역 체계에 필수적인 영양요소이다. 비타민 A 결핍은 아동에 실명 위험을 높일 뿐 아니라 설사와 같은 가벼운 질병으로 인한 사망 위험도 증가시킨다. 세계보건기구WHO에 따르면 전 세계 2억 5,000만 명 이상의 어린이가 비타민 A 결핍으로 인한 문제를 겪고 있으며, 그 대부분은 아프리카와 남아시아에 거주하고 있는 것으로 나타났다.

(3) 요오드 결핍

요오드 결핍은 정신지체와 같은 지능 저하와 학습 능력 저하의 주요 원인이 된다. 요오드 결핍증에 걸린 여성이 임신할 경우 사산이나 유산할 위험이 높아진다. 요오드 결핍은 대부분 갑상선종과 관련 있으며, 요오드 결핍증을 보이는 인구는 대개 요오드 함량이 부족한 식품을 먹는 산간 지역이나 홍수 다발 지역주민이다. 요오드를 첨가한 요오드첨가소금iodized salt의 보급으로 요오드 결핍을 막을 수 있다.

3. 국제기구 영양중재 프로그램

전 세계의 영양문제를 해결하기 위하여 국제연합 산하의 여러 국제기구에서 다양한 활동을 하고 있으며, 그 내용을 정리하면 아래와 같다.

1) 세계보건기구

세계보건기구WHO(http://www.who.int/en/)는 보건·위생 분야에서 국제적인 협력을 위해 1948년 설립된 국제연합UN의 전문 기구이다. 국제 보건사업의 지도 조정, 회원국 정부의 보건 부문 발전을 위한 원조 제공, 전염병과 풍토병 및 기타 질병 퇴치활동, 보건 관련 단체 간의 협력관계 증진 등을 목적으로 발족되었다.

이러한 목적을 달성하기 위해 다음과 같은 광범위한 기능을 수행하고 있다.

- 국제적인 보건사업에 대하여 지휘하고 조정하는 기능
- 보건 서비스의 강화를 위한 각국 정부의 요청에 대하여 지원
- 각국 정부의 요청 시 적절한 기술 지원과 응급상황 발생 시 필요한 도움 제공
- 전염병 및 기타 다른 질병의 예방과 관리에 대한 업무를 지원
- 필요시 영양, 주택, 위생, 레크리에이션, 경제 혹은 작업 여건, 그리고 환경 위생 등에 대하여 다른 전문기관과의 협력을 지원
- 생체의학biomedical과 보건 서비스 연구를 지원 및 조정
- 보건, 의학, 그리고 관련 전문 분야의 교육과 훈련 기준 개발 및 개발 지원

- 생물학적, 제약학적, 그리고 유사물질들에 대한 국제적 표준을 세우고, 진단 기법의 표준화를 추진
- 정신 분야의 활동을 지원

또한, WHO는 관례, 협정, 규정을 제안하고, 질병, 사망 원인 그리고 공중보건 등에 관하여 국제적으로 통용될 수 있는 용어를 만들기도 하며, 식품, 생물학적, 제약학적 그리고 유사물질 등에 대한 국제적 표준을 제정하기도 한다.

2) 국제연합 식량농업기구

국제연합 식량농업기구FAO(http://www.fao.org)는 국제연합의 전문 기구 중 하나로, 식량과 농산물의 생산 및 분배 능률 증진, 농민의 생활 수준 향상 등을 목적으로 한다. 1943년 5월 미국 루스벨트 대통령의 제창으로 개최된 연합국 식량농업회의가 모체가 되었다. 같은 해 7월 'FAO 헌장'이 기초되었고, 1945년 10월 캐나다 퀘벡에서 개최된 제1회 식량농업회의에서 채택된 FAO 헌장에 의거해 설립되었다. 농업·임업·수산업 분야의 국제연합 기구 중 최대 규모이다. 세계식량계획World Food Program, WFP과 함께 식량 원조와 긴급 구호활동을 전개하며, 국제연합 개발계획UNDP과 함께 기술 원조를 확대하고 있다.

세계 농업 발전 전망에 관한 연구와 각종 기술 원조계획을 이행하며, 식량 농업·임산물·어업 등에 관한 통계연감을 발행한다. 식량의 부족과 잉여에 대해 세계적 규모로 조정한다. 이를 위해 국제연합과 함께 식량이 풍부한 지역의 과잉 식량을 모아서 기아와 빈곤에 시달리는 지역에 분배하는 곳이 세계식량계획이다. 또한 관련 정보를 수집·분석·확산하고, 정책과 기획에 관해 정부에 자문하며, 정부와 전문가들이 만나서 식량과 농업 문제를 논의하는 중립적인 장을 제공한다.

3) 국제연합 아동기금

국제연합 아동기금UNICEF(http://www.unicef.org/)은 1946년 국제연합 총회의 결의에 따라 전쟁 피해 아동과 청소년들의 구호를 위해 설립된 기구이다. 처음 명칭은 국제연합 국제아동구호기금United Nations

International Children's Emergency Fund이었으며, 1953년 현재의 명칭으로 바꿨으나 UNICEF라는 약칭은 그대로 쓰기로 하였다.

지원 분야는 긴급 구호, 영양, 보건, 예방접종, 식수 및 환경 개선, 기초교육, 모유 수유 권장에 이르기까지 다양하다.

- 안정적인 영양 공급
- 어린이 성장 상태조사
- 지역사회 기반의 프로그램 지원
- 모유 수유 지원
- 필수 미량영양소 공급
- 에이즈 감염자를 위한 활동
- 긴급 구호 지역의 영양사업

우리나라는 1950년부터 1993년까지 UNICEF로부터 다양한 지원을 받았으며, 1988년 집행이사국이 되었다. 1994년 1월 유니세프 한국대표부가 유니세프 한국위원회로 바뀌면서 지원을 받는 국가에서 지원을 하는 국가가 되었다. 이후 북한의 기아 사태, 내전 중인 르완다·소말리아 등에 긴급 자금을 지원하였으며, 기금 마련을 위한 여러 가지 사업을 벌이고 있다.

4) 세계식량계획

국제연합 세계식량계획World Food Programme, WFP(http://ko.wfp.org/)은 우리 세대에 기아를 퇴치한다는 뜻의 '제로 헝거Zero Hunger'를 사명으로 하는 세계 최대 규모의 인도주의 기관으로, 1961년에 창립된 이래 긴급 구호 상황이 발생할 때마다 긴급 구호 식량을 제공하여 생명을 구하고 있다.

현재 지구상에는 7억 9,500만 명, 즉 전 세계인의 9분에 1에 달하는 사람이 기아로 고통받고 있다. 세계식량계획은 이 중 10%에 달하는 숫자인 8,000만 명을 80여 개국에서 돕고 있다. 1만 5,000여 명의 직원들이 WFP의 비전을 실현하기 위해 세계 곳곳에서 일하고 있으며, 이 중 90%는 현장에서 직접 기아로 고통받는 사람들을 돕는다.

세계식량계획은 미래의 기아를 방지하기 위해서도 다양한 사업을 진행하고 있다. 이러

Tip 세계식량계획의 4가지 활동 목표

① 긴급 상황 발생 시, 생명을 구하고 당장의 생활이 가능하도록 보호한다.
② 긴급 상황 발생 후 열악한 환경 아래에서, 또는 추가 긴급 상황 발생 시에 안정적으로 식량과 영양이 공급되고, 이들의 생활 터전이 재건될 수 있도록 지원한다.
③ 발생할 수 있는 추가 위험을 감소시키기 위해 노력한다. 또한 개인, 단체, 국가에 필요한 식량 및 영양을 공급한다.
④ 영양 부족으로 고통 받는 사람들의 수를 감소시키고 세대에서 세대로 대물림되는 기아의 순환 고리를 끊는다.

한 사업들은 각 단체가 스스로 자립하여 안정적인 생활이 가능하도록 돕는 것을 목표로 한다. 이 외에도 세계식량계획은 식량 안정성 분석, 영양, 식량 조달, 이송 등의 분야를 선도하며 세계에서 기아를 없애기 위해 노력하고 있다. 최근에는 라오스의 홍수, 파키스탄의 대홍수, 아이티의 대지진 피해 지역에 식량을 지원하였다.

(1) 세계식량계획의 업무

- 영양사업
- 학교급식사업
- 현금, 바우처 사업
- 물류 수송사업
- 번영을 위한 구매사업
- 식량 안보 분석사업
- 조달사업
- 여성 중심 사업
- HIV, AIDS, 결핵 퇴치사업

5) 국제연합 자본개발기금

국제연합 자본개발기금UNCDF(http://www.uncdf.org/)은 1966년 유엔 총회에서 국제연합 개발계획United Nations Development Program, UNDP의 관리 아래 특별한 목적을 가진 기금으로 설립되었다. 내부적으로는 집행위원회에 의해 운영되고, 외부적으로는 이 기금이 관리기관인 국제연합 개발계획에 의해 운영되는 반자치적 기구이다. 1997년에 유엔은 UNDP와 국제연합 자본개발기금을 연결하는 SUM Special Unit for Microfinance(소자본을 위한 특별기구)을 설립하였는데, 1999년 이후 SUM은 UNCDF로 완전히 통합되어 활동하고 있다.

국제연합 자본개발기금의 사명은 현지 개발 프로그램과 소자본 지원 프로그램을 통한 빈곤 퇴치이다. 소자본을 저개발국의 지방자치단체에 증여 또는 낮은 금리의 차관으로 제공하며, 자금 지원이 끝난 뒤에도 지속적인 변화와 성장을 가능하게 하고, 지역 발전을 통한 국가 자원의 이용에 중점을 둔다. 자금은 대부분 NGO나 지방자치단체에 지원된다. 기금은 유엔 총회에서 지정한 저개발국을 우선한다는 원칙 아래, 1973년부터 1999년까지 아프리카 지역의 32개국을 포함하여 56개국에 지원되었다. 1998년부터는 대상을 15개국으로 한정하여 집중적인 지원을 하고 있다.

주요 사업 중 국제연합 자본개발기금 지역개발 부문은 지속 가능한 발달과 빈곤 퇴치를 위해 지방자치단체의 기반 시설 확충과 빈곤층을 위한 공공 서비스 강화를 장려하고 정부, 시민과 지역사회, 사기업 간의 교류를 증진하기 위한 사업을 전개하고 있다. 농업, 농업 관련 산업, 식수 공급, 의료/보건 및 영양, 저소득자에 대한 주택 공급, 도로와 농촌학교 건설 등을 지원하고 있다.

4. 민간단체 영양중재 프로그램

민간단체는 시민들이 자발적으로 조직하여 활동하는 단체로 '비영리기구(비정부기구)'라고도 한다.

1) 위드

위드
WITH
Wholistic Interest Through Health

위드 WITH(http://iwith.or.kr)는 1986년 우리나라 영양사들이 결식아동을 돕기 위하여 오병이어선교회를 조직한 것에서 시작되었다. 위드는 사랑과 나눔의 정신으로 빈곤, 가난, 재해로 고통 받는 지구촌 이웃 Yellow Window들의 긴급한 구호와 구제 활동을 펼치는 동시에 지속적 지역 역량 개발, 국제 영양 구호 및 식생활 영양 개선활동을 목적으로 하는 외교부에 등록된 식품영양 전문 NGO이다.

설립 목적을 달성하기 위해 아래와 같은 광범위한 기능을 수행하고 있다.

- 보건 영양 지원사업
- 학교급식사업
- 북한 영양보충식사업
- 교육사업
- 구호·구제 사업
- 지역 개발사업
- 해외 장학 멘토링 사업

2) 월드비전

월드비전World Vision(http://www.worldvision.or.kr/)은 1950년 한국전쟁 중에 고아와 미망인을 돕기 위해 밥피어스Bob Pearce 목사와 한경직 목사에 의해 시작되었다. 그 후 시설아동 지원, 무료 의료 지원, 복지관 설립, 농어촌 개발 등의 활동을 수행해 오다가 1991년부터는 외국의 원조를 받지 않고 경제적으로 자립하여 국내뿐 아니라 해외사업을 수행하기 시작하였다. 월드비전은 60년이 넘는 오랜 시간에 걸쳐 전 세계 어린이를 돕기 위해 아시아, 아프리카, 라틴 아메리카 등 구호 개발 활동 지역을 넓혀왔다. 현재 전 세계에서 개발 구호활동을 펼치는 기독교 국제구호개발 NGO로 성장하였다.

설립 목적을 달성하기 위해 아래와 같은 광범위한 기능을 수행하고 있다.

- 국제 개발사업 : 지역 개발사업, 분야별 특별사업, 국제 빈곤 퇴치 기여금
- 국제 구호사업 : 재난 대응사업, 식량 위기 대응사업, 취약 지역 및 국가 지원사업
- 국내사업 : 사랑의 도시락사업, 꽃때말교육사업, 위기아동 지원사업, 아동권리사업
- 북한사업 : 농업사업, 일반 구호사업, 농업 교육사업, 꽃피는 마을사업
- 옹호사업 : 세계 시민교육, 캠페인 / 정책 활동

3) 굿네이버스

굿네이버스(http://www.goodneighbors.kr/)는 우리나라에서 설립되어 국내는 물론이고 북한 및 해외에서 굶주림 없는 세상, 더불어 사는 세상을 만들기 위해 전문적인 사회복지사업과 국제개발협력사업

을 활발히 수행하고 있는 국제 구호 개발 NGO이다. 소외된 이웃들에게 '좋은 이웃'이 되기로 한 굿네이버스의 약속은 한국을 넘어 전 세계로 뻗어나갔고, 창립 5년 만인 1996년 국내 NGO 최초로 국제연합 경제사회이사회로부터 NGO 최상위 지위인 포괄적 협의 지위를 획득하면서 글로벌 NGO로서의 위상과 지위를 갖추었다.

설립 목적을 달성하기 위해 아래와 같은 광범위한 기능을 수행하고 있다.

- 국내 복지사업 : 학대 피해아동 보호 및 예방사업, 빈곤가정 아동 지원사업, 심리·정서 지원사업, 아동상담 및 보호사업, 지역사회복지사업
- 해외 구호 개발사업 : 교육 보호사업, 보건 의료사업, 식수위생사업, 소득 증대사업, 권리 옹호사업, 지역사회 파트너십 구축사업
- 사회 개발 교육사업 : 아동권리 교육사업, 나눔인성교육사업, 사회개발교육 네트워크
- 긴급 구호사업 : 자연 재난 지원, 식량 위기 지원, 난민 지원
- 대북 지원사업 : 아동보호 지원사업, 보건 의료사업, 농축산 개발사업

4) 어린이어깨동무

어린이어깨동무(http://www.okfriend.org/)는 북한 어린이들을 위한 영양, 의료, 교육 지원을 통해 남과 북의 어린이들이 비슷한 키로 건강하게 자라나 어깨동무하기를 바라며 우리나라에서 설립된 민간단체이다. 영양 증진사업으로 두유 공장을 건설하여 두유를 위생적으로 생산할 수 있는 생산 설비와 원료를 지원하고 있다.

5) 세이브 더 칠드런

세이브 더 칠드런(https://www.sc.or.kr)은 1919년 영국의 사회사업가 에글렌타인 젭Eglantyne Jebb이 '모든 어린이는 건강하고 행복하며 충만한 삶을 영위할 권리가 있다'는 믿음으로 세계 최초로 아동의 권리에 기반하여 설립하였다. 1953년 이후 우리나라에서도 활동하기 시작한 이래 지금까지 국내외 아동의 건강, 보건, 의료, 교육을 비롯해 아동 학대 예방·치료사업, 결손·빈곤 가정 어린이 지원사업, 아동 권리교육사업 등 국내 어린이들을 위한 지원사업을 펼쳐 왔다. 그 외에도 어린이 사랑을 아시아로, 그리고 세계로 펼쳐 나가는 대표적인 아동권리 전문기관이다.

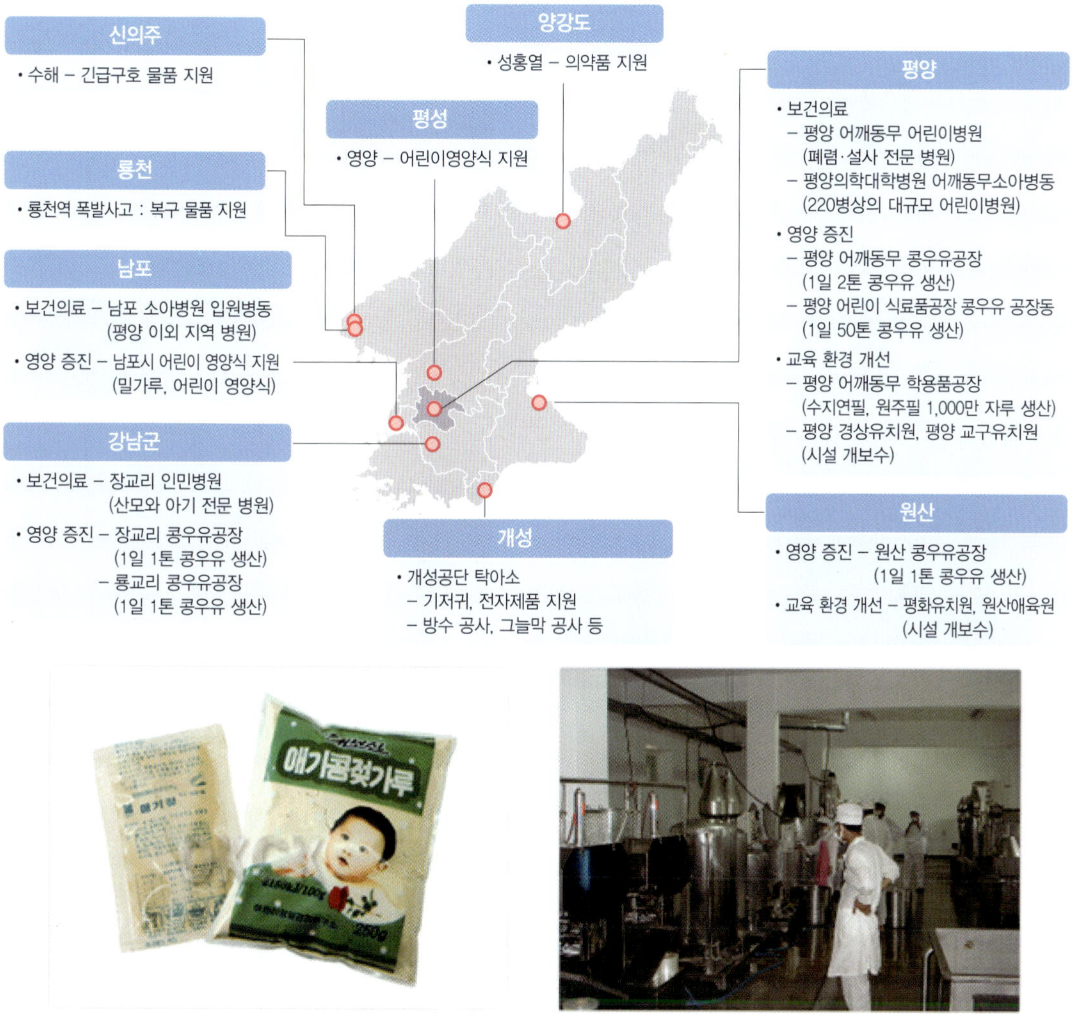

그림 12-5 어린이어깨동무 대북 협력사업

6) 푸드뱅크

푸드뱅크(https://www.foodbank1377.org)는 식품 제조·유통기업 및 개인으로부터 여유 식품 및 생활용품 등을 기부받아 식품·생활용품의 부족으로 어려움을 겪고 있는 결식아동, 독거노인, 재가 장애인 등 우리 사회 저소득계층에 식품을 지원하는 사회복지 분야의 물적 자원 전달 체계이다. 1967년 미국에서 '제2의 수확Second Harvest'이라는 이름으로 처음 시작된 이래 1981년 캐나다, 1984년 프랑스, 1986년 독일 등 유럽연합 국가

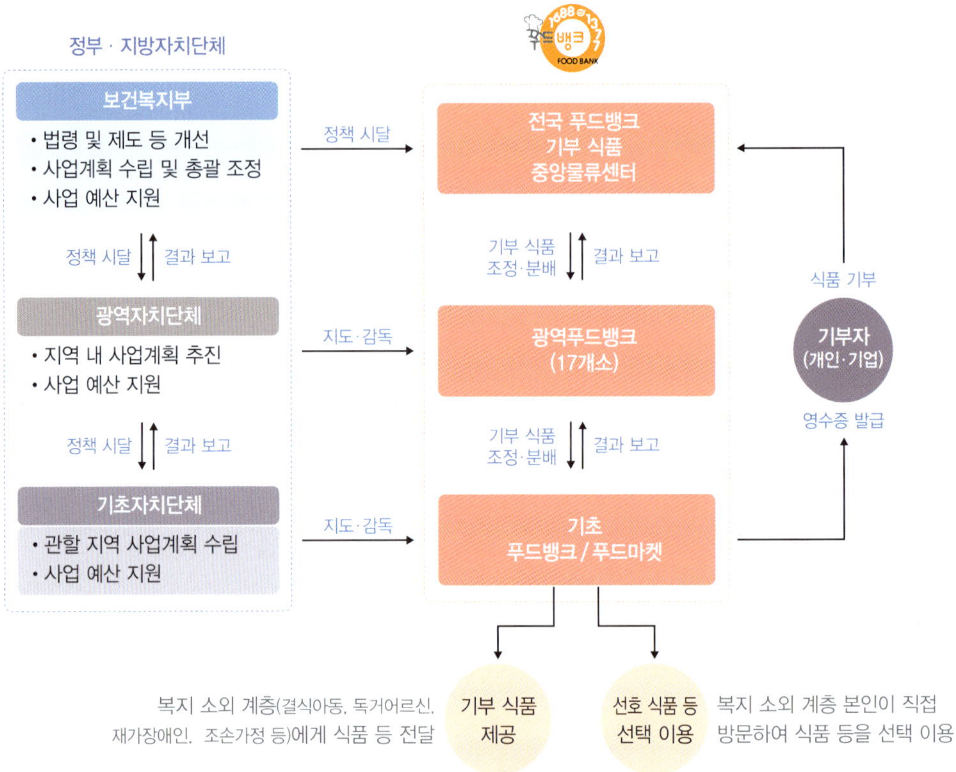

그림 12-6 푸드뱅크 사업 체계

자료 : https://www.foodbank1377.org

같은 주로 사회복지 선진국들을 중심으로 발전하였다. 우리나라에서는 1998년 서울, 부산, 대구, 과천이 처음으로 시범사업을 시작한 뒤 지금은 전국적으로 운영 중이다.

단원정리

- 북한에서는 1970년대에 출생한 남자 집단을 제외한 그 어떤 출생연도 집단에서도 분단 이후 실질적인 신장 증가 현상이 관찰되지 않았다. 이는 분단 이후 반세기 이상이 경과하는 동안 지속적으로 영양 상태가 좋지 않았음을 의미한다. 특히 주목할 만한 것은 해방 이전에 출생한 북한 사람은 남한 사람에 비해 평균 신장이 컸던 것에 비해, 해방 이후 출생한 모든 북한 사람은 동시대에 출생한 남한 사람보다 평균 신장이 작다는 것이다.
- 전 세계의 기아 인구는 아프리카 대륙에서 가장 심각하고 아시아, 남미, 중동 지역에 걸쳐 많은 것을 확인할 수 있다. 선진국에서는 자국민들이 소비할 수 있는 것보다 더 많은 양의 식량이 생산되지만, 식량이 가장 절실한 제3 세계 국가의 국민들은 이를 구매할 능력이 없어서 굶주리게 된다. 이들의 빈곤은 국제적으로는 부국과 빈국 사이의 경제적 불평등과 제3 세계 내에서의 계급 간 경제적 불평등에 원인이 있다고 분석한다.
- 미량영양소의 섭취 부족은 에너지를 충분히 섭취한 경우에도 나타날 수 있다. 이때 사람들은 배고픔을 느끼지 못하지만 하나 이상의 미량영양소 부족으로 체내 생리 기능이 저하되어 건강에 심각한 결과를 초래할 수 있다. 미량영양소의 결핍은 전염병에 감염될 확률을 높일 뿐만 아니라 실명이나 빈혈 등 질병에 직접적인 원인이 되기도 하며, 선천성 기형이나 심각한 경우 사망의 원인이 되기도 하여 매년 수백만 명이 심각한 급성 영양 불량으로 목숨을 잃고 있다. 겉으로 보기에는 충분한 영양을 공급받고 있는 것으로 보이는 평균 체중의 사람에게서도 발생하므로 그 폐해가 즉각적으로 눈에 보이지 않아 '감춰진 기아'라고도 한다.
- 여러 국제기구와 민간단체에서는 기아와 영양 부족, 미량영양소 부족 등의 영양문제를 개선하기 위해서 취약집단에 식량을 제공하거나, 영양 보충제 및 특정 영양 성분을 강화하여 제공하고 있다.

연습문제

1 세계 인구의 약 25% 정도에서 가장 흔하게 나타나며, 영아나 성장기 어린이에게는 신체적 발달 지연, 주의력 저하, 학습 능력 저하 등의 정신적·신경학적 기능 발달에 장애를 일으키고, 임산부에게는 조기 분만, 저체중아의 출산과 연관성이 있으며 협심증, 심장비대 등이 발생할 수 있는 미량영양소 결핍이 무엇인지 이야기해 보자.

2 면역 체계에 필수적인 영양요소이며, 결핍은 아동의 실명 위험을 높일 뿐 아니라 설사와 같은 가벼운 질병으로 인한 사망 위험도 증가시킨다. 세계보건기구(WHO)에 따르면, 전 세계 2억 5,000만 명 이상의 어린이들이 이 영양소의 결핍으로 인한 문제를 겪고 있으며, 그 대부분은 아프리카와 남아시아에 거주하고 있는 것으로 나타났다. 이 영양소가 무엇인지 이야기해 보자.

3 보건 위생 분야에서 국제적인 협력을 위해 1948년 설립된 국제연합(UN)의 전문 기구이며, 국제 보건사업의 지도 조정, 전염병과 풍토병 및 기타 질병 퇴치활동 등을 하는 국제기구를 이야기해 보자.

4 1946년 국제연합 총회의 결의에 따라 전쟁 피해 아동과 청소년들의 구호를 위해 설립된 기구를 이야기해 보자.

5 1986년 우리나라 영양사들이 결식아동을 돕기 위하여 시작하였으며, 사랑과 나눔의 정신으로 빈곤, 가난, 재해로 고통 받는 지구촌 이웃들의 긴급한 필요와 전인적인 회복을 위한 구호, 지속적인 지역 역량 개발 및 영양 개선활동을 펼치는 식품 영양 전문 NGO 단체를 이야기해 보자.

정답과 풀이

1. 철 결핍성 빈혈
2. 비타민 A
3. 세계보건기구(WHO)
4. 국제연합 아동기금(UNICEF)
5. 위드

부록

2015 한국인 영양소 섭취기준

식품 관련 법률

2015 한국인 영양소 섭취기준
Dietary Reference Intakes For Koreans 2015

자료 출처 : 보건복지부. 2015 한국인 영양소 섭취기준, 2015

2015 한국인 영양소 섭취기준 연령·체위기준

연령	2015 체위기준					
	신장(cm)		체중(kg)		BMI(kg/m²)	
0-5(개월)	60.3		6.2		17.1	
6-11	72.2		8.9		17.1	
1-2(세)	86.4		12.5		16.7	
3-5	105.4		17.4		15.7	
	남자	여자	남자	여자	남자	여자
6-8(세)	126.4	125.0	26.5	25.0	16.6	16.0
9-11	142.9	142.9	38.2	35.7	18.7	17.5
12-14	163.5	158.1	52.9	48.5	19.8	19.4
15-18	173.3	160.9	63.1	53.1	21.0	20.5
19-29	174.8	161.5	68.7	56.1	22.5	21.5
30-49	172.0	159.0	66.6	54.4	22.5	21.5
50-64	168.4	155.4	63.8	51.9	22.5	21.5
65-74	164.9	152.1	61.2	49.7	22.5	21.5
75 이상	163.3	147.1	60.0	46.5	22.5	21.5

2015 한국인 영양소 섭취기준 - 에너지 적정비율

영양소		에너지 적정비율			
		1-2세	3-18세	19세 이상	비고
탄수화물		55-65%	55-65%	55-65%	
단백질		7-20%	7-20%	7-20%	
지질	총지방	20-35%	15-30%	15-30%	
	n-6계 지방산	4-10%	4-10%	4-10%	
	n-3계 지방산	1% 내외	1% 내외	1% 내외	
	포화지방산	-	8% 미만	7% 미만	
	트랜스지방산	-	1% 미만	1% 미만	
	콜레스테롤	-	-	300 mg/일 미만	목표섭취량

2015 한국인 영양소 섭취기준 - 당류

총당류 섭취량을 총 에너지섭취량의 10~20%로 제한하고, 특히 식품의 조리 및 가공 시 첨가되는 첨가당은 총에너지 섭취량의 10% 이내로 섭취하도록 한다. 첨가당의 주요 급원으로는 설탕, 액상과당, 물엿, 당밀, 꿀, 시럽, 농축과일주스 등이 있다.

2015 한국인 영양소 섭취기준 – 에너지와 다량영양소

성별	연령	에너지(kcal/일) 필요추정량	에너지 권장섭취량	에너지 충분섭취량	에너지 상한섭취량	탄수화물(g/일) 평균필요량	탄수화물 권장섭취량	탄수화물 충분섭취량	탄수화물 상한섭취량	지방(g/일) 평균필요량	지방 권장섭취량	지방 충분섭취량	지방 상한섭취량	n-6계 지방산(g/일) 평균필요량	n-6계 지방산 권장섭취량	n-6계 지방산 충분섭취량	n-6계 지방산 상한섭취량
영아	0-5(개월)	550						60				25				2.0	
	6-11	700						90				25				4.0	
유아	1-2(세)	1,000															
	3-5	1,400															
남자	6-8(세)	1,700															
	9-11	2,100															
	12-14	2,500															
	15-18	2,700															
	19-29	2,600															
	30-49	2,400															
	50-64	2,200															
	65-74	2,000															
	75 이상	2,000															
여자	6-8(세)	1,500															
	9-11	1,800															
	12-14	2,000															
	15-18	2,000															
	19-29	2,100															
	30-49	1,900															
	50-64	1,800															
	65-74	1,600															
	75 이상	1,600															
임신부[1]		+0 +340 +450															
수유부		+320															

성별	연령	n-3계 지방산(g/일) 평균필요량	n-3계 지방산 권장섭취량	n-3계 지방산 충분섭취량	n-3계 지방산 상한섭취량	단백질(g/일) 평균필요량	단백질 권장섭취량	단백질 충분섭취량	단백질 상한섭취량	식이섬유(g/일) 평균필요량	식이섬유 권장섭취량	식이섬유 충분섭취량	식이섬유 상한섭취량	수분(mL/일) 평균필요량	수분 권장섭취량	수분 충분섭취량 액체	수분 충분섭취량 총수분	수분 상한섭취량
영아	0-5(개월)			0.3				10								700	700	
	6-11			0.8		10	15									500	800	
유아	1-2(세)					12	15					10				800	1,100	
	3-5					15	20					15				1,100	1,500	
남자	6-8(세)					25	30					20				900	1,800	
	9-11					35	40					20				1,000	2,100	
	12-14					45	55					25				1,000	2,300	
	15-18					50	65					25				1,200	2,600	
	19-29					50	65					25				1,200	2,600	
	30-49					50	60					25				1,200	2,500	
	50-64					50	60					25				1,000	2,200	
	65-74					45	55					25				1,000	2,100	
	75 이상					45	55					25				1,000	2,100	
여자	6-8(세)					20	25					20				900	1,700	
	9-11					30	40					20				900	1,900	
	12-14					40	50					20				900	2,000	
	15-18					40	50					20				900	2,000	
	19-29					45	55					20				1,000	2,100	
	30-49					40	50					20				1,000	2,000	
	50-64					40	50					20				900	1,900	
	65-74					40	45					20				900	1,800	
	75 이상					40	45					20				900	1,800	
임신부[1]						+12 +25	+15 +30					+5					+200	
수유부						+20	+25					+5				+500	+700	

[1] 에너지, 단백질 임신부 1, 2, 3분기별 부가량

성별	연령	메티오닌+시스테인(g/일) 평균필요량	권장섭취량	충분섭취량	상한섭취량	류신(g/일) 평균필요량	권장섭취량	충분섭취량	상한섭취량	이소류신(g/일) 평균필요량	권장섭취량	충분섭취량	상한섭취량	발린(g/일) 평균필요량	권장섭취량	충분섭취량	상한섭취량	라이신(g/일) 평균필요량	권장섭취량	충분섭취량	상한섭취량
영아	0-5(개월)			0.4				1.0				0.6				0.6				0.7	
	6-11	0.3	0.4			0.6	0.8			0.3	0.4			0.3	0.5			0.6	0.8		
유아	1-2(세)	0.3	0.4			0.6	0.8			0.3	0.4			0.4	0.5			0.6	0.7		
	3-5	0.3	0.4			0.7	0.9			0.3	0.4			0.4	0.5			0.6	0.8		
남자	6-8(세)	0.5	0.6			1.1	1.3			0.5	0.6			0.6	0.7			1.0	1.2		
	9-11	0.7	0.8			1.5	1.9			0.7	0.8			0.9	1.1			1.4	1.8		
	12-14	1.0	1.2			2.1	2.6			1.0	1.2			1.2	1.5			2.0	2.4		
	15-18	1.1	1.3			2.4	3.0			1.1	1.3			1.4	1.7			2.2	2.7		
	19-29	1.0	1.3			2.3	3.0			1.0	1.3			1.3	1.6			2.4	3.0		
	30-49	1.0	1.3			2.3	2.9			1.0	1.3			1.3	1.6			2.3	2.9		
	50-64	1.0	1.2			2.2	2.7			1.0	1.2			1.2	1.5			2.2	2.8		
	65-74	0.9	1.2			2.1	2.6			0.9	1.2			1.2	1.5			2.1	2.7		
	75 이상	0.9	1.1			2.0	2.6			0.9	1.1			1.1	1.4			2.1	2.6		
여자	6-8(세)	0.5	0.6			1.0	1.2			0.5	0.6			0.6	0.7			0.9	1.2		
	9-11	0.6	0.7			1.4	1.7			0.6	0.7			0.8	1.0			1.2	1.5		
	12-14	0.8	1.0			1.8	2.3			0.8	1.0			1.1	1.3			1.7	2.1		
	15-18	0.8	1.0			1.9	2.3			0.8	1.0			1.1	1.3			1.7	2.1		
	19-29	0.8	1.1			1.9	2.4			0.8	1.1			1.1	1.3			2.0	2.5		
	30-49	0.8	1.0			1.8	2.3			0.8	1.0			1.0	1.3			1.9	2.4		
	50-64	0.8	1.0			1.8	2.2			0.8	1.0			1.0	1.2			1.8	2.3		
	65-74	0.7	0.9			1.7	2.1			0.7	0.9			0.9	1.2			1.7	2.2		
	75 이상	0.7	0.9			1.6	2.0			0.7	0.9			0.9	1.1			1.6	2.0		
임신부		0.3	0.3			0.6	0.7			0.3	0.3			0.3	0.4			0.3	0.4		
수유부		0.3	0.4			0.9	1.1			0.5	0.6			0.5	0.6			0.4	0.4		

성별	연령	페닐알라닌+티로신(g/일) 평균필요량	권장섭취량	충분섭취량	상한섭취량	트레오닌(g/일) 평균필요량	권장섭취량	충분섭취량	상한섭취량	트립토판(g/일) 평균필요량	권장섭취량	충분섭취량	상한섭취량	히스티딘(g/일) 평균필요량	권장섭취량	충분섭취량	상한섭취량
영아	0-5(개월)			0.9				0.5				0.2				0.1	
	6-11	0.5	0.7			0.3	0.4			0.1	0.1			0.2	0.3		
유아	1-2(세)	0.5	0.7			0.3	0.4			0.1	0.1			0.2	0.3		
	3-5	0.6	0.7			0.3	0.4			0.1	0.1			0.2	0.3		
남자	6-8(세)	0.9	1.1			0.5	0.6			0.1	0.2			0.3	0.4		
	9-11	1.3	1.6			0.7	0.9			0.2	0.2			0.5	0.6		
	12-14	1.7	2.2			1.0	1.3			0.3	0.3			0.7	0.9		
	15-18	2.0	2.4			1.1	1.4			0.3	0.4			0.8	0.9		
	19-29	2.7	3.4			1.1	1.4			0.3	0.3			0.8	1.0		
	30-49	2.7	3.3			1.1	1.3			0.3	0.3			0.7	0.9		
	50-64	2.6	3.2			1.0	1.3			0.3	0.3			0.7	0.9		
	65-74	2.4	3.1			1.0	1.2			0.2	0.3			0.7	0.9		
	75 이상	2.4	3.0			1.0	1.2			0.2	0.3			0.7	0.8		
여자	6-8(세)	0.8	1.0			0.5	0.6			0.1	0.2			0.3	0.4		
	9-11	1.1	1.4			0.6	0.8			0.2	0.2			0.4	0.5		
	12-14	1.5	1.8			0.9	1.1			0.2	0.3			0.6	0.7		
	15-18	1.5	1.9			0.9	1.1			0.2	0.3			0.6	0.7		
	19-29	2.2	2.8			0.9	1.1			0.2	0.3			0.6	0.8		
	30-49	2.2	2.7			0.9	1.1			0.2	0.3			0.6	0.8		
	50-64	2.1	2.6			0.8	1.0			0.2	0.3			0.6	0.7		
	65-74	2.0	2.5			0.8	1.0			0.2	0.2			0.5	0.7		
	75 이상	1.9	2.3			0.7	0.9			0.2	0.2			0.5	0.7		
임신부[1]		0.8	1.0			0.3	0.4			0.1	0.1			0.2	0.2		
수유부		1.5	1.9			0.4	0.6			0.2	0.2			0.2	0.3		

2015 한국인 영양소 섭취기준 – 지용성 비타민

성별	연령	비타민 A(μg RAE/일)				비타민 D(μg/일)				비타민 E(mg α-TE/일)				비타민 K(μg/일)			
		평균필요량	권장섭취량	충분섭취량	상한섭취량	평균필요량	권장섭취량	충분섭취량	상한섭취량	평균필요량	권장섭취량	충분섭취량	상한섭취량	평균필요량	권장섭취량	충분섭취량	상한섭취량
영아	0-5(개월)			350	600			5	25			3				4	
	6-11			450	600			5	25			4				7	
유아	1-2(세)	200	300		600			5	30			5	200			25	
	3-5	230	350		700			5	35			6	250			30	
남자	6-8(세)	320	450		1,000			5	40			7	300			45	
	9-11	420	600		1,500			5	60			9	400			55	
	12-14	540	750		2,100			10	100			10	400			70	
	15-18	620	850		2,300			10	100			11	500			80	
	19-29	570	800		3,000			10	100			12	540			75	
	30-49	550	750		3,000			10	100			12	540			75	
	50-64	530	750		3,000			10	100			12	540			75	
	65-74	500	700		3,000			15	100			12	540			75	
	75 이상	500	700		3,000			15	100			12	540			75	
여자	6-8(세)	290	400		1,000			5	40			7	300			45	
	9-11	380	550		1,500			5	60			9	400			55	
	12-14	470	650		2,100			10	100			10	400			65	
	15-18	440	600		2,300			10	100			11	500			65	
	19-29	460	650		3,000			10	100			12	540			65	
	30-49	450	650		3,000			10	100			12	540			65	
	50-64	430	600		3,000			10	100			12	540			65	
	65-74	410	550		3,000			15	100			12	540			65	
	75 이상	410	550		3,000			15	100			12	540			65	
임신부[1]		+50	+70		3,000			+0	100			+0	540			+0	
수유부		+350	+490		3,000			+0	100			+3	540			+0	

2015 한국인 영양소 섭취기준 - 수용성 비타민

성별	연령	비타민 C(mg/일)				티아민(mg/일)				리보플라빈(mg/일)				니아신(mg NE/일)[1]				
		평균 필요량	권장 섭취량	충분 섭취량	상한 섭취량	평균 필요량	권장 섭취량	충분 섭취량	상한 섭취량	평균 필요량	권장 섭취량	충분 섭취량	상한 섭취량	평균 필요량	권장 섭취량	충분 섭취량	상한 섭취량[2]	상한 섭취량[2]
영아	0-5(개월)			35				0.2				0.3				2		
	6-11			45				0.3				0.4				3		
유아	1-2(세)	30	35		350	0.4	0.5			0.5	0.5			4	6		10	180
	3-5	30	40		500	0.4	0.5			0.5	0.6			5	7		10	250
남자	6-8(세)	40	55		700	0.6	0.7			0.7	0.9			7	9		15	350
	9-11	55	70		1,000	0.7	0.9			1.0	1.2			9	12		20	500
	12-14	70	90		1,400	1.0	1.1			1.2	1.5			11	15		25	700
	15-18	80	105		1,500	1.1	1.3			1.4	1.7			13	17		30	800
	19-29	75	100		2,000	1.0	1.2			1.3	1.5			12	16		35	1,000
	30-49	75	100		2,000	1.0	1.2			1.3	1.5			12	16		35	1,000
	50-64	75	100		2,000	1.0	1.2			1.3	1.5			12	16		35	1,000
	65-74	75	100		2,000	1.0	1.2			1.3	1.5			12	16		35	1,000
	75 이상	75	100		2,000	1.0	1.2			1.3	1.5			12	16		35	1,000
여자	6-8(세)	45	60		700	0.6	0.7			0.6	0.8			7	9		15	350
	9-11	60	80		1,000	0.7	0.9			0.8	1.0			9	12		20	500
	12-14	75	100		1,400	0.9	1.1			1.0	1.2			11	15		25	700
	15-18	70	95		1,500	1.0	1.2			1.0	1.2			11	14		30	800
	19-29	75	100		2,000	0.9	1.1			1.0	1.2			11	14		35	1,000
	30-49	75	100		2,000	0.9	1.1			1.0	1.2			11	14		35	1,000
	50-64	75	100		2,000	0.9	1.1			1.0	1.2			11	14		35	1,000
	65-74	75	100		2,000	0.9	1.1			1.0	1.2			11	14		35	1,000
	75 이상	75	100		2,000	0.9	1.1			1.0	1.2			11	14		35	1,000
임신부		+10	+10		2,000	+0.4	+0.4			+0.3	+0.4			+3	+4		35	1,000
수유부		+35	+40		2,000	+0.3	+0.4			+0.4	+0.5			+2	+3		35	1,000

성별	연령	비타민 B_6(mg/일)				엽산(μg DFE/일)[3]				비타민 B_{12}(μg/일)				판토텐산(mg/일)				비오틴(μg/일)			
		평균 필요량	권장 섭취량	충분 섭취량	상한 섭취량	평균 필요량	권장 섭취량	충분 섭취량	상한 섭취량	평균 필요량	권장 섭취량	충분 섭취량	상한 섭취량	평균 필요량	권장 섭취량	충분 섭취량	상한 섭취량	평균 필요량	권장 섭취량	충분 섭취량	상한 섭취량
영아	0-5(개월)			0.1				65				0.3				1.7				5	
	6-11			0.3				80				0.5				1.9				7	
유아	1-2(세)	0.5	0.6		25	120	150		300	0.8	0.9					2				9	
	3-5	0.6	0.7		35	150	180		400	0.9	1.1					2				11	
남자	6-8(세)	0.7	0.9		45	180	220		500	1.1	1.3					3				15	
	9-11	0.9	1.1		55	250	300		600	1.5	1.7					4				20	
	12-14	1.3	1.5		60	300	360		800	1.9	2.3					5				25	
	15-18	1.3	1.5		65	320	400		900	2.2	2.7					5				30	
	19-29	1.3	1.5		100	320	400		1,000	2.0	2.4					5				30	
	30-49	1.3	1.5		100	320	400		1,000	2.0	2.4					5				30	
	50-64	1.3	1.5		100	320	400		1,000	2.0	2.4					5				30	
	65-74	1.3	1.5		100	320	400		1,000	2.0	2.4					5				30	
	75 이상	1.3	1.5		100	320	400		1,000	2.0	2.4					5				30	
여자	6-8(세)	0.7	0.9		45	180	220		500	1.1	1.3					3				15	
	9-11	0.9	1.1		55	250	300		600	1.5	1.7					4				20	
	12-14	1.2	1.4		60	300	360		800	1.9	2.3					5				25	
	15-18	1.2	1.4		65	320	400		900	2.0	2.4					5				30	
	19-29	1.2	1.4		100	320	400		1,000	2.0	2.4					5				30	
	30-49	1.2	1.4		100	320	400		1,000	2.0	2.4					5				30	
	50-64	1.2	1.4		100	320	400		1,000	2.0	2.4					5				30	
	65-74	1.2	1.4		100	320	400		1,000	2.0	2.4					5				30	
	75 이상	1.2	1.4		100	320	400		1,000	2.0	2.4					5				30	
임신부		+0.7	+0.8		100	+200	+220		1,000	+0.2	+0.2					+1				+0	
수유부		+0.7	+0.8		100	+130	+150		1,000	+0.3	+0.4					+2				+5	

1) 1 mg NE(니아신 당량)=1 mg 니아신=60 mg 트립토판　2) 니코틴산/니코틴아미드

3) Dietary Folate Equivalents, 가임기 여성의 경우 400 μg/일의 엽산보충제 섭취를 권장함, 엽산의 상한섭취량은 보충제 또는 강화식품의 형태로 섭취한 μg/일에 해당됨.

2015 한국인 영양소 섭취기준 – 다량 무기질

성별	연령	칼슘(mg/일)				인(mg/일)				나트륨(mg/일)				
		평균 필요량	권장 섭취량	충분 섭취량	상한 섭취량	평균 필요량	권장 섭취량	충분 섭취량	상한 섭취량	평균 필요량	권장 섭취량	충분 섭취량	상한 섭취량	목표 섭취량
영아	0-5(개월)			210	1,000			100				120		
	6-11			300	1,500			300				370		
유아	1-2(세)	390	500		2,500	380	450		3,000			900		
	3-5	470	600		2,500	460	550		3,000			1,000		
남자	6-8(세)	580	700		2,500	490	600		3,000			1,200		
	9-11	650	800		3,000	1,000	1,200		3,500			1,400		2,000
	12-14	800	1,000		3,000	1,000	1,200		3,500			1,500		2,000
	15-18	720	900		3,000	1,000	1,200		3,500			1,500		2,000
	19-29	650	800		2,500	580	700		3,500			1,500		2,000
	30-49	630	800		2,500	580	700		3,500			1,500		2,000
	50-64	600	750		2,000	580	700		3,500			1,500		2,000
	65-74	570	700		2,000	580	700		3,500			1,300		2,000
	75 이상	570	700		2,000	580	700		3,000			1,100		2,000
여자	6-8(세)	580	700		2,500	490	550		3,000			1,200		
	9-11	650	800		3,000	1,000	1,200		3,500			1,400		2,000
	12-14	740	900		3,000	1,000	1,200		3,500			1,500		2,000
	15-18	660	800		3,000	1,000	1,200		3,500			1,500		2,000
	19-29	530	700		2,500	580	700		3,500			1,500		2,000
	30-49	510	700		2,500	580	700		3,500			1,500		2,000
	50-64	580	800		2,000	580	700		3,500			1,500		2,000
	65-74	560	800		2,000	580	700		3,500			1,300		2,000
	75 이상	560	800		2,000	580	700		3,000			1,100		2,000
임신부		+0	+0		2,500	+0	+0		3,000			1,500		2,000
수유부		+0	+0		2,500	+0	+0		3,500			1,500		2,000

성별	연령	염소(mg/일)				칼륨(mg/일)				마그네슘(mg/일)			
		평균 필요량	권장 섭취량	충분 섭취량	상한 섭취량	평균 필요량	권장 섭취량	충분 섭취량	상한 섭취량	평균 필요량	권장 섭취량	충분 섭취량	상한 섭취량1)
영아	0-5(개월)			180				400				30	
	6-11			560				700				55	
유아	1-2(세)			1,300				2,000		65	80		65
	3-5			1,500				2,300		85	100		90
남자	6-8(세)			1,900				2,600		135	160		130
	9-11			2,100				3,000		190	230		180
	12-14			2,300				3,500		265	320		250
	15-18			2,300				3,500		335	400		350
	19-29			2,300				3,500		295	350		350
	30-49			2,300				3,500		305	370		350
	50-64			2,300				3,500		305	370		350
	65-74			2,000				3,500		305	370		350
	75 이상			1,700				3,500		305	370		350
여자	6-8(세)			1,900				2,600		125	150		130
	9-11			2,100				3,000		180	210		180
	12-14			2,300				3,500		245	290		250
	15-18			2,300				3,500		285	340		350
	19-29			2,300				3,500		235	280		350
	30-49			2,300				3,500		235	280		350
	50-64			2,300				3,500		235	280		350
	65-74			2,000				3,500		235	280		350
	75 이상			1,700				3,500		235	280		350
임신부				2,300				+0		+32	+40		350
수유부				2,300				+400		+0	+0		350

1) 식품외 급원의 마그네슘에만 해당

2015 한국인 영양소 섭취기준 - 미량 무기질

성별	연령	철(mg/일)				아연(mg/일)				구리(μg/일)				불소(mg/일)			
		평균필요량	권장섭취량	충분섭취량	상한섭취량	평균필요량	권장섭취량	충분섭취량	상한섭취량	평균필요량	권장섭취량	충분섭취량	상한섭취량	평균필요량	권장섭취량	충분섭취량	상한섭취량
영아	0-5(개월)			0.3	40			2				240				0.01	0.6
	6-11	5	6		40	2	3					310				0.5	0.9
유아	1-2(세)	4	6		40	2	3		6	220	280		1,500			0.6	1.2
	3-5	5	6		40	3	4		9	250	320		2,000			0.8	1.7
남자	6-8(세)	7	9		40	5	6		13	340	440		3,000			1.0	2.5
	9-11	8	10		40	7	8		20	440	580		5,000			2.0	10.0
	12-14	11	14		40	7	8		30	570	740		7,000			2.5	10.0
	15-18	11	14		45	8	10		35	650	840		7,000			3.0	10.0
	19-29	8	10		45	8	10		35	600	800		10,000			3.5	10.0
	30-49	8	10		45	8	10		35	600	800		10,000			3.0	10.0
	50-64	7	10		45	8	9		35	600	800		10,000			3.0	10.0
	65-74	7	9		45	7	9		35	600	800		10,000			3.0	10.0
	75 이상	7	9		45	7	9		35	600	800		10,000			3.0	10.0
여자	6-8(세)	6	8		40	4	5		13	340	440		3,000			1.0	2.5
	9-11	7	10		40	6	8		20	440	580		5,000			2.0	10.0
	12-14	13	16		40	6	8		25	570	740		7,000			2.5	10.0
	15-18	11	14		45	7	9		30	650	840		7,000			2.5	10.0
	19-29	11	14		45	7	8		35	600	800		10,000			3.0	10.0
	30-49	11	14		45	7	8		35	600	800		10,000			2.5	10.0
	50-64	6	8		45	6	7		35	600	800		10,000			2.5	10.0
	65-74	6	8		45	6	7		35	600	800		10,000			2.5	10.0
	75 이상	5	7		45	6	7		35	600	800		10,000			2.5	10.0
임신부		+8	+10		45	+2.0	+2.5		35	+100	+130		10,000			+0	10.0
수유부		+0	+0		45	+4.0	+5.0		35	+370	+480		10,000			+0	10.0

성별	연령	망간(mg/일)				요오드(μg/일)				셀레늄(μg/일)				몰리브덴(μg/일)				크롬(μg/일)			
		평균필요량	권장섭취량	충분섭취량	상한섭취량	평균필요량	권장섭취량	충분섭취량	상한섭취량	평균필요량	권장섭취량	충분섭취량	상한섭취량	평균필요량	권장섭취량	충분섭취량	상한섭취량	평균필요량	권장섭취량	충분섭취량	상한섭취량
영아	0-5(개월)			0.01				130	250			9	45							0.2	
	6-11			0.8				170	250			11	65							5.0	
유아	1-2(세)			1.5	2.0	55	80		300	19	23		75				100			12	
	3-5			2.0	3.0	65	90		300	22	25		100				100			12	
남자	6-8(세)			2.5	4.0	75	100		500	30	35		150				200			20	
	9-11			3.0	5.0	85	110		500	39	45		200				300			25	
	12-14			4.0	7.0	90	130		1,800	49	60		300				400			35	
	15-18			4.0	9.0	95	130		2,200	55	65		300				500			40	
	19-29			4.0	11.0	95	150		2,400	50	60		400	25	30		550			35	
	30-49			4.0	11.0	95	150		2,400	50	60		400	20	25		550			35	
	50-64			4.0	11.0	95	150		2,400	50	60		400	20	25		550			35	
	65-74			4.0	11.0	95	150		2,400	50	60		400	20	25		550			35	
	75 이상			4.0	11.0	95	150		2,400	50	60		400	20	25		550			35	
여자	6-8(세)			2.5	4.0	75	100		500	30	35		150				200			15	
	9-11			3.0	5.0	85	110		500	39	45		200				300			20	
	12-14			3.5	7.0	90	130		2,000	49	60		300				400			25	
	15-18			3.5	9.0	95	130		2,200	55	65		300				400			25	
	19-29			3.5	11.0	95	150		2,400	50	60		400	20	25		450			25	
	30-49			3.5	11.0	95	150		2,400	50	60		400	20	25		450			25	
	50-64			3.5	11.0	95	150		2,400	50	60		400	20	25		450			25	
	65-74			3.5	11.0	95	150		2,400	50	60		400	20	25		450			25	
	75 이상			3.5	11.0	95	150		2,400	50	60		400	20	25		450			25	
임신부				+0	11.0	+65	+90			+3	+4		400				450			+5	
수유부				+0	11.0	+130	+190			+9	+10		400				450			+20	

식품구성자전거

다양한 식품을 매일 필요한 만큼 섭취하여 균형 잡힌 식사를 유지하며, 규칙적인 운동으로 건강을 지켜 나갈 수 있다는 것을 표현하고 있습니다.

식품군별 대표식품의 1인 1회 분량

식품군	1인 1회 분량
곡류 (300 kcal)	쌀밥(210 g), 보리밥(210 g), 백미(90 g), 현미(90 g), 수수(90 g), 팥(90 g), 가래떡(150 g), 시루떡(150 g), 국수 말린 것(90 g), 라면사리(120 g), 팥빵·짬빵(80 g), 고구마(70 g), 감자(140 g), 옥수수(70 g), 밤(60 g), 묵(200 g), 시리얼(30 g), 당면(30 g), 식빵(35 g), 과자(30 g), 밀가루(30 g)
고기·생선·달걀·콩류 (100 kcal)	돼지고기(60 g), 돼지고기 삼겹살(60 g), 쇠고기(60 g), 닭고기(60 g), 소시지(30 g), 햄(30 g), 고등어(60 g), 명태(60 g), 참치통조림(60 g), 오징어(80 g), 바지락(80 g), 새우(80 g), 어묵(30 g), 멸치 말린 것 (15 g), 명태 말린 것(15 g), 오징어 말린 것(15 g), 달걀(60 g), 두부(80 g), 대두(20 g), 잣(10 g), 땅콩(10 g)
채소류 (15 kcal)	당근(70 g), 양배추(70 g), 오이(70 g), 무(70 g), 애호박(70 g), 콩나물(70 g), 부추(70 g), 풋고추(70 g), 상추(70 g), 시금치(70 g), 토마토(70 g), 양파(70 g), 마늘(10 g), 배추김치(40 g), 총각김치(40 g), 열무김치(40 g), 깍두기(40 g), 표고버섯(30 g), 느타리버섯(30 g), 김(2 g), 미역(30 g)
과일류 (50 kcal)	참외(150 g), 사과(100 g), 배(100 g), 복숭아(100 g), 귤(100 g), 오렌지(100 g), 바나나(100 g), 키위(100 g), 감(100 g), 포도(100 g), 건포도(15 g), 대추 말린 것(15 g), 과일주스(100 mL)
우유·유제품류 (125 kcal)	우유(200 mL), 호상요구르트(100 g), 액상요구르트(150 mL), 아이스크림(100 g), 치즈(20 g)
유지·당류 (45 kcal)	깨(5 g), 콩기름(5 g), 마요네즈(5 g), 버터(5 g), 설탕(10 g), 물엿(10 g), 꿀(10 g)

식품 관련 법률

식품위생법

[시행 2018.6.20.] [법률 제15277호, 2017.12.19., 일부개정]

식품의약품안전처(식품안전정책과) 043-719-2011

제1장 총칙

제1조(목적) 이 법은 식품으로 인하여 생기는 위생상의 위해(危害)를 방지하고 식품영양의 질적 향상을 도모하며 식품에 관한 올바른 정보를 제공하여 국민보건의 증진에 이바지함을 목적으로 한다.

제2조(정의) 이 법에서 사용하는 용어의 뜻은 다음과 같다. 〈개정 2011.6.7., 2013.5.22., 2013.7.30., 2015.2.3., 2016.2.3., 2017.4.18.〉

1. "식품"이란 모든 음식물(의약으로 섭취하는 것은 제외한다)을 말한다.
2. "식품첨가물"이란 식품을 제조·가공·조리 또는 보존하는 과정에서 감미(甘味), 착색(着色), 표백(漂白) 또는 산화방지 등을 목적으로 식품에 사용되는 물질을 말한다. 이 경우 기구(器具)·용기·포장을 살균·소독하는 데에 사용되어 간접적으로 식품으로 옮아갈 수 있는 물질을 포함한다.
3. "화학적 합성품"이란 화학적 수단으로 원소(元素) 또는 화합물에 분해 반응 외의 화학 반응을 일으켜서 얻은 물질을 말한다.
4. "기구"란 다음 각 목의 어느 하나에 해당하는 것으로서 식품 또는 식품첨가물에 직접 닿는 기계·기구나 그 밖의 물건(농업과 수산업에서 식품을 채취하는 데에 쓰는 기계·기구나 그 밖의 물건 및 「위생용품 관리법」 제2조제1호에 따른 위생용품은 제외한다)을 말한다.
   가. 음식을 먹을 때 사용하거나 담는 것
   나. 식품 또는 식품첨가물을 채취·제조·가공·조리·저장·소분[(小分): 완제품을 나누어 유통을 목적으로 재포장하는 것을 말한다. 이하 같다]·운반·진열할 때 사용하는 것
5. "용기·포장"이란 식품 또는 식품첨가물을 넣거나 싸는 것으로서 식품 또는 식품첨가물을 주고받을 때 함께 건네는 물품을 말한다.
6. "위해"란 식품, 식품첨가물, 기구 또는 용기·포장에 존재하는 위험요소로서 인체의 건강을 해치거나 해칠 우려가 있는 것을 말한다.
7. "표시"란 식품, 식품첨가물, 기구 또는 용기·포장에 적는 문자, 숫자 또는 도형을 말한다.
8. "영양표시"란 식품에 들어있는 영양소의 양(量) 등 영양에 관한 정보를 표시하는 것을 말한다.

9. "영업"이란 식품 또는 식품첨가물을 채취·제조·가공·조리·저장·소분·운반 또는 판매하거나 기구 또는 용기·포장을 제조·운반·판매하는 업(농업과 수산업에 속하는 식품 채취업은 제외한다)을 말한다.

10. "영업자"란 제37조제1항에 따라 영업허가를 받은 자나 같은 조 제4항에 따라 영업신고를 한 자 또는 같은 조 제5항에 따라 영업등록을 한 자를 말한다.

11. "식품위생"이란 식품, 식품첨가물, 기구 또는 용기·포장을 대상으로 하는 음식에 관한 위생을 말한다.

12. "집단급식소"란 영리를 목적으로 하지 아니하면서 특정 다수인에게 계속하여 음식물을 공급하는 다음 각 목의 어느 하나에 해당하는 곳의 급식시설로서 대통령령으로 정하는 시설을 말한다.

가. 기숙사

나. 학교

다. 병원

라. 「사회복지사업법」 제2조제4호의 사회복지시설

마. 산업체

바. 국가, 지방자치단체 및 「공공기관의 운영에 관한 법률」 제4조제1항에 따른 공공기관

사. 그 밖의 후생기관 등

13. "식품이력추적관리"란 식품을 제조·가공단계부터 판매단계까지 각 단계별로 정보를 기록·관리하여 그 식품의 안전성 등에 문제가 발생할 경우 그 식품을 추적하여 원인을 규명하고 필요한 조치를 할 수 있도록 관리하는 것을 말한다.

14. "식중독"이란 식품 섭취로 인하여 인체에 유해한 미생물 또는 유독물질에 의하여 발생하였거나 발생한 것으로 판단되는 감염성 질환 또는 독소형 질환을 말한다.

15. "집단급식소에서의 식단"이란 급식대상 집단의 영양섭취기준에 따라 음식명, 식재료, 영양성분, 조리방법, 조리인력 등을 고려하여 작성한 급식계획서를 말한다.

제3조(식품 등의 취급) ① 누구든지 판매(판매 외의 불특정 다수인에 대한 제공을 포함한다. 이하 같다)를 목적으로 식품 또는 식품첨가물을 채취·제조·가공·사용·조리·저장·소분·운반 또는 진열을 할 때에는 깨끗하고 위생적으로 하여야 한다.

② 영업에 사용하는 기구 및 용기·포장은 깨끗하고 위생적으로 다루어야 한다.

③ 제1항 및 제2항에 따른 식품, 식품첨가물, 기구 또는 용기·포장(이하 "식품등"이라 한다)의 위생적인 취급에 관한 기준은 총리령으로 정한다. 〈개정 2010.1.18., 2013.3.23.〉

제2장 식품과 식품첨가물

제4조(위해식품등의 판매 등 금지) 누구든지 다음 각 호의 어느 하나에 해당하는 식품등을 판매하거나 판매할 목적으로 채취·제조·수입·가공·사용·조리·저장·소분·운반 또는 진열하여서는 아니 된다. 〈개정 2013.3.23., 2015.2.3., 2016.2.3.〉

1. 썩거나 상하거나 설익어서 인체의 건강을 해칠 우려가 있는 것
2. 유독·유해물질이 들어 있거나 묻어 있는 것 또는 그러할 염려가 있는 것. 다만, 식품의약품안전처장이 인체의 건강을 해칠 우려가 없다고 인정하는 것은 제외한다.
3. 병(病)을 일으키는 미생물에 오염되었거나 그러할 염려가 있어 인체의 건강을 해칠 우려가 있는 것
4. 불결하거나 다른 물질이 섞이거나 첨가(添加)된 것 또는 그 밖의 사유로 인체의 건강을 해칠 우려가 있는 것
5. 제18조에 따른 안전성 심사 대상인 농·축·수산물 등 가운데 안전성 심사를 받지 아니하였거나 안전성 심사에서 식용(食用)으로 부적합하다고 인정된 것
6. 수입이 금지된 것 또는 「수입식품안전관리 특별법」 제20조제1항에 따른 수입신고를 하지 아니하고 수입한 것
7. 영업자가 아닌 자가 제조·가공·소분한 것

제5조(병든 동물 고기 등의 판매 등 금지) 누구든지 총리령으로 정하는 질병에 걸렸거나 걸렸을 염려가 있는 동물이나 그 질병에 걸려 죽은 동물의 고기·뼈·젖·장기 또는 혈액을 식품으로 판매하거나 판매할 목적으로 채취·수입·가공·사용·조리·저장·소분 또는 운반하거나 진열하여서는 아니 된다. 〈개정 2010.1.18., 2013.3.23.〉

제6조(기준·규격이 정하여지지 아니한 화학적 합성품 등의 판매 등 금지) 누구든지 다음 각 호의 어느 하나에 해당하는 행위를 하여서는 아니 된다. 다만, 식품의약품안전처장이 제57조에 따른 식품위생심의위원회(이하 "심의위원회"라 한다)의 심의를 거쳐 인체의 건강을 해칠 우려가 없다고 인정하는 경우에는 그러하지 아니하다. 〈개정 2013.3.23., 2016.2.3.〉

1. 제7조제1항 및 제2항에 따라 기준·규격이 정하여지지 아니한 화학적 합성품인 첨가물과 이를 함유한 물질을 식품첨가물로 사용하는 행위
2. 제1호에 따른 식품첨가물이 함유된 식품을 판매하거나 판매할 목적으로 제조·수입·가공·사용·조리·저장·소분·운반 또는 진열하는 행위

[제목개정 2016.2.3.]

제7조(식품 또는 식품첨가물에 관한 기준 및 규격) ① 식품의약품안전처장은 국민보건을 위하여 필요하면 판매를 목적으로 하는 식품 또는 식품첨가물에 관한 다음 각 호의 사항을 정하여 고시한다. 〈개정 2013.3.23., 2016.2.3.〉

1. 제조·가공·사용·조리·보존 방법에 관한 기준

2. 성분에 관한 규격

② 식품의약품안전처장은 제1항에 따라 기준과 규격이 고시되지 아니한 식품 또는 식품첨가물의 기준과 규격을 인정받으려는 자에게 제1항 각 호의 사항을 제출하게 하여 「식품·의약품분야 시험·검사 등에 관한 법률」 제6조제3항제1호에 따라 식품의약품안전처장이 지정한 식품전문 시험·검사기관 또는 같은 조 제4항 단서에 따라 총리령으로 정하는 시험·검사기관의 검토를 거쳐 제1항에 따른 기준과 규격이 고시될 때까지 그 식품 또는 식품첨가물의 기준과 규격으로 인정할 수 있다. 〈개정 2013.3.23., 2013.7.30., 2016.2.3.〉

③ 수출할 식품 또는 식품첨가물의 기준과 규격은 제1항 및 제2항에도 불구하고 수입자가 요구하는 기준과 규격을 따를 수 있다.

④ 제1항 및 제2항에 따라 기준과 규격이 정하여진 식품 또는 식품첨가물은 그 기준에 따라 제조·수입·가공·사용·조리·보존하여야 하며, 그 기준과 규격에 맞지 아니하는 식품 또는 식품첨가물은 판매하거나 판매할 목적으로 제조·수입·가공·사용·조리·저장·소분·운반·보존 또는 진열하여서는 아니 된다.

제7조의2(권장규격 예시 등) ① 식품의약품안전처장은 판매를 목적으로 하는 제7조 및 제9조에 따른 기준 및 규격이 설정되지 아니한 식품등이 국민보건상 위해 우려가 있어 예방조치가 필요하다고 인정하는 경우에는 그 기준 및 규격이 설정될 때까지 위해 우려가 있는 성분 등의 안전관리를 권장하기 위한 규격(이하 "권장규격"이라 한다)을 예시할 수 있다. 〈개정 2013.3.23.〉

② 식품의약품안전처장은 제1항에 따라 권장규격을 예시할 때에는 국제식품규격위원회 및 외국의 규격 또는 다른 식품등에 이미 규격이 신설되어 있는 유사한 성분 등을 고려하여야 하고 심의위원회의 심의를 거쳐야 한다. 〈개정 2013.3.23.〉

③ 식품의약품안전처장은 영업자가 제1항에 따른 권장규격을 준수하도록 요청할 수 있으며 이행하지 아니한 경우 그 사실을 공개할 수 있다. 〈개정 2013.3.23.〉

[본조신설 2011.6.7.]

제7조의3(농약 등의 잔류허용기준 설정 요청 등) ① 식품에 잔류하는 「농약관리법」에 따른 농약, 「약사법」에 따른 동물용 의약품의 잔류허용기준 설정이 필요한 자는 식품의약품안전처장에게 신청하여야 한다.

② 수입식품에 대한 농약 및 동물용 의약품의 잔류허용기준 설정을 원하는 자는 식품의약품안전처장에게 관련 자료를 제출하여 기준 설정을 요청할 수 있다.

③ 식품의약품안전처장은 제1항의 신청에 따라 잔류허용기준을 설정하는 경우 관계 행정기관의 장에게 자료제공 등의 협조를 요청할 수 있다. 이 경우 요청을 받은 관계 행정기관의 장은 특별한 사유가 없으면 이에 따라야 한다.

④ 제1항 및 제2항에 따른 신청 절차·방법 및 자료제출의 범위 등 세부사항은 총리령으로 정한다.

[본조신설 2013.7.30.]

제7조의4(식품등의 기준 및 규격 관리계획 등) ① 식품의약품안전처장은 관계 중앙행정기관의 장과의 협의 및 심의위원회의 심의를 거쳐 식품등의 기준 및 규격 관리 기본계획(이하 "관리계획"이라 한다)을 5년마다 수립·추진할 수 있다. 〈개정 2016.2.3.〉

② 관리계획에는 다음 각 호의 사항이 포함되어야 한다.

1. 식품등의 기준 및 규격 관리의 기본 목표 및 추진방향
2. 식품등의 유해물질 노출량 평가
3. 식품등의 유해물질의 총 노출량 적정관리 방안
4. 식품등의 기준 및 규격의 재평가에 관한 사항
5. 그 밖에 식품등의 기준 및 규격 관리에 필요한 사항

③ 식품의약품안전처장은 관리계획을 시행하기 위하여 해마다 관계 중앙행정기관의 장과 협의하여 식품등의 기준 및 규격 관리 시행계획(이하 "시행계획"이라 한다)을 수립하여야 한다.

④ 식품의약품안전처장은 관리계획 및 시행계획을 수립·시행하기 위하여 필요한 때에는 관계 중앙행정기관의 장 및 지방자치단체의 장에게 협조를 요청할 수 있다. 이 경우 협조를 요청받은 관계 중앙행정기관의 장 등은 특별한 사유가 없으면 이에 따라야 한다.

⑤ 관리계획에 포함되는 노출량 평가·관리의 대상이 되는 유해물질의 종류, 관리계획 및 시행계획의 수립·시행 등에 필요한 사항은 총리령으로 정한다.

[본조신설 2014.5.28.]

제7조의5(식품등의 기준 및 규격의 재평가 등) ① 식품의약품안전처장은 관리계획에 따라 식품등에 관한 기준 및 규격을 주기적으로 재평가하여야 한다.

② 제1항에 따른 재평가 대상, 방법 및 절차 등에 필요한 사항은 총리령으로 정한다.

[본조신설 2014.5.28.]

제3장 기구와 용기·포장

제8조(유독기구 등의 판매·사용 금지) 유독·유해물질이 들어 있거나 묻어 있어 인체의 건강을 해칠 우려가 있는 기구 및 용기·포장과 식품 또는 식품첨가물에 직접 닿으면 해로운 영향을 끼쳐 인체의 건강을 해칠 우려가 있는 기구 및 용기·포장을 판매하거나 판매할 목적으로 제조·수입·저장·운반·진열하거나 영업에 사용하여서는 아니 된다.

제9조(기구 및 용기·포장에 관한 기준 및 규격) ① 식품의약품안전처장은 국민보건을 위하여 필요한 경우에는 판매하거나 영업에 사용하는 기구 및 용기·포장에 관하여 다음 각 호의 사항을 정하여 고시한다. 〈개정 2013.3.23.〉

1. 제조 방법에 관한 기준
2. 기구 및 용기·포장과 그 원재료에 관한 규격

② 식품의약품안전처장은 제1항에 따라 기준과 규격이 고시되지 아니한 기구 및 용기·포장의 기준과 규격을 인정받으려는 자에게 제1항 각 호의 사항을 제출하게 하여 「식품·의약품분야 시험·검사 등에 관한 법률」 제6조제3항제1호에 따라 식품의약품안전처장이 지정한 식품전문 시험·검사기관 또는 같은 조 제4항 단서에 따라 총리령으로 정하는 시험·검사기관의 검토를 거쳐 제1항에 따라 기준과 규격이 고시될 때까지 해당 기구 및 용기·포장의 기준과 규격으로 인정할 수 있다. 〈개정 2013.3.23., 2013.7.30., 2016.2.3.〉

③ 수출할 기구 및 용기·포장과 그 원재료에 관한 기준과 규격은 제1항 및 제2항에도 불구하고 수입자가 요구하는 기준과 규격을 따를 수 있다.

④ 제1항 및 제2항에 따라 기준과 규격이 정하여진 기구 및 용기·포장은 그 기준에 따라 제조하여야 하며, 그 기준과 규격에 맞지 아니한 기구 및 용기·포장은 판매하거나 판매할 목적으로 제조·수입·저장·운반·진열하거나 영업에 사용하여서는 아니 된다.

제4장 표시

제10조(표시기준) ① 식품의약품안전처장은 국민보건을 위하여 필요하면 다음 각 호의 표시에 관하여 기준을 정하여 고시할 수 있다. 〈개정 2013.3.23., 2016.2.3.〉

1. 판매를 목적으로 하는 식품 또는 식품첨가물의 표시
2. 제9조제1항에 따라 기준과 규격이 정하여진 기구 및 용기·포장의 표시
3. 삭제 〈2011.6.7.〉

② 제1항에 따라 표시에 관한 기준이 정하여진 식품등은 그 기준에 맞는 표시가 없으면 판매하거나 판매할 목적으로 수입·진열·운반하거나 영업에 사용하여서는 아니 된다.

③ 제1항제1호에 따른 표시의 기준에는 다음 각 호의 사항이 포함되어야 한다. 〈신설 2016.2.3.〉

1. 제품명, 내용량, 원재료명, 영업소 명칭 및 소재지
2. 소비자 안전을 위한 주의사항
3. 제조연월일, 유통기한 또는 품질유지기한
4. 그 밖에 식품 또는 식품첨가물에 대한 소비자의 오인·혼동을 방지하기 위하여 표시가 필요한 사항으로서 총리령으로 정하는 사항

④ 제1항제2호에 따른 표시의 기준에는 다음 각 호의 사항이 포함되어야 한다. 〈신설 2016.2.3.〉

1. 재질, 영업소 명칭 및 소재지
2. 소비자 안전을 위한 주의사항
3. 그 밖에 해당 기구 또는 용기·포장에 대한 소비자의 오인·혼동을 방지하기 위하여 표시가 필요한 사항으로서 총리령으로 정하는 사항

제11조(식품의 영양표시 등) ① 식품의약품안전처장은 총리령으로 정하는 식품의 영양표시에 관하여 필요한 기준을 정하여 고시할 수 있다. 〈개정 2010.1.18., 2013.3.23.〉

② 식품을 제조·가공·소분 또는 수입하는 영업자가 식품을 판매하거나 판매할 목적으로 수입·진열·운반하거나 영업에 사용하는 경우에는 제1항에 따라 정하여진 영양표시 기준을 지켜야 한다.

③ 식품의약품안전처장은 국민들이 제1항에 따른 영양표시를 식생활에서 활용할 수 있도록 교육과 홍보를 하여야 한다. 〈개정 2013.3.23.〉

제11조의2(나트륨 함량 비교 표시 등) ① 식품을 제조·가공하거나 「수입식품안전관리 특별법」에 따라 수입·판매하는 영업자는 총리령으로 정하는 식품의 나트륨 함량을 동일하거나 유사한 유형의 식품의 나트륨 함량과 비교하여 소비자가 알아보기 쉽게 색상과 모양을 이용하여 표시하여야 한다.

② 식품의약품안전처장은 제1항에 따른 나트륨 함량 비교 표시 기준 및 방법 등을 정하여 고시하여야 한다.

[본조신설 2015.5.18.]

제12조 삭제 〈2010.2.4.〉

제12조의2(유전자변형식품등의 표시) ① 다음 각 호의 어느 하나에 해당하는 생명공학기술을 활용하여 재배·육성된 농산물·축산물·수산물 등을 원재료로 하여 제조·가공한 식품 또는 식품첨가물(이하 "유전자변형식품등"이라 한다)은 유전자변형식품임을 표시하여야 한다. 다만, 제조·가공 후에 유전자변형 디엔에이(DNA, Deoxyribonucleic acid) 또는 유전자변형 단백질이 남아 있는 유전자변형식품등에 한정한다. 〈개정 2016.2.3.〉

1. 인위적으로 유전자를 재조합하거나 유전자를 구성하는 핵산을 세포 또는 세포 내 소기관으로 직접 주입하는 기술
2. 분류학에 따른 과(科)의 범위를 넘는 세포융합기술

② 제1항에 따라 표시하여야 하는 유전자변형식품등은 표시가 없으면 판매하거나 판매할 목적으로 수입·진열·운반하거나 영업에 사용하여서는 아니 된다. 〈개정 2016.2.3.〉

③ 제1항에 따른 표시의무자, 표시대상 및 표시방법 등에 필요한 사항은 식품의약품안전처장이 정한다. 〈개정 2013.3.23.〉

[본조신설 2011.6.7.]

[제목개정 2016.2.3.]

제12조의3(표시·광고의 심의) ① 영유아식, 체중조절용 조제식품 등 대통령령으로 정하는 식품에 대하여 표시·광고를 하려는 자는 식품의약품안전처장이 정한 식품 표시·광고 심의기준, 방법 및 절차에 따라 심의를 받아야 한다. 〈개정 2013.3.23.〉

② 식품의약품안전처장은 제1항에 따른 식품의 표시·광고 사전심의에 관한 업무를 대통령령으로 정하는 기관 및 단체 등에 위탁할 수 있다 〈개정 2013.3.23.〉

[본조신설 2011.6.7.]

제12조의4(광고심의 이의신청) ① 제12조의3제1항에 따른 심의결과에 대하여 이의가 있는 자는 심

의결과를 통지받은 날부터 1개월 이내에 식품의약품안전처장에게 이의를 제기할 수 있다. 〈개정 2013.3.23.〉

② 식품의약품안전처장은 제1항에 따른 이의신청을 받은 때에는 심의위원회의 자문을 받아 이를 심사하고 그 결과를 신청인에게 통지하여야 한다. 〈개정 2013.3.23.〉

③ 제1항 및 제2항에 따른 이의신청 방법, 절차 및 운영 등에 필요한 사항은 식품의약품안전처장이 정한다. 〈개정 2013.3.23.〉

[본조신설 2011.6.7.]

제13조(허위표시 등의 금지) ① 누구든지 식품등의 명칭·제조방법, 품질·영양 표시, 유전자변형식품등 및 식품이력추적관리 표시에 관하여는 다음 각 호에 해당하는 허위·과대·비방의 표시·광고를 하여서는 아니 되고, 포장에 있어서는 과대포장을 하지 못한다. 식품 또는 식품첨가물의 영양가·원재료·성분·용도에 관하여도 또한 같다. 〈개정 2011.6.7., 2011.8.4., 2016.2.3.〉

1. 질병의 예방 및 치료에 효능·효과가 있거나 의약품 또는 건강기능식품으로 오인·혼동할 우려가 있는 내용의 표시·광고
2. 사실과 다르거나 과장된 표시·광고
3. 소비자를 기만하거나 오인·혼동시킬 우려가 있는 표시·광고
4. 다른 업체 또는 그 제품을 비방하는 광고
5. 제12조의3제1항에 따라 심의를 받지 아니하거나 심의받은 내용과 다른 내용의 표시·광고

② 제1항에 따른 허위표시, 과대광고, 비방광고 및 과대포장의 범위와 그 밖에 필요한 사항은 총리령으로 정한다. 〈개정 2010.1.18., 2011.8.4., 2013.3.23.〉

제5장 식품등의 공전(公典)

제14조(식품등의 공전) 식품의약품안전처장은 다음 각 호의 기준 등을 실은 식품등의 공전을 작성·보급하여야 한다. 〈개정 2013.3.23.〉

1. 제7조제1항에 따라 정하여진 식품 또는 식품첨가물의 기준과 규격
2. 제9조제1항에 따라 정하여진 기구 및 용기·포장의 기준과 규격
3. 제10조제1항에 따라 정하여진 식품등의 표시기준

제6장 검사 등

제15조(위해평가) ① 식품의약품안전처장은 국내외에서 유해물질이 함유된 것으로 알려지는 등 위해의 우려가 제기되는 식품등이 제4조 또는 제8조에 따른 식품등에 해당한다고 의심되는 경우에는 그 식품등의 위해요소를 신속히 평가하여 그것이 위해식품등인지를 결정하여야 한다. 〈개정 2013.3.23.〉

② 식품의약품안전처장은 제1항에 따른 위해평가가 끝나기 전까지 국민건강을 위하여 예방조치가

필요한 식품등에 대하여는 판매하거나 판매할 목적으로 채취·제조·수입·가공·사용·조리·저장·소분·운반 또는 진열하는 것을 일시적으로 금지할 수 있다. 다만, 국민건강에 급박한 위해가 발생하였거나 발생할 우려가 있다고 식품의약품안전처장이 인정하는 경우에는 그 금지조치를 하여야 한다. 〈개정 2013.3.23.〉

③ 식품의약품안전처장은 제2항에 따른 일시적 금지조치를 하려면 미리 심의위원회의 심의·의결을 거쳐야 한다. 다만, 국민건강을 급박하게 위해할 우려가 있어서 신속히 금지조치를 하여야 할 필요가 있는 경우에는 먼저 일시적 금지조치를 한 뒤 지체 없이 심의위원회의 심의·의결을 거칠 수 있다. 〈개정 2013.3.23.〉

④ 심의위원회는 제3항 본문 및 단서에 따라 심의하는 경우 대통령령으로 정하는 이해관계인의 의견을 들어야 한다.

⑤ 식품의약품안전처장은 제1항에 따른 위해평가나 제3항 단서에 따른 사후 심의위원회의 심의·의결에서 위해가 없다고 인정된 식품등에 대하여는 지체 없이 제2항에 따른 일시적 금지조치를 해제하여야 한다. 〈개정 2013.3.23.〉

⑥ 제1항에 따른 위해평가의 대상, 방법 및 절차, 그 밖에 필요한 사항은 대통령령으로 정한다.

제15조의2(위해평가 결과 등에 관한 공표) ① 식품의약품안전처장은 제15조에 따른 위해평가 결과에 관한 사항을 공표할 수 있다. 〈개정 2013.3.23.〉

② 중앙행정기관의 장, 특별시장·광역시장·특별자치시장·도지사·특별자치도지사(이하 "시·도지사"라 한다), 시장·군수·구청장(자치구의 구청장을 말한다. 이하 같다) 또는 대통령령으로 정하는 공공기관의 장은 식품의 위해 여부가 의심되는 경우나 위해와 관련된 사실을 공표하려는 경우로서 제15조에 따른 위해평가가 필요한 경우에는 반드시 식품의약품안전처장에게 그 사실을 미리 알리고 협의하여야 한다. 〈개정 2013.3.23., 2016.2.3.〉

③ 제1항에 따른 공표방법 등 공표에 필요한 사항은 대통령령으로 정한다.

[본조신설 2011.6.7.]

제16조(소비자 등의 위생검사등 요청) ① 식품의약품안전처장(대통령령으로 정하는 그 소속 기관의 장을 포함한다. 이하 이 조에서 같다), 시·도지사 또는 시장·군수·구청장은 대통령령으로 정하는 일정 수 이상의 소비자, 소비자단체 또는 「식품·의약품분야 시험·검사 등에 관한 법률」 제6조에 따른 시험·검사기관 중 총리령으로 정하는 시험·검사기관이 식품등 또는 영업시설 등에 대하여 제22조에 따른 출입·검사·수거 등(이하 이 조에서 "위생검사등"이라 한다)을 요청하는 경우에는 이에 따라야 한다. 다만, 다음 각 호의 어느 하나에 해당하는 경우에는 그러하지 아니하다. 〈개정 2013.3.23., 2013.7.30.〉

1. 같은 소비자, 소비자단체 또는 시험·검사기관이 특정 영업자의 영업을 방해할 목적으로 같은 내용의 위생검사등을 반복적으로 요청하는 경우

2. 식품의약품안전처장, 시·도지사 또는 시장·군수·구청장이 기술 또는 시설, 재원(財源) 등의 사유로 위생검사등을 할 수 없다고 인정하는 경우

② 식품의약품안전처장, 시·도지사 또는 시장·군수·구청장은 제1항에 따라 위생검사등의 요청에 따르는 경우 14일 이내에 위생검사등을 하고 그 결과를 대통령령으로 정하는 바에 따라 위생검사등의 요청을 한 소비자, 소비자단체 또는 시험·검사기관에 알리고 인터넷 홈페이지에 게시하여야 한다. 〈개정 2011.6.7., 2013.3.23., 2013.7.30.〉

③ 위생검사등의 요청 요건 및 절차, 그 밖에 필요한 사항은 대통령령으로 정한다.

[제목개정 2013.7.30.]

제17조(위해식품등에 대한 긴급대응) ① 식품의약품안전처장은 판매하거나 판매할 목적으로 채취·제조·수입·가공·조리·저장·소분 또는 운반(이하 이 조에서 "제조·판매등"이라 한다)되고 있는 식품등이 다음 각 호의 어느 하나에 해당하는 경우에는 긴급대응방안을 마련하고 필요한 조치를 하여야 한다. 〈개정 2010.1.18., 2013.3.23.〉

1. 국내외에서 식품등 위해발생 우려가 총리령으로 정하는 과학적 근거에 따라 제기되었거나 제기된 경우
2. 그 밖에 식품등으로 인하여 국민건강에 중대한 위해가 발생하거나 발생할 우려가 있는 경우로서 대통령령으로 정하는 경우

② 제1항에 따른 긴급대응방안은 다음 각 호의 사항이 포함되어야 한다.

1. 해당 식품등의 종류
2. 해당 식품등으로 인하여 인체에 미치는 위해의 종류 및 정도
3. 제3항에 따른 제조·판매등의 금지가 필요한 경우 이에 관한 사항
4. 소비자에 대한 긴급대응요령 등의 교육·홍보에 관한 사항
5. 그 밖에 식품등의 위해 방지 및 확산을 막기 위하여 필요한 사항

③ 식품의약품안전처장은 제1항에 따른 긴급대응이 필요하다고 판단되는 식품등에 대하여는 그 위해 여부가 확인되기 전까지 해당 식품등의 제조·판매등을 금지하여야 한다. 〈개정 2011.8.4., 2013.3.23.〉

④ 영업자는 제3항에 따른 식품등에 대하여는 제조·판매등을 하여서는 아니 된다.

⑤ 식품의약품안전처장은 제3항에 따라 제조·판매등을 금지하려면 미리 대통령령으로 정하는 이해관계인의 의견을 들어야 한다. 〈개정 2013.3.23.〉

⑥ 영업자는 제3항에 따른 금지조치에 대하여 이의가 있는 경우에는 대통령령으로 정하는 바에 따라 식품의약품안전처장에게 해당 금지의 전부 또는 일부의 해제를 요청할 수 있다. 〈개정 2013.3.23.〉

⑦ 식품의약품안전처장은 식품등으로 인하여 국민건강에 위해가 발생하지 아니하였거나 발생할

우려가 없어졌다고 인정하는 경우에는 제3항에 따른 금지의 전부 또는 일부를 해제하여야 한다. 〈개정 2013.3.23.〉

⑧ 식품의약품안전처장은 국민건강에 급박한 위해가 발생하거나 발생할 우려가 있다고 인정되는 위해식품에 관한 정보를 국민에게 긴급하게 전달하여야 하는 경우로서 대통령령으로 정하는 요건에 해당하는 경우에는 「방송법」 제2조제3호에 따른 방송사업자 중 대통령령으로 정하는 방송사업자에 대하여 이를 신속하게 방송하도록 요청하거나 「전기통신사업법」 제5조에 따른 기간통신사업자 중 대통령령으로 정하는 기간통신사업자에 대하여 이를 신속하게 문자 또는 음성으로 송신하도록 요청할 수 있다. 〈개정 2013.3.23.〉

⑨ 제8항에 따라 요청을 받은 방송사업자 및 기간통신사업자는 특별한 사유가 없는 한 이에 응하여야 한다.

제18조(유전자변형식품등의 안전성 심사 등) ① 유전자변형식품등을 식용(食用)으로 수입·개발·생산하는 자는 최초로 유전자변형식품등을 수입하는 경우 등 대통령령으로 정하는 경우에는 식품의약품안전처장에게 해당 식품등에 대한 안전성 심사를 받아야 한다. 〈개정 2013.3.23., 2016.2.3.〉

② 식품의약품안전처장은 제1항에 따른 유전자변형식품등의 안전성 심사를 위하여 식품의약품안전처에 유전자변형식품등 안전성심사위원회(이하 "안전성심사위원회"라 한다)를 둔다. 〈개정 2013.3.23., 2016.2.3.〉

③ 안전성심사위원회의 구성·기능·운영에 필요한 사항은 대통령령으로 정한다. 〈개정 2016.2.3.〉

④ 제1항에 따른 안전성 심사의 대상, 안전성 심사를 위한 자료제출의 범위 및 심사절차 등에 관하여는 식품의약품안전처장이 정하여 고시한다. 〈개정 2013.3.23., 2016.2.3.〉

[제목개정 2016.2.3.]

제19조 삭제 〈2015.2.3.〉

제19조의2 삭제 〈2015.2.3.〉

제19조의3 삭제 〈2015.2.3.〉

제19조의4(검사명령 등) ① 식품의약품안전처장은 다음 각 호의 어느 하나에 해당하는 식품등을 채취·제조·가공·사용·조리·저장·소분·운반 또는 진열하는 영업자에 대하여 「식품·의약품분야 시험·검사 등에 관한 법률」 제6조제3항제1호에 따른 식품전문 시험·검사기관 또는 같은 법 제8조에 따른 국외시험·검사기관에서 검사를 받을 것을 명(이하 "검사명령"이라 한다)할 수 있다. 다만, 검사로써 위해성분을 확인할 수 없다고 식품의약품안전처장이 인정하는 경우에는 관계 자료 등으로 갈음할 수 있다. 〈개정 2013.3.23., 2013.7.30., 2015.2.3.〉

1. 국내외에서 유해물질이 검출된 식품등
2. 삭제 〈2015.2.3.〉
3. 그 밖에 국내외에서 위해발생의 우려가 제기되었거나 제기된 식품등

② 검사명령을 받은 영업자는 총리령으로 정하는 검사기한 내에 검사를 받거나 관련 자료 등을 제출하여야 한다. 〈개정 2013.3.23.〉

③ 제1항 및 제2항에 따른 검사명령 대상 식품등의 범위, 제출 자료 등 세부사항은 식품의약품안전처장이 정하여 고시한다. 〈개정 2013.3.23.〉

[본조신설 2011.6.7.]

제20조 삭제 〈2015.2.3.〉

제21조(특정 식품등의 수입·판매 등 금지) ① 식품의약품안전처장은 특정 국가 또는 지역에서 채취·제조·가공·사용·조리 또는 저장된 식품등이 그 특정 국가 또는 지역에서 위해한 것으로 밝혀졌거나 위해의 우려가 있다고 인정되는 경우에는 그 식품등을 수입·판매하거나 판매할 목적으로 제조·가공·사용·조리·저장·소분·운반 또는 진열하는 것을 금지할 수 있다. 〈개정 2013.3.23.〉

② 식품의약품안전처장은 제15조제1항에 따른 위해평가 또는 「수입식품안전관리 특별법」 제21조제1항에 따른 검사 후 식품등에서 제4조제2호에 따른 유독·유해물질이 검출된 경우에는 해당 식품등의 수입을 금지하여야 한다. 다만, 인체의 건강을 해칠 우려가 없다고 식품의약품안전처장이 인정하는 경우는 그러하지 아니하다. 〈개정 2013.3.23., 2015.2.3.〉

③ 식품의약품안전처장은 제1항 및 제2항에 따른 금지를 하려면 미리 관계 중앙행정기관의 장의 의견을 듣고 심의위원회의 심의·의결을 거쳐야 한다. 다만, 국민건강을 급박하게 위해할 우려가 있어서 신속히 금지 조치를 하여야 할 필요가 있는 경우 먼저 금지조치를 한 뒤 지체 없이 심의위원회의 심의·의결을 거칠 수 있다. 〈개정 2013.3.23.〉

④ 제3항 본문 및 단서에 따라 심의위원회가 심의하는 경우 대통령령으로 정하는 이해관계인은 심의위원회에 출석하여 의견을 진술하거나 문서로 의견을 제출할 수 있다.

⑤ 식품의약품안전처장은 직권으로 또는 제1항 및 제2항에 따라 수입·판매 등이 금지된 식품등에 대하여 이해관계가 있는 국가 또는 수입한 영업자의 신청을 받아 그 식품등에 위해가 없는 것으로 인정되면 심의위원회의 심의·의결을 거쳐 제1항 및 제2항에 따른 금지의 전부 또는 일부를 해제할 수 있다. 〈개정 2013.3.23.〉

⑥ 식품의약품안전처장은 제1항 및 제2항에 따른 금지나 제5항에 따른 해제를 하는 경우에는 고시하여야 한다. 〈개정 2013.3.23.〉

⑦ 식품의약품안전처장은 제1항 및 제2항에 따라 수입·판매 등이 금지된 해당 식품등의 제조업소, 이해관계가 있는 국가 또는 수입한 영업자가 원인 규명 및 개선사항을 제시할 경우에는 제1항 및 제2항에 따른 금지의 전부 또는 일부를 해제할 수 있다. 이 경우 개선사항에 대한 확인이 필요한 때에는 현지 조사를 할 수 있다. 〈개정 2013.3.23.〉

제22조(출입·검사·수거 등) ① 식품의약품안전처장(대통령령으로 정하는 그 소속 기관의 장을 포함한다. 이하 이 조에서 같다), 시·도지사 또는 시장·군수·구청장은 식품등의 위해방지·위생관리와 영업

질서의 유지를 위하여 필요하면 다음 각 호의 구분에 따른 조치를 할 수 있다. 〈개정 2009.5.21., 2011.6.7., 2013.3.23.〉

1. 영업자나 그 밖의 관계인에게 필요한 서류나 그 밖의 자료의 제출 요구
2. 관계 공무원으로 하여금 다음 각 목에 해당하는 출입·검사·수거 등의 조치
   가. 영업소(사무소, 창고, 제조소, 저장소, 판매소, 그 밖에 이와 유사한 장소를 포함한다)에 출입하여 판매를 목적으로 하거나 영업에 사용하는 식품등 또는 영업시설 등에 대하여 하는 검사
   나. 가목에 따른 검사에 필요한 최소량의 식품등의 무상 수거
   다. 영업에 관계되는 장부 또는 서류의 열람

② 식품의약품안전처장은 시·도지사 또는 시장·군수·구청장이 제1항에 따른 출입·검사·수거 등의 업무를 수행하면서 식품등으로 인하여 발생하는 위생 관련 위해방지 업무를 효율적으로 하기 위하여 필요한 경우에는 관계 행정기관의 장, 다른 시·도지사 또는 시장·군수·구청장에게 행정응원(行政應援)을 하도록 요청할 수 있다. 이 경우 행정응원을 요청받은 관계 행정기관의 장, 시·도지사 또는 시장·군수·구청장은 특별한 사유가 없으면 이에 따라야 한다. 〈개정 2013.3.23.〉

③ 제1항 및 제2항의 경우에 출입·검사·수거 또는 열람하려는 공무원은 그 권한을 표시하는 증표 및 조사기간, 조사범위, 조사담당자, 관계 법령 등 대통령령으로 정하는 사항이 기재된 서류를 지니고 이를 관계인에게 내보여야 한다. 〈개정 2016.2.3.〉

④ 제2항에 따른 행정응원의 절차, 비용 부담 방법, 그 밖에 필요한 사항은 대통령령으로 정한다.

제22조의2 삭제 〈2015.2.3.〉

제23조(식품등의 재검사) ① 식품의약품안전처장(대통령령으로 정하는 그 소속 기관의 장을 포함한다. 이하 이 조에서 같다), 시·도지사 또는 시장·군수·구청장은 제22조, 「수입식품안전관리 특별법」 제21조 또는 제25조에 따라 식품등을 검사한 결과 해당 식품등이 제7조 또는 제9조에 따른 식품등의 기준이나 규격에 맞지 아니하면 대통령령으로 정하는 바에 따라 해당 영업자에게 그 검사 결과를 통보하여야 한다. 〈개정 2013.3.23., 2015.2.3.〉

② 제1항에 따른 통보를 받은 영업자가 그 검사 결과에 이의가 있으면 검사한 제품과 같은 제품(같은 날에 같은 영업시설에서 같은 제조 공정을 통하여 제조·생산된 제품에 한정한다)을 식품의약품안전처장이 인정하는 국내외 검사기관 2곳 이상에서 같은 검사 항목에 대하여 검사를 받아 그 결과가 제1항에 따라 통보받은 검사 결과와 다를 때에는 그 검사기관의 검사성적서 또는 검사증명서를 첨부하여 식품의약품안전처장, 시·도지사 또는 시장·군수·구청장에게 재검사를 요청할 수 있다. 다만, 시간이 경과함에 따라 검사 결과가 달라질 수 있는 검사항목 등 총리령으로 정하는 검사항목은 재검사 대상에서 제외한다. 〈개정 2013.3.23., 2014.5.28.〉

③ 제2항에 따른 재검사 요청을 받은 식품의약품안전처장, 시·도지사 또는 시장·군수·구청장은 영업자가 제출한 검사 결과가 제1항에 따른 검사 결과와 다르다고 확인되거나 같은 항의 검사에

따른 검체(檢體)의 채취·취급방법, 검사방법·검사과정 등이 제7조제1항 또는 제9조제1항에 따른 식품등의 기준 및 규격에 위반된다고 인정되는 때에는 지체 없이 재검사하고 해당 영업자에게 재검사 결과를 통보하여야 한다. 이 경우 재검사 수수료와 보세창고료 등 재검사에 드는 비용은 영업자가 부담한다. 〈개정 2013.3.23., 2014.5.28.〉

④ 삭제 〈2014.5.28.〉

제24조 삭제 〈2013.7.30.〉

제25조 삭제 〈2013.7.30.〉

제26조 삭제 〈2013.7.30.〉

제27조 삭제 〈2013.7.30.〉

제28조 삭제 〈2013.7.30.〉

제29조 삭제 〈2013.7.30.〉

제30조 삭제 〈2013.7.30.〉

제31조(자가품질검사 의무) ① 식품등을 제조·가공하는 영업자는 총리령으로 정하는 바에 따라 제조·가공하는 식품등이 제7조 또는 제9조에 따른 기준과 규격에 맞는지를 검사하여야 한다. 〈개정 2010.1.18., 2013.3.23.〉

② 식품의약품안전처장 및 시·도지사는 제1항에 따른 검사를 해당 영업을 하는 자가 직접 행하는 것이 부적합한 경우 「식품·의약품분야 시험·검사 등에 관한 법률」 제6조제3항제2호에 따른 자가품질위탁 시험·검사기관에 위탁하여 검사하게 할 수 있다. 〈개정 2013.3.23., 2013.7.30.〉

③ 제1항에 따른 검사를 직접 행하는 영업자는 제1항에 따른 검사 결과 해당 식품등이 제4조부터 제6조까지, 제7조제4항, 제8조 또는 제9조제4항을 위반하여 국민 건강에 위해가 발생하거나 발생할 우려가 있는 경우에는 지체 없이 식품의약품안전처장에게 보고하여야 한다. 〈신설 2011.6.7., 2013.3.23., 2013.7.30.〉

④ 제1항에 따른 검사의 항목·절차, 그 밖에 검사에 필요한 사항은 총리령으로 정한다. 〈개정 2010.1.18., 2011.6.7., 2013.3.23., 2013.7.30.〉

제31조의2(자가품질검사의무의 면제) 식품의약품안전처장 또는 시·도지사는 제48조제3항에 따른 식품안전관리인증기준적용업소가 다음 각 호에 해당하는 경우에는 제31조제1항에도 불구하고 총리령으로 정하는 바에 따라 자가품질검사를 면제할 수 있다.

1. 제48조제3항에 따른 식품안전관리인증기준적용업소가 제31조제1항에 따른 검사가 포함된 식품안전관리인증기준을 지키는 경우
2. 제48조제8항에 따른 조사·평가 결과 그 결과가 우수하다고 총리령으로 정하는 바에 따라 식품의약품안전처장이 인정하는 경우

[본조신설 2016.2.3.]

제32조(식품위생감시원) ① 제22조제1항에 따른 관계 공무원의 직무와 그 밖에 식품위생에 관한 지도 등을 하기 위하여 식품의약품안전처(대통령령으로 정하는 그 소속 기관을 포함한다), 특별시·광역시·특별자치시·도·특별자치도(이하 "시·도"라 한다) 또는 시·군·구(자치구를 말한다. 이하 같다)에 식품위생감시원을 둔다. 〈개정 2013.3.23., 2016.2.3.〉

② 제1항에 따른 식품위생감시원의 자격·임명·직무범위, 그 밖에 필요한 사항은 대통령령으로 정한다.

제33조(소비자식품위생감시원) ① 식품의약품안전처장(대통령령으로 정하는 그 소속 기관의 장을 포함한다. 이하 이 조에서 같다), 시·도지사 또는 시장·군수·구청장은 식품위생관리를 위하여 「소비자기본법」 제29조에 따라 등록한 소비자단체의 임직원 중 해당 단체의 장이 추천한 자나 식품위생에 관한 지식이 있는 자를 소비자식품위생감시원으로 위촉할 수 있다. 〈개정 2013.3.23.〉

② 제1항에 따라 위촉된 소비자식품위생감시원(이하 "소비자식품위생감시원"이라 한다)의 직무는 다음 각 호와 같다.

1. 제36조제1항제3호에 따른 식품접객업을 하는 자(이하 "식품접객영업자"라 한다)에 대한 위생관리 상태 점검
2. 유통 중인 식품등이 표시기준에 맞지 아니하거나 허위표시 또는 과대광고 금지 규정을 위반한 경우 관할 행정관청에 신고하거나 그에 관한 자료 제공
3. 제32조에 따른 식품위생감시원이 하는 식품등에 대한 수거 및 검사 지원
4. 그 밖에 식품위생에 관한 사항으로서 대통령령으로 정하는 사항

③ 소비자식품위생감시원은 제2항 각 호의 직무를 수행하는 경우 그 권한을 남용하여서는 아니 된다.

④ 제1항에 따라 소비자식품위생감시원을 위촉한 식품의약품안전처장, 시·도지사 또는 시장·군수·구청장은 소비자식품위생감시원에게 직무 수행에 필요한 교육을 하여야 한다. 〈개정 2013.3.23.〉

⑤ 식품의약품안전처장, 시·도지사 또는 시장·군수·구청장은 소비자식품위생감시원이 다음 각 호의 어느 하나에 해당하면 그 소비자식품위생감시원을 해촉(解囑)하여야 한다. 〈개정 2013.3.23.〉

1. 추천한 소비자단체에서 퇴직하거나 해임된 경우
2. 제2항 각 호의 직무와 관련하여 부정한 행위를 하거나 권한을 남용한 경우
3. 질병이나 부상 등의 사유로 직무 수행이 어렵게 된 경우

⑥ 소비자식품위생감시원이 제2항제1호의 직무를 수행하기 위하여 식품접객영업자의 영업소에 단독으로 출입하려면 미리 식품의약품안전처장, 시·도지사 또는 시장·군수·구청장의 승인을 받아야 한다. 〈개정 2013.3.23.〉

⑦ 소비자식품위생감시원이 제6항에 따른 승인을 받아 식품접객영업자의 영업소에 단독으로 출

입하는 경우에는 승인서와 신분을 표시하는 증표 및 조사기간, 조사범위, 조사담당자, 관계 법령 등 대통령령으로 정하는 사항이 기재된 서류를 지니고 이를 관계인에게 내보여야 한다. 〈개정 2016.2.3.〉

⑧ 소비자식품위생감시원의 자격, 직무 범위 및 교육, 그 밖에 필요한 사항은 대통령령으로 정한다.

제34조 삭제 〈2015.3.27.〉

제35조(소비자 위생점검 참여 등) ① 대통령령으로 정하는 영업자는 식품위생에 관한 전문적인 지식이 있는 자 또는 「소비자기본법」 제29조에 따라 등록한 소비자단체의 장이 추천한 자로서 식품의약품안전처장이 정하는 자에게 위생관리 상태를 점검받을 수 있다. 〈개정 2013.3.23.〉

② 제1항에 따른 점검 결과 식품의약품안전처장이 정하는 기준에 적합하여 합격한 경우 해당 영업자는 그 합격사실을 총리령으로 정하는 바에 따라 해당 영업소에서 제조·가공한 식품등에 표시하거나 광고할 수 있다. 〈개정 2010.1.18., 2013.3.23.〉

③ 식품의약품안전처장(대통령령으로 정하는 그 소속 기관의 장을 포함한다. 이하 이 조에서 같다), 시·도지사 또는 시장·군수·구청장은 제1항에 따라 위생점검을 받은 영업소 중 식품의약품안전처장이 정하는 기준에 따른 우수 등급의 영업소에 대하여는 관계 공무원으로 하여금 총리령으로 정하는 일정 기간 동안 제22조에 따른 출입·검사·수거 등을 하지 아니하게 할 수 있다. 〈개정 2010.1.18., 2013.3.23., 2016.2.3.〉

④ 식품의약품안전처장, 시·도지사 또는 시장·군수·구청장은 제22조제1항에 따른 출입·검사·수거 등에 참여를 희망하는 소비자를 참여하게 하여 위생 상태를 점검할 수 있다. 〈신설 2013.7.30., 2016.2.3.〉

⑤ 제1항에 따른 위생점검의 시기 등은 대통령령으로 정한다. 〈개정 2013.7.30.〉

제7장 영업

제36조(시설기준) ① 다음의 영업을 하려는 자는 총리령으로 정하는 시설기준에 맞는 시설을 갖추어야 한다. 〈개정 2010.1.18., 2013.3.23.〉

1. 식품 또는 식품첨가물의 제조업, 가공업, 운반업, 판매업 및 보존업
2. 기구 또는 용기·포장의 제조업
3. 식품접객업

② 제1항 각 호에 따른 영업의 세부 종류와 그 범위는 대통령령으로 정한다.

제37조(영업허가 등) ① 제36조제1항 각 호에 따른 영업 중 대통령령으로 정하는 영업을 하려는 자는 대통령령으로 정하는 바에 따라 영업 종류별 또는 영업소별로 식품의약품안전처장 또는 특별자치시장·특별자치도지사·시장·군수·구청장의 허가를 받아야 한다. 허가받은 사항 중 대통령령으로 정하는 중요한 사항을 변경할 때에도 또한 같다. 〈개정 2013.3.23., 2016.2.3.〉

② 식품의약품안전처장 또는 특별자치시장·특별자치도지사·시장·군수·구청장은 제1항에 따른

영업허가를 하는 때에는 필요한 조건을 붙일 수 있다. 〈개정 2013.3.23., 2016.2.3.〉

③ 제1항에 따라 영업허가를 받은 자가 폐업하거나 허가받은 사항 중 같은 항 후단의 중요한 사항을 제외한 경미한 사항을 변경할 때에는 식품의약품안전처장 또는 특별자치시장·특별자치도지사·시장·군수·구청장에게 신고하여야 한다. 〈개정 2013.3.23., 2016.2.3.〉

④ 제36조제1항 각 호에 따른 영업 중 대통령령으로 정하는 영업을 하려는 자는 대통령령으로 정하는 바에 따라 영업 종류별 또는 영업소별로 식품의약품안전처장 또는 특별자치시장·특별자치도지사·시장·군수·구청장에게 신고하여야 한다. 신고한 사항 중 대통령령으로 정하는 중요한 사항을 변경하거나 폐업할 때에도 또한 같다. 〈개정 2013.3.23., 2016.2.3.〉

⑤ 제36조제1항 각 호에 따른 영업 중 대통령령으로 정하는 영업을 하려는 자는 대통령령으로 정하는 바에 따라 영업 종류별 또는 영업소별로 식품의약품안전처장 또는 특별자치시장·특별자치도지사·시장·군수·구청장에게 등록하여야 하며, 등록한 사항 중 대통령령으로 정하는 중요한 사항을 변경할 때에도 또한 같다. 다만, 폐업하거나 대통령령으로 정하는 중요한 사항을 제외한 경미한 사항을 변경할 때에는 식품의약품안전처장 또는 특별자치시장·특별자치도지사·시장·군수·구청장에게 신고하여야 한다. 〈신설 2011.6.7., 2013.3.23., 2016.2.3.〉

⑥ 제1항, 제4항 또는 제5항에 따라 식품 또는 식품첨가물의 제조업·가공업의 허가를 받거나 신고 또는 등록을 한 자가 식품 또는 식품첨가물을 제조·가공하는 경우에는 총리령으로 정하는 바에 따라 식품의약품안전처장 또는 특별자치시장·특별자치도지사·시장·군수·구청장에게 그 사실을 보고하여야 한다. 보고한 사항 중 총리령으로 정하는 중요한 사항을 변경하는 경우에도 또한 같다. 〈개정 2010.1.18., 2011.6.7., 2013.3.23., 2016.2.3.〉

⑦ 식품의약품안전처장 또는 특별자치시장·특별자치도지사·시장·군수·구청장은 영업자(제4항에 따른 영업신고 또는 제5항에 따른 영업등록을 한 자만 해당한다)가 「부가가치세법」 제8조에 따라 관할세무서장에게 폐업신고를 하거나 관할세무서장이 사업자등록을 말소한 경우에는 신고 또는 등록 사항을 직권으로 말소할 수 있다. 〈개정 2011.6.7., 2013.3.23., 2013.6.7., 2016.2.3.〉

⑧ 제3항부터 제5항까지의 규정에 따라 폐업하고자 하는 자는 제71조부터 제76조까지의 규정에 따른 영업정지 등 행정 제재처분기간 중에는 폐업신고를 할 수 없다. 〈신설 2011.6.7.〉

⑨ 식품의약품안전처장 또는 특별자치시장·특별자치도지사·시장·군수·구청장은 제7항의 직권말소를 위하여 필요한 경우 관할 세무서장에게 영업자의 폐업여부에 대한 정보 제공을 요청할 수 있다. 이 경우 요청을 받은 관할 세무서장은 「전자정부법」 제39조에 따라 영업자의 폐업여부에 대한 정보를 제공한다. 〈신설 2015.3.27., 2016.2.3.〉

제38조(영업허가 등의 제한) ① 다음 각 호의 어느 하나에 해당하면 제37조제1항에 따른 영업허가를 하여서는 아니 된다. 〈개정 2014.3.18.〉

1. 해당 영업 시설이 제36조에 따른 시설기준에 맞지 아니한 경우

2. 제75조제1항 또는 제2항에 따라 영업허가가 취소(제44조제2항제1호를 위반하여 영업허가가 취소된 경우와 제75조제1항제18호에 따라 영업허가가 취소된 경우는 제외한다)되고 6개월이 지나기 전에 같은 장소에서 같은 종류의 영업을 하려는 경우. 다만, 영업시설 전부를 철거하여 영업허가가 취소된 경우에는 그러하지 아니하다.
3. 제44조제2항제1호를 위반하여 영업허가가 취소되거나 제75조제1항제18호에 따라 영업허가가 취소되고 2년이 지나기 전에 같은 장소에서 제36조제1항제3호에 따른 식품접객업을 하려는 경우
4. 제75조제1항 또는 제2항에 따라 영업허가가 취소(제4조부터 제6조까지, 제8조 또는 제44조제2항제1호를 위반하여 영업허가가 취소된 경우와 제75조제1항제18호에 따라 영업허가가 취소된 경우는 제외한다)되고 2년이 지나기 전에 같은 자(법인인 경우에는 그 대표자를 포함한다)가 취소된 영업과 같은 종류의 영업을 하려는 경우
5. 제44조제2항제1호를 위반하여 영업허가가 취소되거나 제75조제1항제18호에 따라 영업허가가 취소된 후 3년이 지나기 전에 같은 자(법인인 경우에는 그 대표자를 포함한다)가 제36조제1항제3호에 따른 식품접객업을 하려는 경우
6. 제4조부터 제6조까지 또는 제8조를 위반하여 영업허가가 취소되고 5년이 지나기 전에 같은 자(법인인 경우에는 그 대표자를 포함한다)가 취소된 영업과 같은 종류의 영업을 하려는 경우
7. 제36조제1항제3호에 따른 식품접객업 중 국민의 보건위생을 위하여 허가를 제한할 필요가 뚜렷하다고 인정되어 시·도지사가 지정하여 고시하는 영업에 해당하는 경우
8. 영업허가를 받으려는 자가 피성년후견인이거나 파산선고를 받고 복권되지 아니한 자인 경우

② 다음 각 호의 어느 하나에 해당하는 경우에는 제37조제4항에 따른 영업신고 또는 같은 조 제5항에 따른 영업등록을 할 수 없다. 〈개정 2011.6.7.〉

1. 제75조제1항 또는 제2항에 따른 등록취소 또는 영업소 폐쇄명령(제44조제2항제1호를 위반하여 영업소 폐쇄명령을 받은 경우와 제75조제1항제18호에 따라 영업소 폐쇄명령을 받은 경우는 제외한다)을 받고 6개월이 지나기 전에 같은 장소에서 같은 종류의 영업을 하려는 경우. 다만, 영업시설 전부를 철거하여 등록취소 또는 영업소 폐쇄명령을 받은 경우에는 그러하지 아니하다.
2. 제44조제2항제1호를 위반하여 영업소 폐쇄명령을 받거나 제75조제1항제18호에 따라 영업소 폐쇄명령을 받은 후 1년이 지나기 전에 같은 장소에서 제36조제1항제3호에 따른 식품접객업을 하려는 경우
3. 제75조제1항 또는 제2항에 따른 등록취소 또는 영업소 폐쇄명령(제4조부터 제6조까지, 제8조 또는 제44조제2항제1호를 위반하여 등록취소 또는 영업소 폐쇄명령을 받은 경우와 제75조제1항제18호에 따라 영업소 폐쇄명령을 받은 경우는 제외한다)을 받고 2년이 지나기 전에 같은 자(법인인 경우에는 그 대표자를 포함한다)가 등록취소 또는 폐쇄명령을 받은 영업과 같은 종류의 영업을 하려는 경우
4. 제44조제2항제1호를 위반하여 영업소 폐쇄명령을 받거나 제75조제1항제18호에 따라 영업소 폐

쇄명령을 받고 2년이 지나기 전에 같은 자(법인인 경우에는 그 대표자를 포함한다)가 제36조제1항제3호에 따른 식품접객업을 하려는 경우

5. 제4조부터 제6조까지 또는 제8조를 위반하여 등록취소 또는 영업소 폐쇄명령을 받고 5년이 지나지 아니한 자(법인인 경우에는 그 대표자를 포함한다)가 등록취소 또는 폐쇄명령을 받은 영업과 같은 종류의 영업을 하려는 경우

제39조(영업 승계) ① 영업자가 영업을 양도하거나 사망한 경우 또는 법인이 합병한 경우에는 그 양수인·상속인 또는 합병 후 존속하는 법인이나 합병에 따라 설립되는 법인은 그 영업자의 지위를 승계한다.

② 다음 각 호의 어느 하나에 해당하는 절차에 따라 영업 시설의 전부를 인수한 자는 그 영업자의 지위를 승계한다. 이 경우 종전의 영업자에 대한 영업 허가·등록 또는 그가 한 신고는 그 효력을 잃는다. 〈개정 2011.6.7., 2016.2.3., 2016.12.27.〉

1. 「민사집행법」에 따른 경매
2. 「채무자 회생 및 파산에 관한 법률」에 따른 환가(換價)
3. 「국세징수법」, 「관세법」 또는 「지방세징수법」에 따른 압류재산의 매각
4. 그 밖에 제1호부터 제3호까지의 절차에 준하는 절차

③ 제1항 또는 제2항에 따라 그 영업자의 지위를 승계한 자는 총리령으로 정하는 바에 따라 1개월 이내에 그 사실을 식품의약품안전처장 또는 특별자치시장·특별자치도지사·시장·군수·구청장에게 신고하여야 한다. 〈개정 2010.1.18., 2013.3.23., 2016.2.3.〉

④ 제1항 및 제2항에 따른 승계에 관하여는 제38조를 준용한다. 다만, 상속인이 제38조제1항제8호에 해당하면 상속받은 날부터 3개월 동안은 그러하지 아니하다.

제40조(건강진단) ① 총리령으로 정하는 영업자 및 그 종업원은 건강진단을 받아야 한다. 다만, 다른 법령에 따라 같은 내용의 건강진단을 받는 경우에는 이 법에 따른 건강진단을 받은 것으로 본다. 〈개정 2010.1.18., 2013.3.23.〉

② 제1항에 따라 건강진단을 받은 결과 타인에게 위해를 끼칠 우려가 있는 질병이 있다고 인정된 자는 그 영업에 종사하지 못한다.

③ 영업자는 제1항을 위반하여 건강진단을 받지 아니한 자나 제2항에 따른 건강진단 결과 타인에게 위해를 끼칠 우려가 있는 질병이 있는 자를 그 영업에 종사시키지 못한다.

④ 제1항에 따른 건강진단의 실시방법 등과 제2항 및 제3항에 따른 타인에게 위해를 끼칠 우려가 있는 질병의 종류는 총리령으로 정한다. 〈개정 2010.1.18., 2013.3.23.〉

제41조(식품위생교육) ① 대통령령으로 정하는 영업자 및 유흥종사자를 둘 수 있는 식품접객업 영업자의 종업원은 매년 식품위생에 관한 교육(이하 "식품위생교육"이라 한다)을 받아야 한다.

② 제36조제1항 각 호에 따른 영업을 하려는 자는 미리 식품위생교육을 받아야 한다. 다만, 부득

이한 사유로 미리 식품위생교육을 받을 수 없는 경우에는 영업을 시작한 뒤에 식품의약품안전처장이 정하는 바에 따라 식품위생교육을 받을 수 있다. 〈개정 2010.1.18., 2013.3.23.〉

③ 제1항 및 제2항에 따라 교육을 받아야 하는 자가 영업에 직접 종사하지 아니하거나 두 곳 이상의 장소에서 영업을 하는 경우에는 종업원 중에서 식품위생에 관한 책임자를 지정하여 영업자 대신 교육을 받게 할 수 있다. 다만, 집단급식소에 종사하는 조리사 및 영양사(「국민영양관리법」 제15조에 따라 영양사 면허를 받은 사람을 말한다. 이하 같다)가 식품위생에 관한 책임자로 지정되어 제56조제1항 단서에 따라 교육을 받은 경우에는 제1항 및 제2항에 따른 해당 연도의 식품위생교육을 받은 것으로 본다. 〈개정 2010.3.26.〉

④ 제2항에도 불구하고 다음 각 호의 어느 하나에 해당하는 면허를 받은 자가 제36조제1항제3호에 따른 식품접객업을 하려는 경우에는 식품위생교육을 받지 아니하여도 된다. 〈개정 2015.3.27., 2016.2.3.〉

1. 제53조에 따른 조리사 면허
2. 「국민영양관리법」 제15조에 따른 영양사 면허
3. 「공중위생관리법」 제6조의2에 따른 위생사 면허

⑤ 영업자는 특별한 사유가 없는 한 식품위생교육을 받지 아니한 자를 그 영업에 종사하게 하여서는 아니 된다.

⑥ 제1항 및 제2항에 따른 교육의 내용, 교육비 및 교육 실시 기관 등에 관하여 필요한 사항은 총리령으로 정한다. 〈개정 2010.1.18., 2013.3.23.〉

제42조(실적보고) ① 삭제 〈2016.2.3.〉

② 식품 또는 식품첨가물을 제조·가공하는 영업자는 총리령으로 정하는 바에 따라 식품 및 식품첨가물을 생산한 실적 등을 식품의약품안전처장 또는 시·도지사에게 보고하여야 한다. 〈개정 2010.1.18., 2013.3.23., 2016.2.3.〉

[제목개정 2016.2.3.]

제43조(영업 제한) ① 시·도지사는 영업 질서와 선량한 풍속을 유지하는 데에 필요한 경우에는 영업자 중 식품접객영업자와 그 종업원에 대하여 영업시간 및 영업행위를 제한할 수 있다.

② 제1항에 따른 제한 사항은 대통령령으로 정하는 범위에서 해당 시·도의 조례로 정한다.

제44조(영업자 등의 준수사항) ① 제36조제1항 각 호의 영업을 하는 자 중 대통령령으로 정하는 영업자와 그 종업원은 영업의 위생관리와 질서유지, 국민의 보건위생 증진을 위하여 영업의 종류에 따라 다음 각 호에 해당하는 사항을 지켜야 한다. 〈개정 2010.1.18., 2013.3.23., 2016.2.3., 2017.12.19.〉

1. 「축산물 위생관리법」 제12조에 따른 검사를 받지 아니한 축산물 또는 실험 등의 용도로 사용한 동물은 운반·보관·진열·판매하거나 식품의 제조·가공에 사용하지 말 것
2. 「야생생물 보호 및 관리에 관한 법률」을 위반하여 포획·채취한 야생생물은 이를 식품의 제조·

가공에 사용하거나 판매하지 말 것

3. 유통기한이 경과된 제품·식품 또는 그 원재료를 조리·판매의 목적으로 소분·운반·진열·보관하거나 이를 판매 또는 식품의 제조·가공에 사용하지 말 것

4. 수돗물이 아닌 지하수 등을 먹는 물 또는 식품의 조리·세척 등에 사용하는 경우에는 「먹는물관리법」 제43조에 따른 먹는물 수질검사기관에서 총리령으로 정하는 바에 따라 검사를 받아 마시기에 적합하다고 인정된 물을 사용할 것. 다만, 둘 이상의 업소가 같은 건물에서 같은 수원(水源)을 사용하는 경우에는 하나의 업소에 대한 시험결과로 나머지 업소에 대한 검사를 갈음할 수 있다.

5. 제15조제2항에 따라 위해평가가 완료되기 전까지 일시적으로 금지된 식품등을 제조·가공·판매·수입·사용 및 운반하지 말 것

6. 식중독 발생 시 보관 또는 사용 중인 식품은 역학조사가 완료될 때까지 폐기하거나 소독 등으로 현장을 훼손하여서는 아니 되고 원상태로 보존하여야 하며, 식중독 원인규명을 위한 행위를 방해하지 말 것

7. 손님을 꾀어서 끌어들이는 행위를 하지 말 것

8. 그 밖에 영업의 원료관리, 제조공정 및 위생관리와 질서유지, 국민의 보건위생 증진 등을 위하여 총리령으로 정하는 사항

② 식품접객영업자는 「청소년 보호법」 제2조에 따른 청소년(이하 이 항에서 "청소년"이라 한다)에게 다음 각 호의 어느 하나에 해당하는 행위를 하여서는 아니 된다. 〈개정 2011.9.15.〉

1. 청소년을 유흥접객원으로 고용하여 유흥행위를 하게 하는 행위
2. 「청소년 보호법」 제2조제5호가목3)에 따른 청소년출입·고용 금지업소에 청소년을 출입시키거나 고용하는 행위
3. 「청소년 보호법」 제2조제5호나목3)에 따른 청소년고용금지업소에 청소년을 고용하는 행위
4. 청소년에게 주류(酒類)를 제공하는 행위

③ 누구든지 영리를 목적으로 제36조제1항제3호의 식품접객업을 하는 장소(유흥종사자를 둘 수 있도록 대통령령으로 정하는 영업을 하는 장소는 제외한다)에서 손님과 함께 술을 마시거나 노래 또는 춤으로 손님의 유흥을 돋우는 접객행위(공연을 목적으로 하는 가수, 악사, 댄서, 무용수 등이 하는 행위는 제외한다)를 하거나 다른 사람에게 그 행위를 알선하여서는 아니 된다.

④ 제3항에 따른 식품접객영업자는 유흥종사자를 고용·알선하거나 호객행위를 하여서는 아니 된다.

⑤ 삭제 〈2015.2.3.〉

제45조(위해식품등의 회수) ① 판매의 목적으로 식품등을 제조·가공·소분·수입 또는 판매한 영업자(「수입식품안전관리 특별법」 제15조에 따라 등록한 수입식품등 수입·판매업자를 포함한다. 이하 이 조에서 같다)는 해당 식품등이 제4조부터 제6조까지, 제7조제4항, 제8조, 제9조제4항, 제10조제2항, 제12조

의2제2항 또는 제13조를 위반한 사실(식품등의 위해와 관련이 없는 위반사항을 제외한다)을 알게 된 경우에는 지체 없이 유통 중인 해당 식품등을 회수하거나 회수하는 데에 필요한 조치를 하여야 한다. 이 경우 영업자는 회수계획을 식품의약품안전처장, 시·도지사 또는 시장·군수·구청장에게 미리 보고하여야 하며, 회수결과를 보고받은 시·도지사 또는 시장·군수·구청장은 이를 지체 없이 식품의약품안전처장에게 보고하여야 한다. 다만, 해당 식품등이 「수입식품안전관리 특별법」에 따라 수입한 식품등이고, 보고의무자가 해당 식품등을 수입한 자인 경우에는 식품의약품안전처장에게 보고하여야 한다. 〈개정 2013.3.23., 2015.2.3., 2016.2.3.〉

② 식품의약품안전처장, 시·도지사 또는 시장·군수·구청장은 제1항에 따른 회수에 필요한 조치를 성실히 이행한 영업자에 대하여 해당 식품등으로 인하여 받게 되는 제75조 또는 제76조에 따른 행정처분을 대통령령으로 정하는 바에 따라 감면할 수 있다. 〈개정 2013.3.23.〉

③ 제1항에 따른 회수대상 식품등·회수계획·회수절차 및 회수결과 보고 등에 관하여 필요한 사항은 총리령으로 정한다. 〈개정 2010.1.18., 2013.3.23.〉

제46조(식품등의 이물 발견보고 등) ① 판매의 목적으로 식품등을 제조·가공·소분·수입 또는 판매하는 영업자는 소비자로부터 판매제품에서 식품의 제조·가공·조리·유통 과정에서 정상적으로 사용된 원료 또는 재료가 아닌 것으로서 섭취할 때 위생상 위해가 발생할 우려가 있거나 섭취하기에 부적합한 물질[이하 "이물(異物)"이라 한다]을 발견한 사실을 신고받은 경우 지체 없이 이를 식품의약품안전처장, 시·도지사 또는 시장·군수·구청장에게 보고하여야 한다. 〈개정 2013.3.23.〉

② 「소비자기본법」에 따른 한국소비자원 및 소비자단체는 소비자로부터 이물 발견의 신고를 접수하는 경우 지체 없이 이를 식품의약품안전처장에게 통보하여야 한다. 〈개정 2013.3.23.〉

③ 시·도지사 또는 시장·군수·구청장은 소비자로부터 이물 발견의 신고를 접수하는 경우 이를 식품의약품안전처장에게 통보하여야 한다. 〈개정 2013.3.23.〉

④ 식품의약품안전처장은 제1항부터 제3항까지의 규정에 따라 이물 발견의 신고를 통보받은 경우 이물혼입 원인 조사를 위하여 필요한 조치를 취하여야 한다. 〈개정 2013.3.23.〉

⑤ 제1항에 따른 이물 보고의 기준·대상 및 절차 등에 필요한 사항은 총리령으로 정한다. 〈개정 2010.1.18., 2013.3.23.〉

제47조(위생등급) ① 식품의약품안전처장 또는 특별자치시장·특별자치도지사·시장·군수·구청장은 총리령으로 정하는 위생등급 기준에 따라 위생관리 상태 등이 우수한 식품등의 제조·가공업소, 식품접객업소 또는 집단급식소를 우수업소 또는 모범업소로 지정할 수 있다. 〈개정 2010.1.18., 2013.3.23., 2016.2.3.〉

② 식품의약품안전처장(대통령령으로 정하는 그 소속 기관의 장을 포함한다), 시·도지사 또는 시장·군수·구청장은 제1항에 따라 지정한 우수업소 또는 모범업소에 대하여 관계 공무원으로 하여금 총리령으로 정하는 일정 기간 동안 제22조에 따른 출입·검사·수거 등을 하지 아니하게 할 수 있으

며, 시·도지사 또는 시장·군수·구청장은 제89조제3항제1호에 따른 영업자의 위생관리시설 및 위생설비시설 개선을 위한 융자 사업과 같은 항 제6호에 따른 음식문화 개선과 좋은 식단 실천을 위한 사업에 대하여 우선 지원 등을 할 수 있다. 〈개정 2010.1.18., 2013.3.23.〉

③ 식품의약품안전처장 또는 특별자치시장·특별자치도지사·시장·군수·구청장은 제1항에 따라 우수업소 또는 모범업소로 지정된 업소가 그 지정기준에 미치지 못하거나 영업정지 이상의 행정처분을 받게 되면 지체 없이 그 지정을 취소하여야 한다. 〈개정 2013.3.23., 2016.2.3.〉

④ 제1항 및 제3항에 따른 우수업소 또는 모범업소의 지정 및 그 취소에 관한 사항은 총리령으로 정한다. 〈개정 2010.1.18., 2013.3.23.〉

제47조의2(식품접객업소의 위생등급 지정 등) ① 식품의약품안전처장, 시·도지사 또는 시장·군수·구청장은 식품접객업소의 위생 수준을 높이기 위하여 식품접객영업자의 신청을 받아 식품접객업소의 위생상태를 평가하여 위생등급을 지정할 수 있다.

② 식품의약품안전처장은 제1항에 따른 식품접객업소의 위생상태 평가 및 위생등급 지정에 필요한 기준 및 방법 등을 정하여 고시하여야 한다.

③ 식품의약품안전처장, 시·도지사 또는 시장·군수·구청장은 제1항에 따른 위생등급 지정 결과를 공표할 수 있다.

④ 위생등급을 지정받은 식품접객영업자는 그 위생등급을 표시하여야 하며, 광고할 수 있다.

⑤ 위생등급의 유효기간은 위생등급을 지정한 날부터 2년으로 한다. 다만, 총리령으로 정하는 바에 따라 그 기간을 연장할 수 있다.

⑥ 식품의약품안전처장, 시·도지사 또는 시장·군수·구청장은 제1항에 따라 위생등급을 지정받은 식품접객영업자가 다음 각 호의 어느 하나에 해당하는 경우 그 지정을 취소하거나 시정을 명할 수 있다.

1. 위생등급을 지정받은 후 그 기준에 미달하게 된 경우
2. 위생등급을 표시하지 아니하거나 허위로 표시·광고하는 경우
3. 제75조에 따라 영업정지 이상의 행정처분을 받은 경우
4. 그 밖에 제1호부터 제3호까지에 준하는 사항으로서 총리령으로 정하는 사항을 지키지 아니한 경우

⑦ 식품의약품안전처장, 시·도지사 또는 시장·군수·구청장은 위생등급 지정을 받았거나 받으려는 식품접객영업자에게 필요한 기술적 지원을 할 수 있다.

⑧ 식품의약품안전처장, 시·도지사 또는 시장·군수·구청장은 제1항에 따라 위생등급을 지정한 식품접객업소에 대하여 제22조에 따른 출입·검사·수거 등을 총리령으로 정하는 기간 동안 하지 아니하게 할 수 있다.

⑨ 시·도지사 또는 시장·군수·구청장은 제89조의 식품진흥기금을 같은 조 제3항제1호에 따른 영

업자의 위생관리시설 및 위생설비시설 개선을 위한 융자 사업과 같은 항 제7호의2에 따른 식품접객업소의 위생등급 지정 사업에 우선 지원할 수 있다.

⑩ 식품의약품안전처장, 시·도지사 또는 시장·군수·구청장은 위생등급 지정에 관한 업무를 대통령령으로 정하는 관계 전문기관이나 단체에 위탁할 수 있다. 이 경우 필요한 예산을 지원할 수 있다.

⑪ 제1항에 따른 위생등급과 그 지정 절차, 제3항에 따른 위생등급 지정 결과 공표 및 제7항에 따른 기술적 지원 등에 필요한 사항은 총리령으로 정한다.

[본조신설 2015.5.18.]

제48조(식품안전관리인증기준) ① 식품의약품안전처장은 식품의 원료관리 및 제조·가공·조리·소분·유통의 모든 과정에서 위해한 물질이 식품에 섞이거나 식품이 오염되는 것을 방지하기 위하여 각 과정의 위해요소를 확인·평가하여 중점적으로 관리하는 기준(이하 "식품안전관리인증기준"이라 한다)을 식품별로 정하여 고시할 수 있다. 〈개정 2011.6.7., 2013.3.23., 2014.5.28.〉

② 총리령으로 정하는 식품을 제조·가공·조리·소분·유통하는 영업자는 제1항에 따라 식품의약품안전처장이 식품별로 고시한 식품안전관리인증기준을 지켜야 한다. 〈개정 2010.1.18., 2011.6.7., 2013.3.23., 2014.5.28.〉

③ 식품의약품안전처장은 제2항에 따라 식품안전관리인증기준을 지켜야 하는 영업자와 그 밖에 식품안전관리인증기준을 지키기 원하는 영업자의 업소를 식품별 식품안전관리인증기준 적용업소(이하 "식품안전관리인증기준적용업소"라 한다)로 인증할 수 있다. 이 경우 식품안전관리인증기준적용업소로 인증을 받은 영업자가 그 인증을 받은 사항 중 총리령으로 정하는 사항을 변경하려는 경우에는 식품의약품안전처장의 변경 인증을 받아야 한다. 〈개정 2013.3.23., 2014.5.28., 2016.2.3.〉

④ 식품의약품안전처장은 식품안전관리인증기준적용업소로 인증받은 영업자에게 총리령으로 정하는 바에 따라 그 인증 사실을 증명하는 서류를 발급하여야 한다. 제3항 후단에 따라 변경 인증을 받은 경우에도 또한 같다. 〈개정 2010.1.18., 2013.3.23., 2014.5.28., 2016.2.3.〉

⑤ 식품안전관리인증기준적용업소의 영업자와 종업원은 총리령으로 정하는 교육훈련을 받아야 한다. 〈개정 2010.1.18., 2013.3.23., 2014.5.28.〉

⑥ 식품의약품안전처장은 제3항에 따라 식품안전관리인증기준적용업소의 인증을 받거나 받으려는 영업자에게 위해요소중점관리에 필요한 기술적·경제적 지원을 할 수 있다. 〈개정 2013.3.23., 2014.5.28.〉

⑦ 식품안전관리인증기준적용업소의 인증요건·인증절차, 제5항에 따른 영업자 및 종업원에 대한 교육실시 기관, 교육훈련 방법·절차, 교육훈련비 및 제6항에 따른 기술적·경제적 지원에 필요한 사항은 총리령으로 정한다. 〈개정 2010.1.18., 2013.3.23., 2014.5.28.〉

⑧ 식품의약품안전처장은 식품안전관리인증기준적용업소의 효율적 운영을 위하여 총리령으로 정하는 식품안전관리인증기준의 준수 여부 등에 관한 조사·평가를 할 수 있으며, 그 결과 식품안전

관리인증기준적용업소가 다음 각 호의 어느 하나에 해당하면 그 인증을 취소하거나 시정을 명할 수 있다. 다만, 식품안전관리인증기준적용업소가 제1호의2 및 제2호에 해당할 경우 인증을 취소하여야 한다. 〈개정 2010.1.18., 2011.6.7., 2013.3.23., 2014.5.28., 2016.2.3.〉

1. 식품안전관리인증기준을 지키지 아니한 경우

1의2. 거짓이나 그 밖의 부정한 방법으로 인증을 받은 경우

2. 제75조에 따라 영업정지 2개월 이상의 행정처분을 받은 경우

3. 영업자와 그 종업원이 제5항에 따른 교육훈련을 받지 아니한 경우

4. 그 밖에 제1호부터 제3호까지에 준하는 사항으로서 총리령으로 정하는 사항을 지키지 아니한 경우

⑨ 식품안전관리인증기준적용업소가 아닌 업소의 영업자는 식품안전관리인증기준적용업소라는 명칭을 사용하지 못한다. 〈개정 2014.5.28.〉

⑩ 식품안전관리인증기준적용업소의 영업자는 인증받은 식품을 다른 업소에 위탁하여 제조·가공하여서는 아니 된다. 다만, 위탁하려는 식품과 동일한 식품에 대하여 식품안전관리인증기준적용업소로 인증된 업소에 위탁하여 제조·가공하려는 경우 등 대통령령으로 정하는 경우에는 그러하지 아니하다. 〈개정 2014.5.28.〉

⑪ 식품의약품안전처장(대통령령으로 정하는 그 소속 기관의 장을 포함한다), 시·도지사 또는 시장·군수·구청장은 식품안전관리인증기준적용업소에 대하여 관계 공무원으로 하여금 총리령으로 정하는 일정 기간 동안 제22조에 따른 출입·검사·수거 등을 하지 아니하게 할 수 있으며, 시·도지사 또는 시장·군수·구청장은 제89조제3항제1호에 따른 영업자의 위생관리시설 및 위생설비시설 개선을 위한 융자 사업에 대하여 우선 지원 등을 할 수 있다. 〈개정 2010.1.18., 2013.3.23., 2014.5.28.〉

⑫ 식품의약품안전처장은 식품안전관리인증기준적용업소의 공정별·품목별 위해요소의 분석, 기술지원 및 인증 등의 업무를 「한국식품안전관리인증원의 설립 및 운영에 관한 법률」에 따른 한국식품안전관리인증원 등 대통령령으로 정하는 기관에 위탁할 수 있다. 〈개정 2013.3.23., 2014.5.28., 2016.2.3.〉

⑬ 식품의약품안전처장은 제12항에 따른 위탁기관에 대하여 예산의 범위에서 사용경비의 전부 또는 일부를 보조할 수 있다. 〈개정 2013.3.23.〉

⑭ 제12항에 따른 위탁기관의 업무 등에 필요한 사항은 대통령령으로 정한다.

[제목개정 2014.5.28.]

제48조의2(인증 유효기간) ① 제48조제3항에 따른 인증의 유효기간은 인증을 받은 날부터 3년으로 하며, 같은 항 후단에 따른 변경 인증의 유효기간은 당초 인증 유효기간의 남은 기간으로 한다.

② 제1항에 따른 인증 유효기간을 연장하려는 자는 총리령으로 정하는 바에 따라 식품의약품안전

처장에게 연장신청을 하여야 한다.

③ 식품의약품안전처장은 제2항에 따른 연장신청을 받았을 때에는 안전관리인증기준에 적합하다고 인정하는 경우 3년의 범위에서 그 기간을 연장할 수 있다.

[본조신설 2016.2.3.]

제48조의3(식품안전관리인증기준적용업소에 대한 조사·평가 등) ① 식품의약품안전처장은 식품안전관리인증기준적용업소로 인증받은 업소에 대하여 식품안전관리인증기준의 준수 여부와 제48조제5항에 따른 교육훈련 수료 여부를 연 1회 이상 조사·평가하여야 한다.

② 식품의약품안전처장은 제1항에 따른 조사·평가 결과 그 결과가 우수한 식품안전관리인증기준적용업소에 대해서는 제1항에 따른 조사·평가를 면제하는 등 행정적·재정적 지원을 할 수 있다. 다만, 식품안전관리인증기준적용업소가 제48조의2제1항에 따른 인증 유효기간 내에 이 법을 위반하여 영업의 정지, 허가 취소 등 행정처분을 받은 경우에는 제1항에 따른 조사·평가를 면제하여서는 아니 된다.

③ 그 밖에 조사·평가의 방법 및 절차 등에 필요한 사항은 총리령으로 정한다.

[본조신설 2016.2.3.]

제49조(식품이력추적관리 등록기준 등) ① 식품을 제조·가공 또는 판매하는 자 중 식품이력추적관리를 하려는 자는 총리령으로 정하는 등록기준을 갖추어 해당 식품을 식품의약품안전처장에게 등록할 수 있다. 다만, 영유아식 제조·가공업자, 일정 매출액·매장면적 이상의 식품판매업자 등 총리령으로 정하는 자는 식품의약품안전처장에게 등록하여야 한다. 〈개정 2010.1.18., 2013.3.23., 2013.7.30., 2015.2.3.〉

② 제1항에 따라 등록한 식품을 제조·가공 또는 판매하는 자는 식품이력추적관리에 필요한 기록의 작성·보관 및 관리 등에 관하여 식품의약품안전처장이 정하여 고시하는 기준(이하 "식품이력추적관리기준"이라 한다)을 지켜야 한다. 〈개정 2013.3.23., 2013.7.30., 2015.2.3.〉

③ 제1항에 따라 등록을 한 자는 등록사항이 변경된 경우 변경사유가 발생한 날부터 1개월 이내에 식품의약품안전처장에게 신고하여야 한다. 〈개정 2013.3.23.〉

④ 제1항에 따라 등록한 식품에는 식품의약품안전처장이 정하여 고시하는 바에 따라 식품이력추적관리의 표시를 할 수 있다. 〈개정 2013.3.23.〉

⑤ 식품의약품안전처장은 제1항에 따라 등록한 식품을 제조·가공 또는 판매하는 자에 대하여 식품이력추적관리기준의 준수 여부 등을 3년마다 조사·평가하여야 한다. 다만, 제1항 단서에 따라 등록한 식품을 제조·가공 또는 판매하는 자에 대하여는 2년마다 조사·평가하여야 한다. 〈개정 2010.1.18., 2013.3.23., 2013.5.22., 2013.7.30., 2015.2.3.〉

⑥ 식품의약품안전처장은 제1항에 따라 등록을 한 자에게 예산의 범위에서 식품이력추적관리에 필요한 자금을 지원할 수 있다. 〈개정 2010.1.18., 2013.3.23.〉

⑦ 식품의약품안전처장은 제1항에 따라 등록을 한 자가 식품이력추적관리기준을 지키지 아니하면 그 등록을 취소하거나 시정을 명할 수 있다. 〈개정 2013.3.23.〉

⑧ 식품이력추적관리의 등록절차, 등록사항, 등록취소 등의 기준 및 조사·평가, 그 밖에 등록에 필요한 사항은 총리령으로 정한다. 〈개정 2010.1.18., 2013.3.23., 2013.5.22., 2013.7.30.〉

제49조의2(식품이력추적관리정보의 기록·보관 등) ① 제49조제1항에 따라 등록한 자(이하 이 조에서 "등록자"라 한다)는 식품이력추적관리기준에 따른 식품이력추적관리정보를 총리령으로 정하는 바에 따라 전산기록장치에 기록·보관하여야 한다.

② 등록자는 제1항에 따른 식품이력추적관리정보의 기록을 해당 제품의 유통기한 등이 경과한 날부터 2년 이상 보관하여야 한다.

③ 등록자는 제1항에 따라 기록·보관된 정보가 제49조의3제1항에 따른 식품이력추적관리시스템에 연계되도록 협조하여야 한다.

[본조신설 2014.5.28.]

제49조의3(식품이력추적관리시스템의 구축 등) ① 식품의약품안전처장은 식품이력추적관리시스템을 구축·운영하고, 식품이력추적관리시스템과 제49조의2제1항에 따른 식품이력추적관리정보가 연계되도록 하여야 한다.

② 식품의약품안전처장은 제1항에 따라 식품이력추적관리시스템에 연계된 정보 중 총리령으로 정하는 정보는 소비자 등이 인터넷 홈페이지를 통하여 쉽게 확인할 수 있도록 하여야 한다.

③ 제2항에 따른 정보는 해당 제품의 유통기한 또는 품질유지기한이 경과한 날부터 1년 이상 확인할 수 있도록 하여야 한다.

④ 누구든지 제1항에 따라 연계된 정보를 식품이력추적관리 목적 외에 사용하여서는 아니 된다.

[본조신설 2014.5.28.]

제50조 삭제 〈2015.3.27.〉

제8장 조리사 등 〈개정 2010.3.26.〉

제51조(조리사) ①집단급식소 운영자와 대통령령으로 정하는 식품접객업자는 조리사(調理士)를 두어야 한다. 다만, 다음 각 호의 어느 하나에 해당하는 경우에는 조리사를 두지 아니하여도 된다. 〈개정 2011.6.7., 2013.5.22.〉

1. 집단급식소 운영자 또는 식품접객영업자 자신이 조리사로서 직접 음식물을 조리하는 경우
2. 1회 급식인원 100명 미만의 산업체인 경우
3. 제52조제1항에 따른 영양사가 조리사의 면허를 받은 경우

② 집단급식소에 근무하는 조리사는 다음 각 호의 직무를 수행한다. 〈신설 2011.6.7.〉

1. 집단급식소에서의 식단에 따른 조리업무[식재료의 전(前)처리에서부터 조리, 배식 등의 전 과정을 말한다]

2. 구매식품의 검수 지원

3. 급식설비 및 기구의 위생·안전 실무

4. 그 밖에 조리실무에 관한 사항

제52조(영양사) ①집단급식소 운영자는 영양사(營養士)를 두어야 한다. 다만, 다음 각 호의 어느 하나에 해당하는 경우에는 영양사를 두지 아니하여도 된다. 〈개정 2011.6.7., 2013.5.22.〉

1. 집단급식소 운영자 자신이 영양사로서 직접 영양 지도를 하는 경우
2. 1회 급식인원 100명 미만의 산업체인 경우
3. 제51조제1항에 따른 조리사가 영양사의 면허를 받은 경우

② 집단급식소에 근무하는 영양사는 다음 각 호의 직무를 수행한다. 〈신설 2011.6.7.〉

1. 집단급식소에서의 식단 작성, 검식(檢食) 및 배식관리
2. 구매식품의 검수(檢受) 및 관리
3. 급식시설의 위생적 관리
4. 집단급식소의 운영일지 작성
5. 종업원에 대한 영양 지도 및 식품위생교육

제53조(조리사의 면허) ① 조리사가 되려는 자는「국가기술자격법」에 따라 해당 기능분야의 자격을 얻은 후 특별자치시장·특별자치도지사·시장·군수·구청장의 면허를 받아야 한다. 〈개정 2016.2.3.〉

② 제1항에 따른 조리사의 면허 등에 관하여 필요한 사항은 총리령으로 정한다. 〈개정 2010.3.26., 2013.3.23.〉

③ 삭제 〈2010.3.26.〉

④ 삭제 〈2010.3.26.〉

[제목개정 2010.3.26.]

제54조(결격사유) 다음 각 호의 어느 하나에 해당하는 자는 조리사 면허를 받을 수 없다. 〈개정 2009.12.29., 2010.3.26.〉

1. 「정신보건법」 제3조제1호에 따른 정신질환자. 다만, 전문의가 조리사로서 적합하다고 인정하는 자는 그러하지 아니하다.
2. 「감염병의 예방 및 관리에 관한 법률」 제2조제13호에 따른 감염병환자. 다만, 같은 조 제3호아목에 따른 B형간염환자는 제외한다.
3. 「마약류관리에 관한 법률」 제2조제2호에 따른 마약이나 그 밖의 약물 중독자
4. 조리사 면허의 취소처분을 받고 그 취소된 날부터 1년이 지나지 아니한 자

제55조(명칭 사용 금지) 조리사가 아니면 조리사라는 명칭을 사용하지 못한다. 〈개정 2010.3.26.〉

제56조(교육) ① 식품의약품안전처장은 식품위생 수준 및 자질의 향상을 위하여 필요한 경우 조

리사와 영양사에게 교육(조리사의 경우 보수교육을 포함한다. 이하 이 조에서 같다)을 받을 것을 명할 수 있다. 다만, 집단급식소에 종사하는 조리사와 영양사는 2년마다 교육을 받아야 한다. 〈개정 2010.1.18., 2011.6.7., 2013.3.23.〉

② 제1항에 따른 교육의 대상자·실시기관·내용 및 방법 등에 관하여 필요한 사항은 총리령으로 정한다. 〈개정 2010.1.18., 2013.3.23.〉

③ 식품의약품안전처장은 제1항에 따른 교육 등 업무의 일부를 대통령령으로 정하는 바에 따라 관계 전문기관이나 단체에 위탁할 수 있다. 〈개정 2010.1.18., 2013.3.23.〉

제9장 식품위생심의위원회

제57조(식품위생심의위원회의 설치 등) 식품의약품안전처장의 자문에 응하여 다음 각 호의 사항을 조사·심의하기 위하여 식품의약품안전처에 식품위생심의위원회를 둔다. 〈개정 2010.1.18., 2013.3.23.〉

1. 식중독 방지에 관한 사항
2. 농약·중금속 등 유독·유해물질 잔류 허용 기준에 관한 사항
3. 식품등의 기준과 규격에 관한 사항
4. 그 밖에 식품위생에 관한 중요 사항

제58조(심의위원회의 조직과 운영) ① 심의위원회는 위원장 1명과 부위원장 2명을 포함한 100명 이내의 위원으로 구성한다. 〈신설 2011.8.4.〉

② 심의위원회의 위원은 다음 각 호의 어느 하나에 해당하는 사람 중에서 식품의약품안전처장이 임명하거나 위촉한다. 다만, 제3호의 사람을 전체 위원의 3분의 1 이상 위촉하고, 제2호와 제4호의 사람을 합하여 전체 위원의 3분의 1 이상 위촉하여야 한다. 〈신설 2011.8.4., 2013.3.23.〉

1. 식품위생 관계 공무원
2. 식품등에 관한 영업에 종사하는 사람
3. 시민단체의 추천을 받은 사람
4. 제59조에 따른 동업자조합 또는 제64조에 따른 한국식품산업협회(이하 "식품위생단체"라 한다)의 추천을 받은 사람
5. 식품위생에 관한 학식과 경험이 풍부한 사람

③ 심의위원회 위원의 임기는 2년으로 하되, 공무원인 위원은 그 직위에 재직하는 기간 동안 재임한다. 다만, 위원이 궐위된 경우 그 보궐위원의 임기는 전임위원 임기의 남은 기간으로 한다. 〈신설 2011.8.4.〉

④ 심의위원회에 식품등의 국제 기준 및 규격을 조사·연구할 연구위원을 둘 수 있다. 〈개정 2011.8.4.〉

⑤ 제4항에 따른 연구위원의 업무는 다음 각 호와 같다. 다만, 다른 법령에 따라 수행하는 관련 업

무는 제외한다. 〈신설 2011.6.7., 2011.8.4.〉

1. 국제식품규격위원회에서 제시한 기준·규격 조사·연구

2. 국제식품규격의 조사·연구에 필요한 외국정부, 관련 소비자단체 및 국제기구와 상호협력

3. 외국의 식품의 기준·규격에 관한 정보 및 자료 등의 조사·연구

4. 그 밖에 제1호부터 제3호까지에 준하는 사항으로서 대통령령으로 정하는 사항

⑥ 이 법에서 정한 것 외에 심의위원회의 조직 및 운영에 필요한 사항은 대통령령으로 정한다. 〈개정 2011.6.7., 2011.8.4.〉

제10장 식품위생단체 등

제1절 동업자조합

제59조(설립) ① 영업자는 영업의 발전과 국민보건 향상을 위하여 대통령령으로 정하는 영업 또는 식품의 종류별로 동업자조합(이하 "조합"이라 한다)을 설립할 수 있다.

② 조합은 법인으로 한다.

③ 조합을 설립하려는 경우에는 대통령령으로 정하는 바에 따라 조합원 자격이 있는 자 10분의 1(20명을 초과하면 20명으로 한다) 이상의 발기인이 정관을 작성하여 식품의약품안전처장의 설립인가를 받아야 한다. 〈개정 2010.1.18., 2013.3.23.〉

④ 조합은 제3항에 따른 설립인가를 받는 날에 성립된다.

⑤ 조합은 정관으로 정하는 바에 따라 하부조직을 둘 수 있다.

제60조(조합의 사업) 조합은 다음 각 호의 사업을 한다. 〈개정 2010.1.18., 2011.8.4., 2013.3.23.〉

1. 영업의 건전한 발전과 조합원 공동의 이익을 위한 사업
2. 조합원의 영업시설 개선에 관한 지도
3. 조합원을 위한 경영지도
4. 조합원과 그 종업원을 위한 교육훈련
5. 조합원과 그 종업원의 복지증진을 위한 사업
6. 식품의약품안전처장이 위탁하는 조사·연구 사업
7. 조합원의 생활안정과 복지증진을 위한 공제사업
8. 제1호부터 제5호까지에 규정된 사업의 부대사업

제60조의2(조합의 공제회 설립·운영) ① 조합은 조합원의 생활안정과 복지증진을 도모하기 위하여 식품의약품안전처장의 인가를 받아 공제회를 설립하여 공제사업을 영위할 수 있다. 〈개정 2013.3.23., 2017.12.19.〉

② 공제회의 구성원(이하 "공제회원"이라 한다)은 공제사업에 필요한 출자금을 납부하여야 한다.

③ 공제회의 설립인가 절차, 운영 등에 관하여 필요한 사항은 대통령령으로 정한다. 〈개정 2017.12.19.〉

④ 조합이 제1항에 따라 공제사업을 하기 위하여 공제회를 설립하고자 하는 때에는 공제회원의 자격에 관한 사항, 출자금의 부담기준, 공제방법, 공제사업에 충당하기 위한 책임준비금 및 비상위험준비금 등 공제회의 운영에 관하여 필요한 사항을 포함하는 공제정관을 작성하여 식품의약품안전처장의 인가를 받아야 한다. 공제정관을 변경하고자 하는 때에도 또한 같다. 〈개정 2013.3.23., 2017.12.19.〉

⑤ 공제회는 법인으로 하며, 주된 사무소의 소재지에서 설립등기를 함으로써 성립한다. 〈신설 2017.12.19.〉

[본조신설 2011.8.4.]

[제목개정 2017.12.19.]

제60조의3(공제사업의 내용) 공제회는 다음 각 호의 사업을 한다.

1. 공제회원에 대한 공제급여 지급
2. 공제회원의 복리·후생 향상을 위한 사업
3. 기금 조성을 위한 사업
4. 식품위생 영업자의 경영개선을 위한 조사·연구 및 교육 사업
5. 식품위생단체 등의 법인에의 출연
6. 공제회의 목적달성에 필요한 대통령령으로 정하는 수익사업

[본조신설 2011.8.4.]

제60조의4(공제회에 대한 감독) ① 식품의약품안전처장은 공제회에 대하여 감독상 필요한 경우에는 그 업무에 관한 사항을 보고하게 하거나 자료의 제출을 명할 수 있으며, 소속 공무원으로 하여금 장부·서류, 그 밖의 물건을 검사하게 할 수 있다. 〈개정 2013.3.23., 2017.12.19.〉

② 제1항에 따라 조사 또는 검사를 하는 공무원 등은 그 권한을 표시하는 증표 및 조사기간, 조사범위, 조사담당자, 관계 법령 등 대통령령으로 정하는 사항이 기재된 서류를 가지고 이를 관계인에게 보여주어야 한다. 〈개정 2016.2.3.〉

③ 식품의약품안전처장은 공제회의 운영이 적정하지 아니하거나 자산상황이 불량하여 공제회원 등의 권익을 해칠 우려가 있다고 인정하면 업무집행방법 및 자산예탁기관의 변경, 가치가 없다고 인정되는 자산의 손실처리 등 필요한 조치를 명할 수 있다. 〈개정 2013.3.23., 2017.12.19.〉

④ 공제회가 제3항의 개선명령을 이행하지 아니한 경우 식품의약품안전처장은 공제회의 임직원의 징계·해임을 요구할 수 있다. 〈개정 2013.3.23., 2017.12.19.〉

[본조신설 2011.8.4.]

제61조(대의원회) ① 조합원이 500명을 초과하는 조합은 정관으로 정하는 바에 따라 총회를 갈음할 수 있는 대의원회를 둘 수 있다.

② 대의원은 조합원이어야 한다.

제62조(「민법」의 준용) 조합 및 공제회에 관하여 이 법에서 규정하지 아니한 것에 대하여는 「민법」 중 사단법인에 관한 규정을 준용한다. 〈개정 2017.12.19.〉

제63조(자율지도원 등) ① 조합은 조합원의 영업시설 개선과 경영에 관한 지도 사업 등을 효율적으로 수행하기 위하여 자율지도원을 둘 수 있다.

② 조합의 관리 및 운영 등에 필요한 기준은 대통령령으로 정한다.

제2절 식품산업협회 〈개정 2011.8.4.〉

제64조(설립) ① 식품산업의 발전과 식품위생의 향상을 위하여 한국식품산업협회(이하 "협회"라 한다)를 설립한다. 〈개정 2011.8.4.〉

② 제1항에 따라 설립되는 협회는 법인으로 한다.

③ 협회의 회원이 될 수 있는 자는 영업자 중 식품 또는 식품첨가물을 제조·가공·운반·판매·보존하는 자 및 그 밖에 식품 관련 산업을 운영하는 자로 한다. 〈개정 2011.8.4.〉

④ 협회에 관하여 이 법에서 규정하지 아니한 것에 대하여는 「민법」 중 사단법인에 관한 규정을 준용한다.

제65조(협회의 사업) 협회는 다음 각 호의 사업을 한다. 〈개정 2011.8.4.〉

1. 식품산업에 관한 조사·연구
2. 식품 및 식품첨가물과 그 원재료(原材料)에 대한 시험·검사 업무
3. 식품위생과 관련한 교육
4. 영업자 중 식품이나 식품첨가물을 제조·가공·운반·판매 및 보존하는 자의 영업시설 개선에 관한 지도
5. 회원을 위한 경영지도
6. 식품안전과 식품산업 진흥 및 지원·육성에 관한 사업
7. 제1호부터 제5호까지에 규정된 사업의 부대사업

제66조(준용) 협회에 관하여는 제63조제1항을 준용한다. 이 경우 "조합"은 "협회"로, "조합원"은 "협회의 회원"으로 본다.

제3절 식품안전정보원 〈개정 2011.8.4.〉

제67조(식품안전정보원의 설립) ① 식품의약품안전처장의 위탁을 받아 제49조에 따른 식품이력추적관리업무와 식품안전에 관한 업무 중 제68조제1항 각 호에 관한 업무를 효율적으로 수행하기 위하여 식품안전정보원(이하 "정보원"이라 한다)를 둔다. 〈개정 2011.8.4., 2013.3.23.〉

② 정보원은 법인으로 한다. 〈개정 2011.8.4.〉

③ 정보원에 관하여 이 법에서 규정된 것 외에는 「민법」 중 재단법인에 관한 규정을 준용한다. 〈개정 2011.8.4.〉

[제목개정 2011.8.4.]

제68조(정보원의 사업) ① 정보원은 다음 각 호의 사업을 한다. 〈개정 2011.8.4., 2013.3.23., 2016.2.3.〉

1. 국내외 식품안전정보의 수집·분석·정보제공 등

1의2. 식품안전정책 수립을 지원하기 위한 조사·연구 등

2. 식품안전정보의 수집·분석 및 식품이력추적관리 등을 위한 정보시스템의 구축·운영 등

3. 식품이력추적관리의 등록·관리 등

4. 식품이력추적관리에 관한 교육 및 홍보

5. 식품사고가 발생한 때 사고의 신속한 원인규명과 해당 식품의 회수·폐기 등을 위한 정보제공

6. 식품위해정보의 공동활용 및 대응을 위한 기관·단체·소비자단체 등과의 협력 네트워크 구축·운영

7. 소비자 식품안전 관련 신고의 안내·접수·상담 등을 위한 지원

8. 그 밖에 식품안전정보 및 식품이력추적관리에 관한 사항으로서 식품의약품안전처장이 정하는 사업

② 식품의약품안전처장은 정보원의 설립·운영 등에 필요한 비용을 지원할 수 있다. 〈개정 2011.8.4., 2013.3.23.〉

[제목개정 2011.8.4.]

제69조(사업계획서 등의 제출) ① 정보원은 총리령으로 정하는 바에 따라 매 사업연도 개시 전에 사업계획서와 예산서를 식품의약품안전처장에게 제출하여 승인을 받아야 한다. 〈개정 2010.1.18., 2011.8.4., 2013.3.23.〉

② 정보원은 식품의약품안전처장이 지정하는 공인회계사의 검사를 받은 매 사업연도의 세입·세출 결산서를 식품의약품안전처장에게 제출하여 승인을 받아 결산을 확정한 후 그 결과를 다음 사업연도 5월 말까지 국회에 보고하여야 한다. 〈개정 2011.8.4., 2013.3.23.〉

제70조(지도·감독 등) ① 식품의약품안전처장은 정보원에 대하여 감독상 필요한 때에는 그 업무에 관한 사항을 보고하게 하거나 자료의 제출, 그 밖에 필요한 명령을 할 수 있고, 소속 공무원으로 하여금 그 사무소에 출입하여 장부·서류 등을 검사하게 할 수 있다. 〈개정 2011.8.4., 2013.3.23.〉

② 제1항에 따라 출입·검사를 하는 공무원은 그 권한을 표시하는 증표 및 조사기간, 조사범위, 조사담당자, 관계 법령 등 대통령령으로 정하는 사항이 기재된 서류를 지니고 이를 관계인에게 내보여야 한다. 〈개정 2016.2.3.〉

③ 정보원에 대한 지도·감독에 관하여 그 밖에 필요한 사항은 총리령으로 정한다. 〈개정 2010.1.18., 2011.8.4., 2013.3.23.〉

제4절 삭제 〈2016.2.3.〉

제70조의2 삭제 〈2016.2.3.〉

제70조의3 삭제 〈2016.2.3.〉

제70조의4 삭제 〈2016.2.3.〉

제70조의5 삭제 〈2016.2.3.〉

제70조의6 삭제 〈2016.2.3.〉

제5절 건강 위해가능 영양성분 관리 〈신설 2016.5.29.〉

제70조의7(건강 위해가능 영양성분 관리) ① 국가 및 지방자치단체는 식품의 나트륨, 당류, 트랜스지방 등 영양성분(이하 "건강 위해가능 영양성분"이라 한다)의 과잉섭취로 인한 국민보건상 위해를 예방하기 위하여 노력하여야 한다.

② 식품의약품안전처장은 관계 중앙행정기관의 장과 협의하여 건강 위해가능 영양성분 관리 기술의 개발·보급, 적정섭취를 위한 실천방법의 교육·홍보 등을 실시하여야 한다.

③ 건강 위해가능 영양성분의 종류는 대통령령으로 정한다.

[본조신설 2016.5.29.]

제70조의8(건강 위해가능 영양성분 관리 주관기관 설립·지정) ① 식품의약품안전처장은 건강 위해가능 영양성분 관리를 위하여 다음 각 호의 사업을 주관하여 수행할 기관(이하 "주관기관"이라 한다)을 설립하거나 건강 위해가능 영양성분 관리와 관련된 사업을 하는 기관·단체 또는 법인을 주관기관으로 지정할 수 있다.

1. 건강 위해가능 영양성분 적정섭취 실천방법 교육·홍보 및 국민 참여 유도
2. 건강 위해가능 영양성분 함량 모니터링 및 정보제공
3. 건강 위해가능 영양성분을 줄인 급식과 외식, 가공식품 생산 및 구매 활성화
4. 건강 위해가능 영양성분 관리 실천사업장 운영 지원
5. 그 밖에 식품의약품안전처장이 필요하다고 인정하는 건강 위해가능 영양성분 관리사업

② 식품의약품안전처장은 주관기관에 대하여 예산의 범위에서 설립·운영 및 제1항 각 호의 사업을 수행하는 데 필요한 경비의 전부 또는 일부를 지원할 수 있다.

③ 제1항에 따라 설립되는 주관기관은 법인으로 한다.

④ 제1항에 따라 설립되는 주관기관에 관하여 이 법에서 규정된 것을 제외하고는 「민법」 중 재단법인에 관한 규정을 준용한다.

⑤ 식품의약품안전처장은 제1항에 따라 지정된 주관기관이 다음 각 호의 어느 하나에 해당하는 경우 지정을 취소할 수 있다. 다만, 제1호에 해당하는 경우에는 지정을 취소하여야 한다.

1. 거짓이나 그 밖의 부정한 방법으로 지정을 받은 경우
2. 제6항에 따른 지정기준에 적합하지 아니하게 된 경우

⑥ 주관기관의 설립, 지정 및 지정 취소의 기준·절차 등에 필요한 사항은 대통령령으로 정한다.

[본조신설 2016.5.29.]

제70조의9(사업계획서 등의 제출) 주관기관은 총리령으로 정하는 바에 따라 전년도의 사업 실적보고서

와 해당 연도의 사업계획서를 작성하여 식품의약품안전처장에게 제출하여야 한다. 다만, 제70조의8 제1항에 따라 지정된 주관기관의 경우 같은 항 각 호의 사업 수행과 관련된 사항으로 한정한다.
[본조신설 2016.5.29.]

제70조의10(지도·감독 등) ① 식품의약품안전처장은 주관기관에 대하여 감독상 필요한 때에는 그 업무에 관한 사항을 보고하게 하거나 자료의 제출, 그 밖에 필요한 명령을 할 수 있다. 다만, 제70조의8제1항에 따라 지정된 주관기관에 대한 지도·감독은 같은 항 각 호의 사업 수행과 관련된 사항으로 한정한다.
② 주관기관에 대한 지도·감독에 관하여 그 밖에 필요한 사항은 총리령으로 정한다.
[본조신설 2016.5.29.]

제11장 시정명령과 허가취소 등 행정 제재

제71조(시정명령) ① 식품의약품안전처장, 시·도지사 또는 시장·군수·구청장은 제3조에 따른 식품등의 위생적 취급에 관한 기준에 맞지 아니하게 영업하는 자와 이 법을 지키지 아니하는 자에게는 필요한 시정을 명하여야 한다. 〈개정 2013.3.23.〉
② 식품의약품안전처장, 시·도지사 또는 시장·군수·구청장은 제1항의 시정명령을 한 경우에는 그 영업을 관할하는 관서의 장에게 그 내용을 통보하여 시정명령이 이행되도록 협조를 요청할 수 있다. 〈개정 2013.3.23.〉
③ 제2항에 따라 요청을 받은 관계 기관의 장은 정당한 사유가 없으면 이에 응하여야 하며, 그 조치결과를 지체 없이 요청한 기관의 장에게 통보하여야 한다. 〈신설 2011.6.7.〉

제72조(폐기처분 등) ① 식품의약품안전처장, 시·도지사 또는 시장·군수·구청장은 영업자(「수입식품안전관리 특별법」 제15조에 따라 등록한 수입식품등 수입·판매업자를 포함한다. 이하 이 조에서 같다)가 제4조부터 제6조까지, 제7조제4항, 제8조, 제9조제4항, 제10조제2항, 제12조의2제2항 또는 제13조를 위반한 경우에는 관계 공무원에게 그 식품등을 압류 또는 폐기하게 하거나 용도·처리방법 등을 정하여 영업자에게 위해를 없애는 조치를 하도록 명하여야 한다. 〈개정 2011.6.7., 2013.3.23., 2015.2.3.〉
② 식품의약품안전처장, 시·도지사 또는 시장·군수·구청장은 제37조제1항, 제4항 또는 제5항을 위반하여 허가받지 아니하거나 신고 또는 등록하지 아니하고 제조·가공·조리한 식품 또는 식품첨가물이나 여기에 사용한 기구 또는 용기·포장 등을 관계 공무원에게 압류하거나 폐기하게 할 수 있다. 〈개정 2011.6.7., 2013.3.23.〉
③ 식품의약품안전처장, 시·도지사 또는 시장·군수·구청장은 식품위생상의 위해가 발생하였거나 발생할 우려가 있는 경우에는 영업자에게 유통 중인 해당 식품등을 회수·폐기하게 하거나 해당 식품등의 원료, 제조 방법, 성분 또는 그 배합 비율을 변경할 것을 명할 수 있다. 〈개정 2013.3.23.〉

④ 제1항 및 제2항에 따른 압류나 폐기를 하는 공무원은 그 권한을 표시하는 증표 및 조사기간, 조사범위, 조사담당자, 관계 법령 등 대통령령으로 정하는 사항이 기재된 서류를 지니고 이를 관계인에게 내보여야 한다. 〈개정 2016.2.3.〉

⑤ 제1항 및 제2항에 따른 압류 또는 폐기에 필요한 사항과 제3항에 따른 회수·폐기 대상 식품등의 기준 등은 총리령으로 정한다. 〈개정 2010.1.18., 2013.3.23.〉

⑥ 식품의약품안전처장, 시·도지사 및 시장·군수·구청장은 제1항에 따라 폐기처분명령을 받은 자가 그 명령을 이행하지 아니하는 경우에는 「행정대집행법」에 따라 대집행을 하고 그 비용을 명령위반자로부터 징수할 수 있다. 〈개정 2013.3.23.〉

제73조(위해식품등의 공표) ① 식품의약품안전처장, 시·도지사 또는 시장·군수·구청장은 다음 각 호의 어느 하나에 해당되는 경우에는 해당 영업자에 대하여 그 사실의 공표를 명할 수 있다. 다만, 식품위생에 관한 위해가 발생한 경우에는 공표를 명하여야 한다. 〈개정 2013.3.23.〉

1. 제4조부터 제6조까지, 제7조제4항, 제8조 또는 제9조제4항 등을 위반하여 식품위생에 관한 위해가 발생하였다고 인정되는 때
2. 제45조제1항에 따른 회수계획을 보고받은 때

② 제1항에 따른 공표방법 등 공표에 관하여 필요한 사항은 대통령령으로 정한다.

제74조(시설 개수명령 등) ① 식품의약품안전처장, 시·도지사 또는 시장·군수·구청장은 영업시설이 제36조에 따른 시설기준에 맞지 아니한 경우에는 기간을 정하여 그 영업자에게 시설을 개수(改修)할 것을 명할 수 있다. 〈개정 2013.3.23.〉

② 건축물의 소유자와 영업자 등이 다른 경우 건축물의 소유자는 제1항에 따른 시설 개수명령을 받은 영업자 등이 시설을 개수하는 데에 최대한 협조하여야 한다.

제75조(허가취소 등) ① 식품의약품안전처장 또는 특별자치시장·특별자치도지사·시장·군수·구청장은 영업자가 다음 각 호의 어느 하나에 해당하는 경우에는 대통령령으로 정하는 바에 따라 영업허가 또는 등록을 취소하거나 6개월 이내의 기간을 정하여 그 영업의 전부 또는 일부를 정지하거나 영업소 폐쇄(제37조제4항에 따라 신고한 영업만 해당한다. 이하 이 조에서 같다)를 명할 수 있다. 〈개정 2010.2.4., 2011.6.7., 2013.3.23., 2013.7.30., 2014.5.28., 2015.5.18., 2016.2.3.〉

1. 제4조부터 제6조까지, 제7조제4항, 제8조, 제9조제4항, 제10조제2항, 제11조제2항, 제11조의2 또는 제12조의2제2항을 위반한 경우
2. 제13조제1항을 위반한 경우
3. 제17조제4항을 위반한 경우
4. 삭제 〈2015.2.3.〉

4의2. 삭제 〈2015.2.3.〉

5. 제31조제1항 및 제3항을 위반한 경우

6. 제36조를 위반한 경우
7. 제37조제1항 후단, 제3항, 제4항 후단 및 제6항을 위반하거나 같은 조 제2항에 따른 조건을 위반한 경우
7의2. 제37조제5항에 따른 변경 등록을 하지 아니하거나 같은 항 단서를 위반한 경우
8. 제38조제1항제8호에 해당하는 경우
9. 제40조제3항을 위반한 경우
10. 제41조제5항을 위반한 경우
11. 삭제 〈2016.2.3.〉
12. 제43조에 따른 영업 제한을 위반한 경우
13. 제44조제1항·제2항 및 제4항을 위반한 경우
14. 제45조제1항 전단에 따른 회수 조치를 하지 아니한 경우
14의2. 제45조제1항 후단에 따른 회수계획을 보고하지 아니하거나 거짓으로 보고한 경우
15. 제48조제2항에 따른 식품안전관리인증기준을 지키지 아니한 경우
15의2. 제49조제1항 단서에 따른 식품이력추적관리를 등록하지 아니 한 경우
16. 제51조제1항을 위반한 경우
17. 제71조제1항, 제72조제1항·제3항, 제73조제1항 또는 제74조제1항(제88조에 따라 준용되는 제71조제1항, 제72조제1항·제3항 또는 제74조제1항을 포함한다)에 따른 명령을 위반한 경우
18. 「성매매알선 등 행위의 처벌에 관한 법률」 제4조에 따른 금지행위를 한 경우

② 식품의약품안전처장 또는 특별자치시장·특별자치도지사·시장·군수·구청장은 영업자가 제1항에 따른 영업정지 명령을 위반하여 영업을 계속하면 영업허가 또는 등록을 취소하거나 영업소 폐쇄를 명할 수 있다. 〈개정 2011.6.7., 2013.3.23., 2016.2.3.〉

③ 식품의약품안전처장 또는 특별자치시장·특별자치도지사·시장·군수·구청장은 다음 각 호의 어느 하나에 해당하는 경우에는 영업허가 또는 등록을 취소하거나 영업소 폐쇄를 명할 수 있다. 〈개정 2011.6.7., 2013.3.23., 2013.6.7., 2016.2.3.〉

1. 영업자가 정당한 사유 없이 6개월 이상 계속 휴업하는 경우
2. 영업자(제37조제1항에 따라 영업허가를 받은 자만 해당한다)가 사실상 폐업하여 「부가가치세법」 제8조에 따라 관할세무서장에게 폐업신고를 하거나 관할세무서장이 사업자등록을 말소한 경우

④ 식품의약품안전처장 또는 특별자치시장·특별자치도지사·시장·군수·구청장은 제3항제2호의 사유로 영업허가를 취소하기 위하여 필요한 경우 관할 세무서장에게 영업자의 폐업여부에 대한 정보 제공을 요청할 수 있다. 이 경우 요청을 받은 관할 세무서장은 「전자정부법」 제39조에 따라 영업자의 폐업여부에 대한 정보를 제공한다. 〈신설 2015.3.27., 2016.2.3.〉

⑤ 제1항 및 제2항에 따른 행정처분의 세부기준은 그 위반 행위의 유형과 위반 정도 등을 고려하

여 총리령으로 정한다. 〈개정 2010.1.18., 2013.3.23., 2015.3.27.〉

제76조(품목 제조정지 등) ① 식품의약품안전처장 또는 특별자치시장·특별자치도지사·시장·군수·구청장은 영업자가 다음 각 호의 어느 하나에 해당하면 대통령령으로 정하는 바에 따라 해당 품목 또는 품목류(제7조 또는 제9조에 따라 정하여진 식품등의 기준 및 규격 중 동일한 기준 및 규격을 적용받아 제조·가공되는 모든 품목을 말한다. 이하 같다)에 대하여 기간을 정하여 6개월 이내의 제조정지를 명할 수 있다. 〈개정 2011.6.7., 2013.3.23., 2016.2.3.〉

1. 제7조제4항을 위반한 경우
2. 제9조제4항을 위반한 경우
3. 제10조제2항을 위반한 경우

3의2. 제12조의2제2항을 위반한 경우

4. 제13조제1항을 위반한 경우
5. 제31조제1항을 위반한 경우

② 제1항에 따른 행정처분의 세부기준은 그 위반 행위의 유형과 위반 정도 등을 고려하여 총리령으로 정한다. 〈개정 2010.1.18., 2013.3.23.〉

제77조(영업허가 등의 취소 요청) ① 식품의약품안전처장은 「축산물위생관리법」, 「수산업법」 또는 「주세법」에 따라 허가 또는 면허를 받은 자가 제4조부터 제6조까지 또는 제7조제4항을 위반한 경우에는 해당 허가 또는 면허 업무를 관할하는 중앙행정기관의 장에게 다음 각 호의 조치를 하도록 요청할 수 있다. 다만, 주류(酒類)는 「보건범죄단속에 관한 특별조치법」 제8조에 따른 유해 등의 기준에 해당하는 경우로 한정한다. 〈개정 2010.1.18., 2010.5.25., 2013.3.23.〉

1. 허가 또는 면허의 전부 또는 일부 취소
2. 일정 기간의 영업정지
3. 그 밖에 위생상 필요한 조치

② 제1항에 따라 영업허가 등의 취소 요청을 받은 관계 중앙행정기관의 장은 정당한 사유가 없으면 이에 따라야 하며, 그 조치결과를 지체 없이 식품의약품안전처장에게 통보하여야 한다. 〈개정 2011.6.7., 2013.3.23.〉

제78조(행정 제재처분 효과의 승계) 영업자가 영업을 양도하거나 법인이 합병되는 경우에는 제75조제1항 각 호, 같은 조 제2항 또는 제76조제1항 각 호를 위반한 사유로 종전의 영업자에게 행한 행정 제재처분의 효과는 그 처분기간이 끝난 날부터 1년간 양수인이나 합병 후 존속하는 법인에 승계되며, 행정 제재처분 절차가 진행 중인 경우에는 양수인이나 합병 후 존속하는 법인에 대하여 행정 제재처분 절차를 계속할 수 있다. 다만, 양수인이나 합병 후 존속하는 법인이 양수하거나 합병할 때에 그 처분 또는 위반사실을 알지 못하였음을 증명하는 때에는 그러하지 아니하다.

제79조(폐쇄조치 등) ① 식품의약품안전처장, 시·도지사 또는 시장·군수·구청장은 제37조제1항, 제4

항 또는 제5항을 위반하여 허가받지 아니하거나 신고 또는 등록하지 아니하고 영업을 하는 경우 또는 제75조제1항 또는 제2항에 따라 허가 또는 등록이 취소되거나 영업소 폐쇄명령을 받은 후에도 계속하여 영업을 하는 경우에는 해당 영업소를 폐쇄하기 위하여 관계 공무원에게 다음 각 호의 조치를 하게 할 수 있다. 〈개정 2011.6.7., 2013.3.23.〉

1. 해당 영업소의 간판 등 영업 표지물의 제거나 삭제
2. 해당 영업소가 적법한 영업소가 아님을 알리는 게시문 등의 부착
3. 해당 영업소의 시설물과 영업에 사용하는 기구 등을 사용할 수 없게 하는 봉인(封印)

② 식품의약품안전처장, 시·도지사 또는 시장·군수·구청장은 제1항제3호에 따라 봉인한 후 봉인을 계속할 필요가 없거나 해당 영업을 하는 자 또는 그 대리인이 해당 영업소 폐쇄를 약속하거나 그 밖의 정당한 사유를 들어 봉인의 해제를 요청하는 경우에는 봉인을 해제할 수 있다. 제1항제2호에 따른 게시문 등의 경우에도 또한 같다. 〈개정 2013.3.23.〉

③ 식품의약품안전처장, 시·도지사 또는 시장·군수·구청장은 제1항에 따른 조치를 하려면 해당 영업을 하는 자 또는 그 대리인에게 문서로 미리 알려야 한다. 다만, 급박한 사유가 있으면 그러하지 아니하다. 〈개정 2013.3.23.〉

④ 제1항에 따른 조치는 그 영업을 할 수 없게 하는 데에 필요한 최소한의 범위에 그쳐야 한다.

⑤ 제1항의 경우에 관계 공무원은 그 권한을 표시하는 증표 및 조사기간, 조사범위, 조사담당자, 관계 법령 등 대통령령으로 정하는 사항이 기재된 서류를 지니고 이를 관계인에게 내보여야 한다. 〈개정 2016.2.3.〉

제80조(면허취소 등) ① 식품의약품안전처장 또는 특별자치시장·특별자치도지사·시장·군수·구청장은 조리사가 다음 각 호의 어느 하나에 해당하면 그 면허를 취소하거나 6개월 이내의 기간을 정하여 업무정지를 명할 수 있다. 다만, 조리사가 제1호 또는 제5호에 해당할 경우 면허를 취소하여야 한다. 〈개정 2010.1.18., 2010.3.26., 2013.3.23., 2016.2.3.〉

1. 제54조 각 호의 어느 하나에 해당하게 된 경우
2. 제56조에 따른 교육을 받지 아니한 경우
3. 식중독이나 그 밖에 위생과 관련한 중대한 사고 발생에 직무상의 책임이 있는 경우
4. 면허를 타인에게 대여하여 사용하게 한 경우
5. 업무정지기간 중에 조리사의 업무를 하는 경우

② 제1항에 따른 행정처분의 세부기준은 그 위반 행위의 유형과 위반 정도 등을 고려하여 총리령으로 정한다. 〈개정 2010.1.18., 2013.3.23.〉

제81조(청문) 식품의약품안전처장, 시·도지사 또는 시장·군수·구청장은 다음 각 호의 어느 하나에 해당하는 처분을 하려면 청문을 하여야 한다. 〈개정 2011.6.7., 2013.3.23., 2014.5.28.〉

1. 삭제 〈2015.2.3.〉

1의2. 삭제 〈2013.7.30.〉

2. 제48조제8항에 따른 식품안전관리인증기준적용업소의 인증취소

3. 제75조제1항부터 제3항까지의 규정에 따른 영업허가 또는 등록의 취소나 영업소의 폐쇄명령

4. 제80조제1항에 따른 면허의 취소

제82조(영업정지 등의 처분에 갈음하여 부과하는 과징금 처분) ① 식품의약품안전처장, 시·도지사 또는 시장·군수·구청장은 영업자가 제75조제1항 각 호 또는 제76조제1항 각 호의 어느 하나에 해당하는 경우에는 대통령령으로 정하는 바에 따라 영업정지, 품목 제조정지 또는 품목류 제조정지 처분을 갈음하여 10억원 이하의 과징금을 부과할 수 있다. 다만, 제6조를 위반하여 제75조제1항에 해당하는 경우와 제4조, 제5조, 제7조, 제10조, 제12조의2, 제13조, 제37조, 제43조 및 제44조를 위반하여 제75조제1항 또는 제76조제1항에 해당하는 중대한 사항으로서 총리령으로 정하는 경우는 제외한다. 〈개정 2010.1.18., 2011.6.7., 2013.3.23., 2016.2.3.〉

② 제1항에 따른 과징금을 부과하는 위반 행위의 종류·정도 등에 따른 과징금의 금액과 그 밖에 필요한 사항은 대통령령으로 정한다.

③ 식품의약품안전처장, 시·도지사 또는 시장·군수·구청장은 과징금을 징수하기 위하여 필요한 경우에는 다음 각 호의 사항을 적은 문서로 관할 세무관서의 장에게 과세 정보 제공을 요청할 수 있다. 〈개정 2013.3.23.〉

1. 납세자의 인적 사항
2. 사용 목적
3. 과징금 부과기준이 되는 매출금액

④ 식품의약품안전처장, 시·도지사 또는 시장·군수·구청장은 제1항에 따른 과징금을 기한 내에 납부하지 아니하는 때에는 대통령령으로 정하는 바에 따라 제1항에 따른 과징금 부과처분을 취소하고 제75조제1항 또는 제76조제1항에 따른 영업정지 또는 제조정지 처분을 하거나 국세 체납처분의 예 또는 「지방세외수입금의 징수 등에 관한 법률」에 따라 징수한다. 다만, 다음 각 호의 어느 하나에 해당하는 경우에는 국세 체납처분의 예 또는 「지방세외수입금의 징수 등에 관한 법률」에 따라 징수한다. 〈개정 2011.6.7., 2013.3.23., 2013.7.30., 2013.8.6.〉

1. 삭제 〈2013.7.30.〉
2. 제37조제3항, 제4항 및 제5항에 따른 폐업 등으로 제75조제1항 또는 제76조제1항에 따른 영업정지 또는 제조정지 처분을 할 수 없는 경우

⑤ 제1항 및 제4항 단서에 따라 징수한 과징금 중 식품의약품안전처장이 부과·징수한 과징금은 국가에 귀속되고, 시·도지사가 부과·징수한 과징금은 시·도의 식품진흥기금(제89조에 따른 식품진흥기금을 말한다. 이하 이 항에서 같다)에 귀속되며, 시장·군수·구청장이 부과·징수한 과징금은 시·도와 시·군·구의 식품진흥기금에 귀속된다. 이 경우 시·도 및 시·군·구에 귀속시키는 방법 등은

대통령령으로 정한다. 〈개정 2013.3.23.〉

⑥ 시·도지사는 제91조에 따라 제1항에 따른 과징금을 부과·징수할 권한을 시장·군수·구청장에게 위임한 경우에는 그에 필요한 경비를 대통령령으로 정하는 바에 따라 시장·군수·구청장에게 교부할 수 있다.

제83조(위해식품등의 판매 등에 따른 과징금 부과 등) ① 식품의약품안전처장, 시·도지사 또는 시장·군수·구청장은 위해식품등의 판매 등 금지에 관한 제4조부터 제6조까지의 규정, 제8조 또는 제13조를 위반한 경우 다음 각 호의 어느 하나에 해당하는 자에 대하여 그가 판매한 해당 식품등의 소매가격에 상당하는 금액을 과징금으로 부과한다. 〈개정 2011.6.7., 2013.3.23., 2013.7.30.〉

1. 제4조제2호·제3호 및 제5호부터 제7호까지의 규정을 위반하여 제75조에 따라 영업정지 2개월 이상의 처분, 영업허가 및 등록의 취소 또는 영업소의 폐쇄명령을 받은 자
2. 제5조, 제6조 또는 제8조를 위반하여 제75조에 따라 영업허가 및 등록의 취소 또는 영업소의 폐쇄명령을 받은 자
3. 제13조제1항제1호를 위반하여 제75조에 따라 영업정지 2개월 이상의 처분, 영업허가 및 등록의 취소 또는 영업소의 폐쇄명령을 받은 자

② 제1항에 따른 과징금의 산출금액은 대통령령으로 정하는 바에 따라 결정하여 부과한다.

③ 제2항에 따라 부과된 과징금을 기한 내에 납부하지 아니하는 경우 또는 제37조제3항, 제4항 및 제5항에 따라 폐업한 경우에는 국세 체납처분의 예 또는 「지방세외수입금의 징수 등에 관한 법률」에 따라 징수한다. 〈개정 2011.6.7., 2013.8.6.〉

④ 제2항에 따라 부과한 과징금의 귀속, 귀속 비율 및 징수 절차 등에 대하여는 제82조제3항·제5항 및 제6항을 준용한다.

제84조(위반사실 공표) 식품의약품안전처장, 시·도지사 또는 시장·군수·구청장은 제72조, 제75조, 제76조, 제79조, 제82조 또는 제83조에 따라 행정처분이 확정된 영업자에 대한 처분 내용, 해당 영업소와 식품등의 명칭 등 처분과 관련한 영업 정보를 대통령령으로 정하는 바에 따라 공표하여야 한다. 〈개정 2013.3.23.〉

제12장 보칙

제85조(국고 보조) 식품의약품안전처장은 예산의 범위에서 다음 경비의 전부 또는 일부를 보조할 수 있다. 〈개정 2010.1.18., 2011.8.4., 2013.3.23.〉

1. 제22조제1항(제88조에서 준용하는 경우를 포함한다)에 따른 수거에 드는 경비
2. 삭제 〈2013.7.30.〉
3. 조합에서 실시하는 교육훈련에 드는 경비
4. 제32조제1항에 따른 식품위생감시원과 제33조에 따른 소비자식품위생감시원 운영에 드는 경비
5. 정보원의 설립·운영에 드는 경비

6. 제60조제6호에 따른 조사·연구 사업에 드는 경비

7. 제63조제1항(제66조에서 준용하는 경우를 포함한다)에 따른 조합 또는 협회의 자율지도원 운영에 드는 경비

8. 제72조(제88조에서 준용하는 경우를 포함한다)에 따른 폐기에 드는 경비

제86조(식중독에 관한 조사 보고) ① 다음 각 호의 어느 하나에 해당하는 자는 지체 없이 관할 시장(「제주특별자치도 설치 및 국제자유도시 조성을 위한 특별법」에 따른 행정시장을 포함한다. 이하 이 조에서 같다)·군수·구청장에게 보고하여야 한다. 이 경우 의사나 한의사는 대통령령으로 정하는 바에 따라 식중독 환자나 식중독이 의심되는 자의 혈액 또는 배설물을 보관하는 데에 필요한 조치를 하여야 한다. 〈개정 2013.5.22.〉

1. 식중독 환자나 식중독이 의심되는 자를 진단하였거나 그 사체를 검안(檢案)한 의사 또는 한의사
2. 집단급식소에서 제공한 식품등으로 인하여 식중독 환자나 식중독으로 의심되는 증세를 보이는 자를 발견한 집단급식소의 설치·운영자

② 시장·군수·구청장은 제1항에 따른 보고를 받은 때에는 지체 없이 그 사실을 식품의약품안전처장 및 시·도지사에게 보고하고, 대통령령으로 정하는 바에 따라 원인을 조사하여 그 결과를 보고하여야 한다. 〈개정 2010.1.18., 2013.3.23., 2013.5.22.〉

③ 식품의약품안전처장은 제2항에 따른 보고의 내용이 국민보건상 중대하다고 인정하는 경우에는 해당 시·도지사 또는 시장·군수·구청장과 합동으로 원인을 조사할 수 있다. 〈신설 2013.5.22.〉

④ 식품의약품안전처장은 식중독 발생의 원인을 규명하기 위하여 식중독 의심환자가 발생한 원인시설 등에 대한 조사절차와 시험·검사 등에 필요한 사항을 정할 수 있다. 〈개정 2013.3.23., 2013.5.22.〉

제87조(식중독대책협의기구 설치) ① 식품의약품안전처장은 식중독 발생의 효율적인 예방 및 확산방지를 위하여 교육부, 농림축산식품부, 보건복지부, 환경부, 해양수산부, 식품의약품안전처, 시·도 등 유관기관으로 구성된 식중독대책협의기구를 설치·운영하여야 한다. 〈개정 2010.1.18., 2013.3.23.〉

② 제1항에 따른 식중독대책협의기구의 구성과 세부적인 운영사항 등은 대통령령으로 정한다.

제88조(집단급식소) ① 집단급식소를 설치·운영하려는 자는 총리령으로 정하는 바에 따라 특별자치시장·특별자치도지사·시장·군수·구청장에게 신고하여야 한다. 〈개정 2010.1.18., 2013.3.23., 2016.2.3.〉

② 집단급식소를 설치·운영하는 자는 집단급식소 시설의 유지·관리 등 급식을 위생적으로 관리하기 위하여 다음 각 호의 사항을 지켜야 한다. 〈개정 2010.1.18., 2013.3.23.〉

1. 식중독 환자가 발생하지 아니하도록 위생관리를 철저히 할 것
2. 조리·제공한 식품의 매회 1인분 분량을 총리령으로 정하는 바에 따라 144시간 이상 보관할 것
3. 영양사를 두고 있는 경우 그 업무를 방해하지 아니할 것

4. 영양사를 두고 있는 경우 영양사가 집단급식소의 위생관리를 위하여 요청하는 사항에 대하여는 정당한 사유가 없으면 따를 것

5. 그 밖에 식품등의 위생적 관리를 위하여 필요하다고 총리령으로 정하는 사항을 지킬 것

③ 집단급식소에 관하여는 제3조부터 제6조까지, 제7조제4항, 제8조, 제9조제4항, 제10조제2항, 제22조, 제40조, 제41조, 제48조, 제71조, 제72조 및 제74조를 준용한다.

④ 집단급식소의 시설기준과 그 밖의 운영에 관한 사항은 총리령으로 정한다. 〈개정 2010.1.18., 2013.3.23.〉

제89조(식품진흥기금) ① 식품위생과 국민의 영양수준 향상을 위한 사업을 하는 데에 필요한 재원에 충당하기 위하여 시·도 및 시·군·구에 식품진흥기금(이하 "기금"이라 한다)을 설치한다.

② 기금은 다음 각 호의 재원으로 조성한다.

1. 식품위생단체의 출연금
2. 제82조, 제83조 및 「건강기능식품에 관한 법률」 제37조에 따라 징수한 과징금
3. 기금 운용으로 생기는 수익금
4. 그 밖에 대통령령으로 정하는 수입금

③ 기금은 다음 각 호의 사업에 사용한다. 〈개정 2010.3.26., 2015.5.18., 2016.12.2.〉

1. 영업자(「건강기능식품에 관한 법률」에 따른 영업자를 포함한다)의 위생관리시설 및 위생설비시설 개선을 위한 융자 사업
2. 식품위생에 관한 교육·홍보 사업(소비자단체의 교육·홍보 지원을 포함한다)과 소비자식품위생감시원의 교육·활동 지원
3. 식품위생과 「국민영양관리법」에 따른 영양관리(이하 "영양관리"라 한다)에 관한 조사·연구 사업
4. 제90조에 따른 포상금 지급 지원

4의2. 「공익신고자 보호법」 제29조제2항에 따라 지방자치단체가 부담하는 보상금(이 법 및 「건강기능식품에 관한 법률」 위반행위에 관한 신고를 원인으로 한 보상금에 한정한다) 상환액의 지원

5. 식품위생에 관한 교육·연구 기관의 육성 및 지원
6. 음식문화의 개선과 좋은 식단 실천을 위한 사업 지원
7. 집단급식소(위탁에 의하여 운영되는 집단급식소만 해당한다)의 급식시설 개수·보수를 위한 융자 사업

7의2. 제47조의2에 따른 식품접객업소의 위생등급 지정 사업 지원

8. 그 밖에 대통령령으로 정하는 식품위생, 영양관리, 식품산업 진흥 및 건강기능식품에 관한 사업

④ 기금은 시·도지사 및 시장·군수·구청장이 관리·운용하되, 그에 필요한 사항은 대통령령으로 정한다.

제90조(포상금 지급) ① 식품의약품안전처장, 시·도지사 또는 시장·군수·구청장은 이 법에 위반되는 행위를 신고한 자에게 신고 내용별로 1천만원까지 포상금을 줄 수 있다. 〈개정 2013.3.23.〉

② 제1항에 따른 포상금 지급의 기준·방법 및 절차 등에 관하여 필요한 사항은 대통령령으로 정한다.

제90조의2(정보공개) ① 식품의약품안전처장은 보유·관리하고 있는 식품등의 안전에 관한 정보 중 국민이 알아야 할 필요가 있다고 인정하는 정보에 대하여는 「공공기관의 정보공개에 관한 법률」에서 허용하는 범위에서 이를 국민에게 제공하도록 노력하여야 한다. 〈개정 2013.3.23.〉

② 제1항에 따라 제공되는 정보의 범위, 제공 방법 및 절차 등에 필요한 사항은 대통령령으로 정한다.

[본조신설 2011.8.4.]

제90조의3(식품안전관리 업무 평가) ① 식품의약품안전처장은 식품안전관리 업무 수행 실적이 우수한 시·도 또는 시·군·구에 표창 수여, 포상금 지급 등의 조치를 하기 위하여 시·도 및 시·군·구에서 수행하는 식품안전관리업무를 평가할 수 있다.

② 제1항에 따른 평가 기준·방법 등에 관하여 필요한 사항은 총리령으로 정한다.

[본조신설 2016.2.3.]

제91조(권한의 위임) 이 법에 따른 식품의약품안전처장의 권한은 대통령령으로 정하는 바에 따라 그 일부를 시·도지사 또는 지방식품의약품안전청장에게, 시·도지사의 권한은 그 일부를 시장·군수·구청장 또는 보건소장에게 각각 위임할 수 있다. 〈개정 2010.1.18., 2013.3.23.〉

제92조(수수료) 다음 각 호의 어느 하나에 해당하는 자는 총리령으로 정하는 수수료를 내야 한다. 〈개정 2010.1.18., 2010.3.26., 2011.6.7., 2013.3.23., 2013.7.30., 2014.5.28., 2016.2.3., 2016.12.2.〉

1. 제7조제2항 또는 제9조제2항에 따른 기준과 규격의 인정을 신청하는 자

1의2. 제7조의3제2항에 따른 농약 및 동물용 의약품의 잔류허용기준 설정을 요청하는 자

1의3. 제12조의3에 따른 표시·광고 심의를 신청하는 자

2. 제18조에 따른 안전성 심사를 받는 자

3. 삭제 〈2015.2.3.〉

3의2. 삭제 〈2015.2.3.〉

3의3. 제23조제2항에 따른 재검사를 요청하는 자

4. 삭제 〈2013.7.30.〉

5. 제37조에 따른 허가를 받거나 신고 또는 등록을 하는 자

6. 제48조제3항(제88조에서 준용하는 경우를 포함한다)에 따른 식품안전관리인증기준적용업소 인증 또는 변경 인증을 신청하는 자

6의2. 제48조의2제2항에 따른 식품안전관리인증기준적용업소 인증 유효기간의 연장신청을 하는 자

7. 제49조제1항에 따른 식품이력추적관리를 위한 등록을 신청하는 자

8. 제53조에 따른 조리사 면허를 받는 자

9. 제88조에 따른 집단급식소의 설치·운영을 신고하는 자

제13장 벌칙

제93조(벌칙) ① 다음 각 호의 어느 하나에 해당하는 질병에 걸린 동물을 사용하여 판매할 목적으로 식품 또는 식품첨가물을 제조·가공·수입 또는 조리한 자는 3년 이상의 징역에 처한다. 〈개정 2011.6.7.〉

1. 소해면상뇌증(狂牛病)
2. 탄저병
3. 가금 인플루엔자

② 다음 각 호의 어느 하나에 해당하는 원료 또는 성분 등을 사용하여 판매할 목적으로 식품 또는 식품첨가물을 제조·가공·수입 또는 조리한 자는 1년 이상의 징역에 처한다. 〈개정 2011.6.7.〉

1. 마황(麻黃)
2. 부자(附子)
3. 천오(川烏)
4. 초오(草烏)
5. 백부자(白附子)
6. 섬수(蟾수)
7. 백선피(白鮮皮)
8. 사리풀

③ 제1항 및 제2항의 경우 제조·가공·수입·조리한 식품 또는 식품첨가물을 판매하였을 때에는 그 소매가격의 2배 이상 5배 이하에 해당하는 벌금을 병과(倂科)한다. 〈개정 2011.6.7.〉

④ 제1항 또는 제2항의 죄로 형을 선고받고 그 형이 확정된 후 5년 이내에 다시 제1항 또는 제2항의 죄를 범한 자가 제3항에 해당하는 경우 제3항에서 정한 형의 2배까지 가중한다. 〈신설 2013.7.30.〉

제94조(벌칙) ①다음 각 호의 어느 하나에 해당하는 자는 10년 이하의 징역 또는 1억원 이하의 벌금에 처하거나 이를 병과할 수 있다. 〈개정 2013.7.30., 2014.3.18.〉

1. 제4조부터 제6조까지(제88조에서 준용하는 경우를 포함하고, 제93조제1항 및 제3항에 해당하는 경우는 제외한다)를 위반한 자
2. 제8조(제88조에서 준용하는 경우를 포함한다)를 위반한 자

2의2. 제13조제1항제1호를 위반한 자

3. 제37조제1항을 위반한 자

② 제1항의 죄로 형을 선고받고 그 형이 확정된 후 5년 이내에 다시 제1항의 죄를 범한 자는 1년 이상 10년 이하의 징역에 처한다. 〈신설 2013.7.30., 2016.2.3.〉

③ 제2항의 경우 그 해당 식품 또는 식품첨가물을 판매한 때에는 그 소매가격의 4배 이상 10배 이

하에 해당하는 벌금을 병과한다. 〈신설 2013.7.30.〉

제95조(벌칙) 다음 각 호의 어느 하나에 해당하는 자는 5년 이하의 징역 또는 5천만원 이하의 벌금에 처하거나 이를 병과할 수 있다. 〈개정 2013.7.30., 2015.2.3., 2016.2.3.〉

1. 제7조제4항(제88조에서 준용하는 경우를 포함한다), 제9조제4항(제88조에서 준용하는 경우를 포함한다) 또는 제13조제1항제2호부터 제5호까지의 규정을 위반한 자
2. 삭제 〈2013.7.30.〉

2의2. 제37조제5항을 위반한 자

3. 제43조에 따른 영업 제한을 위반한 자

3의2. 제45조제1항 전단을 위반한 자

4. 제72조제1항·제3항(제88조에서 준용하는 경우를 포함한다) 또는 제73조제1항에 따른 명령을 위반한 자
5. 제75조제1항에 따른 영업정지 명령을 위반하여 영업을 계속한 자(제37조제1항에 따른 영업허가를 받은 자만 해당한다)

제96조(벌칙) 제51조 또는 제52조를 위반한 자는 3년 이하의 징역 또는 3천만원 이하의 벌금에 처하거나 이를 병과할 수 있다.

제97조(벌칙) 다음 각 호의 어느 하나에 해당하는 자는 3년 이하의 징역 또는 3천만원 이하의 벌금에 처한다. 〈개정 2010.1.18., 2011.6.7., 2013.3.23., 2013.7.30., 2015.2.3., 2015.3.27., 2016.2.3.〉

1. 제10조제2항(제88조에서 준용하는 경우를 포함한다), 제12조의2제2항, 제17조제4항, 제31조제1항·제3항, 제37조제3항·제4항, 제39조제3항, 제48조제2항·제10항, 제49조제1항 단서 또는 제55조를 위반한 자
2. 제22조제1항(제88조에서 준용하는 경우를 포함한다) 또는 제72조제1항·제2항(제88조에서 준용하는 경우를 포함한다)에 따른 검사·출입·수거·압류·폐기를 거부·방해 또는 기피한 자
3. 삭제 〈2015.2.3.〉
4. 제36조에 따른 시설기준을 갖추지 못한 영업자
5. 제37조제2항에 따른 조건을 갖추지 못한 영업자
6. 제44조제1항에 따라 영업자가 지켜야 할 사항을 지키지 아니한 자. 다만, 총리령으로 정하는 경미한 사항을 위반한 자는 제외한다.
7. 제75조제1항에 따른 영업정지 명령을 위반하여 계속 영업한 자(제37조제4항 또는 제5항에 따라 영업신고 또는 등록을 한 자만 해당한다) 또는 같은 조 제1항 및 제2항에 따른 영업소 폐쇄명령을 위반하여 영업을 계속한 자
8. 제76조제1항에 따른 제조정지 명령을 위반한 자
9. 제79조제1항에 따라 관계 공무원이 부착한 봉인 또는 게시문 등을 함부로 제거하거나 손상시킨 자

제98조(벌칙) 다음 각 호의 어느 하나에 해당하는 자는 1년 이하의 징역 또는 1천만원 이하의 벌금에 처한다. 〈개정 2011.6.7., 2014.3.18.〉

1. 제44조제3항을 위반하여 접객행위를 하거나 다른 사람에게 그 행위를 알선한 자
2. 제46조제1항을 위반하여 소비자로부터 이물 발견의 신고를 접수하고 이를 거짓으로 보고한 자
3. 이물의 발견을 거짓으로 신고한 자
4. 제45조제1항 후단을 위반하여 보고를 하지 아니하거나 거짓으로 보고한 자

제99조 삭제 〈2013.7.30.〉

제100조(양벌규정) 법인의 대표자나 법인 또는 개인의 대리인, 사용인, 그 밖의 종업원이 그 법인 또는 개인의 업무에 관하여 제93조제3항 또는 제94조부터 제97조까지의 어느 하나에 해당하는 위반행위를 하면 그 행위자를 벌하는 외에 그 법인 또는 개인에게도 해당 조문의 벌금형을 과(科)하고, 제93조제1항의 위반행위를 하면 그 법인 또는 개인에 대하여도 1억5천만원 이하의 벌금에 처하며, 제93조제2항의 위반행위를 하면 그 법인 또는 개인에 대하여도 5천만원 이하의 벌금에 처한다. 다만, 법인 또는 개인이 그 위반행위를 방지하기 위하여 해당 업무에 관하여 상당한 주의와 감독을 게을리하지 아니한 경우에는 그러하지 아니하다.

제101조(과태료) ① 다음 각 호의 어느 하나에 해당하는 자에게는 1천만원 이하의 과태료를 부과한다. 〈개정 2015.5.18.〉

1. 제11조제2항을 위반하여 영양표시 기준을 준수하지 아니한 자

1의2. 제11조의2를 위반하여 나트륨 함량 비교 표시를 하지 아니하거나 비교 표시 기준 및 방법을 지키지 아니한 자

2. 삭제 〈2010.2.4.〉

② 다음 각 호의 어느 하나에 해당하는 자에게는 500만원 이하의 과태료를 부과한다. 〈개정 2011.6.7.〉

1. 제3조·제40조제1항 및 제3항(제88조에서 준용하는 경우를 포함한다), 제41조제1항 및 제5항(제88조에서 준용하는 경우를 포함한다) 또는 제86조제1항을 위반한 자

1의2. 삭제 〈2015.2.3.〉

1의3. 제19조의4제2항을 위반하여 검사기한 내에 검사를 받지 아니하거나 자료 등을 제출하지 아니한 영업자

1의4. 삭제 〈2016.2.3.〉

2. 삭제 〈2015.3.27.〉
3. 제37조제6항을 위반하여 보고를 하지 아니하거나 허위의 보고를 한 자
4. 제42조제2항을 위반하여 보고를 하지 아니하거나 허위의 보고를 한 자
5. 삭제 〈2011.6.7.〉

6. 제48조제9항(제88조에서 준용하는 경우를 포함한다)을 위반한 자

7. 제56조제1항을 위반하여 교육을 받지 아니한 자

8. 제74조제1항(제88조에서 준용하는 경우를 포함한다)에 따른 명령에 위반한 자

9. 제88조제1항을 위반하여 신고를 하지 아니하거나 허위의 신고를 한 자

10. 제88조제2항을 위반한 자

③ 다음 각 호의 어느 하나에 해당하는 자에게는 300만원 이하의 과태료를 부과한다. 〈개정 2010.1.18., 2013.3.23., 2014.5.28., 2016.2.3.〉

1. 삭제 〈2013.7.30.〉

2. 제44조제1항에 따라 영업자가 지켜야 할 사항 중 총리령으로 정하는 경미한 사항을 지키지 아니한 자

3. 제46조제1항을 위반하여 소비자로부터 이물 발견신고를 받고 보고하지 아니한 자

4. 제49조제3항을 위반하여 식품이력추적관리 등록사항이 변경된 경우 변경사유가 발생한 날부터 1개월 이내에 신고하지 아니한 자

5. 제49조의3제4항을 위반하여 식품이력추적관리정보를 목적 외에 사용한 자

④ 제1항부터 제3항까지의 규정에 따른 과태료는 대통령령으로 정하는 바에 따라 식품의약품안전처장, 시·도지사 또는 시장·군수·구청장이 부과·징수한다. 〈개정 2013.3.23.〉

제102조(과태료에 관한 규정 적용의 특례) 제101조의 과태료에 관한 규정을 적용하는 경우 제82조에 따라 과징금을 부과한 행위에 대하여는 과태료를 부과할 수 없다. 다만, 제82조제4항 본문에 따라 과징금 부과처분을 취소하고 영업정지 또는 제조정지 처분을 한 경우에는 그러하지 아니하다.

부칙 〈제15277호, 2017.12.19.〉

제1조(시행일) 이 법은 공포 후 6개월이 경과한 날부터 시행한다. 다만, 제44조제1항의 개정규정은 공포한 날부터 시행한다.

제2조(조합이 수행하는 공제사업에 관한 경과조치) ① 이 법 시행 당시 종전의 제60조의2제1항에 따라 공제사업을 영위하는 조합은 같은 조 제5항의 개정규정에 따른 공제회가 설립되기 전까지는 같은 개정규정에 따른 공제회로 본다. 이 경우 이 법 시행 후 6개월 이내에 제60조의2제1항의 개정규정에 따라 식품의약품안전처장에게 공제회 설립인가를 받아야 한다.

② 이 법 시행 당시 종전의 제60조의2제1항에 따라 조합이 수행하는 공제사업과 관련된 모든 재산과 권리·의무는 제60조의2제5항의 개정규정에 따라 설립되는 공제회가 승계한다.

③ 조합의 공제사업과 관련하여 조합에 대하여 한 행위 및 조합이 한 행위는 각각 제60조의2제5항의 개정규정에 따라 설립되는 공제회에 대한 행위와 공제회의 행위로 본다.

④ 공제사업과 관련하여 조합에 출자한 조합원은 제60조의2제5항의 개정규정에 따라 설립되는 공제회에 출자한 공제회원으로 본다.

⑤ 공제사업과 관련하여 조합에 납부된 출자금은 제60조의2제5항의 개정규정에 따라 설립되는 공제회에 납부된 출자금으로 본다.

학교급식법

[시행 2013.11.23.] [법률 제11771호, 2013.5.22., 일부개정]

교육부(학생건강안전과) 044-203-6546

제1장 총칙

제1조(목적) 이 법은 학교급식 등에 관한 사항을 규정함으로써 학교급식의 질을 향상시키고 학생의 건전한 심신의 발달과 국민 식생활 개선에 기여함을 목적으로 한다.

제2조(정의) 이 법에서 사용하는 용어의 정의는 다음과 같다.

1. "학교급식"이라 함은 제1조의 목적을 달성하기 위하여 제4조의 규정에 따른 학교 또는 학급의 학생을 대상으로 학교의 장이 실시하는 급식을 말한다.
2. "학교급식공급업자"라 함은 제15조의 규정에 따라 학교의 장과 계약에 의하여 학교급식에 관한 업무를 위탁받아 행하는 자를 말한다.
3. "급식에 관한 경비"라 함은 학교급식을 위한 식품비, 급식운영비 및 급식시설·설비비를 말한다.

제3조(국가·지방자치단체의 임무) ① 국가와 지방자치단체는 양질의 학교급식이 안전하게 제공될 수 있도록 행정적·재정적으로 지원하여야 하며, 영양교육을 통한 학생의 올바른 식생활 관리능력 배양과 전통 식문화의 계승·발전을 위하여 필요한 시책을 강구하여야 한다.

② 특별시·광역시·도·특별자치도의 교육감(이하 "교육감"이라 한다)은 매년 학교급식에 관한 계획을 수립·시행하여야 한다.

제4조(학교급식 대상) 학교급식은 대통령령이 정하는 바에 따라 다음 각 호의 어느 하나에 해당하는 학교 또는 학급에 재학하는 학생을 대상으로 실시한다. 〈개정 2012.3.21.〉

1. 「초·중등교육법」 제2조제1호부터 제4호까지의 어느 하나에 해당하는 학교
2. 「초·중등교육법」 제52조의 규정에 따른 근로청소년을 위한 특별학급 및 산업체부설 중·고등학교
3. 그 밖에 교육감이 필요하다고 인정하는 학교

제5조(학교급식위원회 등) ① 교육감은 학교급식에 관한 다음 각 호의 사항을 심의하기 위하여 그 소속하에 학교급식위원회를 둔다.

1. 제3조제2항의 규정에 따른 학교급식에 관한 계획
2. 제9조의 규정에 따른 급식에 관한 경비의 지원
3. 그 밖에 학교급식의 운영 및 지원에 관한 사항으로서 교육감이 필요하다고 인정하는 사항

② 제1항의 규정에 따른 학교급식위원회의 구성·운영 등에 관하여 필요한 사항은 대통령령으로 정한다.

③ 특별시장·광역시장·도지사·특별자치도지사 및 시장·군수·자치구의 구청장은 제8조제4항의

규정에 따른 학교급식 지원에 관한 중요사항을 심의하기 위하여 그 소속하에 학교급식지원심의위원회를 둘 수 있다.

④ 특별자치도지사·시장·군수·자치구의 구청장은 우수한 식자재 공급 등 학교급식을 지원하기 위하여 그 소속하에 학교급식지원센터를 설치·운영할 수 있다.

⑤ 제3항의 규정에 따른 학교급식지원심의위원회의 구성·운영과 제4항의 규정에 따른 학교급식지원센터의 설치·운영에 관하여 필요한 사항은 해당지방자치단체의 조례로 정한다.

제2장 학교급식 시설·설비 기준 등

제6조(급식시설·설비) ① 학교급식을 실시할 학교는 학교급식을 위하여 필요한 시설과 설비를 갖추어야 한다. 다만, 2이상의 학교가 인접하여 있는 경우에는 학교급식을 위한 시설과 설비를 공동으로 할 수 있다.

② 제1항의 규정에 따른 시설·설비의 종류와 기준은 대통령령으로 정한다.

제7조(영양교사의 배치 등) ① 제6조의 규정에 따라 학교급식을 위한 시설과 설비를 갖춘 학교는 「초·중등교육법」 제21조제2항의 규정에 따른 영양교사와 「식품위생법」 제53조제1항에 따른 조리사를 둔다. 〈개정 2009.2.6.〉

② 교육감은 학교급식에 관한 업무를 전담하게 하기 위하여 그 소속하에 학교급식에 관한 전문지식이 있는 직원을 둘 수 있다.

제8조(경비부담 등) ① 학교급식의 실시에 필요한 급식시설·설비비는 당해 학교의 설립·경영자가 부담하되, 국가 또는 지방자치단체가 지원할 수 있다.

② 급식운영비는 당해 학교의 설립·경영자가 부담하는 것을 원칙으로 하되, 대통령령이 정하는 바에 따라 보호자(친권자, 후견인 그 밖에 법률에 따라 학생을 부양할 의무가 있는 자를 말한다. 이하 같다)가 그 경비의 일부를 부담할 수 있다.

③ 학교급식을 위한 식품비는 보호자가 부담하는 것을 원칙으로 한다.

④ 특별시장·광역시장·도지사·특별자치도지사 및 시장·군수·자치구의 구청장은 학교급식에 품질이 우수한 농산물 사용 등 급식의 질 향상과 급식시설·설비의 확충을 위하여 식품비 및 시설·설비비 등 급식에 관한 경비를 지원할 수 있다.

제9조(급식에 관한 경비의 지원) ① 국가 또는 지방자치단체는 제8조의 규정에 따라 보호자가 부담할 경비의 전부 또는 일부를 지원할 수 있다.

② 제1항의 규정에 따라 보호자가 부담할 경비를 지원하는 경우에는 다음 각 호의 어느 하나에 해당하는 학생을 우선적으로 지원한다. 〈개정 2007.10.17., 2010.7.23.〉

1. 학생 또는 그 보호자가 「국민기초생활 보장법」 제2조의 규정에 따른 수급권자, 차상위계층에 속하는 자, 「한부모가족지원법」 제5조의 규정에 따른 보호대상자인 학생
2. 「도서·벽지 교육진흥법」 제2조의 규정에 따른 도서벽지에 있는 학교와 그에 준하는 지역으로

서 대통령령이 정하는 지역의 학교에 재학하는 학생

3. 「농어업인 삶의 질 향상 및 농어촌지역 개발촉진에 관한 특별법」 제3조제4호에 따른 농어촌학교와 그에 준하는 지역으로서 대통령령이 정하는 지역의 학교에 재학하는 학생

4. 그 밖에 교육감이 필요하다고 인정하는 학생

제3장 학교급식 관리·운영

제10조(식재료) ① 학교급식에는 품질이 우수하고 안전한 식재료를 사용하여야 한다.

② 식재료의 품질관리기준 그 밖에 식재료에 관하여 필요한 사항은 교육부령으로 정한다. 〈개정 2008.2.29., 2013.3.23.〉

제11조(영양관리) ① 학교급식은 학생의 발육과 건강에 필요한 영양을 충족할 수 있으며, 올바른 식생활습관 형성에 도움을 줄 수 있는 식품으로 구성되어야 한다.

② 학교급식의 영양관리기준은 교육부령으로 정한다. 〈개정 2008.2.29., 2013.3.23.〉

제12조(위생·안전관리) ① 학교급식은 식단작성, 식재료 구매·검수·보관·세척·조리, 운반, 배식, 급식기구 세척 및 소독 등 모든 과정에서 위해한 물질이 식품에 혼입되거나 식품이 오염되지 아니하도록 위생과 안전관리에 철저를 기하여야 한다.

② 학교급식의 위생·안전관리기준은 교육부령으로 정한다. 〈개정 2008.2.29., 2013.3.23.〉

제13조(식생활 지도 등) 학교의 장은 올바른 식생활습관의 형성, 식량생산 및 소비에 관한 이해 증진 및 전통 식문화의 계승·발전을 위하여 학생에게 식생활 관련 지도를 하며, 보호자에게는 관련 정보를 제공한다.

제14조(영양상담) 학교의 장은 식생활에서 기인하는 영양불균형을 시정하고 질병을 사전에 예방하기 위하여 저체중 및 성장부진, 빈혈, 과체중 및 비만학생 등을 대상으로 영양상담과 필요한 지도를 실시한다.

제15조(학교급식의 운영방식) ① 학교의 장은 학교급식을 직접 관리·운영하되, 「초·중등교육법」 제31조의 규정에 따른 학교운영위원회의 심의를 거쳐 일정한 요건을 갖춘 자에게 학교급식에 관한 업무를 위탁하여 이를 행하게 할 수 있다. 다만, 식재료의 선정 및 구매·검수에 관한 업무는 학교급식 여건상 불가피한 경우를 제외하고는 위탁하지 아니한다.

② 제1항의 규정에 따라 의무교육기관에서 업무위탁을 하고자 하는 경우에는 미리 관할청의 승인을 얻어야 한다.

③ 제1항의 규정에 따른 학교급식에 관한 업무위탁의 범위, 학교급식공급업자가 갖추어야 할 요건 그 밖에 업무위탁에 관하여 필요한 사항은 대통령령으로 정한다.

제16조(품질 및 안전을 위한 준수사항) ① 학교의 장과 그 학교의 학교급식 관련 업무를 담당하는 관계 교직원(이하 "학교급식관계교직원"이라 한다) 및 학교급식공급업자는 학교급식의 품질 및 안전을 위하여 다음 각 호의 어느 하나에 해당하는 식재료를 사용하여서는 아니된다. 〈개정 2007.4.11.,

2009.6.9., 2011.7.21.〉

1. 「농수산물의 원산지 표시에 관한 법률」 제5조제1항에 따른 원산지 표시를 거짓으로 적은 식재료
2. 「농수산물 품질관리법」 제56조에 따른 유전자변형농수산물의 표시를 거짓으로 적은 식재료
3. 「축산법」 제40조의 규정에 따른 축산물의 등급을 거짓으로 기재한 식재료
4. 「농수산물 품질관리법」 제5조제2항에 따른 표준규격품의 표시, 같은 법 제14조제3항에 따른 품질인증의 표시 및 같은 법 제34조제3항에 따른 지리적표시를 거짓으로 적은 식재료

② 학교의 장과 그 소속 학교급식관계교직원 및 학교급식공급업자는 다음 사항을 지켜야 한다. 〈개정 2008.2.29., 2013.3.23.〉

1. 제10조제2항의 규정에 따른 식재료의 품질관리기준, 제11조제2항의 규정에 따른 영양관리기준 및 제12조제2항의 규정에 따른 위생·안전관리기준
2. 그 밖에 학교급식의 품질 및 안전을 위하여 필요한 사항으로서 교육부령이 정하는 사항

③ 학교의 장과 그 소속 학교급식관계교직원 및 학교급식공급업자는 학교급식에 알레르기를 유발할 수 있는 식재료가 사용되는 경우에는 이 사실을 급식 전에 급식 대상 학생에게 알리고, 급식 시에 표시하여야 한다. 〈신설 2013.5.22.〉

④ 알레르기를 유발할 수 있는 식재료의 종류 등 제3항에 따른 공지 및 표시와 관련하여 필요한 사항은 교육부령으로 정한다. 〈신설 2013.5.22.〉

제17조(생산품의 직접사용 등) 학교에서 작물재배·동물사육 그 밖에 각종 생산활동으로 얻은 생산품이나 그 생산품의 매각대금은 다른 법률의 규정에 불구하고 학교급식을 위하여 직접 사용할 수 있다.

제4장 보칙

제18조(학교급식 운영평가) ① 교육부장관 또는 교육감은 학교급식 운영의 내실화와 질적 향상을 위하여 학교급식의 운영에 관한 평가를 실시할 수 있다. 〈개정 2008.2.29., 2013.3.23.〉

② 제1항의 규정에 따른 평가의 방법·기준 그 밖에 학교급식 운영평가에 관하여 필요한 사항은 대통령령으로 정한다.

제19조(출입·검사·수거 등) ① 교육부장관 또는 교육감은 필요하다고 인정하는 때에는 식품위생 또는 학교급식 관계공무원으로 하여금 학교급식 관련 시설에 출입하여 식품·시설·서류 또는 작업상황 등을 검사 또는 열람을 하게 할 수 있으며, 검사에 필요한 최소량의 식품을 무상으로 수거하게 할 수 있다. 〈개정 2008.2.29., 2013.3.23.〉

② 제1항의 규정에 따라 출입·검사·열람 또는 수거를 하고자 하는 공무원은 그 권한을 표시하는 증표를 지니고, 이를 관계인에게 내보여야 한다.

③ 제1항의 규정에 따른 검사 등의 결과 제16조제2항제1호·제2호 또는 같은 조 제3항의 규정을 위반한 때에는 교육부장관 또는 교육감은 해당학교의 장 또는 학교급식공급업자에게 시정을 명할 수 있다. 〈개정 2008.2.29., 2013.3.23., 2013.5.22.〉

제20조(권한의 위임) 이 법에 의한 교육부장관 또는 교육감의 권한은 그 일부를 대통령령이 정하는 바에 따라 교육감 또는 교육장에게 위임할 수 있다. 〈개정 2008.2.29., 2013.3.23.〉

제21조(행정처분 등의 요청) ① 교육부장관 또는 교육감은 「식품위생법」·「농수산물 품질관리법」·「축산법」·「축산물위생관리법」의 규정에 따라 허가 및 신고·지정 또는 인증을 받은 자가 제19조의 규정에 따른 검사 등의 결과 각 해당법령을 위반한 경우에는 관계행정기관의 장에게 행정처분 등의 필요한 조치를 할 것을 요청할 수 있다. 〈개정 2008.2.29., 2010.5.25., 2011.7.21., 2013.3.23.〉

② 제1항의 규정에 따라 요청을 받은 관계행정기관의 장은 특별한 사유가 없는 한 이에 응하여야 하며, 그 조치결과를 교육부장관 또는 당해 교육감에게 알려야 한다. 〈개정 2008.2.29., 2013.3.23.〉

제22조(징계) 학교급식의 적정한 운영과 안전성 확보를 위하여 징계의결 요구권자는 관할학교의 장 또는 그 소속 교직원 중 다음 각 호의 어느 하나에 해당하는 자에 대하여 당해 징계사건을 관할하는 징계위원회에 그 징계를 요구하여야 한다. 〈개정 2008.2.29., 2013.3.23.〉

1. 고의 또는 과실로 식중독 등 위생·안전상의 사고를 발생하게 한 자
2. 학교급식 관련 계약상의 계약해지 사유가 발생하였음에도 불구하고 정당한 사유 없이 계약해지를 하지 아니한 자
3. 제19조제3항의 규정에 따라 교육부장관 또는 교육감으로부터 시정명령을 받았음에도 불구하고 정당한 사유 없이 이를 이행하지 아니한 자
4. 학교급식과 관련하여 비리가 적발된 자

제5장 벌칙

제23조(벌칙) ① 제16조제1항제1호 또는 제2호의 규정을 위반한 학교급식공급업자는 7년 이하의 징역 또는 1억원 이하의 벌금에 처한다. 〈개정 2008.3.21.〉

② 제16조제1항제3호의 규정을 위반한 학교급식공급업자는 5년 이하의 징역 또는 5천만원 이하의 벌금에 처한다. 〈개정 2008.3.21.〉

③ 다음 각 호의 어느 하나에 해당하는 자는 3년 이하의 징역 또는 3천만원 이하의 벌금에 처한다.

1. 제16조제1항제4호의 규정을 위반한 학교급식공급업자
2. 제19조제1항의 규정에 따른 출입·검사·열람 또는 수거를 정당한 사유 없이 거부하거나 방해 또는 기피한 자

제24조(양벌규정) 법인의 대표자나 법인 또는 개인의 대리인, 사용인, 그 밖의 종업원이 그 법인 또는 개인의 업무에 관하여 제23조의 위반행위를 하면 그 행위자를 벌하는 외에 그 법인 또는 개인에게도 해당 조문의 벌금형을 과(科)한다. 다만, 법인 또는 개인이 그 위반행위를 방지하기 위하여 해당 업무에 관하여 상당한 주의와 감독을 게을리하지 아니한 경우에는 그러하지 아니하다.

[전문개정 2010.3.17.]

제25조(과태료) ① 제16조제2항제1호의 규정을 위반하여 제19조제3항의 규정에 따른 시정명령을 받았음에도 불구하고 정당한 사유없이 이를 이행하지 아니한 학교급식공급업자는 500만원 이하의 과태료에 처한다.

② 제16조제2항제2호 또는 같은 조 제3항의 규정을 위반하여 제19조제3항의 규정에 따른 시정명령을 받았음에도 불구하고 정당한 사유 없이 이를 이행하지 아니한 학교급식공급업자는 300만원 이하의 과태료에 처한다. 〈개정 2013.5.22.〉

③ 제1항 및 제2항의 규정에 따른 과태료는 대통령령이 정하는 바에 따라 교육부장관 또는 교육감이 부과·징수한다. 〈개정 2008.2.29., 2013.3.23.〉

④ 삭제 〈2010.3.17.〉

⑤ 삭제 〈2010.3.17.〉

⑥ 삭제 〈2010.3.17.〉

부칙 〈제11771호, 2013.5.22.〉

이 법은 공포 후 6개월이 경과한 날부터 시행한다.

국민건강증진법

[시행 2018.12.31.] [법률 제15339호, 2017.12.30., 일부개정]

보건복지부(건강증진과-금연) 044-202-2822

보건복지부(정신건강정책과-절주) 044-202-2865

보건복지부(재정운용담당관-부담금) 044-202-2329

보건복지부(건강정책과-그 외 사항) 044-202-2807

제1장 총칙

제1조(목적) 이 법은 국민에게 건강에 대한 가치와 책임의식을 함양하도록 건강에 관한 바른 지식을 보급하고 스스로 건강생활을 실천할 수 있는 여건을 조성함으로써 국민의 건강을 증진함을 목적으로 한다.

제2조(정의) 이 법에서 사용하는 용어의 정의는 다음과 같다. 〈개정 2016.3.2.〉

1. "국민건강증진사업"이라 함은 보건교육, 질병예방, 영양개선, 건강관리 및 건강생활의 실천등을 통하여 국민의 건강을 증진시키는 사업을 말한다.
2. "보건교육"이라 함은 개인 또는 집단으로 하여금 건강에 유익한 행위를 자발적으로 수행하도록 하는 교육을 말한다.
3. "영양개선"이라 함은 개인 또는 집단이 균형된 식생활을 통하여 건강을 개선시키는 것을 말한다.
4. "건강관리"란 개인 또는 집단이 건강에 유익한 행위를 지속적으로 수행함으로써 건강한 상태를 유지하는 것을 말한다.

제3조(책임) ① 국가 및 지방자치단체는 건강에 관한 국민의 관심을 높이고 국민건강을 증진할 책임을 진다.

② 모든 국민은 자신 및 가족의 건강을 증진하도록 노력하여야 하며, 타인의 건강에 해를 끼치는 행위를 하여서는 아니된다.

제3조의2(보건의 날) ① 보건에 대한 국민의 이해와 관심을 높이기 위하여 매년 4월 7일을 보건의 날로 정하며, 보건의 날부터 1주간을 건강주간으로 한다.

② 국가와 지방자치단체는 보건의 날의 취지에 맞는 행사 등 사업을 시행하도록 노력하여야 한다.

[본조신설 2014.1.28.]

제4조(국민건강증진종합계획의 수립) ① 보건복지부장관은 제5조의 규정에 따른 국민건강증진정책심의위원회의 심의를 거쳐 국민건강증진종합계획(이하 "종합계획"이라 한다)을 5년마다 수립하여야 한다. 이 경우 미리 관계중앙행정기관의 장과 협의를 거쳐야 한다. 〈개정 2008.2.29., 2010.1.18.〉

② 종합계획에 포함되어야 할 사항은 다음과 같다. 〈개정 2014.3.18.〉

1. 국민건강증진의 기본목표 및 추진방향

2. 국민건강증진을 위한 주요 추진과제 및 추진방법

3. 국민건강증진에 관한 인력의 관리 및 소요재원의 조달방안

4. 제22조의 규정에 따른 국민건강증진기금의 운용방안

4의2. 아동·여성·노인·장애인 등 건강취약 집단이나 계층에 대한 건강증진 지원방안

5. 국민건강증진 관련 통계 및 정보의 관리 방안

6. 그 밖에 국민건강증진을 위하여 필요한 사항

[전문개정 2006.9.27.]

제4조의2(실행계획의 수립 등) ① 보건복지부장관, 관계중앙행정기관의 장, 특별시장·광역시장·특별자치시장·도지사·특별자치도지사(이하 "시·도지사"라 한다) 및 시장·군수·구청장(자치구의 구청장에 한한다. 이하 같다)은 종합계획을 기초로 하여 소관 주요시책의 실행계획(이하 "실행계획"이라 한다)을 매년 수립·시행하여야 한다. 〈개정 2008.2.29., 2010.1.18., 2017.12.30.〉

② 국가는 실행계획의 시행에 필요한 비용의 전부 또는 일부를 지방자치단체에 보조할 수 있다.

[본조신설 2006.9.27.]

제4조의3(계획수립의 협조) ① 보건복지부장관, 관계중앙행정기관의 장, 시·도지사 및 시장·군수·구청장은 종합계획과 실행계획의 수립·시행을 위하여 필요한 때에는 관계 기관·단체 등에 대하여 자료제공 등의 협조를 요청할 수 있다. 〈개정 2008.2.29., 2010.1.18.〉

② 제1항의 규정에 따른 협조요청을 받은 관계 기관·단체 등은 특별한 사유가 없는 한 이에 응하여야 한다.

[본조신설 2006.9.27.]

제5조(국민건강증진정책심의위원회) ① 국민건강증진에 관한 주요사항을 심의하기 위하여 보건복지부에 국민건강증진정책심의위원회(이하 "위원회"라 한다)를 둔다. 〈개정 2008.2.29., 2010.1.18.〉

② 위원회는 다음 각 호의 사항을 심의한다. 〈개정 2010.3.26., 2016.5.29.〉

1. 종합계획

2. 제22조의 규정에 따른 국민건강증진기금의 연도별 운용계획안·결산 및 평가

3. 2 이상의 중앙행정기관이 관련되는 주요 국민건강증진시책에 관한 사항으로서 관계중앙행정기관의 장이 심의를 요청하는 사항

4. 「국민영양관리법」 제9조에 따른 심의사항

5. 다른 법령에서 위원회의 심의를 받도록 한 사항

6. 그 밖에 위원장이 심의에 부치는 사항

[전문개정 2006.9.27.]

제5조의2(위원회의 구성과 운영) ① 위원회는 위원장 1인 및 부위원장 1인을 포함한 15인 이내의 위원

으로 구성한다.

② 위원장은 보건복지부차관이 되고, 부위원장은 위원장이 공무원이 아닌 위원 중에서 지명한 자가 된다. 〈개정 2008.2.29., 2010.1.18.〉

③ 위원은 국민건강증진·질병관리에 관한 학식과 경험이 풍부한 자, 「소비자기본법」에 따른 소비자단체 및 「비영리민간단체 지원법」에 따른 비영리민간단체가 추천하는 자, 관계공무원 중에서 보건복지부장관이 위촉 또는 지명한다. 〈개정 2008.2.29., 2010.1.18.〉

④ 그 밖에 위원회의 구성·운영 등에 관하여 필요한 사항은 대통령령으로 정한다.

[본조신설 2006.9.27.]

제5조의3(한국건강증진개발원의 설립 및 운영) ① 보건복지부장관은 제22조에 따른 국민건강증진기금의 효율적인 운영과 국민건강증진사업의 원활한 추진을 위하여 필요한 정책 수립의 지원과 사업평가 등의 업무를 수행할 수 있도록 한국건강증진개발원(이하 이 조에서 "개발원"이라 한다)을 설립한다. 〈개정 2008.2.29., 2010.1.18., 2014.1.28.〉

② 개발원은 다음 각 호의 업무를 수행한다. 〈개정 2014.1.28., 2015.5.18.〉

1. 국민건강증진 정책수립을 위한 자료개발 및 정책분석
2. 종합계획 수립의 지원
3. 위원회의 운영지원
4. 제24조에 따른 기금의 관리·운용의 지원 업무
5. 제25조제1항제1호부터 제9호까지의 사업에 관한 업무
6. 국민건강증진사업의 관리, 기술 지원 및 평가
7. 「지역보건법」 제7조부터 제9조까지에 따른 지역보건의료계획에 대한 기술 지원
8. 「지역보건법」 제24조에 따른 보건소의 설치와 운영에 필요한 비용의 보조
9. 국민건강증진과 관련된 연구과제의 기획 및 평가
10. 「농어촌 등 보건의료를 위한 특별조치법」 제2조의 공중보건의사의 효율적 활용을 위한 지원
11. 지역보건사업의 원활한 추진을 위한 지원
12. 그 밖에 국민건강증진과 관련하여 보건복지부장관이 필요하다고 인정한 업무

③ 개발원은 법인으로 하고, 주된 사무소의 소재지에 설립등기를 함으로써 성립한다. 〈신설 2014.1.28.〉

④ 개발원은 다음 각 호를 재원으로 한다. 〈신설 2014.1.28.〉

1. 제22조에 따른 기금
2. 정부출연금
3. 기부금
4. 그 밖의 수입금

⑤ 정부는 개발원의 운영에 필요한 예산을 지급할 수 있다. 〈신설 2014.1.28.〉

⑥ 개발원에 관하여 이 법과 「공공기관의 운영에 관한 법률」에서 정한 사항 외에는 「민법」 중 재단법인에 관한 규정을 준용한다. 〈신설 2014.1.28.〉

[본조신설 2006.9.27.]

[제목개정 2014.1.28.]

제2장 국민건강의 관리

제6조(건강생활의 지원등) ① 국가 및 지방자치단체는 국민이 건강생활을 실천할 수 있도록 지원하여야 한다.

② 국가는 혼인과 가정생활을 보호하기 위하여 혼인전에 혼인 당사자의 건강을 확인하도록 권장하여야 한다.

③ 제2항의 규정에 의한 건강확인의 내용 및 절차에 관하여 필요한 사항은 보건복지부령으로 정한다. 〈개정 1997.12.13., 2008.2.29., 2010.1.18.〉

제7조(광고의 금지 등) ① 보건복지부장관은 국민건강의식을 잘못 이끄는 광고를 한 자에 대하여 그 내용의 변경 등 시정을 요구하거나 금지를 명할 수 있다. 〈개정 1997.12.13., 2008.2.29., 2010.1.18., 2016.12.2.〉

② 제1항의 규정에 따라 보건복지부장관이 광고내용의 변경 또는 광고의 금지를 명할 수 있는 광고는 다음 각 호와 같다. 〈신설 2006.9.27., 2008.2.29., 2010.1.18.〉

1. 「주세법」에 따른 주류의 광고
2. 의학 또는 과학적으로 검증되지 아니한 건강비법 또는 심령술의 광고
3. 그 밖에 건강에 관한 잘못된 정보를 전하는 광고로서 대통령령이 정하는 광고

③ 삭제 〈2016.12.2.〉

④ 제1항의 규정에 의한 광고내용의 기준, 변경 또는 금지절차 기타 필요한 사항은 대통령령으로 정한다. 〈개정 2006.9.27.〉

[제목개정 2016.12.2.]

제8조(금연 및 절주운동등) ① 국가 및 지방자치단체는 국민에게 담배의 직접흡연 또는 간접흡연과 과다한 음주가 국민건강에 해롭다는 것을 교육·홍보하여야 한다. 〈개정 2006.9.27.〉

② 국가 및 지방자치단체는 금연 및 절주에 관한 조사·연구를 하는 법인 또는 단체를 지원할 수 있다.

③ 삭제 〈2011.6.7.〉

④ 「주세법」에 의하여 주류제조의 면허를 받은 자 또는 주류를 수입하여 판매하는 자는 대통령령이 정하는 주류의 판매용 용기에 과다한 음주는 건강에 해롭다는 내용과 임신 중 음주는 태아의 건강을 해칠 수 있다는 내용의 경고문구를 표기하여야 한다. 〈개정 2016.3.2.〉

⑤ 삭제 〈2002.1.19.〉

⑥ 제4항에 따른 경고문구의 표시내용, 방법 등에 관하여 필요한 사항은 보건복지부령으로 정한다. 〈개정 2002.1.19., 2007.12.14., 2008.2.29., 2010.1.18., 2011.6.7.〉

제9조(금연을 위한 조치) ① 삭제 〈2011.6.7.〉

② 담배사업법에 의한 지정소매인 기타 담배를 판매하는 자는 대통령령이 정하는 장소외에서 담배자동판매기를 설치하여 담배를 판매하여서는 아니된다.

③ 제2항의 규정에 따라 대통령령이 정하는 장소에 담배자동판매기를 설치하여 담배를 판매하는 자는 보건복지부령이 정하는 바에 따라 성인인증장치를 부착하여야 한다. 〈신설 2003.7.29., 2008.2.29., 2010.1.18.〉

④ 다음 각 호의 공중이 이용하는 시설의 소유자·점유자 또는 관리자는 해당 시설의 전체를 금연구역으로 지정하고 금연구역을 알리는 표지를 설치하여야 한다. 이 경우 흡연자를 위한 흡연실을 설치할 수 있으며, 금연구역을 알리는 표지와 흡연실을 설치하는 기준·방법 등은 보건복지부령으로 정한다. 〈개정 2011.6.7., 2014.1.21., 2016.12.2., 2017.12.30.〉

1. 국회의 청사
2. 정부 및 지방자치단체의 청사
3. 「법원조직법」에 따른 법원과 그 소속 기관의 청사
4. 「공공기관의 운영에 관한 법률」에 따른 공공기관의 청사
5. 「지방공기업법」에 따른 지방공기업의 청사
6. 「유아교육법」·「초·중등교육법」에 따른 학교[교사(校舍)와 운동장 등 모든 구역을 포함한다]
7. 「고등교육법」에 따른 학교의 교사
8. 「의료법」에 따른 의료기관, 「지역보건법」에 따른 보건소·보건의료원·보건지소
9. 「영유아보육법」에 따른 어린이집
10. 「청소년활동 진흥법」에 따른 청소년수련관, 청소년수련원, 청소년문화의집, 청소년특화시설, 청소년야영장, 유스호스텔, 청소년이용시설 등 청소년활동시설
11. 「도서관법」에 따른 도서관
12. 「어린이놀이시설 안전관리법」에 따른 어린이놀이시설
13. 「학원의 설립·운영 및 과외교습에 관한 법률」에 따른 학원 중 학교교과교습학원과 연면적 1천제곱미터 이상의 학원
14. 공항·여객부두·철도역·여객자동차터미널 등 교통 관련 시설의 대합실·승강장, 지하보도 및 16인승 이상의 교통수단으로서 여객 또는 화물을 유상으로 운송하는 것
15. 「자동차관리법」에 따른 어린이운송용 승합자동차
16. 연면적 1천제곱미터 이상의 사무용건축물, 공장 및 복합용도의 건축물

17. 「공연법」에 따른 공연장으로서 객석 수 300석 이상의 공연장
18. 「유통산업발전법」에 따라 개설등록된 대규모점포와 같은 법에 따른 상점가 중 지하도에 있는 상점가
19. 「관광진흥법」에 따른 관광숙박업소
20. 「체육시설의 설치·이용에 관한 법률」에 따른 체육시설로서 1천명 이상의 관객을 수용할 수 있는 체육시설과 같은 법 제10조에 따른 체육시설업에 해당하는 체육시설로서 실내에 설치된 체육시설
21. 「사회복지사업법」에 따른 사회복지시설
22. 「공중위생관리법」에 따른 목욕장
23. 「게임산업진흥에 관한 법률」에 따른 청소년게임제공업소, 일반게임제공업소, 인터넷컴퓨터게임시설제공업소 및 복합유통게임제공업소
24. 「식품위생법」에 따른 식품접객업 중 영업장의 넓이가 보건복지부령으로 정하는 넓이 이상인 휴게음식점영업소, 일반음식점영업소 및 제과점영업소와 같은 법에 따른 식품소분·판매업 중 보건복지부령으로 정하는 넓이 이상인 실내 휴게공간을 마련하여 운영하는 식품자동판매기 영업소
25. 「청소년보호법」에 따른 만화대여업소
26. 그 밖에 보건복지부령으로 정하는 시설 또는 기관

⑤ 특별자치시장·특별자치도지사·시장·군수·구청장은 「주택법」 제2조제3호에 따른 공동주택의 거주 세대 중 2분의 1 이상이 그 공동주택의 복도, 계단, 엘리베이터 및 지하주차장의 전부 또는 일부를 금연구역으로 지정하여 줄 것을 신청하면 그 구역을 금연구역으로 지정하고, 금연구역임을 알리는 안내표지를 설치하여야 한다. 이 경우 금연구역 지정 절차 및 금연구역 안내표지 설치 방법 등은 보건복지부령으로 정한다. 〈신설 2016.3.2., 2017.12.30.〉

⑥ 특별자치시장·특별자치도지사·시장·군수·구청장은 흡연으로 인한 피해 방지와 주민의 건강 증진을 위하여 다음 각 호에 해당하는 장소를 금연구역으로 지정하고, 금연구역임을 알리는 안내표지를 설치하여야 한다. 이 경우 금연구역 안내표지 설치 방법 등에 필요한 사항은 보건복지부령으로 정한다. 〈신설 2017.12.30.〉

1. 「유아교육법」에 따른 유치원 시설의 경계선으로부터 10미터 이내의 구역(일반 공중의 통행·이용 등에 제공된 구역을 말한다)
2. 「영유아보육법」에 따른 어린이집 시설의 경계선으로부터 10미터 이내의 구역(일반 공중의 통행·이용 등에 제공된 구역을 말한다)

⑦ 지방자치단체는 흡연으로 인한 피해 방지와 주민의 건강 증진을 위하여 필요하다고 인정하는 경우 조례로 다수인이 모이거나 오고가는 관할 구역 안의 일정한 장소를 금연구역으로 지정할 수

있다. 〈신설 2010.5.27., 2016.3.2., 2017.12.30.〉

⑧ 누구든지 제4항부터 제7항까지의 규정에 따라 지정된 금연구역에서 흡연하여서는 아니 된다. 〈개정 2010.5.27., 2016.3.2., 2017.12.30.〉

⑨ 특별자치시장·특별자치도지사·시장·군수·구청장은 제4항 각 호에 따른 시설의 소유자·점유자 또는 관리자가 다음 각 호의 어느 하나에 해당하면 일정한 기간을 정하여 그 시정을 명할 수 있다. 〈신설 2016.12.2., 2017.12.30.〉

1. 제4항 전단을 위반하여 금연구역을 지정하지 아니하거나 금연구역을 알리는 표지를 설치하지 아니한 경우
2. 제4항 후단에 따른 금연구역을 알리는 표지 또는 흡연실의 설치 기준·방법 등을 위반한 경우

[제목개정 2016.12.2.]

제9조의2(담배에 관한 경고문구 등 표시) ①「담배사업법」에 따른 담배의 제조자 또는 수입판매업자(이하 "제조자등"이라 한다)는 담배갑포장지 앞면·뒷면·옆면 및 대통령령으로 정하는 광고(판매촉진 활동을 포함한다. 이하 같다)에 다음 각 호의 내용을 인쇄하여 표기하여야 한다. 다만, 제1호의 표기는 담배갑포장지에 한정하되 앞면과 뒷면에 하여야 한다. 〈개정 2015.6.22.〉

1. 흡연의 폐해를 나타내는 내용의 경고그림(사진을 포함한다. 이하 같다)
2. 흡연이 폐암 등 질병의 원인이 될 수 있다는 내용 및 다른 사람의 건강을 위협할 수 있다는 내용의 경고문구
3. 타르 흡입량은 흡연자의 흡연습관에 따라 다르다는 내용의 경고문구
4. 담배에 포함된 다음 각 목의 발암성물질
   가. 나프틸아민
   나. 니켈
   다. 벤젠
   라. 비닐 크롤라이드
   마. 비소
   바. 카드뮴
5. 보건복지부령으로 정하는 금연상담전화의 전화번호

② 제1항에 따른 경고그림과 경고문구는 담배갑포장지의 경우 그 넓이의 100분의 50 이상에 해당하는 크기로 표기하여야 한다. 이 경우 경고그림은 담배갑포장지 앞면, 뒷면 각각의 넓이의 100분의 30 이상에 해당하는 크기로 하여야 한다. 〈신설 2015.6.22.〉

③ 제1항 및 제2항에서 정한 사항 외의 경고그림 및 경고문구 등의 내용과 표기 방법·형태 등의 구체적인 사항은 대통령령으로 정한다. 다만, 경고그림은 사실적 근거를 바탕으로 하고, 지나치게 혐오감을 주지 아니하여야 한다. 〈개정 2015.6.22.〉

④ 제1항부터 제3항까지의 규정에도 불구하고 전자담배 등 대통령령으로 정하는 담배에 제조자등이 표기하여야 할 경고그림 및 경고문구 등의 내용과 그 표기 방법·형태 등은 대통령령으로 따로 정한다. 〈신설 2014.5.20., 2015.6.22.〉

[본조신설 2011.6.7.]

제9조의3(가향물질 함유 표시 제한) 제조자등은 담배에 연초 외의 식품이나 향기가 나는 물질(이하 "가향물질"이라 한다)을 포함하는 경우 이를 표시하는 문구나 그림·사진을 제품의 포장이나 광고에 사용하여서는 아니 된다.

[본조신설 2011.6.7.]

제9조의4(담배에 관한 광고의 금지 또는 제한) ① 담배에 관한 광고는 다음 각 호의 방법에 한하여 할 수 있다.

1. 지정소매인의 영업소 내부에서 보건복지부령으로 정하는 광고물을 전시(展示) 또는 부착하는 행위. 다만, 영업소 외부에 그 광고내용이 보이게 전시 또는 부착하는 경우에는 그러하지 아니하다.
2. 품종군별로 연간 10회 이내(1회당 2쪽 이내)에서 잡지[「잡지 등 정기간행물의 진흥에 관한 법률」에 따라 등록 또는 신고되어 주 1회 이하 정기적으로 발행되는 제책(製冊)된 정기간행물 및 「신문 등의 진흥에 관한 법률」에 따라 등록된 주 1회 이하 정기적으로 발행되는 신문과 「출판문화산업 진흥법」에 따른 외국간행물로서 동일한 제호로 연 1회 이상 정기적으로 발행되는 것(이하 "외국정기간행물"이라 한다)을 말하며, 여성 또는 청소년을 대상으로 하는 것은 제외한다]에 광고를 게재하는 행위. 다만, 보건복지부령으로 정하는 판매부수 이하로 국내에서 판매되는 외국정기간행물로서 외국문자로만 쓰여져 있는 잡지인 경우에는 광고게재의 제한을 받지 아니한다.
3. 사회·문화·음악·체육 등의 행사(여성 또는 청소년을 대상으로 하는 행사는 제외한다)를 후원하는 행위. 이 경우 후원하는 자의 명칭을 사용하는 외에 제품광고를 하여서는 아니 된다.
4. 국제선의 항공기 및 여객선, 그 밖에 보건복지부령으로 정하는 장소 안에서 하는 광고

② 제조자등은 제1항에 따른 광고를 「담배사업법」에 따른 도매업자 또는 지정소매인으로 하여금 하게 할 수 있다. 이 경우 도매업자 또는 지정소매인이 한 광고는 제조자등이 한 광고로 본다.

③ 제1항에 따른 광고 또는 그에 사용되는 광고물은 다음 각 호의 사항을 준수하여야 한다. 〈개정 2014.5.20.〉

1. 흡연자에게 담배의 품명·종류 및 특징을 알리는 정도를 넘지 아니할 것
2. 비흡연자에게 직접적 또는 간접적으로 흡연을 권장 또는 유도하거나 여성 또는 청소년의 인물을 묘사하지 아니할 것
3. 제9조의2에 따라 표기하는 흡연 경고문구의 내용 및 취지에 반하는 내용 또는 형태가 아닐 것
4. 국민의 건강과 관련하여 검증되지 아니한 내용을 표시하지 아니할 것. 이 경우 광고내용의 사실

여부에 대한 검증 방법·절차 등 필요한 사항은 대통령령으로 정한다.

④ 제조자등은 담배에 관한 광고가 제1항 및 제3항에 위배되지 아니하도록 자율적으로 규제하여야 한다.

⑤ 보건복지부장관은 문화체육관광부장관에게 제1항 또는 제3항을 위반한 광고가 게재된 외국정기간행물의 수입업자에 대하여 시정조치 등을 할 것을 요청할 수 있다.

[본조신설 2011.6.7.]

제9조의5(금연지도원) ① 시·도지사 또는 시장·군수·구청장은 금연을 위한 조치를 위하여 대통령령으로 정하는 자격이 있는 사람 중에서 금연지도원을 위촉할 수 있다.

② 금연지도원의 직무는 다음 각 호와 같다.

1. 금연구역의 시설기준 이행 상태 점검
2. 금연구역에서의 흡연행위 감시 및 계도
3. 금연을 위한 조치를 위반한 경우 관할 행정관청에 신고하거나 그에 관한 자료 제공
4. 그 밖에 금연 환경 조성에 관한 사항으로서 대통령령으로 정하는 사항

③ 금연지도원은 제2항의 직무를 단독으로 수행하려면 미리 시·도지사 또는 시장·군수·구청장의 승인을 받아야 하며, 시·도지사 또는 시장·군수·구청장은 승인서를 교부하여야 한다.

④ 금연지도원이 제2항에 따른 직무를 단독으로 수행하는 때에는 승인서와 신분을 표시하는 증표를 지니고 이를 관계인에게 내보여야 한다.

⑤ 제1항에 따라 금연지도원을 위촉한 시·도지사 또는 시장·군수·구청장은 금연지도원이 그 직무를 수행하기 전에 직무 수행에 필요한 교육을 실시하여야 한다.

⑥ 금연지도원은 제2항에 따른 직무를 수행하는 경우 그 권한을 남용하여서는 아니 된다.

⑦ 시·도지사 또는 시장·군수·구청장은 금연지도원이 다음 각 호의 어느 하나에 해당하면 그 금연지도원을 해촉하여야 한다.

1. 제1항에 따라 대통령령으로 정한 자격을 상실한 경우
2. 제2항에 따른 직무와 관련하여 부정한 행위를 하거나 그 권한을 남용한 경우
3. 그 밖에 개인사정, 질병이나 부상 등의 사유로 직무 수행이 어렵게 된 경우

⑧ 금연지도원의 직무범위 및 교육, 그 밖에 필요한 사항은 대통령령으로 정한다.

[본조신설 2014.1.28.]

제10조(건강생활실천협의회) ① 시·도지사 및 시장·군수·구청장은 건강생활의 실천운동을 추진하기 위하여 지역사회의 주민·단체 또는 공공기관이 참여하는 건강생활실천협의회를 구성하여야 한다.

② 제1항의 규정에 의한 건강생활실천협의회의 조직 및 운영에 관하여 필요한 사항은 지방자치단체의 조례로 정한다.

제11조(보건교육의 관장) 보건복지부장관은 국민의 보건교육에 관하여 관계중앙행정기관의 장과 협의

하여 이를 총괄한다. 〈개정 1997.12.13., 2008.2.29., 2010.1.18.〉

제12조(보건교육의 실시 등) ① 국가 및 지방자치단체는 모든 국민이 올바른 보건의료의 이용과 건강한 생활습관을 실천할 수 있도록 그 대상이 되는 개인 또는 집단의 특성·건강상태·건강의식 수준 등에 따라 적절한 보건교육을 실시한다. 〈개정 2016.3.2.〉

② 국가 또는 지방자치단체는 국민건강증진사업관련 법인 또는 단체등이 보건교육을 실시할 경우 이에 필요한 지원을 할 수 있다. 〈개정 1999.2.8.〉

③ 보건복지부장관, 시·도지사 및 시장·군수·구청장은 제2항의 규정에 의하여 보건교육을 실시하는 국민건강증진사업관련 법인 또는 단체 등에 대하여 보건교육의 계획 및 그 결과에 관한 자료를 요청할 수 있다. 〈개정 1997.12.13., 1999.2.8., 2008.2.29., 2010.1.18.〉

④ 제1항의 규정에 의한 보건교육의 내용은 대통령령으로 정한다. 〈개정 1999.2.8.〉

[제목개정 2016.3.2.]

제12조의2(보건교육사자격증의 교부 등) ① 보건복지부장관은 국민건강증진 및 보건교육에 관한 전문지식을 가진 자에게 보건교육사의 자격증을 교부할 수 있다. 〈개정 2008.2.29., 2010.1.18.〉

② 다음 각호의 1에 해당하는 자는 보건교육사가 될 수 없다. 〈개정 2005.3.31., 2014.3.18.〉

1. 피성년후견인
2. 삭제 〈2013.7.30.〉
3. 금고 이상의 실형의 선고를 받고 그 집행이 종료되지 아니하거나 그 집행을 받지 아니하기로 확정되지 아니한 자
4. 법률 또는 법원의 판결에 의하여 자격이 상실 또는 정지된 자

③ 제1항의 규정에 의한 보건교육사의 등급은 1급 내지 3급으로 하고, 등급별 자격기준 및 자격증의 교부절차 등에 관하여 필요한 사항은 대통령령으로 정한다.

④ 보건교육사 1급의 자격증을 교부받고자 하는 자는 국가시험에 합격하여야 한다.

⑤ 보건복지부장관은 제1항의 규정에 의하여 보건교육사의 자격증을 교부하는 때에는 보건복지부령이 정하는 바에 의하여 수수료를 징수할 수 있다. 〈개정 2008.2.29., 2010.1.18.〉

[본조신설 2003.9.29.]

제12조의3(국가시험) ① 제12조의2제4항의 규정에 의한 국가시험은 보건복지부장관이 시행한다. 다만, 보건복지부장관은 국가시험의 관리를 대통령령이 정하는 바에 의하여 「한국보건의료인국가시험원법」에 따른 한국보건의료인국가시험원에 위탁할 수 있다. 〈개정 2008.2.29., 2010.1.18., 2015.6.22.〉

② 보건복지부장관은 제1항 단서의 규정에 의하여 국가시험의 관리를 위탁한 때에는 그에 소요되는 비용을 예산의 범위안에서 보조할 수 있다. 〈개정 2008.2.29., 2010.1.18.〉

③ 보건복지부장관(제1항 단서의 규정에 의하여 국가시험의 관리를 위탁받은 기관을 포함한다)은 보건복지부령이 정하는 금액을 응시수수료로 징수할 수 있다. 〈개정 2008.2.29., 2010.1.18.〉

④ 시험과목·응시자격 등 자격시험의 실시에 관하여 필요한 사항은 대통령령으로 정한다.

[본조신설 2003.9.29.]

제12조의4(보건교육사의 채용) 국가 및 지방자치단체는 대통령령이 정하는 국민건강증진사업관련 법인 또는 단체 등에 대하여 보건교육사를 그 종사자로 채용하도록 권장하여야 한다.

[본조신설 2003.9.29.]

제13조(보건교육의 평가) ① 보건복지부장관은 정기적으로 국민의 보건교육의 성과에 관하여 평가를 하여야 한다. 〈개정 1997.12.13., 2008.2.29., 2010.1.18.〉

② 제1항의 규정에 의한 평가의 방법 및 내용은 보건복지부령으로 정한다. 〈개정 1997.12.13., 2008.2.29., 2010.1.18.〉

제14조(보건교육의 개발등) 보건복지부장관은 정부출연연구기관등의설립·운영및육성에관한법률에 의한 한국보건사회연구원으로 하여금 보건교육에 관한 정보·자료의 수집·개발 및 조사, 그 교육의 평가 기타 필요한 업무를 행하게 할 수 있다. 〈개정 1997.12.13., 1999.1.29., 2008.2.29., 2010.1.18.〉

제15조(영양개선) ① 국가 및 지방자치단체는 국민의 영양상태를 조사하여 국민의 영양개선방안을 강구하고 영양에 관한 지도를 실시하여야 한다.

② 국가 및 지방자치단체는 국민의 영양개선을 위하여 다음 각호의 사업을 행한다. 〈개정 1997.12.13., 2008.2.29., 2010.1.18.〉

1. 영양교육사업
2. 영양개선에 관한 조사·연구사업
3. 기타 영양개선에 관하여 보건복지부령이 정하는 사업

제16조(국민영양조사등) ① 보건복지부장관은 국민의 건강상태·식품섭취·식생활조사등 국민의 영양에 관한 조사(이하 "국민영양조사"라 한다)를 정기적으로 실시한다. 〈개정 1997.12.13., 2008.2.29., 2010.1.18.〉

② 특별시·광역시 및 도에는 국민영양조사와 영양에 관한 지도업무를 행하게 하기 위한 공무원을 두어야 한다.

③ 국민영양조사를 행하는 공무원은 그 권한을 나타내는 증표를 관계인에게 내보여야 한다.

④ 국민영양조사의 내용 및 방법 기타 국민영양조사와 영양에 관한 지도에 관하여 필요한 사항은 대통령령으로 정한다.

제17조(구강건강사업의 계획수립·시행) 국가 및 지방자치단체는 구강건강에 관한 사업의 계획을 수립·시행하여야 한다.

제18조(구강건강사업) ① 국가 및 지방자치단체는 국민의 구강질환의 예방과 구강건강의 증진을 위하여 다음 각호의 사업을 행한다. 〈개정 2003.7.29.〉

1. 구강건강에 관한 교육사업

2. 수돗물불소농도조정사업

3. 구강건강에 관한 조사·연구사업

4. 기타 구강건강의 증진을 위하여 대통령령이 정하는 사업

② 제1항 각호의 사업내용·기준 및 방법은 보건복지부령으로 정한다. 〈개정 1997.12.13., 2008.2.29., 2010.1.18.〉

제19조(건강증진사업등) ① 국가 및 지방자치단체는 국민건강증진사업에 필요한 요원 및 시설을 확보하고, 그 시설의 이용에 필요한 시책을 강구하여야 한다.

② 특별자치시장·특별자치도지사·시장·군수·구청장은 지역주민의 건강증진을 위하여 보건복지부령이 정하는 바에 의하여 보건소장으로 하여금 다음 각호의 사업을 하게 할 수 있다. 〈개정 1997.12.13., 2008.2.29., 2010.1.18., 2017.12.30.〉

1. 보건교육 및 건강상담

2. 영양관리

3. 구강건강의 관리

4. 질병의 조기발견을 위한 검진 및 처방

5. 지역사회의 보건문제에 관한 조사·연구

6. 기타 건강교실의 운영등 건강증진사업에 관한 사항

③ 보건소장이 제2항의 규정에 의하여 제2항제1호 내지 제4호의 업무를 행한 때에는 이용자의 개인별 건강상태를 기록하여 유지·관리하여야 한다.

④ 건강증진사업에 필요한 시설·운영에 관하여는 보건복지부령으로 정한다. 〈개정 1997.12.13., 2008.2.29., 2010.1.18.〉

제20조(검진) 국가는 건강증진을 위하여 필요한 경우에 보건복지부령이 정하는 바에 의하여 국민에 대하여 건강검진을 실시할 수 있다. 〈개정 1997.12.13., 2008.2.29., 2010.1.18.〉

제21조(검진결과의 공개금지) 제20조의 규정에 의하여 건강검진을 한 자 또는 검진기관에 근무하는 자는 국민의 건강증진사업의 수행을 위하여 불가피한 경우를 제외하고는 정당한 사유없이 검진결과를 공개하여서는 아니된다.

제3장 국민건강증진기금

제22조(기금의 설치 등) ① 보건복지부장관은 국민건강증진사업의 원활한 추진에 필요한 재원을 확보하기 위하여 국민건강증진기금(이하 "기금"이라 한다)을 설치한다. 〈개정 1997.12.13., 2008.2.29., 2010.1.18.〉

② 기금은 다음 각호의 재원으로 조성한다. 〈신설 2002.1.19.〉

1. 제23조제1항의 규정에 의한 부담금

2. 기금의 운용 수익금

[제목개정 2002.1.19.]

제23조(국민건강증진부담금의 부과·징수 등) ① 보건복지부장관은 제조자등이 판매하는 「담배사업법」 제2조에 따른 담배(「지방세법」 제54조에 따라 담배소비세가 면제되는 것, 같은 법 제63조제1항제1호 및 제2호에 따라 담배소비세액이 공제 또는 환급되는 것은 제외한다. 이하 이 조 및 제23조의2에서 같다)에 다음 각 호의 구분에 따른 부담금(이하 "부담금"이라 한다)을 부과·징수한다. 〈개정 2011.6.7., 2014.5.20., 2014.12.23., 2017.3.21., 2017.12.30.〉

1. 궐련: 20개비당 841원
2. 전자담배
   가. 니코틴 용액을 사용하는 경우: 1밀리리터당 525원
   나. 연초 및 연초 고형물을 사용하는 경우:
      1) 궐련형: 20개비당 750원
      2) 기타 유형: 1그램당 73원
3. 파이프담배: 1그램당 30.2원
4. 엽궐련(葉卷煙): 1그램당 85.8원
5. 각련(刻煙): 1그램당 30.2원
6. 씹는 담배: 1그램당 34.4원
7. 냄새 맡는 담배: 1그램당 21.4원
8. 물담배: 1그램당 1050.1원
9. 머금는 담배: 1그램당 534.5원

② 제조자등은 매월 1일부터 말일까지 제조장 또는 보세구역에서 반출된 담배의 수량과 산출된 부담금의 내역에 관한 자료를 다음 달 15일까지 보건복지부장관에게 제출하여야 한다. 〈개정 2008.2.29., 2010.1.18., 2011.6.7., 2014.5.20.〉

③ 보건복지부장관은 제2항의 규정에 의한 자료를 제출 받은 때에는 그 날부터 5일 이내에 부담금의 금액과 납부기한 등을 명시하여 제조자등에게 납부고지를 하여야 한다. 〈개정 2008.2.29., 2010.1.18.〉

④ 제조자등은 제3항의 규정에 의하여 납부고지를 받은 때에는 납부고지를 받은 달의 말일까지 이를 납부하여야 한다.

⑤ 보건복지부장관은 부담금을 납부하여야 할 자가 제4항의 규정에 의한 납부기한 이내에 부담금을 내지 아니하는 경우 납부기한이 지난 후 10일 이내에 30일 이상의 기간을 정하여 독촉장을 발부하여야 하며, 체납된 부담금에 대해서는 「국세징수법」 제21조를 준용하여 가산금을 징수한다. 〈개정 2008.2.29., 2010.1.18., 2016.3.2.〉

⑥ 보건복지부장관은 제5항의 규정에 의하여 독촉을 받은 자가 그 기간 이내에 부담금과 가산

금을 납부하지 아니한 때에는 국세체납처분의 예에 의하여 이를 징수한다. 〈개정 2008.2.29., 2010.1.18.〉

⑦ 제1항에 따른 담배의 구분에 관하여는 담배의 성질과 모양, 제조과정 등을 기준으로 하여 대통령령으로 정한다. 〈신설 2014.5.20.〉

[전문개정 2002.1.19.]

제23조의2(부담금의 납부담보) ① 보건복지부장관은 부담금의 납부 보전을 위하여 대통령령이 정하는 바에 따라 제조자등에게 담보의 제공을 요구할 수 있다. 〈개정 2008.2.29., 2010.1.18.〉

② 보건복지부장관은 제1항의 규정에 따라 담보제공의 요구를 받은 제조자등이 담보를 제공하지 아니하거나 요구분의 일부만을 제공한 경우 특별시장·광역시장·시장·군수 및 세관장에게 담배의 반출금지를 요구할 수 있다. 〈개정 2008.2.29., 2010.1.18.〉

③ 제2항의 규정에 따라 담배의 반출금지 요구를 받은 특별시장·광역시장·시장·군수 및 세관장은 이에 응하여야 한다.

[본조신설 2006.9.27.]

제23조의3(부담금 부과·징수의 협조) ① 보건복지부장관은 부담금의 부과·징수와 관련하여 필요한 경우에는 중앙행정기관·지방자치단체 그 밖의 관계 기관·단체 등에 대하여 자료제출 등의 협조를 요청할 수 있다. 〈개정 2008.2.29., 2010.1.18.〉

② 제1항의 규정에 따른 협조요청을 받은 중앙행정기관·지방자치단체 그 밖의 관계 기관·단체 등은 특별한 사유가 없는 한 이에 응하여야 한다.

③ 제1항 및 제2항의 규정에 따라 보건복지부장관에게 제출되는 자료에 대하여는 사용료·수수료 등을 면제한다. 〈개정 2008.2.29., 2010.1.18.〉

[본조신설 2006.9.27.]

제24조(기금의 관리·운용) ① 기금은 보건복지부장관이 관리·운용한다. 〈개정 1997.12.13., 2008.2.29., 2010.1.18.〉

② 보건복지부장관은 기금의 운용성과 및 재정상태를 명확히 하기 위하여 대통령령이 정하는 바에 의하여 회계처리하여야 한다. 〈개정 1997.12.13., 2008.2.29., 2010.1.18., 2017.12.30.〉

③ 기금의 관리·운용 기타 필요한 사항은 대통령령으로 정한다.

제25조(기금의 사용등) ① 기금은 다음 각호의 사업에 사용한다. 〈개정 2004.12.30., 2016.3.2.〉

1. 금연교육 및 광고, 흡연피해 예방 및 흡연피해자 지원 등 국민건강관리사업
2. 건강생활의 지원사업
3. 보건교육 및 그 자료의 개발
4. 보건통계의 작성·보급과 보건의료관련 조사·연구 및 개발에 관한 사업
5. 질병의 예방·검진·관리 및 암의 치료를 위한 사업

6. 국민영양관리사업

7. 구강건강관리사업

8. 시·도지사 및 시장·군수·구청장이 행하는 건강증진사업

9. 공공보건의료 및 건강증진을 위한 시설·장비의 확충

10. 기금의 관리·운용에 필요한 경비

11. 그 밖에 국민건강증진사업에 소요되는 경비로서 대통령령이 정하는 사업

② 보건복지부장관은 기금을 제1항 각호의 사업에 사용함에 있어서 아동·청소년·여성·노인·장애인 등에 대하여 특별히 배려·지원할 수 있다. 〈신설 2004.12.30., 2008.2.29., 2010.1.18., 2011.6.7.〉

③ 보건복지부장관은 기금을 제1항 각호의 사업에 사용함에 있어서 필요한 경우에는 보조금으로 교부할 수 있다. 〈개정 1997.12.13., 2008.2.29., 2010.1.18.〉

제4장 보칙

제26조(비용의 보조) 국가 또는 지방자치단체는 매 회계연도마다 예산의 범위안에서 건강증진사업의 수행에 필요한 비용의 일부를 부담하거나 이를 수행하는 법인 또는 단체에 보조할 수 있다.

제27조(지도·훈련) ① 보건복지부장관은 보건교육을 담당하거나 국민영양조사 및 영양에 관한 지도를 담당하는 공무원 또는 보건복지부령이 정하는 단체 및 공공기관에 종사하는 담당자의 자질향상을 위하여 필요한 지도와 훈련을 할 수 있다. 〈개정 1997.12.13., 2008.2.29., 2010.1.18.〉

② 제1항의 규정에 의한 훈련에 관하여 필요한 사항은 보건복지부령으로 정한다. 〈개정 1997.12.13., 2008.2.29., 2010.1.18.〉

제28조(보고·검사) ① 보건복지부장관, 시·도지사 및 시장·군수·구청장은 필요하다고 인정하는 때에는 제7조제1항, 제8조제4항, 제9조제2항부터 제4항까지, 제9조의2, 제9조의4 또는 제23조제1항의 규정에 해당하는 자에 대하여 당해업무에 관한 보고를 명하거나 관계공무원으로 하여금 그의 사업소 또는 사업장에 출입하여 장부·서류 기타의 물건을 검사하게 할 수 있다. 〈개정 1997.12.13., 1999.2.8., 2008.2.29., 2010.1.18., 2011.6.7.〉

② 제1항의 규정에 의하여 검사를 하는 공무원은 그 권한을 나타내는 증표를 관계인에게 내보여야 한다.

제29조(권한의 위임·위탁) ① 이 법에 의한 보건복지부장관의 권한은 대통령령이 정하는 바에 의하여 그 일부를 시·도지사에게 위임할 수 있다. 〈개정 1997.12.13., 2008.2.29., 2010.1.18.〉

② 보건복지부장관은 이 법에 의한 업무의 일부를 대통령령이 정하는 바에 의하여 건강증진사업을 행하는 법인 또는 단체에 위탁할 수 있다. 〈개정 1997.12.13., 2008.2.29., 2010.1.18.〉

제30조(수수료) ① 지방자치단체의 장은 건강증진사업에 소요되는 경비중 일부에 대하여 그 이용자로부터 조례가 정하는 바에 의하여 수수료를 징수할 수 있다.

② 제1항의 규정에 의하여 수수료를 징수하는 경우 지방자치단체의 장은 노인, 장애인, 생활보호법

에 의한 생활보호대상자등에 대하여 수수료를 감면하여야 한다.

제5장 벌칙

제31조(벌칙) 제21조를 위반하여 정당한 사유 없이 건강검진의 결과를 공개한 자는 3년 이하의 징역 또는 3천만원 이하의 벌금에 처한다.

[본조신설 2014.3.18.]

[종전 제31조는 제31조의2로 이동 〈2014.3.18.〉]

제31조의2(벌칙) 다음 각 호의 어느 하나에 해당하는 자는 1년 이하의 징역 또는 1천만원 이하의 벌금에 처한다. 〈개정 2001.4.7., 2006.9.27., 2007.12.14., 2011.6.7., 2015.6.22.〉

1. 제8조제4항을 위반하여 경고문구를 표기하지 아니하거나 이와 다른 경고문구를 표기한 자
2. 제9조의2를 위반하여 경고그림·경고문구·발암성물질·금연상담전화번호를 표기하지 아니하거나 이와 다른 경고그림·경고문구·발암성물질·금연상담전화번호를 표기한 자
3. 제9조의4를 위반하여 담배에 관한 광고를 한 자
4. 삭제 〈2014.3.18.〉

[제31조에서 이동 〈2014.3.18.〉]

제32조(벌칙) 제7조제1항의 규정에 위반하여 정당한 사유없이 광고의 내용변경 또는 금지의 명령을 이행하지 아니한 자는 100만원 이하의 벌금에 처한다.

[전문개정 1999.2.8.]

제33조(양벌규정) 법인의 대표자나 법인 또는 개인의 대리인, 사용인 그 밖의 종업원이 그 법인 또는 개인의 업무에 관하여 제31조, 제31조의2 또는 제32조의 위반행위를 하면 그 행위자를 벌하는 외에 그 법인 또는 개인에게도 해당 조문의 벌금형을 과(科)한다. 다만, 법인 또는 개인이 그 위반행위를 방지하기 위하여 해당 업무에 관하여 상당한 주의와 감독을 게을리하지 아니한 경우에는 그러하지 아니하다. 〈개정 2014.3.18.〉

[전문개정 2010.5.27.]

제34조(과태료) ① 다음 각 호의 어느 하나에 해당하는 자에게는 500만원 이하의 과태료를 부과한다. 〈개정 1999.2.8., 2002.1.19., 2011.6.7., 2016.12.2., 2017.12.30.〉

1. 제9조제2항의 규정에 위반하여 담배자동판매기를 설치하여 담배를 판매한 자
2. 제9조제9항에 따른 시정명령을 따르지 아니한 자
3. 제9조의3을 위반하여 가향물질을 표시하는 문구나 그림·사진을 제품의 포장이나 광고에 사용한 자
4. 제23조제2항의 규정에 위반하여 자료를 제출하지 아니하거나 허위의 자료를 제출한 자

② 다음 각호의 1에 해당하는 자는 300만원 이하의 과태료에 처한다. 〈신설 2002.1.19., 2003.7.29., 2011.6.7.〉

1. 제9조제3항의 규정에 위반하여 성인인증장치가 부착되지 아니한 담배자동판매기를 설치하여 담배를 판매한 자

2. 삭제 〈2011.6.7.〉

3. 제28조의 규정에 의한 보고를 하지 아니하거나 허위로 보고한 자와 관계공무원의 검사를 거부·방해 또는 기피한 자

③ 제9조제8항을 위반하여 금연구역에서 흡연을 한 자에게는 10만원 이하의 과태료를 부과한다. 〈신설 2010.5.27., 2016.3.2., 2017.12.30.〉

④ 제1항부터 제3항까지의 규정에 따른 과태료는 대통령령으로 정하는 바에 따라 보건복지부장관, 시·도지사 또는 시장·군수·구청장이 부과·징수한다. 〈신설 2017.12.30.〉

[제목개정 2016.12.2.]

제35조 삭제 〈2017.12.30.〉

제36조 삭제 〈1999.2.5.〉

부칙 〈제15339호, 2017.12.30.〉

제1조(시행일) 이 법은 공포한 날부터 시행한다. 다만, 제9조제4항제24호의 개정규정은 공포 후 6개월이 경과한 날부터, 제9조제6항의 개정규정은 공포 후 1년이 경과한 날부터 각각 시행한다.

제2조(국민건강증진부담금에 관한 적용례) 제23조제1항제2호의 개정규정은 이 법 시행 후 최초로 제조장 또는 보세구역에서 반출하는 분부터 적용한다.

어린이 식생활안전관리 특별법(약칭: 어린이식생활법)

[시행 2017.5.30.] [법률 제14263호, 2016.5.29., 일부개정]

식품의약품안전처(식생활안전과) 043-719-2304

제1장 총칙

제1조(목적) 이 법은 어린이들이 올바른 식생활 습관을 갖도록 하기 위하여 안전하고 영양을 고루 갖춘 식품을 제공하는 데 필요한 사항을 규정함으로써 어린이 건강증진에 기여함을 목적으로 한다.

제2조(정의) 이 법에서 사용하는 용어의 정의는 다음과 같다. 〈개정 2010.5.25., 2013.3.23., 2013.7.30., 2016.2.3.〉

1. "어린이"란 제3호에 따른 학교의 학생 또는 「아동복지법」에 따른 아동에 해당되는 자를 말한다.
2. "어린이 기호식품"이란 「식품위생법」 또는 「축산물 위생관리법」에 따른 식품 중 주로 어린이들이 선호하거나 자주 먹는 음식물로서 대통령령으로 정하는 식품을 말한다.
3. "학교"란 「초·중등교육법」 제2조에 따른 초등학교, 중학교, 고등학교 및 특수학교를 말한다.
4. "어린이 식생활 안전지수"란 어린이를 위하여 식품안전 및 영양관리에 관한 정책을 수행하고 어린이 기호식품 및 단체급식 등을 제조·판매 또는 공급하는 환경을 개선하는 정도를 평가하여 도출한 수치(이하 "식생활 안전지수"라 한다)를 말한다.
5. "고열량·저영양 식품"이란 식품의약품안전처장이 정한 기준보다 열량이 높고 영양가(營養價)가 낮은 식품으로서 비만이나 영양불균형을 초래할 우려가 있는 어린이 기호식품을 말한다.
6. "고카페인 함유 식품"이란 「식품위생법」 제10조 또는 「축산물 위생관리법」 제6조의 표시기준에 따라 고카페인 함유로 표시된 식품을 말한다.

제3조(국가 등의 책무) ① 국가는 어린이가 건강하게 성장할 수 있도록 어린이에게 제공되는 식품의 안전과 영양수준을 개선하기 위한 정책을 수립하고 이를 시행할 책무를 진다.

② 국가 및 지방자치단체는 어린이에게 제공되는 식품의 안전과 영양수준의 개선을 위한 정책을 수립·시행할 때 과학적 합리성, 일관성, 투명성, 신속성 및 사전예방의 원칙이 유지되도록 하여야 한다.

③ 어린이 기호식품을 제조·가공, 조리 또는 진열·판매하는 자와 단체급식을 제공하는 자는 관계 법령으로 정하는 바에 따라 안전하고 영양가 있는 식품을 공급하도록 노력하여야 한다.

제4조(다른 법률과의 관계) 식품의 위생적 취급방법 및 식품의 안전관리 등에 관하여 이 법에 규정이 있는 경우를 제외하고는 「식품위생법」, 「학교급식법」 및 「축산물위생관리법」에 따른다. 〈개정 2010.5.25.〉

제2장 어린이 식품안전보호구역 지정관리

제5조(어린이 식품안전보호구역 지정) ① 시장·군수 또는 구청장(자치구의 구청장을 말한다. 이하 같다)은 안전하고 위생적인 식품판매 환경의 조성으로 어린이를 보호하기 위하여 학교와 해당 학교의 경계선으로부터 직선거리 200미터의 범위 안의 구역을 어린이 식품안전보호구역(이하 "어린이 식품안전보호구역"이라 한다)으로 지정·관리할 수 있다.

② 어린이 식품안전보호구역 지정에 관한 세부사항은 대통령령으로 정한다.

제6조(어린이 기호식품 조리·판매업소 관리) ① 시장·군수 또는 구청장은 어린이 식품안전보호구역에서 어린이 기호식품을 조리 또는 진열·판매하는 업소 중 대통령령으로 정하는 업소를 어린이 기호식품 조리·판매업소(이하 "조리·판매업소"라 한다)로 관리하여야 한다.

② 시장·군수 또는 구청장은 조리·판매업소에 대하여 위생적이고 안전한 식품을 조리 또는 진열·판매하도록 계도하기 위하여 「식품위생법」 제33조제1항에 따른 소비자식품위생감시원의 자격을 갖춘 자를 어린이 기호식품 전담 관리원(이하 "전담 관리원"이라 한다)으로 지정할 수 있다. 〈개정 2009.2.6.〉

③ 전담 관리원을 지정·운영하는 데 사용되는 경비의 일부를 국고에서 보조하거나 「식품위생법」 제89조에 따른 식품진흥기금에서 지원할 수 있다. 〈개정 2009.2.6., 2014.5.21.〉

④ 조리·판매업소의 관리방법, 전담 관리원의 지정 및 업무범위 등에 관한 세부사항은 보건복지부장관과 협의하여 총리령으로 정한다. 〈개정 2010.1.18., 2013.3.23.〉

제7조(우수판매업소 지정 등) ① 시장·군수 또는 구청장은 어린이 식품안전보호구역에서 보건복지부장관과 협의하여 총리령으로 정하는 안전하고 위생적인 시설기준을 갖추고 고열량·저영양 식품과 고카페인 함유 식품을 판매하지 아니하는 업소를 어린이 기호식품 우수판매업소(이하 "우수판매업소"라 한다)로 지정하여 보건복지부장관과 협의하여 총리령으로 정한 로고 등을 표시하거나 광고에 사용하게 할 수 있다. 〈개정 2010.1.18., 2013.3.23., 2013.7.30.〉

② 우수판매업소로 지정을 받고자 하는 자는 보건복지부장관과 협의하여 총리령으로 정하는 방법 및 절차 등에 따라 업소의 소재지 관할 시장·군수 또는 구청장에게 신청하여야 한다. 〈개정 2010.1.18., 2013.3.23.〉

③ 우수판매업소로 지정받으려는 자와 지정받은 자에 대하여 조리기구·시설 및 진열·판매시설의 개·보수를 위한 비용의 일부를 대통령령으로 정하는 바에 따라 국고보조 또는 「식품위생법」 제89조에 따른 식품진흥기금에서 지원할 수 있다. 다만, 비용을 지원받은 자가 다음 각 호의 어느 하나에 해당하는 경우에는 지원받은 금액을 반환하여야 한다. 〈개정 2009.2.6., 2016.2.3.〉

1. 우수판매업소로 지정을 받지 못한 경우
2. 지원을 받은 후 1년 이내에 폐업한 경우
3. 지원을 받은 날부터 3년 이내에 휴업한 경우로서 그 휴업기간이 합산하여 1년 이상인 경우

제3장 어린이 기호식품 관리 등

제8조(고열량·저영양 식품 등의 판매 금지 등) ① 식품의약품안전처장은 고열량·저영양 식품의 영양성분 기준을 정하여 고시할 수 있다. 〈개정 2013.3.23.〉

② 식품의약품안전처장은 다음 각 호의 어느 하나에 해당하는 장소에서는 고열량·저영양 식품과 고카페인 함유 식품의 판매를 대통령령으로 정하는 바에 따라 제한하거나 금지할 수 있다. 〈개정 2013.3.23., 2013.7.30.〉

1. 학교
2. 우수판매업소

[제목개정 2013.7.30.]

제9조(정서저해 식품 등의 판매 금지 등) ① 식품의약품안전처장은 어린이 기호식품 중 다음 각 호와 같이 사행심을 조장하거나 성적인 호기심을 유발하는 등 어린이의 건전한 정서를 해할 우려가 있는 식품이나 그러한 도안이나 문구가 들어있는 식품에 대하여 판매나 판매 목적의 제조·가공·수입·조리·저장·운반 및 진열을 금지할 수 있다. 〈개정 2013.3.23.〉

1. 돈·화투·담배 또는 술병의 형태로 만든 식품
2. 인체의 특정부위 모양으로 성적 호기심을 유발하는 식품
3. 게임기 등을 이용하여 판매하는 식품
4. 그 밖에 제1호부터 제3호까지에 준하는 사항으로 식품의약품안전처장이 정하는 식품

② 제1항에 따라 금지할 수 있는 식품의 모양, 도안 또는 문구 등은 식품의약품안전처장이 제25조에 따른 어린이식생활안전관리위원회의 심의를 거쳐 고시하여야 한다. 〈개정 2013.3.23.〉

제10조(광고의 제한·금지 등) ① 어린이 기호식품 중 고열량·저영양 식품 및 고카페인 함유 식품을 제조·가공·수입·유통·판매하는 자는 방송, 라디오 및 인터넷을 이용하여 식품이 아닌 장난감이나 그 밖에 어린이의 구매를 부추길 수 있는 물건을 무료로 제공한다는 내용이 담긴 광고를 하여서는 아니 된다. 〈개정 2016.2.3.〉

② 식품의약품안전처장은 어린이 기호식품을 제조·가공·수입·유통·판매하는 자가 「방송법」 제2조제1호가목의 텔레비전방송을 이용하여 고열량·저영양 식품과 고카페인 함유 식품을 광고하는 경우 그 광고시간의 일부를 제한하거나 광고를 금지하게 할 수 있다. 〈개정 2013.3.23., 2013.7.30.〉

③ 식품의약품안전처장은 제2항에 따라 광고시간의 일부를 제한하거나 광고를 금지하고자 하는 경우 그 대상이 되는 고열량·저영양 식품과 고카페인 함유 식품을 정하여 고시하여야 한다. 〈개정 2013.3.23., 2013.7.30.〉

④ 제2항에 따라 광고가 제한되는 시간, 그 밖에 제한 및 금지와 관련된 필요한 세부사항은 대통령령으로 정한다.

제4장 올바른 식생활 정보 제공 등

제11조(영양성분 표시) ①「식품위생법」 제36조제1항제3호에 따른 식품접객영업자 중 주로 어린이 기호식품을 조리·판매하는 업소로서 대통령령으로 정하는 영업자는 조리·판매하는 식품의 영양성분을 식품의약품안전처장이 정하는 표시기준 및 방법 등에 따라 표시하여야 한다. 〈개정 2009.2.6., 2016.2.3.〉

② 식품의약품안전처장은 제1항에 따른 영양성분 표시를 위한 표시기준 및 방법 등을 정하여 고시하여야 한다. 〈개정 2013.3.23.〉

제11조의2(알레르기 유발 식품 표시) ①「식품위생법」 제36조제1항제3호에 따른 식품접객영업자 중 주로 어린이 기호식품을 조리·판매하는 업소로서 대통령령으로 정하는 영업자는 조리·판매하는 식품에 알레르기를 유발할 수 있는 성분·원료가 포함된 경우 그 원재료명을 식품의약품안전처장이 정하는 표시기준 및 방법 등에 따라 표시하여야 한다.

② 식품의약품안전처장은 제1항에 따른 알레르기 유발 식품 표시를 위한 표시기준 및 방법 등을 정하여 고시하여야 한다.

[본조신설 2016.5.29.]

제12조(영양성분의 함량 색상·모양 표시) ① 식품의약품안전처장은 어린이 기호식품 중 총리령으로 정하는 식품에 들어 있는 총지방, 포화지방, 당(糖), 나트륨 등 영양성분의 함량에 따라 높음, 보통, 낮음 등의 등급을 정하여 그 등급에 따라 어린이들이 알아보기 쉽게 녹색, 황색, 적색 등의 색상과 원형 등의 모양으로 표시(이하 "색상·모양 표시"라 한다)하도록 식품 제조·가공·수입업자에게 권고할 수 있다. 〈개정 2010.1.18., 2013.3.23.〉

② 제1항에 따라 식품의약품안전처장이 색상·모양 표시를 하게 하는 경우 원형 등의 모양에 어린이 기호식품이 함유하고 있는 각각의 해당 영양성분이 하루 권장 섭취량에서 차지하는 비율을 명기하도록 하여야 한다. 〈개정 2013.3.23.〉

③ 식품의약품안전처장은 색상·모양 표시를 위하여 표시방법 등을 정하여 고시하여야 한다. 〈개정 2013.3.23.〉

[전문개정 2009.5.21.]

제12조의2(고카페인 함유 식품의 색상 표시) ① 식품의약품안전처장은 고카페인 함유 식품에 어린이들이 알아보기 쉽게 눈에 띄는 적색의 모양으로 표시하도록 식품 제조·가공·수입업자에게 권고할 수 있다.

② 식품의약품안전처장은 제1항의 표시를 위하여 표시방법 등을 정하여 고시하여야 한다.

[본조신설 2013.7.30.]

제13조(어린이 식품안전·영양교육 및 홍보 등) ① 식품의약품안전처장, 특별시장·광역시장·도지사·특별자치도지사(이하 "시·도지사"라 한다), 시장·군수·구청장 또는 시·도 교육청장은 모든 어린이들이

건강하고 바른 식생활을 실천할 수 있도록 개인 또는 집단의 특성, 건강상태 및 건강의식 수준에 따라 어린이 기호식품에 대한 안전과 영양공급 등에 대한 교육 및 홍보를 실시하여야 한다. 〈개정 2013.3.23.〉

② 학교 중 초등학교의 장은 어린이 식생활 관리에 필요한 안전 및 영양교육을 정기적으로 실시하여야 한다.

제14조(품질인증기준 및 표시) ① 식품의약품안전처장은 안전하고 영양을 고루 갖춘 어린이 기호식품의 제조·가공·유통·판매를 권장하기 위하여 식품의약품안전처장이 고시한 품질인증기준(이하 "품질인증기준"이라 한다)에 적합한 어린이 기호식품에 대하여 품질인증을 할 수 있다. 〈개정 2013.3.23.〉

② 제1항에 따라 품질인증을 받은 어린이 기호식품(이하 "품질인증식품"이라 한다)은 용기·포장 등에 보건복지부장관과 협의하여 총리령으로 정하는 바에 따라 도형 또는 문자의 표시(이하 "품질인증식품 표시"라 한다)를 할 수 있다. 〈개정 2010.1.18., 2013.3.23.〉

③ 식품의약품안전처장은 제1항에 따른 품질인증 업무를 식품 관련 정부출연기관 또는 단체로서 대통령령으로 정하는 기관 또는 단체에 위탁할 수 있다. 이 경우 제15조제1항 후단에 따른 수수료 외에 인증업무에 사용되는 비용은 국가가 지원하여야 한다. 〈개정 2013.3.23.〉

제15조(품질인증의 신청 및 심사) ① 어린이 기호식품을 제조·가공·수입·조리하는 자는 품질인증식품 표시를 하고자 하는 경우 식품의약품안전처장에게 신청하여야 한다. 이 경우 보건복지부장관과 협의하여 총리령으로 정하는 수수료를 납부하여야 한다. 〈개정 2010.1.18., 2013.3.23.〉

② 제1항에 따라 품질인증신청을 받은 식품의약품안전처장은 해당 식품이 품질인증기준에 적합한지를 심사하여야 한다. 〈개정 2013.3.23.〉

③ 제2항에 따른 품질인증 심사 결과에 대하여 이의가 있는 자는 재심사를 신청할 수 있다.

④ 품질인증식품의 인증을 받은 자는 품질인증식품의 제품명 등 총리령으로 정하는 사항을 변경하려면 식품의약품안전처장에게 미리 신고하여야 한다. 〈신설 2016.2.3.〉

⑤ 품질인증식품의 인증 신청, 심사, 재심사 및 변경신고의 절차·방법 등에 관하여 필요한 사항은 보건복지부장관과 협의하여 총리령으로 정한다. 〈개정 2010.1.18., 2013.3.23., 2016.2.3.〉

제16조(품질인증의 유효기간) 품질인증식품의 인증 유효기간은 인증을 받은 날부터 3년으로 한다. 〈개정 2016.2.3.〉

제17조(부정행위의 금지 등) 누구든지 다음 각 호의 어느 하나에 해당하는 행위를 하여서는 아니 된다.

1. 속임수 등 부정한 방법으로 품질인증을 받는 행위
2. 품질인증식품이 아닌 식품에 대하여 품질인증식품 표시 또는 유사한 표시를 하는 행위
3. 제2호에 따른 행위를 알고 해당 식품을 판매하거나 판매할 목적으로 보관·운반 또는 진열하는 행위

제18조(품질인증 취소 및 표시변경 명령 등) ① 식품의약품안전처장은 품질인증식품의 인증을 받은 자가 다음 각 호의 어느 하나에 해당하는 경우에는 그 인증을 취소하거나 6개월의 범위에서 기간을 정하여 표시사용을 하지 못하게 할 수 있다. 다만, 제1호 또는 제3호에 해당하는 경우에는 그 인증을 취소하여야 한다. 〈개정 2010.5.25., 2013.3.23., 2013.7.30., 2016.2.3.〉

1. 속임수 등 부정한 방법으로 품질인증을 받은 경우
2. 품질인증식품이 품질인증식품 기준과 맞지 아니한 경우
3. 부적합하게 제조·생산되어 인체의 건강에 대한 위해가 발생한 경우
4. 삭제 〈2016.2.3.〉
5. 품질인증식품이 「식품위생법」, 「학교급식법」 또는 「축산물 위생관리법」을 위반하여 영업정지, 품목류제조정지, 품목제조정지의 행정처분을 받아 그 처분이 진행 중인 경우
6. 제15조제4항에 따른 변경신고를 하지 아니한 경우

② 식품의약품안전처장은 품질인증식품 표시가 된 어린이 기호식품에 대하여 수거·검사 등을 실시하여야 하고, 그 결과 품질인증기준에 맞지 아니한 경우 품질인증을 취소하거나 그 식품을 제조·가공·수입한 자 또는 유통·판매업자에게 품질인증식품 표시의 변경, 6개월 이내의 사용정지 또는 판매금지 등 필요한 조치를 명할 수 있다. 〈개정 2013.3.23., 2013.7.30., 2016.2.3.〉

③ 제1항 및 제2항에 따른 인증취소 및 표시변경·사용정지 등의 세부적인 기준은 보건복지부장관과 협의하여 총리령으로 정한다. 〈개정 2010.1.18., 2013.3.23.〉

제19조 삭제 〈2016.2.3.〉

제20조 삭제 〈2016.2.3.〉

제5장 어린이급식관리지원센터

제21조(어린이급식관리지원센터 등 설치·운영) ① 시·도지사 또는 시장·군수·구청장은 어린이에게 단체급식을 제공하는 다음 각 호의 급식소(이하 "급식소"라 한다)에 대한 위생 및 영양관리를 지원하기 위하여 어린이급식관리지원센터를 설치·운영할 수 있다. 이 경우 시장·군수·구청장은 연합하여 공동으로 어린이급식관리지원센터를 설치·운영할 수 있다. 〈개정 2011.6.7., 2014.1.28.〉

1. 「영유아보육법」에 따라 보호자의 위탁을 받아 영유아를 보육하는 어린이집의 급식소
2. 「유아교육법」에 따라 유아의 교육을 위하여 설립·운영하는 유치원에 대한 급식소
3. 「학교급식법」에 따라 학교급식 대상이 되는 학교의 급식소
4. 그 밖에 어린이에게 단체급식을 제공하는 급식소 중 대통령령으로 정한 급식소

② 식품의약품안전처장은 제1항에 따른 어린이급식관리지원센터(이하 "어린이급식관리지원센터"라 한다)의 통합 운영 및 관리를 위하여 중앙급식관리지원센터를 설치·운영할 수 있다. 〈신설 2014.1.28.〉

③ 어린이급식관리지원센터와 제2항에 따른 중앙급식관리지원센터(이하 "중앙급식관리지원센터"라 한

다)는 법인으로 하거나 대통령령으로 정하는 식품 관련 기관 또는 단체에 운영을 위탁할 수 있고, 어린이급식관리지원센터는 「학교급식법」 제5조제4항에 따른 학교급식지원센터와 통합·운영할 수 있다. 〈개정 2011.3.30., 2014.1.28.〉

④ 제1항에 따라 어린이급식관리지원센터에 근무하는 영양사와 위생 업무 담당자의 수, 그 직무범위 및 그 밖의 설치·운영에 관한 필요한 사항은 대통령령으로 정한다. 〈개정 2014.1.28.〉

⑤ 국가 또는 지방자치단체는 제1항에 따라 어린이급식관리지원센터의 설치·운영 등에 필요한 비용의 일부를 대통령령으로 정하는 바에 따라 보조하거나 「식품위생법」 제89조에 따른 식품진흥기금에서 지원할 수 있고, 중앙급식관리지원센터는 국가가 전부를 지원할 수 있다. 〈개정 2009.2.6., 2014.1.28.〉

[제목개정 2014.1.28.]

제21조의2(어린이급식관리지원센터 등에 대한 감독·지도) ① 식품의약품안전처장은 어린이급식관리지원센터 및 중앙급식관리지원센터에 대하여 감독상 필요한 때에는 그 업무에 관한 사항을 보고하게 하거나 자료의 제출 등 필요한 명령을 할 수 있고, 소속 공무원으로 하여금 그 사무소에 출입하여 장부·서류 등을 검사하게 할 수 있다.

② 식품의약품안전처장은 어린이급식관리지원센터가 급식소에 대한 위생 및 영양관리 지원을 원활하게 수행하고 있는지 등을 확인하기 위하여 매년 1회 이상 어린이급식관리지원센터와 어린이급식관리지원센터에 등록한 급식소에 대하여 지도·점검 및 평가 등을 할 수 있다.

③ 제1항 및 제2항에서 규정한 사항 외에 어린이급식관리지원센터와 어린이급식관리지원센터에 등록한 급식소에 대한 감독·지도 등에 필요한 사항은 총리령으로 정한다.

[본조신설 2014.1.28.]

제22조(영양사 고용 등의 특례) ① 「식품위생법」 제52조에도 불구하고 어린이급식관리지원센터에 등록하여 관리되는 집단급식소 중 상시 1회 100명 미만에게 식사를 제공하는 급식소는 영양사를 두지 아니할 수 있다. 다만, 학교의 집단급식소는 영양사를 두어야 한다. 〈개정 2009.2.6., 2014.1.28.〉

② 제1항에 따른 등록관리 및 절차 등에 관하여 필요한 사항은 보건복지부령으로 정한다. 〈개정 2010.1.18.〉

제6장 식생활 안전관리체계 구축

제23조(식생활 안전지수 조사 등) ① 식품의약품안전처장은 어린이 식생활의 안전과 영양수준을 객관적으로 확인·평가하기 위하여 식생활 안전지수를 대통령령으로 정하는 바에 따라 정기적으로 조사하여 공표하여야 한다. 〈개정 2013.3.23.〉

② 식품의약품안전처장은 제1항에 따른 식생활 안전지수의 조사업무를 대통령령으로 정하는 단체 또는 기관에 위탁할 수 있다. 이 경우 조사에 사용되는 비용은 국가가 지원하여야 한다. 〈개정 2013.3.23.〉

③ 제1항에 따른 식생활 안전지수의 조사 항목 및 방법 등에 관하여 필요한 사항은 식품의약품안전처장이 정하여 고시한다. 〈개정 2013.3.23.〉

제24조(시·군·구의 식생활 안전·영양수준 평가 등) ① 식품의약품안전처장은 제23조제1항에 따른 식생활 안전지수를 이용하여 시·군·구(자치구를 말한다. 이하 같다)별로 식생활 안전·영양수준을 조사·평가하여 그 결과를 공표할 수 있다. 〈개정 2013.3.23.〉

② 제1항에 따른 식생활 안전·평가수준의 조사절차, 평가방법 등에 관하여 필요한 사항은 보건복지부장관과 협의하여 총리령으로 정한다. 〈개정 2010.1.18., 2013.3.23.〉

제25조(어린이식생활안전관리위원회) ① 식품의약품안전처장의 자문에 응하여 어린이 기호식품과 단체급식 등의 안전과 영양관리 등 어린이 식생활의 안전관리에 필요한 사항을 심의하기 위하여 식품의약품안전처에 어린이식생활안전관리위원회(이하 "위원회"라 한다)를 둔다. 〈개정 2013.3.23.〉

② 위원회의 업무는 다음 각 호와 같다. 〈개정 2013.3.23.〉

1. 어린이 식생활 안전관리에 관한 종합계획의 수립에 관한 사항
2. 어린이 기호식품 및 단체급식의 안전과 영양관리에 필요한 제도개선 사항
3. 어린이 기호식품 및 단체급식의 안전과 영양성분의 기준 관리에 관한 사항
4. 어린이 기호식품 및 단체급식의 안전과 영양에 관한 실태조사 및 연구사업 등에 관한 사항
5. 어린이 식생활 안전관리를 위한 교육·홍보에 관한 사항
6. 그 밖에 어린이 기호식품의 안전과 영양관리에 관련된 사항으로 식품의약품안전처장 또는 위원장이 심의 요청하는 사항

③ 위원회는 직무수행을 위하여 필요한 때에는 전문적인 지식과 경험이 있는 관계 공무원 또는 전문가를 참석하게 하여 의견을 듣거나 관계 기관 및 단체 등에 대하여 필요한 자료 또는 의견의 제출 등 협조를 요청할 수 있다.

④ 위원회의 구성·조직, 그 밖의 운영 등에 관하여 필요한 사항은 대통령령으로 정한다.

제26조(어린이 식생활 안전관리종합계획 수립) ① 식품의약품안전처장은 3년마다 관계 중앙행정기관의 장과 협의하여 어린이 기호식품과 단체급식 등의 안전 및 영양관리 등에 관한 어린이 식생활 안전관리종합계획을 위원회의 심의를 거쳐 수립하여야 한다. 〈개정 2013.3.23., 2016.2.3.〉

② 제1항에 따른 어린이 식생활 안전관리종합계획(이하 "종합계획"이라 한다)은 다음 각 호의 사항이 포함되어야 한다.

1. 어린이 기호식품 등의 안전정책의 목표 및 기본방향
2. 어린이 기호식품 등의 변화와 전망
3. 어린이 기호식품 등의 제도개선에 관한 사항
4. 어린이 기호식품 등에 관련한 연구 및 기술개발에 관한 사항
5. 어린이 기호식품 등의 안전을 위한 국제협력에 관한 사항

6. 어린이 기호식품 등을 제조·가공·수입·조리하여 판매하는 자에 대한 지원과 안전성 확보를 위한 지원방법에 관한 사항

7. 그 밖에 어린이 기호식품 등의 안전성 확보를 위하여 필요한 사항

③ 식품의약품안전처장, 관계 중앙행정기관의 장 및 지방자치단체의 장은 종합계획을 기초로 하여 매년 어린이 식생활 안전관리시행계획(이하 "시행계획"이라 한다)을 수립·시행하여야 한다. 〈개정 2016.2.3.〉

④ 그 밖에 종합계획 및 시행계획의 수립·시행에 관하여 필요한 사항은 대통령령으로 정한다.

제26조의2(실태조사 등) ① 식품의약품안전처장은 제26조에 따른 종합계획 및 시행계획의 수립·시행에 필요한 기초자료를 확보하기 위하여 어린이 식생활안전관리에 관한 실태조사를 3년마다 실시하고 그 결과를 공표하여야 한다.

② 식품의약품안전처장은 제1항에 따른 실태조사를 위하여 「공공기관의 운영에 관한 법률」에 따른 공공기관의 장, 식품산업을 영위하는 자, 그 밖의 관련 기관 및 단체 등에 대하여 필요한 자료의 제출이나 의견의 진술을 요청할 수 있다. 이 경우 요청을 받은 자는 정당한 사유가 없으면 요청에 협조하여야 한다.

③ 식품의약품안전처는 제1항에 따른 실태조사와 제23조제1항에 따른 식생활 안전지수 조사를 통합하여 실시할 수 있다.

④ 제1항에 따른 실태조사의 방법 등에 필요한 사항은 총리령으로 정한다.

[본조신설 2016.2.3.]

제7장 시정명령 등

제27조(시정명령 등) 식품의약품안전처장, 시·도지사, 시장·군수 또는 구청장은 어린이 식품안전보호구역에서 제8조제2항 또는 제9조에 따른 제한 또는 금지 사항과 제11조제1항을 위반하여 어린이 기호식품을 조리 또는 진열·판매하는 자에 대하여 필요한 시정을 명하여야 한다. 〈개정 2013.3.23., 2016.2.3.〉

제28조(청문) 식품의약품안전처장은 제18조제1항에 따라 품질인증식품 인증을 취소하고자 하는 경우에는 청문을 실시하여야 한다. 〈개정 2016.2.3.〉

제8장 과태료

제29조(과태료) ① 다음 각 호의 어느 하나에 해당하는 자에게는 1천만원 이하의 과태료를 부과한다. 〈개정 2013.7.30., 2016.2.3., 2016.5.29.〉

1. 제7조제1항에 따라 우수판매업소로 지정받지 아니한 자가 우수판매업소의 로고 등을 표시·광고에 사용한 자

2. 제8조제2항에 따른 고열량·저영양 식품 또는 고카페인 함유 식품 판매의 제한 또는 금지 사항

을 지키지 아니한 자

3. 제9조제1항에 따른 금지사항을 위반하여 어린이 정서를 저해하는 어린이 기호식품을 판매한 자 또는 판매의 목적으로 제조·가공·수입·조리·저장·운반 및 진열한 자

4. 제10조제1항을 위반하여 광고한 자

5. 제10조제2항에 따른 어린이 기호식품의 광고시간의 제한 또는 금지 사항을 위반한 자

6. 제11조제1항을 위반하여 조리·판매하는 식품의 영양성분을 표시기준 및 방법 등에 따라 표시하지 아니한 자

6의2. 제11조의2제1항을 위반하여 조리·판매하는 식품에 알레르기를 유발할 수 있는 성분·원료가 포함된 경우 그 원재료명을 표시기준 및 방법 등에 따라 표시하지 아니한 자

7. 제16조를 위반하여 적법한 절차 없이 인증 유효기간을 연장하여 사용한 자

8. 제17조 각 호의 어느 하나에 해당하는 행위를 한 자

9. 제18조제1항에 따라 품질인증이 취소된 어린이 기호식품에 대하여 품질인증식품 표시를 사용한 자 및 품질인증식품 표시의 사용금지 명령을 지키지 아니한 자

10. 삭제 〈2016.2.3.〉

② 제1항에 따른 과태료는 대통령령으로 정하는 바에 따라 식품의약품안전처장, 시·도지사, 시장·군수 또는 구청장이 부과·징수한다. 〈개정 2013.3.23.〉

③ 삭제 〈2013.3.23.〉

④ 삭제 〈2013.3.23.〉

⑤ 삭제 〈2013.3.23.〉

부칙 〈제14263호, 2016.5.29.〉

이 법은 공포 후 1년이 경과한 날부터 시행한다.

식생활교육지원법(약칭: 식생활교육법)

[시행 2016.12.2.] [법률 제14301호, 2016.12.2., 일부개정]

농림축산식품부(식생활소비정책과) 044-201-2272, 2273

제1장 총칙

제1조(목적) 이 법은 식생활에 대한 국민적 인식을 높이기 위하여 필요한 사항을 정함으로써 국민의 식생활 개선, 전통 식생활 문화의 계승·발전, 농어업 및 식품산업 발전을 도모하고 국민의 삶의 질 향상에 기여함을 목적으로 한다.

제2조(정의) 이 법에서 사용하는 용어의 뜻은 다음과 같다.

1. "식생활"이란 식품의 생산, 조리, 가공, 식사용구, 상차림, 식습관, 식사예절, 식품의 선택과 소비 등 음식물의 섭취와 관련된 유·무형의 활동을 말한다.
2. "식생활 교육"이란 개인 또는 집단으로 하여금 올바른 식생활을 자발적으로 실천할 수 있도록 하는 교육을 말한다.
3. "전통 식생활 문화"란 우리 민족 고유의 식생활과 관련된 생활양식이나 행동양식으로서 국가적 차원에서 진흥시킬만한 전통적이고 문화적 가치가 있다고 인정되는 것을 말한다.
4. "학교"란 「유아교육법」 제2조와 「초·중등교육법」 제2조에 따른 학교를 말한다.

제3조(국가와 지방자치단체의 책무) 국가와 지방자치단체는 국민의 식생활 개선과 전통 식생활 문화의 계승·발전 등을 위하여 필요한 시책을 수립하여 시행하여야 한다.

제4조(국민의 책무) 국민은 가정, 학교, 지역, 그 밖에 사회의 모든 분야에서 건전한 식생활 구현에 노력하여야 한다.

제5조(다른 법률과의 관계) 식생활 교육에 대하여 다른 법률에 특별한 규정이 있는 경우를 제외하고는 이 법에서 정하는 바에 따른다.

제2장 식생활 교육의 기본방향

제6조(정책 수립·시행의 기본원칙) 국가와 지방자치단체는 식생활 교육정책을 수립·시행할 때에는 가정의 역할, 사회구조, 식생활 소비환경의 변화 등을 종합적으로 고려하여야 한다.

제7조(건전한 식습관 형성) 식생활 교육은 국민의 건전한 식생활을 도모하기 위하여 식품선택에 관한 적정한 판단력을 배양하고 올바른 식사예절을 실천할 수 있도록 추진되어야 한다.

제8조(식생활에 대한 감사와 이해) 식생활 교육은 국민이 영위하고 있는 식생활이 자연의 혜택과 식생활에 관여하는 모든 사람들의 노력으로 이루어지고 있다는 것을 인식하고 이에 감사하는 마음을 지닐 수 있도록 추진되어야 한다.

제9조(식생활 교육 운동의 전국적 전개) 식생활 교육은 교육관계자, 농어업인, 식품 관련 종사자, 식생활

관련 단체와 소비자 단체의 자발적 참여와 연대하에 전국적으로 전개되어야 한다.

제10조(어린이 식생활 교육) 식생활 교육은 어린이가 올바른 식생활을 실천할 수 있도록 부모, 보호자, 교육관계자, 농어업인, 식품 관련 종사자 등의 적극적 참여하에 지속적으로 추진되어야 한다.

제11조(식생활 체험활동 촉진) 식생활 교육은 환경과 조화를 이룬 식품의 생산부터 소비까지 다양한 식생활 체험활동을 통하여 국민 스스로 올바른 식생활을 실천할 수 있도록 추진되어야 한다.

제12조(전통 식생활 문화 계승과 지역 농수산물의 활용) 식생활 교육은 우수한 한국형 식생활의 확산을 통하여 전통 식생활 문화를 계승·발전시켜 세계화하고, 식품 생산자와 소비자 간의 상호교류 등을 촉진함으로써 농어촌의 경제 활성화와 지역 농수산물의 활용 촉진에 기여하도록 추진되어야 한다.

제13조(환경친화적인 식생활 실천) 식생활 교육은 식품의 생산부터 소비까지 일련의 과정에서 에너지와 자원의 사용을 줄이고 온실가스 및 오염물질의 배출을 최소화할 수 있는 환경친화적인 식생활이 이루어질 수 있도록 추진되어야 한다.

제3장 식생활 교육 기본계획 등

제14조(식생활 교육 기본계획의 수립) ① 농림축산식품부장관은 식생활 교육 관련 정책을 종합적이고 체계적으로 추진하기 위하여 5년마다 관계 중앙행정기관의 장과 협의하여 식생활 교육 기본계획(이하 "기본계획"이라 한다)을 수립하여야 한다. 〈개정 2013.3.23.〉

② 기본계획은 다음 각 호의 사항을 포함한다.

1. 식생활 교육의 목표와 추진방향
2. 가정, 학교, 지역 등에서의 식생활 교육에 관한 사항
3. 농어업 활성화 등을 위한 농어업인과 소비자 간 교류촉진에 관한 사항
4. 전통 식생활 문화의 계승·발전에 관한 사항
5. 식생활 교육에 수반되는 재원 조달 계획에 관한 사항
6. 식생활 체험활동의 활성화에 관한 사항
7. 그 밖에 식생활 교육에 관하여 필요한 사항으로 대통령령으로 정하는 사항

③ 농림축산식품부장관은 기본계획을 수립하는 때에는 제18조에 따른 국가 식생활 교육 위원회의 심의를 거쳐야 한다. 기본계획을 변경하는 경우에도 같다. 〈개정 2013.3.23.〉

제15조(공청회의 개최) ① 농림축산식품부장관은 기본계획안을 작성한 때에는 공청회를 열어 국민 및 관계 전문가 등으로부터 의견을 청취하여야 하며, 공청회에서 제시된 의견이 타당하다고 인정되는 때에는 이를 기본계획 수립에 반영하여야 한다. 〈개정 2013.3.23.〉

② 제1항은 제16조에 따른 시·도계획 및 시·군·구계획 수립 시 이를 준용한다.

제16조(시·도계획 및 시·군·구계획의 수립) ① 특별시장·광역시장·특별자치시장·도지사·특별자치도지사(이하 "시·도지사"라 한다)는 기본계획에 따라 5년마다 시·도 식생활 교육 계획(이하 "시·도계획"이라 한다)을 수립하여 시행하여야 한다. 〈개정 2016.12.2.〉

② 시장·군수·구청장(자치구의 구청장을 말한다. 이하 같다)은 시·도 계획에 따라 5년마다 시·군·구 식생활 교육 계획(이하 "시·군·구계획"이라 한다)을 수립하여 시행하여야 한다.

③ 시·도계획 및 시·군·구계획은 제20조에 따라 시·도 식생활 교육 위원회 및 시·군·구 식생활 교육 위원회를 둘 경우에는 각 위원회의 심의를 거쳐야 한다. 시·도계획 및 시·군·구계획을 변경하는 경우에도 같다.

제17조(식생활 교육의 평가 등) ① 국가와 지방자치단체는 5년마다 식생활 교육의 추진성과에 관하여 평가하여야 한다.

② 시·도지사 및 시장·군수·구청장은 농림축산식품부장관의 요청이 있을 경우 식생활 교육의 추진성과를 농림축산식품부장관에게 제출하여야 한다. 〈개정 2013.3.23.〉

③ 그 밖에 식생활 교육의 추진성과 평가에 필요한 사항은 대통령령으로 정한다.

제18조(국가 식생활 교육 위원회) ① 식생활 교육에 관한 제2항 각 호의 사항을 심의하기 위하여 농림축산식품부장관 소속으로 국가 식생활 교육 위원회(이하 "국가위원회"라 한다)를 둔다. 〈개정 2013.3.23.〉

② 국가위원회는 다음 각 호의 사항을 심의한다.

1. 식생활 교육 정책의 목표와 추진방향에 관한 사항
2. 기본계획 수립에 관한 사항
3. 식생활 교육 추진실적 점검 및 평가에 관한 사항
4. 그 밖에 식생활 교육 지원을 위하여 필요하다고 위원장이 인정한 사항

③ 국가위원회는 위원장 2명을 포함한 25명 이내의 위원으로 구성한다. 〈개정 2011.7.14.〉

④ 국가위원회의 위원장은 농림축산식품부장관과 호선된 민간위원이 되고, 위원은 관계 중앙행정기관의 소속 공무원과 식생활 교육에 관한 학식과 경험이 풍부한 자 중에서 위원장이 임명 또는 위촉한다. 〈개정 2013.3.23.〉

⑤ 그 밖에 국가위원회의 구성 및 운영에 관하여 필요한 사항은 대통령령으로 정한다.

제19조(공공기관에 대한 협조 요청) ① 농림축산식품부장관은 식생활 교육 사업의 시행 및 지원을 위하여 필요한 때에는 다른 중앙행정기관·지방자치단체·공공단체 등의 장에게 협조를 요청할 수 있다. 〈개정 2013.3.23.〉

② 제1항에 따른 협조를 요청받은 자는 특별한 사정이 없는 한 이에 응하여야 한다.

제20조(시·도 및 시·군·구 식생활 교육 위원회) ① 시·도계획 및 시·군·구계획의 심의, 추진 실적 점검과 평가 등을 위하여 시·도 식생활 교육 위원회(이하 "시·도위원회"라 한다)와 시·군·구 식생활 교육 위원회(이하 "시·군·구위원회"라 한다)를 둘 수 있다.

② 시·도위원회 및 시·군·구위원회는 위원장 1명을 포함한 20명 이내의 위원으로 구성한다.

③ 위원장은 해당 시·도지사 및 시장·군수·구청장이 되며 위원은 그 지역 식생활 교육에 관련하

여 학식과 경험이 풍부한 자로서 위원장이 추천한 자로 한다.

④ 시·도위원회 및 시·군·구위원회의 구성과 운영 등 시·도 및 시·군·구 식생활 교육에 필요한 사항은 해당 지방자치단체의 조례로 정한다.

제4장 식생활 교육 기반 조성

제21조(식생활 조사·연구) ① 농림축산식품부장관은 건전한 식생활 확산을 위하여 국민의 식생활 실태, 식품의 생산·유통·소비 등에 대한 조사와 연구 활동을 추진하여야 한다. 〈개정 2013.3.23.〉

② 제1항에 따른 조사 시기와 방법, 그 밖에 필요한 사항은 대통령령으로 정한다.

제22조(식생활 지침 개발·보급 등) ① 국가와 지방자치단체는 식생활 교육 등에 활용하기 위하여 농수산물 또는 전통식품을 이용한 식생활 지침 등을 개발하여 보급할 수 있다.

② 제1항에 따른 식생활 지침의 주요 내용, 발간 주기 등 세부적인 사항은 대통령령으로 정한다.

제23조(국제교류의 촉진) ① 국가와 지방자치단체는 다른 국가의 식생활 교육, 식생활 문화 등에 관한 정보수집, 식생활 관련 단체 또는 기관 간 국제교류 등에 필요한 시책을 수립하여 시행할 수 있다.

② 국가와 지방자치단체는 제1항에 따른 시책에 참여하는 기관 또는 단체 등에 국제규범에 저촉되지 아니하는 범위에서 필요한 경비 등을 지원할 수 있다.

제24조(전통 식생활 문화 및 농어촌 식생활 체험 활성화) ① 국가와 지방자치단체는 전통 식생활 문화 체험 활성화를 위하여 전통 식생활 문화 체험관 및 홍보관, 전통 식생활 문화 교육시설 등을 건립할 수 있다.

② 농림축산식품부장관은 농어촌에 대한 이해를 증진시키고 식생활 체험 기회를 다양화하기 위하여 대통령령으로 정하는 바에 따라 우수 농어촌 식생활 체험공간(이하 "우수체험공간"이라 한다)을 지정할 수 있다. 〈개정 2013.3.23.〉

③ 우수체험공간의 지정기준은 다음 각 호와 같다.

1. 농어촌 식생활 체험시설, 주변경관, 접근성 등 체험환경의 우수성
2. 농어촌 식생활 체험 프로그램의 적절성
3. 농어촌 식생활 체험 또는 교육 관련 인력의 전문성

④ 농림축산식품부장관은 우수체험공간 활성화를 위한 교육 또는 체험 프로그램 개발, 교육 또는 홍보 등에 필요한 경비 등을 지원할 수 있다. 〈개정 2013.3.23.〉

제25조(식생활 교육기관 지정) ① 농림축산식품부장관은 국민이 올바른 식생활을 영위할 수 있도록 대통령령으로 정하는 바에 따라 국·공립 교육시설, 대학 및 관련 기관·단체를 식생활 교육기관으로 지정할 수 있다. 〈개정 2013.3.23.〉

② 제1항에 따른 식생활 교육기관의 지정기준은 다음 각 호와 같다.

1. 교육과정, 교육내용의 체계성 및 교육기능 수행 역량
2. 교육 관련 인력의 전문성

3. 시설 및 장비 등 교육환경 조성 현황

③ 국가와 지방자치단체는 제1항에 따른 식생활 교육기관 양성을 위하여 다음 각 호의 사항에 필요한 경비 등을 지원할 수 있다. 〈개정 2013.8.13.〉

1. 교육교재의 개발
2. 교육 프로그램의 운영
3. 교육 시설·장비의 설치
4. 교육훈련 전문 인력의 운영
5. 그 밖에 교육환경의 개선

제25조의2(식생활교육지원센터의 지정 등) ① 농림축산식품부장관 또는 지방자치단체의 장은 식생활 교육의 원활한 추진을 위하여 전문성이 있는 기관 또는 단체를 식생활교육지원센터로 지정할 수 있다. 〈개정 2013.3.23.〉

② 제1항에 따른 식생활교육지원센터의 지정기준은 다음 각 호와 같다. 〈신설 2016.12.2.〉

1. 식생활 교육 관련 지원사업을 주된 업무로 하는 비영리 목적의 법인 또는 단체일 것
2. 제3항에 따른 지정사업을 수행할 수 있는 전담인력과 조직, 시설·설비 등을 갖추고 있을 것

③ 식생활교육지원센터는 다음 각 호의 사업(이하 이 조에서 "지정사업"이라 한다)을 수행한다. 〈개정 2016.12.2.〉

1. 식생활 교육 관련 단체의 식생활 교육 추진활동에 대한 정보의 수집 및 제공
2. 식생활 교육 관련 단체 간의 협력망 구축 지원
3. 지역 농수산물 활용에 관한 교육 및 홍보 지원
4. 지역 특성에 맞는 식생활 교육 교재 및 프로그램 개발 지원
5. 학교 등에서의 식생활 교육 지원
6. 지역 식생활 교육의 실태조사 및 개선방안 연구
7. 그 밖에 식생활 교육의 활성화를 위하여 필요한 사업

④ 농림축산식품부장관 또는 지방자치단체의 장은 제1항에 따라 지정한 식생활교육지원센터에 대하여 예산의 범위에서 지정사업을 수행하는 데 필요한 비용의 전부 또는 일부를 지원할 수 있다. 〈개정 2013.3.23., 2016.12.2.〉

⑤ 농림축산식품부장관 또는 지방자치단체의 장은 식생활교육지원센터가 다음 각 호의 어느 하나에 해당하는 경우에는 지정을 취소할 수 있다. 다만, 제1호의 경우에는 지정을 취소하여야 한다. 〈개정 2013.3.23., 2016.12.2.〉

1. 거짓이나 그 밖의 부정한 방법으로 지정받은 경우
2. 제2항에 따른 지정기준에 적합하지 아니하게 된 경우
3. 정당한 사유 없이 3개월 이상 지정사업을 운영하지 아니한 경우

4. 제4항에 따라 지원받은 예산을 지정사업 외의 용도로 사용한 경우

⑥ 제1항부터 제5항까지의 규정에 따른 식생활교육지원센터의 지정·지정취소의 기준·절차에 관한 세부사항 및 식생활교육지원센터의 운영 등에 필요한 사항은 대통령령으로 정한다. 〈개정 2016.12.2.〉

[본조신설 2011.11.22.]

제26조(학교에서의 식생활 교육) ① 학교는 올바른 식생활 확산을 위한 식생활 교육을 매년 2회 이상 정기적으로 실시하여야 하며, 해당 교육에는 다음 각 호의 사항이 포함되어야 한다. 〈개정 2013.8.13.〉

1. 「어린이 식생활안전관리 특별법」 제2조제2호에 따른 어린이 기호식품을 비롯한 어린이와 청소년이 자주 섭취하는 식품·식품첨가물의 영양성분 및 유해성분
2. 식품 및 농수산물의 생산·제조 및 가공 등의 과정에 사용되는 각종 화학첨가물
3. 그 밖에 올바른 식생활 확산을 위하여 농림축산식품부장관이 필요하다고 인정하는 사항

② 국가와 지방자치단체는 학교에서의 식생활 교육 활성화를 위하여 교육교재 개발, 시설·장비 등을 지원할 수 있다.

③ 국가와 지방자치단체는 학교에서 식생활 교육에 참여하는 교육관계자, 농어업인, 식품 관련 종사자 등의 식생활 교육 연수 활동을 지원할 수 있다.

④ 국가와 지방자치단체는 학교에서의 식생활 교육 활성화를 위하여 환경친화적인 농수산물이 사용될 수 있도록 생산자 또는 생산자단체에 직거래 촉진 등에 필요한 경비를 지원할 수 있다. 〈신설 2011.7.14.〉

제5장 보칙

제27조(우수체험공간 등의 지정취소) ① 농림축산식품부장관은 제24조에 따라 지정된 우수체험공간과 제25조에 따라 지정된 식생활 교육기관이 다음 각 호의 어느 하나에 해당하는 경우에는 그 지정을 취소할 수 있다. 다만, 제1호의 경우에는 지정을 취소하여야 한다. 〈개정 2013.3.23.〉

1. 거짓이나 그 밖의 부정한 방법으로 지정받은 경우
2. 정당한 사유 없이 1년 이상 사업을 운영하지 아니한 경우
3. 지정요건을 위반하거나 부정한 방법으로 관리·운영한 경우

② 제1항에 따른 지정취소에 필요한 사항은 대통령령으로 정한다.

제28조(청문) 농림축산식품부장관 또는 지방자치단체의 장은 다음 각 호의 어느 하나에 해당하는 처분을 하려면 청문을 실시하여야 한다.

1. 제25조의2제5항에 따른 식생활교육지원센터의 지정취소
2. 제27조에 따른 우수체험공간의 지정취소
3. 제27조에 따른 식생활 교육기관의 지정취소

[전문개정 2016.12.2.]

제29조(권한의 위임·위탁) 이 법에 따른 농림축산식품부장관의 권한은 대통령령으로 정하는 바에 따라 그 일부를 농촌진흥청장, 시·도지사, 시장·군수·구청장 또는 소속 기관의 장에게 위임하거나 공공기관, 생산자 단체, 그 밖에 농림수산 및 식품 관련 법인에 위탁할 수 있다. 〈개정 2013.3.23.〉

제30조(벌칙 적용에 있어서 공무원 의제) 제18조에 따른 국가위원회의 위원과 제20조에 따른 시·도위원회 및 시·군·구위원회의 위원 중 공무원이 아닌 자와 제29조에 따라 권한의 위임·위탁을 받은 자 중 공무원이 아닌 자는 「형법」 제129조부터 제132조까지의 규정에 따른 벌칙을 적용할 경우에는 공무원으로 본다.

부칙 〈제14301호, 2016.12.2.〉

이 법은 공포한 날부터 시행한다.

국민영양관리법

[시행 2015.12.29.] [법률 제13643호, 2015.12.29., 일부개정]

보건복지부(건강증진과) 044-202-2802

제1장 총칙

제1조(목적) 이 법은 국민의 식생활에 대한 과학적인 조사·연구를 바탕으로 체계적인 국가영양정책을 수립·시행함으로써 국민의 영양 및 건강 증진을 도모하고 삶의 질 향상에 이바지하는 것을 목적으로 한다.

제2조(정의) 이 법에서 사용하는 용어의 정의는 다음과 같다.

1. "식생활"이란 식문화, 식습관, 식품의 선택 및 소비 등 식품의 섭취와 관련된 모든 양식화된 행위를 말한다.
2. "영양관리"란 적절한 영양의 공급과 올바른 식생활 개선을 통하여 국민이 질병을 예방하고 건강한 상태를 유지하도록 하는 것을 말한다.
3. "영양관리사업"이란 국민의 영양관리를 위하여 생애주기 등 영양관리 특성을 고려하여 실시하는 교육·상담 등의 사업을 말한다.

제3조(국가 및 지방자치단체의 의무) ① 국가 및 지방자치단체는 올바른 식생활 및 영양관리에 관한 정보를 국민에게 제공하여야 한다.

② 국가 및 지방자치단체는 국민의 영양관리를 위하여 필요한 대책을 수립하고 시행하여야 한다.

③ 지방자치단체는 영양관리사업을 시행하기 위한 공무원을 둘 수 있다.

제4조(영양사 등의 책임) ① 영양사는 지속적으로 영양지식과 기술의 습득으로 전문능력을 향상시켜 국민영양개선 및 건강증진을 위하여 노력하여야 한다.

② 식품·영양 및 식생활 관련 단체와 그 종사자, 영양관리사업 참여자는 자발적 참여와 연대를 통하여 국민의 건강증진을 위하여 노력하여야 한다.

제5조(국민의 권리 등) ① 누구든지 영양관리사업을 통하여 건강을 증진할 권리를 가지며 성별, 연령, 종교, 사회적 신분 또는 경제적 사정 등을 이유로 이에 대한 권리를 침해받지 아니한다.

② 모든 국민은 올바른 영양관리를 통하여 자신과 가족의 건강을 보호·증진하기 위하여 노력하여야 한다.

제6조(다른 법률과의 관계) 국민의 영양관리에 대하여 다른 법률에 특별한 규정이 있는 경우를 제외하고는 이 법에서 정하는 바에 따른다.

제2장 국민영양관리기본계획 등

제7조(국민영양관리기본계획) ① 보건복지부장관은 관계 중앙행정기관의 장과 협의하고 「국민건강증

진법」 제5조에 따른 국민건강증진정책심의위원회(이하 "위원회"라 한다)의 심의를 거쳐 국민영양관리 기본계획(이하 "기본계획"이라 한다)을 5년마다 수립하여야 한다.

② 기본계획에는 다음 각 호의 사항이 포함되어야 한다.

1. 기본계획의 중장기적 목표와 추진방향
2. 다음 각 목의 영양관리사업 추진계획
   가. 제10조에 따른 영양·식생활 교육사업
   나. 제11조에 따른 영양취약계층 등의 영양관리사업
   다. 제13조에 따른 영양관리를 위한 영양 및 식생활 조사
   라. 그 밖에 대통령령으로 정하는 영양관리사업
3. 연도별 주요 추진과제와 그 추진방법
4. 필요한 재원의 규모와 조달 및 관리 방안
5. 그 밖에 영양관리정책수립에 필요한 사항

③ 보건복지부장관은 제1항에 따라 기본계획을 수립한 경우에는 관계 중앙행정기관의 장, 특별시장·광역시장·도지사·특별자치도지사(이하 "시·도지사"라 한다) 및 시장·군수·구청장(자치구의 구청장을 말한다. 이하 같다)에게 통보하여야 한다.

④ 제1항의 기본계획 수립에 따른 협의절차, 제3항의 통보방법 등에 관하여 필요한 사항은 보건복지부령으로 정한다.

제8조(국민영양관리시행계획) ① 시장·군수·구청장은 기본계획에 따라 매년 국민영양관리시행계획(이하 "시행계획"이라 한다)을 수립·시행하여야 하며 그 시행계획 및 추진실적을 시·도지사를 거쳐 보건복지부장관에게 제출하여야 한다.

② 보건복지부장관은 시·도지사로부터 제출된 시행계획 및 추진실적에 관하여 보건복지부령으로 정하는 방법에 따라 평가하여야 한다.

③ 시행계획의 수립 및 추진 등에 필요한 사항은 보건복지부령으로 정하는 기준에 따라 해당 지방자치단체의 조례로 정한다.

제9조(국민영양정책 등의 심의) 위원회는 국민의 영양관리를 위하여 다음 각 호의 사항을 심의한다.

1. 국민영양정책의 목표와 추진방향에 관한 사항
2. 기본계획의 수립에 관한 사항
3. 그 밖에 영양관리를 위하여 위원장이 필요하다고 인정한 사항

제3장 영양관리사업

제10조(영양·식생활 교육사업) ① 국가 및 지방자치단체는 국민의 건강을 위하여 영양·식생활 교육을 실시하여야 하며 영양·식생활 교육에 필요한 프로그램 및 자료를 개발하여 보급하여야 한다.

② 제1항에 따른 영양·식생활 교육의 대상·내용·방법 등에 필요한 사항은 보건복지부령으로 정

한다.

제11조(영양취약계층 등의 영양관리사업) 국가 및 지방자치단체는 다음 각 호의 영양관리사업을 실시할 수 있다. 〈개정 2011.6.7.〉

1. 영유아, 임산부, 아동, 노인, 노숙인 및 사회복지시설 수용자 등 영양취약계층을 위한 영양관리사업
2. 어린이집, 유치원, 학교, 집단급식소, 의료기관 및 사회복지시설 등 시설 및 단체에 대한 영양관리사업
3. 생활습관질병 등 질병예방을 위한 영양관리사업

제12조(통계·정보) ① 보건복지부장관은 영양정책 및 영양관리사업 등에 활용할 수 있도록 식품 및 영양에 관한 통계 및 정보를 수집·관리하여야 한다.

② 보건복지부장관은 제1항에 따른 통계 및 정보를 수집·관리하기 위하여 필요한 경우 관련 기관 또는 단체에 자료를 요청할 수 있다.

③ 제2항에 따라 자료를 요청받은 기관 또는 단체는 이에 성실히 응하여야 한다.

제13조(영양관리를 위한 영양 및 식생활 조사) ① 국가 및 지방자치단체는 지역사회의 영양문제에 관한 연구를 위하여 다음 각 호의 조사를 실시할 수 있다.

1. 식품 및 영양소 섭취조사
2. 식생활 행태 조사
3. 영양상태 조사
4. 그 밖에 영양문제에 필요한 조사로서 대통령령으로 정하는 사항

② 보건복지부장관은 국민의 식품섭취·식생활 등에 관한 국민 영양 및 식생활 조사를 정기적으로 실시하여야 한다.

③ 제1항 및 제2항에 따른 조사 시기와 방법, 그 밖에 필요한 사항은 대통령령으로 정한다.

제14조(영양소 섭취기준 및 식생활 지침의 제정 및 보급) ① 보건복지부장관은 국민건강증진에 필요한 영양소 섭취기준을 제정하고 정기적으로 개정하여 학계·산업계 및 관련 기관 등에 체계적으로 보급하여야 한다.

② 보건복지부장관은 국민건강증진과 삶의 질 향상을 위하여 질병별·생애주기별 특성 등을 고려한 식생활 지침을 제정하고 정기적으로 개정·보급하여야 한다.

③ 제1항에 따른 영양소 섭취기준 및 제2항에 따른 식생활 지침의 주요 내용 및 발간 주기 등 세부적인 사항은 보건복지부령으로 정한다.

제4장 영양사의 면허 및 교육 등

제15조(영양사의 면허) ① 영양사가 되고자 하는 사람은 다음 각 호의 어느 하나에 해당하는 사람으로서 영양사 국가시험에 합격한 후 보건복지부장관의 면허를 받아야 한다. 〈개정 2015.12.29.〉

1. 「고등교육법」에 따른 대학, 산업대학, 전문대학 또는 방송통신대학에서 식품학 또는 영양학을 전공한 자로서 교과목 및 학점이수 등에 관하여 보건복지부령으로 정하는 요건을 갖춘 사람
2. 외국에서 영양사면허를 받은 사람
3. 외국의 영양사 양성학교 중 보건복지부장관이 인정하는 학교를 졸업한 사람

② 보건복지부장관은 제1항에 따른 국가시험의 관리를 보건복지부령으로 정하는 바에 따라 시험관리능력이 있다고 인정되는 관계 전문기관에 위탁할 수 있다.

③ 영양사 면허와 국가시험 등에 필요한 사항은 보건복지부령으로 정한다.

제16조(결격사유) 다음 각 호의 어느 하나에 해당하는 사람은 영양사의 면허를 받을 수 없다.

1. 「정신보건법」 제3조제1호에 따른 정신질환자. 다만, 전문의가 영양사로서 적합하다고 인정하는 사람은 그러하지 아니하다.
2. 「감염병의 예방 및 관리에 관한 법률」 제2조제13호에 따른 감염병환자 중 보건복지부령으로 정하는 사람
3. 마약·대마 또는 향정신성의약품 중독자
4. 영양사 면허의 취소처분을 받고 그 취소된 날부터 1년이 지나지 아니한 사람

제17조(영양사의 업무) 영양사는 다음 각 호의 업무를 수행한다.

1. 건강증진 및 환자를 위한 영양·식생활 교육 및 상담
2. 식품영양정보의 제공
3. 식단작성, 검식(檢食) 및 배식관리
4. 구매식품의 검수 및 관리
5. 급식시설의 위생적 관리
6. 집단급식소의 운영일지 작성
7. 종업원에 대한 영양지도 및 위생교육

제18조(면허의 등록) ① 보건복지부장관은 영양사의 면허를 부여할 때에는 영양사 면허대장에 그 면허에 관한 사항을 등록하고 면허증을 교부하여야 한다.

② 영양사는 면허증을 다른 사람에게 대여하지 못한다.

③ 제1항에 따른 면허의 등록 및 면허증의 교부 등에 관하여 필요한 사항은 보건복지부령으로 정한다.

제19조(명칭사용의 금지) 제15조에 따라 영양사 면허를 받지 아니한 사람은 영양사 명칭을 사용할 수 없다.

제20조(보수교육) ① 보건기관·의료기관·집단급식소 등에서 각각 그 업무에 종사하는 영양사는 영양관리수준 및 자질 향상을 위하여 보수교육을 받아야 한다.

② 제1항에 따른 보수교육의 시기·대상·비용 및 방법 등에 관하여 필요한 사항은 보건복지부령으

로 정한다.

제20조의2(실태 등의 신고) ① 영양사는 대통령령으로 정하는 바에 따라 최초로 면허를 받은 후부터 3년마다 그 실태와 취업상황 등을 보건복지부장관에게 신고하여야 한다.

② 보건복지부장관은 제20조제1항의 보수교육을 이수하지 아니한 영양사에 대하여 제1항에 따른 신고를 반려할 수 있다.

③ 보건복지부장관은 제1항에 따른 신고 수리 업무를 대통령령으로 정하는 바에 따라 관련 단체 등에 위탁할 수 있다.

[본조신설 2012.5.23.]

제21조(면허취소 등) ① 보건복지부장관은 영양사가 다음 각 호의 어느 하나에 해당하는 경우 그 면허를 취소할 수 있다. 다만, 제1호에 해당하는 경우 면허를 취소하여야 한다. 〈개정 2012.5.23.〉

1. 제16조제1호부터 제3호까지의 어느 하나에 해당하는 경우
2. 제2항에 따른 면허정지처분 기간 중에 영양사의 업무를 하는 경우
3. 제2항에 따라 3회 이상 면허정지처분을 받은 경우

② 보건복지부장관은 영양사가 다음 각 호의 어느 하나에 해당하는 경우 6개월 이내의 기간을 정하여 그 면허의 정지를 명할 수 있다.

1. 영양사가 그 업무를 행함에 있어서 식중독이나 그 밖에 위생과 관련한 중대한 사고 발생에 직무상의 책임이 있는 경우
2. 면허를 타인에게 대여하여 이를 사용하게 한 경우

③ 제1항, 제2항 및 제5항에 따른 행정처분의 세부적인 기준은 그 위반행위의 유형과 위반의 정도 등을 참작하여 대통령령으로 정한다. 〈개정 2012.5.23.〉

④ 보건복지부장관은 제1항의 면허취소처분 또는 제2항의 면허정지처분을 하고자 하는 경우에는 청문을 실시하여야 한다.

⑤ 보건복지부장관은 영양사가 제20조의2에 따른 신고를 하지 아니한 경우에는 신고할 때까지 면허의 효력을 정지할 수 있다. 〈신설 2012.5.23.〉

제22조(영양사협회) ① 영양사는 영양에 관한 연구, 영양사의 윤리 확립 및 영양사의 권익증진 및 자질향상을 위하여 대통령령으로 정하는 바에 따라 영양사협회(이하 "협회"라 한다)를 설립할 수 있다.

② 협회는 법인으로 한다.

③ 협회에 관하여 이 법에 규정되지 아니한 사항은 「민법」 중 사단법인에 관한 규정을 준용한다.

제5장 보칙

제23조(임상영양사) ① 보건복지부장관은 건강관리를 위하여 영양판정, 영양상담, 영양소 모니터링 및 평가 등의 업무를 수행하는 영양사에게 영양사 면허 외에 임상영양사 자격을 인정할 수 있다.

② 제1항에 따른 임상영양사의 업무, 자격기준, 자격증 교부 등에 관하여 필요한 사항은 보건복지

부령으로 정한다.

제24조(비용의 보조) 국가나 지방자치단체는 회계연도마다 예산의 범위에서 영양관리사업의 수행에 필요한 비용의 일부를 부담하거나 사업을 수행하는 법인 또는 단체에 보조할 수 있다.

제25조(권한의 위임·위탁) ① 이 법에 따른 보건복지부장관의 권한은 대통령령으로 정하는 바에 따라 그 일부를 시·도지사에게 위임할 수 있다.

② 이 법에 따른 보건복지부장관의 업무는 대통령령으로 정하는 바에 따라 그 일부를 관계 전문기관에 위탁할 수 있다.

제26조(수수료) ① 지방자치단체의 장은 영양관리사업에 드는 경비 중 일부에 대하여 그 이용자로부터 조례로 정하는 바에 따라 수수료를 징수할 수 있다.

② 제1항에 따라 수수료를 징수하는 경우 지방자치단체의 장은 노인, 장애인, 「국민기초생활 보장법」에 따른 수급권자 등의 수수료를 감면하여야 한다.

③ 영양사의 면허를 받거나 면허증을 재교부받으려는 사람 또는 국가시험에 응시하려는 사람은 보건복지부령으로 정하는 바에 따라 수수료를 내야 한다.

④ 제15조제2항에 따라 영양사 국가시험 관리를 위탁받은 「한국보건의료인국가시험원법」에 따른 한국보건의료인국가시험원은 국가시험의 응시수수료를 보건복지부장관의 승인을 받아 시험관리에 필요한 경비에 직접 충당할 수 있다. 〈개정 2015.6.22.〉

제27조(벌칙 적용에서의 공무원 의제) 제15조제2항에 따라 위탁받은 업무에 종사하는 전문기관의 임직원은 「형법」 제129조부터 제132조까지의 규정에 따른 벌칙의 적용에서는 공무원으로 본다.

제6장 벌칙

제28조(벌칙) ① 제18조제2항을 위반하여 다른 사람에게 영양사 면허증을 대여한 사람은 1년 이하의 징역 또는 1천만원 이하의 벌금에 처한다.

② 제19조를 위반하여 영양사라는 명칭을 사용한 사람은 300만원 이하의 벌금에 처한다.

제29조 삭제 〈2012.5.23.〉

부칙 〈제13643호, 2015.12.29.〉

이 법은 공포한 날부터 시행한다.

참고문헌

곽동경. 노인대상 식품안전, 영양관리 방안연구. 식품의약품안전처. 2012

권성옥 등. 저소득층 노인에서 식품 불안정과 사회경제적 지표, 건강 상태, 영양소 섭취와의 관련성. 한국영양학회지 40(8):762-768. 2007

김현주. 영양플러스사업의 성과에 관한 연구, 한남대학교대학원 사회복지학과 박사학위논문. 2016

김화영, 강명희, 양은주, 이현숙. 영양판정. 교문사, 2013

모수미. 우리나라 영양교육의 현황과 개선방안. 한국영양학회지 23(3: 213-218), 1990

모수미, 구재옥, 박영숙, 손숙미, 서정숙, 임경숙. 지역사회영양학 2nd ed. 교문사. 2011

박기준. 지역사회 보건과 영양정책. 지역사회영양학회지 1(1):104-106, 1996

박서연, 권종숙, 김초일, 이윤나, 김혜경. 건강신념 모델을 적용한 고혈압 영양교육 프로그램 개발-포커스그룹 인터뷰에 기초하여. 대한지역사회영양학회지 17(5) : 623-636, 2012.

박흥식. 사회마케팅. 한국행정학보, 2008

보건복지부 건강증진과. 태아부터 노년까지 생애주기별 영양관리서비스 강화 - '제2차 국민영양관리기본계획(2017~2021)' 확정·발표. 2017.06.15.

보건복지부, 2005년 비만예방사업 안내. 보건복지부, 2005.

보건복지부. 2016 국민건강통계.

보건복지부. 제1차 국민건강관리기본계획(2012~2016). 2012

보건복지부, 질병관리본부. 2015 건강 행태 및 만성 질환 통계. 2016

보건복지부, 질병관리본부. 2016 국민건강통계Ⅱ 추이, 국민건강영양조사 제7기 1차년도(2016). 2017

보건복지부, 한국건강증진개발원. 2016년 지역사회 통합건강증진사업안내. 2016

보건복지부, 한국건강증진개발원. 제4차 국민건강증진종합계획. 2015

보건복지부, 한국건강증진개발원. 제6기 지역보건의료계획 수립 안내. 2014

보건복지부, 한국보건사회연구원. 국민건강증진종합계획 2020 경과보고, 2010

보건복지부, 한국영양학회. 2015 한국인 영양소 섭취기준. 2015.

양정선. 영양플러스사업 보충식품 공급서비스 개선방안. 경기도 가족여성연구원. 2013

윌렛(Walter Willett), 한국역학회 영양역학연구회(역). 영양역학(Nutritional epidemiology, 3/E). 교문사, 2013

유엔. 유엔새천년개발목표보고서, 2013-2014

이상영, 서미경, 김동진, 홍미영, 한달선, 이규식, 문옥륜, 배상수, 김광기. 국민건강증진종합계획 2020 총괄전략 수립에 관한 연구. 보건복지부·건강증진사업지원단, 2009

이성은. 방문건강관리사업의 추진현황 및 개선과제, weekly issue 제018호. 한국건강증진개발원. 2017

이연경. 국민건강증진종합계획 2020(HP2020) 평가를 통한 HP2030의 나아갈 방향, 국민건강증진포럼, 한국건강증진개발원. 연도.

이정림 외. 저소득층 영유아 및 임산·수유부의 건강과 영양 지원 방안, 육아정책연구소 연구보고. 2014

이정윤, 라미용, 김현주. 영양판정 및 실습. 도서출판 대가, 2007

이정희. 북한 어린이 영양실태 비교: 1998년~2012년 북한 어린이 영양조사 보고서 분석. KDI 북한경제리뷰 2014년 4월호. 2014

이주열. 지역통합건강증진사업의 개선 방안. 보건복지포럼 32-40, 2017

임경숙. 노인의 영양섭취 상태에 영향을 미치는 인구사회학적 요인 분석. 한국영양학회지 37(3):210-222. 2004

장남수, 강명희, 정혜경. 지역사회영양학. 교문사, 2011

정금주. 한국응용영양사업에 관한 연구 석사학위논문. 수원대학교. 1994

정효지, 김복희, 송윤주, 이정은. 보건영양학. 양서원. 2013

주민희. 2017년 현재 우리나라 국민 수준의 건강수준 : 제4차 국민건강증진종합계획 2020을 중심으로. 한국건강증진개발원, weekly issue, 제010호. 2017

지은구, 조성숙. 지역사회복지론. 학지사, 2012

질병관리본부. 국민건강영양조사 제7기(2016~2018) 검진조사 지침서. 2016

최윤정 등. 서울 및 경기 지역 노인의 건강 자가평가에 따른 기능적 건강 및 영양위험 평가. 한국영양학회지 37(3):223-235. 2004

최혜미, 김경원, 김창임, 김희선, 손정민, 최경숙, 현태선. 지역사회영양학(개정판). 파워북. 2017

최혜미, 김경원, 김창임, 김희선, 손정민, 최경숙, 현태선. 지역사회영양학. 파워북, 2013

통계청. 장래인구추계. 2010

한국건강증진개발원. 2016 건강통계연보. 2016

한국보건사회연구원. 국내외 모유수유 추이와 모유수유증진을 위한 정책방향. 보건복지 Issue and Focus, 제 86호. 2011

한국보건산업진흥원 건강증진사업지원단. 보건소 업무수행성과 평가체계 개발. 2007

한영선, 이상선. 임신 중 체중 증가에 따른 영양 섭취 및 임신 결과와의 관련성. 한국영양학회지(Korean J Nutr); 43(2): 141~151. 2010

현외성. 사회복지정책강론 제4판. 양서원. 2011

황인경. 지역사회 보건소 중심 영양 사업의 현황과 발전방향. 보건연구정보. 2004

Boyle MA, Holben DH. Community nutrition in action, 5th ed., Wadsworth, 2010

Brownie S. Why are elderly individuals at risk of nutritional deficiency? Int J Nurs Pract 12(3):110-118. 2006

Chen Z, Du J, Shao L, Zheng L, Wu M, Ai M, Zhang Y. prepregrancy body mass index, gestational weight gain, and pregnancy outcomes in china, Int J Gynaecol Obset. 2009

Dignan MB, Carr PA. Program planning for health education and promotion, 2nd ed., 1992

Gist, M.E. Self-Efficacy: Implications for Organizational Behavior and Human Resource Management. The Academy of Management Review, 12(3), 472-485. 1987, July.

Glanz, K., Marcus Lewis, F. & Rimer, B.K. Theory at a Glance: A Guide for Health Promotion Practice. National Institute of Health. 1997.

Green LW, Kreuter MW. Health promotion planning: an educational and ecological approach, 4th ed, Mayfield Publishing, 2005

IOM(Institute of Medicine). Weight gain during pregancy: Reexamining the guidelines. Washington, DEC: the national academies press. Posted online may 28, 2009

Kelle HH. Nutritional and health-related quality of life in frail older adults. J Nutr Health Aging 8(4):245-252. 2004

Maria A. Boyle, David H. Holben. Community Nutrition in Action: An Entrepreneurial Approach, 5th ed., Wadsworth Cengage Learning, 2010

Ministry for Health, Welfare and Family Affairs, Cancer Incidence in Korea 1999-2014 Seoul; 2016

Ministry of Health and Welfare, Korea Centers for Disease Control and Prevention. Korea Health Statistics 2015: Korea National Health and Nutrition Examination Survey (KNHANES VI-3). Sejong: Korea Centers for Disease Control and Prevention; 2016

Oxford Dictionaries. Oxford Dictionaries, May 2014

Ruxin JN. Hunger, science, and politics: FAO, WHO, and Unicef nutrition policies, 1945-1978 [dissertation]. University of London; 1996

Statistics Korea. Annual report on the cause of death statistics 2015. Daejeon: Statistics Korea; 2016.

UNICEF Pyongyang. Report on the Multiple Indicator Cluster Survey in the DPRK. Pyongyang: UNICEF; 1998.

USDA, Economic Research Service

국민건강영양조사 http://knhanes.cdc.go.kr

국제연합식량농업기구 http://www.fao.org

국제연합아동기금 http://www.unicef.org/

굿네이버스 http://www.goodneighbors.kr/

농촌경제연구원 http://www.krei.re.kr

보건복지부 통계포털 http://stat.mohw.go.kr

세계보건기구 http://www.who.int/en/

세계식량계획 http://ko.wfp.org/

세이브 더 칠드런 https://www.sc.or.kr

어린이어깨동무 http://www.okfriend.org/

찾아보기

저자 소개

김미현
현재 경일대학교 식품산업융합학과 교수
이화여자대학교 식품영양학과 학사
이화여자대학교 식품영양학과 석사
이화여자대학교 식품영양학과 박사
매일유업 영양과학연구실 차장
University of Washington 방문교수

김현주
현재 대전보건대학교 식품영양학과 교수
서울대학교 식품영양학과 학사
서울대학교 식품영양학과 석사
서울대학교 식품영양학과 박사
한남대학교 사회복지학과 박사

박수진
현재 세명대학교 바이오식품산업학부 교수
숙명여자대학교 식품영양학과 학사
숙명여자대학교 식품영양학과 석사
경희대학교 동서의학대학원 임상영양학 박사
U.C.DAVIS (USA) Research Fellow

백진경
현재 을지대학교 식품영양학과 교수
충남대학교 식품영양학과 학사
연세대학교 식품영양학과 석사
연세대학교 식품영양학과 박사

심유진
현재 숭의여자대학교 식품영양과 교수
연세대학교 식품영양학과 학사
연세대학교 식품영양학과 석사
연세대학교 식품영양학과 박사
전 연세대학교의료원 국민고혈압사업단 연구원

윤정미
현재 전남대학교 식품영양과학부 교수
중앙대학교 식품영양학과 학사
서울대학교 식품영양학과 석사
서울대학교 식품영양학과 박사
University of Wisconsin-Madison, 박사후 연구원
University of California, Davis (UCD), 박사후 연구원

실천하는 **지역사회영양학**

2021년 8월 25일 초판 2쇄 발행
2018년 3월 5일 초판 1쇄 발행

지은이 김미현 · 김현주 · 박수진 · 백진경
심유진 · 윤정미 (가나다 순)
발행인 이 영 호
발행처 **수 학 사**
10881 경기도 파주시 회동길 56 기한재 1층
출판등록 1953년 7월 23일 제2020-000143호
전화번호 031) 946-4642(代) 팩스 031) 944-1457
http://www.soohaksa.co.kr
디자인 북큐브

정가 24,000원

ISBN 978-89-7140-717-2 93590